流域水生态环境补偿研究

管新建　孟　钰　许红师　徐金鹏　著

黄 河 水 利 出 版 社

· 郑 州 ·

内容提要

本书提出了流域水环境、流域水生态、流域水质水量协同控制的生态补偿理论与技术体系。采用实地调研、理论创新、模拟仿真、系统分析等多种方法,以“产-学-研-用”模式,在理论与技术层面,分别提出了基于 TPC-WRV 耦合模型的流域水环境损害补偿模式、基于水污染损失率的水环境损害补偿模式、流域缺资料河流生态水量亏缺补偿模式、河流生态需水与水权分配双控作用的生态补偿模式和水质水量协同控制下的流域生态补偿模式,在应用与实践层面,以驻马店小洪河流域、南阳白河流域、淮河干流淮南段为实例进行应用研究,提升了生态补偿对流域水生态环境质量提升的支撑能力。

本书可供水利部门、生态环境保护部门、自然资源部门、城市建设管理部门、经济计划部门的管理者和决策者以及相关专业的科研人员参考。

图书在版编目(CIP)数据

流域水生态环境补偿研究/管新建等著. --郑州:黄河水利出版社,2024. 4

ISBN 978-7-5509-3871-7

Ⅰ. ①流… Ⅱ. ①管… Ⅲ. ①流域-区域水环境-生态环境-研究 Ⅳ. ①X143

中国国家版本馆 CIP 数据核字(2024)第 077480 号

责任编辑 王志宽　　责任校对 鲁　宁
封面设计 张心怡　　责任监制 常红昕
出版发行 黄河水利出版社
地址:河南省郑州市顺河路 49 号　邮政编码:450003
网址:www. yrcp. com　E-mail:hhslcbs@ 126. com
发行部电话:0371-66020550
承印单位 河南新华印刷集团有限公司
开　　本 787 mm×1 092 mm　1/16
印　　张 17. 75
字　　数 421 千字
版次印次 2024 年 4 月第 1 版　　2024 年 4 月第 1 次印刷

定　　价 128. 00 元

前　言

习近平总书记指出“生态环境是关系民生的重大社会问题”，而水环境污染、水生态退化已成为流域高质量发展的突出瓶颈。我国是全球13个人均水资源最匮乏的国家之一，水资源匮乏加剧了河道内外用水矛盾，河道内预留水资源被不断压缩，导致河流水生态系统健康失衡与功能退化，此外，人类生活、生产都造成了大量污废水排放，对河流水环境质量构成重大威胁。

习近平生态文明思想是新时代生态文明建设的根本遵循和行动指南。流域水生态环境补偿作为生态文明制度的重要组成部分，是落实水生态与水环境保护权责、协调上下游及河道内外生态经济利益关系、共建人与自然和谐共生的美丽中国的重要手段，也是黄河流域生态保护和高质量发展等重大国家战略的需求。

本书围绕水环境、水生态及两者兼顾的流域水生态环境补偿问题开展了系统研究，针对由于水体污染造成的水环境损害补偿问题，分别建立了基于总量分配与水资源价值的补偿框架及基于水污染损失率的补偿框架；前者应用信息熵理论对总污染物削减量进行了县级分配，基于模糊综合评价法对单方水资源价值补偿标准进行核算，结合两者确定各县行政单元补偿价值；后者提出了水污染损失率补偿量化理论，基于logistic理论建立污染浓度与价值损失之间的响应关系，应用能值分析理论核算单方水资源价值补偿标准，进而获取上游县向下游县的补偿价值。水环境损害补偿研究以驻马店小洪河流域为研究区进行实例研究。针对由于河流生态流量亏缺造成的水生态缺水补偿问题，建立了基于流域水文模拟与河流生态流量的补偿框架及河流生态需水与水权分配双控作用的补偿框架；前者应用SWAT模型进行分布式水文模拟，并改进MTMSHC水文学法确定河流生态需水量，以河流生态需水为补偿控制阈值，进而使补偿价值量化；后者应用月流量变动法与改进年内展布法分别确定了河流基本与适宜需水量，并构建了双层递阶决策的市-县-行业水权分配模型，以河流需水量与水权分配量作为河道内外补偿控制阈值，进而确定补偿价值。生态水量亏缺补偿研究以南阳唐、白河流域为研究区进行实例研究。最后，在上述研究的基础上，建立了水质水量协同控制下的流域水生态环境补偿框架，提出了基于生态-生境-流量时空分组理论的河流生态流量栖息地模拟法，以及多目标准则量化的市-县水权分配模型，进而确定水生态补偿控制阈值及河流生境补偿水量；将污染物削减总量分配、污染物混合叠加、污染损失率理论相结合，提出了污染物削减目标与水功能区目标控制的水环境补偿控制阈值及水环境补偿水量核算方法；制定水质水量协同控制补偿准则，实现补偿价值量化，并以淮河干流淮南段为实例研究。

本书参与单位和主要完成人为郑州大学管新建、孟钰、许红师，河南省南阳水文水资源勘测局徐金鹏。本书是研究团队关于流域水生态环境补偿研究的成果集成，是集体智慧的结晶，在管新建教授的带领下，完成了本书的撰写工作，具体分工如下：

第1章　绪　论：管新建、孟钰；

第 2 章　基于 TPC-WRV 耦合模型的流域水环境损害补偿研究：管新建、许红师；

第 3 章　基于水污染损失率的流域水环境损害补偿研究：孟钰、徐金鹏；

第 4 章　流域缺资料河流生态水量亏缺补偿研究：管新建、徐金鹏；

第 5 章　河流生态需水与水权分配双控作用的生态补偿研究：孟钰、许红师；

第 6 章　水质水量协同控制下的流域生态补偿研究：管新建，孟钰、许红师；

第 7 章　结论与建议：管新建、孟钰、许红师、徐金鹏。

本书的研究成果得到了国家自然科学基金面上项目（51879241）与青年项目（51309108）、“十三五”国家重点研发专项（2018YFC0407405）的资助，并得到了郑州大学水利与交通学院、河南省水利厅、河南省生态环境厅、河南省南阳水文水资源勘测局的领导和专家的指导与支持，在此一并表示最诚挚的感谢！

限于当前认识与水平等，书中可能存在一些不足之处，敬请各界读者批评指正！同时期待相关研究领域学者加入到我们的行列中来，共同探索流域水生态环境补偿的未来研究方向，书中对于他人的论点和成果都尽量给予了引证，如有不慎遗漏之处，恳请相关专家谅解。

作　者

2024 年 3 月

目 录

第1章 绪 论

1.1 研究背景与意义

1.1.1 研究背景

随着流域地区经济的快速增长,水资源过度开发与利用,水环境破坏、水生态退化等问题不断涌现。尤其在跨行政区流域上,流域上下游间、河道内外的水资源矛盾与水环境污染问题,已成为影响地区间利益关系与流域整体协调发展的制约因素。上游地区的水环境状况将直接影响下游地区的生活与生产,即当流域上游地区为片面追求经济增长,选择牺牲环境换取经济发展时,大量污废水排入流域河流,造成水质的破坏,严重威胁下游地区的用水安全,甚至引发地区间用水纠纷与冲突。此外,上游地区取水用水超标,导致下游地区可用水量减少,制约流域整体发展且对河流生态造成破坏,上下游之间的水生态保护和社会经济发展之间的矛盾关系,严重破坏了流域水循环系统的整体性、生态服务功能的共享性以及区域间发展的平衡性。

一方面,随着人口增长、城市化与工业化的快速推进,生活生产都造成了大量污废水的排放,对人类、水生生物和生态系统均构成重大风险(刘洁 等,2024)。2023 年 8 月 23 日,联合国环境规划署(UNEP)发布的分析报告提到,废水对健康和环境构成了日益严重的威胁,大量废水未经处理就被排放到环境中,对环境和人类生计产生负面影响(UNEP,2023)。我国是全球 13 个人均水资源最匮乏的国家之一,在全国 600 多座城市中,有近半数的城市面临着水资源匮乏问题(孙硕,2023)[1]。而水资源匮乏导致水体自净作用降低、限制污水处理措施的实施,进而将加速水环境的恶化。我国生态环境部公布的 2022 年全国地表水环境质量状况显示,3 641 个国家地表水考核断面中,Ⅳ类及以下水质断面占比为 12.1%,其中,劣Ⅴ类断面比例为 0.7%(寇江泽,2023)。其中,黄河、淮河、海河、辽河及松花江 5 个流域主要江河水质呈现由轻度至重度的不同污染程度(解鑫 等,2023)。流域水污染已成为当前我国生态保护和环境治理的重要问题,为此党的二十大报告进一步作出"统筹水资源、水环境、水生态治理,推动重要江河湖库生态保护治理"的重要指示(杨霞 等,2023)。

另一方面,伴随着社会经济快速发展而产生的河道内外用水矛盾、河道外用水超标、河道内水资源量与生物栖息地被压缩等水问题已成为流域高质量发展的"水瓶颈"。联合国水机制(UN Water)发布的《世界水资源开发报告》指出,由于人口增长、经济发展和消费方式转变等因素,全球对水资源的需求正在以每年 1%的速度增长,到 21 世纪中期,全世界所需要的水资源量将增加 30%左右,届时河道内外用水矛盾将更加突出,水资源的可持续利用将会受到影响(United Nations,2018)。根据《中国城市发展报告》,我国七大流域均面临着水资源过度开发、供需矛盾突出等问题，黄河、海河、淮河和辽河等流域水资源开发利用率远超40%的生态警戒线，其中黄河流域和海河流域开发利用程度已经达到75%以上，远远超过其水资源承载能力，京津冀地区汛期超过80%的河流存在干涸断流现象，干涸河道长度占比约1/4(杨开忠,2021)。随着河流水生态的破坏与退化，人们已经认识到人类社会发展、流域水资源、水生态之间存在着相互影响而又相互制约的动态关系。《2030年可持续发展议程》在目标6中明确规划了在确保可持续取水与供水的同时，要保护和恢复与水有关的生态系统，为水生态系统预留足够的水资源量，保障生态安全，促进人与自然和谐发展(United Nations,2015)。

习近平生态文明思想是新时代生态文明建设的根本遵循和行动指南。生态补偿机制作为生态文明制度的重要组成部分，是落实生态保护权责、协调流域上下游及河道内外生态经济利益、调动各方参与生态保护积极性、推进生态文明建设的重要手段。2005年，党的十六届五中全会首次提出加快推进建立生态保护补偿机制，这是我国生态保护补偿机制从理论研究逐步进入政策制定和实践探索的标志。随后党中央和国务院相继出台《中华人民共和国水土保持法》、《中共中央关于全面深化改革若干重大问题的决定》、《关于全面深化农村改革加快推进农业现代化的若干意见》(中发〔2014〕1号)及同年出台修订的《中华人民共和国环境保护法》等一系列政策及文件，把建立生态补偿机制摆上了前所未有的战略高度，并将生态补偿制度法治化，表明生态补偿机制进入了规范发展阶段(王娜娜 等,2015)。2015年以后，生态补偿进入快速发展阶段。2015年，中共中央、国务院印发《关于加快推进生态文明建设的意见》，其中关于完善生态补偿机制的相关要求成为近年来我国生态补偿机制政策的总纲和引领;2018年印发《建立市场化、多元化生态保护补偿机制行动计划》以及2019年党的十九届四中全会通过《中共中央关于坚持和完善中国特色社会主义制度、推进国家治理体系和治理能力现代化若干重大问题的决定》，提出落实生态补偿和生态环境损害赔偿制度，实行生态环境损害责任终身追究制，把生态补偿作为"十四五"时期生态文明建设的重要突破口;2020年11月，《生态保护补偿条例(公开征求意见稿)》及起草说明已向社会公开征求意见，同年12月制定发布的《中华人民共和国长江保护法》第七十六条对"国家建立长江流域生态保护补偿制度"进行界定和说明，在立法层面进一步加快了形成符合我国国情、具有中国特色的生态补偿制度体系的进程。至此，我国生态补偿制度设计从分散、模糊趋于统一，生态补偿重点领域基本明确。2021年，我国国民经济和社会发展"十四五"规划明确提出鼓励重要流域建立生态环境补偿制度。同年，发布《中共中央 国务院关于新时代推动中部地区高质量发展的意见》及印发《黄河流域生态保护和高质量发展规划纲要》，均强调以水质水量为补偿依据，逐步完善流域生态保护补偿等标准体系。此外，中央全面深化改革领导小组第十九次会议提出要围绕生态文明建设总体目标，加强同碳达峰、碳中和目标任务衔接，进一步推进生态保护补偿制度建设，发挥生态保护补偿的政策导向作用。2022年，党的二十大报告提出"建立生态产品价值实现机制，完善生态保护补偿制度"。进一步深化生态补偿制度改革，多措并举、强化落实，才能推动生态补偿相关工作取得更多实效。一方面，应建立完善社会资本投入的市场化机制，引导生态受益者对生态保护者进行补偿。可探索多样化补偿方式，充分调动社会各界参与生态环境保护的积极性。另一方面，应加快出台生态保护补偿条例,系统总结成熟经验,将经过实践验证、行之有效的政策制度上升到行政法规层面,将生态补偿纳入法治化轨道。2023 年 7 月,习近平总书记在全国生态环境保护大会上指出要健全美丽中国建设保障体系。统筹各领域资源,汇聚各方面力量,打好法治、市场、科技、政策"组合拳",生态补偿制度作为生态文明制度的重要组成部分,能够合理地平衡保护者与受益者的利益,为美丽中国建设提供了有力支撑。

由此可见,生态补偿作为一种有效的流域水生态环境治理与修复手段,其制度建设在有序推进,影响范围逐步扩大,财政投入不断增加,各级政府部门积极响应,全社会参与生态保护的积极性也得到了显著提高。流域水生态环境补偿研究是生态补偿针对流域内上下游间、河道内外的水环境污染治理、河流生境维持、河道内外水质水量关系协调等问题的重要研究方向,是生态补偿领域的研究热点,有利于推动生态文明建设,共建人与自然和谐共生的美丽中国;有利于促进我国生态补偿制度的进一步发展;有利于化解流域内上下游间资源约束下的发展不平衡问题;有利于缓解河道内外人水关系,维系"人水和谐"可持续发展。

1.1.2　研究意义

(1)共建人与自然和谐共生的美丽中国。

自习近平生态文明思想提出以来,围绕此展开了一系列具有全局性、战略性、关键性、基础性的重大举措,建设人与自然和谐共生的中国式现代化是新时代新征程的主要任务之一。流域水生态与水环境两者补偿是一种将自然资源外部效应内部化的经济激励措施,是实现水生态环境治理工作从重点治理向预防保护、综合治理相结合转变的关键。建立科学合理的流域水生态环境补偿机制是贯彻生态文明建设制度的重要举措,有利于推动水环境治理与水生态保护工作实现从以行政手段为主向综合运用法律、经济、技术相结合的转变,促进经济社会发展全面绿色转型,建设人与自然和谐共生的现代化,为维护国家生态安全、奠定中华民族永续发展的生态环境基础提供有力支撑。

(2)促进我国生态补偿制度的发展。

流域生态补偿在目标上、区域上、标准上等都存在差异。补偿目标按对象可分为水环境、水生态或水生态与水环境两者兼顾,按损益可分为损害赔偿或保护补偿;补偿区域需考虑不同社会经济发展水平、不同水功能区、不同生态保护区等,区域特性因地而异;补偿标准无论是现实资源费征收标准,还是服务于人类社会与自然生态的复合资源价格,均有理论与实际依据。因此,每一个流域都有自己不同的客观特性,无法形成统一的通用补偿制度。流域水生态环境补偿的理论研究,能够从本质上揭示水质水量与流域生态补偿之间的相互关系,提出流域水环境损害补偿、水生态保护补偿、水质水量协同控制补偿等方面的通用机制,形成一套较为完整的流域水生态环境补偿理论与方法体系,为次级流域生态补偿制度的建立提供科学参考与技术支撑。

(3)化解流域内上下游资源共享不平衡问题。

流域内的水资源具有功能多样性、开放共享性与时空有限性的特点。针对水环境,一方面上游地区污水排放过甚,则会导致下游地区污染加剧,水资源质量降低,造成了水资源功能损失的负效益,同时也加大了下游污染治理难度;另一方面,上游地区水环境治理成效突出,则下游地区也能享受到水资源功能增益的正效益。前者上游地区理应对下游地区进行损失赔偿,后者下游地区需对上游地区进行保护补偿。针对水生态,河道外"三生"用水与河道内生态用水矛盾、上下游之间的初始水权分配矛盾都是长期存在的水争端问题,河道内外需水阈值的合理确定与缺水损失效益的科学量化,均是解决该问题的关键。因此,以水污染防治为目标的流域水环境补偿研究,以河流生态保护为目标的流域水生态补偿研究,或兼顾两者的流域水生态环境补偿研究,能够从科学层面上剖析流域上下游之间的水生态经济利益关系,划定补偿责任与分配补偿资金。

(4)实现流域"人水和谐"可持续发展。

水资源短缺一直是制约人与自然可持续发展的重要因素,由水资源短缺带来的水体纳污能力下降、水体自净能力下降、区域间社会经济用水矛盾、河流生态用水萎缩等资源型、水质型"水问题"长期存在,常常涉及流域上下游、左右岸和不同行政区域、部门、行业等。人类社会在快速发展的过程中,不断加剧水资源的承载压力,然而,水资源不仅服务于人类社会,也需要兼顾自然生态的系统循环与功能维持,势必会形成人水矛盾。现今,生态补偿的内涵早已由最初的"自然补偿说"转变为"有价补偿说",不能仅依靠自然生态系统的恢复力去实现资源再生与可持续利用,在人类社会从自然系统获取资源的同时,也需对生态系统保护负起有偿责任。因此,流域水生态环境补偿研究是将绿水青山转换为金山银山,实现无偿自然资源向有价生态产品转换的重要途径,具体化水生态环境服务的功能与价值,为"人水和谐"可持续发展保驾护航。

1.2 国内外研究现状

1.2.1 生态补偿概念的演进

生态补偿概念伴随着人类经济社会发展与自然生态环境保护之间的矛盾、约束、互馈、共进而提出。生态补偿的概念源于20世纪70年代,在生态系统和生物多样性保护的语境下提出,国际上以Wunder(2005)提出的"生态系统服务付费"(payment for ecosystem services,PES)为主流概念,即"为生态多样性补偿"(biodiversity offset)而进行的"生态系统服务付费"过程。随后,不少学者对该概念的内涵和意义进行了补充与扩展,修订为生态服务的使用者和提供者之间针对提供服务的自然资源的自愿交易过程(Engel et al.,2008)。但是,该概念更多的是服务于陆地生态系统(森林、草地等),且强调的是资源享受方向资源提供方付费的双方自愿协议交易原则。

不同于国外的生态补偿的"生态系统服务付费"概念,我国的生态补偿概念期望能够支撑生态文明建设与生态补偿制度建立,因此更具有建议性、约束性、强制性。我国较早的生态补偿概念为2006年中国环境与发展国际合作委员会提出的,认为生态补偿是以保护和可持续利用生态系统服务为目的,采用经济手段调节相关者利益关系的一种制度安排(中国生态补偿机制与政策研究课题组,2007)。这一概念是多学科复合的,涉及生态学、环境学、经济学、管理学、法学等,不同学科的学者也分别对生态补偿的概念进行了界定。生态补偿的起源是生态学与环境学,为了维持生态系统健康与动态平衡、约束污染排放与环境污染而提出,这也是生态补偿的目标(吴立军 等,2022)。随着生态补偿的不断发展与应用,需具体化生态补偿的方式,采用经济形式的补偿价值来代替生态形式的补偿,从而出现了经济学意义上的生态补偿概念(王前进 等,2019)。然而,要真正将生态补偿付诸实际,无论是政府机制,还是市场调节,均需要法律保障与政策指导(车东晟,2020)。综上所述,尽管各学科的学者们对生态补偿概念的理解角度不同,但其本质却是基本一致的,因此本书将生态补偿定义为:为了保护生态环境健康与支撑人与自然可持续发展目标,以政府机制或市场调节为管理手段,对生态环境保护者或生态建设贡献者,以及由于环境破坏或生态受损的利益损失者,给予资金、技术、实物等补偿,以调节利益主体间的生态保护责任外部性内部化的一种行为或机制。

流域生态补偿的概念即在原来生态补偿的概念中加入了流域上下游补偿主客体的关系,流域内各区域由于发展程度不同,其对应的资源负荷也不一样,势必在资源利用上存在矛盾与竞争,其生态保护责任也不尽相同(耿翔燕 等,2022)。聚焦到水生态环境补偿,流域内水资源具有开放共享性与时空有限性的特点,河道外生活、生产、生态“三生”用水与河道内生态用水长期存在矛盾,且上下游区域间及区域内部各行业间也存在用水竞争,此外,上游区域的取水、排污或治理等有害或有益活动会传导到下游区域,流域的整体性无法分割(官冬杰 等,2022)。因此,流域生态补偿是以保护流域生态环境为目的,针对流域水生态环境问题,在不具有行政隶属关系的区域间采用公共财政或市场化等经济手段来调节利益关系的行为或制度安排,解决流域内上下游补偿主客体之间复杂的水利益问题,以促进上下游公平和水资源可持续发展。

1.2.2 流域水生态环境补偿机制研究进展

流域水生态环境补偿的优势在于它可以协调不同的行政机构,从整体上合作解决流域间纠纷问题,而不是单独处理各个管辖范围内出现的问题(付意成 等, 2012[3]; Liu et al. ,2022),因此得到了许多国家及学者的广泛认可,各国学者从水环境、水生态或水质水量联合的角度,开展了一系列的补偿机制研究。

流域水生态补偿机制主要分为河流水质超标引起的水环境补偿以及河流水量亏缺引起的水量生态补偿(范弢, 2010; Wang 等, 2021),目前生态补偿研究集中在水环境类生态补偿上(Guan et al. , 2021)[2],2000 年欧盟颁布的《水框架指令》从流域尺度给出实施污染物综合管理的措施,将水质因子作为实施流域生态补偿措施的监测目标(Kejser, 2016; Voulvoulis et al. , 2017)。自此,以水环境质量作为补偿控制阈值,通过建立代表性水质浓度或水环境评估指标与水环境质量标准、补偿价值之间响应关系的补偿机制研究被广泛开展。具有代表性的成果包括水环境污染损害补偿(王虎,2020)、水环境治理与恢复补偿(孙硕,2023)[3]、污染水体稀释补偿(中国环境监察,2021)等。此外,面向缺河流水质实测资料的地区或宏观层面的研究,通过分析流域内区域间的污染物排放量(王兆强,2010)、水环境承载力(郑健,2023;窦志强 等,2023)、水功能区纳污能力(曹苗苗 等,2021;王鹏,2020)等,建立以减少污染物为目标的补偿机制,也是水环境类补偿研究的一大方向。水环境类生态补偿研究主要针对流域水污染防治问题,在理论与实践研究上都取得了一定进展。一些生态修复技术在生态补偿资金的保障下能够有效实施,提高了河流水环境质量。

水资源短缺一直是制约人与自然和谐可持续发展的重要因素,在气候变化与人类活动双重影响下,水资源时空分布不均现象加剧,河道外“三生”用水与河道内生态用水矛盾突出,因河流水量亏缺造成的水生态问题凸显,水量生态补偿研究逐渐受到重视(秦天宝,2021)。在水量生态补偿方面,目前的研究成果以保障河流生态基流的流域生态补偿研究为主,在科学确定河流基流的基础上,计算河流生态缺水量,估计由于河流缺水而造成的河流生态修复成本,间接核算生态补偿价值(游进军 等,2020;成波,2022;张倩 等,2019)。针对流域内上下游区域间的河道外供需水关系不和谐造成的生态补偿问题值得被关注,目前,以面向经济社会与河流生态的河流水量分配形式的补偿水量量化研究初见成效(付意成 等,2014)。其中,以河道外河流取水量为补偿判别与价值度量是一个很好的突破点,河流取水量能够明确各级行政单元的用水标准,作为河流取水的主要依据,结合水资源价值(water resource value,WRV),研究区域生态补偿(景晓栋 等,2022;秦腾 等,2022)。由此可见,水生态类补偿的关键点在河流水量盈缺判别上,河道内生态需水与河道外经济社会用水之间的矛盾长期存在并在不断加剧,如何将河道内外需水、用水要求相结合进行协同判别与补偿需要进一步探索,对水生态类的补偿机制研究也需进一步扩展。

从河流生态系统整体性与服务功能多样性的角度出发,河流的水质水量条件均是保证河流健康的重要因素。水质表征了河流的水环境状况,水量则反映了河流的生境条件,间接表征河流生态系统健康水平。因此,水生态环境补偿研究能够兼顾河流水污染防治与水生态保护两方面,具有双重控制与监管作用,是当前生态补偿研究的一个重要方向。但是,针对水质水量双控因素的补偿研究相较于单因素补偿研究明显偏少。相关的研究成果主要集中在两方面:其一,采用单因素(水质或水量)表征整体的水生态环境状况建立补偿机制,这与水质或水量生态补偿研究相似,只是拓展了单因素补偿控制阈值的内涵。例如:水质指标不仅需要满足地表水环境质量标准与水功能区要求,还需达到河流生物的最低要求;河道内预留水量不仅需要达到基本生态需水,还需兼顾排污稀释要求(王吉泉 等,2019)。其二,也有部分学者采用水质水量建立双因素补偿机制,作出了突破(王中豪,2022)。但是,水生态环境补偿研究仍然需要进一步探索,一方面,在补偿控制阈值量化方法上需继续改进与革新;另一方面,目前的双因素补偿属于水质与水量独立的两方面的结合补偿,双因素的协同控制作用与补偿机制尚需继续探究。

1.2.3 水生态环境补偿控制阈值研究进展

在水生态环境补偿研究中,水环境污染、河流生态水量亏缺或两者兼并造成的生态补偿问题,水环境与水生态补偿控制阈值的界定与量化是关键所在。在水环境补偿研究中,通常以水质指标表征健康或适宜的特定浓度值或浓度范围作为补偿控制阈值(付根生 等,2022;王敏英 等,2023;郑野 等,2023)。各国根据河流水质本底浓度实际条件及开发利用情况,对各类水质指标的分类标准不尽相同,但各国基本制定了相应的水质分级标准,例如:世界卫生组织的Ⅰ~Ⅴ类水质分类标准、美国环境保护局的优~重度污染五级水质分类标准、欧盟的生活饮用水生物指标与水质指标条例、日本安全饮用水标准等(李萌萌 等,2022;European Communities,2013;US EPA,2013;WHO,2002)。在我国,《地表水环境质量标准》(GB 3838—2002)中明确划定了各类水质指标的分类标准,结合国民经济发展规划与水资源综合利用规划指导下的水功能分区,可制定水环境补偿中较为通用的补偿控制阈值(张远 等,2020;Guan et al. ,2018)。此外,在缺河流水质监测资料地区,通常以水功能区限制纳污红线控制下的入河排污量作为控制阈值(付意成 等,2012)[3]。因此,在水环境补偿中,补偿控制阈值的制定可充分参照国家与地方标准,也被广大学者所认可与应用,而其难点则在于如何建立水环境补偿控制阈值与补偿价值的响应关系。目前,大多数水环境补偿的研究成果也是致力于补偿机制建立与补偿价值量化。

在水生态补偿研究中,河道内补偿控制阈值多将河流生态流量或水量作为标准。河流生态需水量是指维持河流水生态系统正常的生态结构和功能所必须保持的河道内的水量。针对河流生态系统的健康保护和合理开发,河流生态需水量的保障是关键,其确定方法也是当前的前沿和热点。不同国家和地区的学者针对不同的河流特点、保护目标和研究基础等,提出了具有不同指标及适用条件的方法。目前,国内外关于生态流量或生态需水的确定方法可以大致分为水文学法、水力学法、栖息地模拟法和整体分析法4大类。水文学法最早被提出,通常基于历史水文序列采用保证率或生态百分比进行确定,常用方法包括Tennant法、7Q10法、逐月频率曲线法等(徐伟 等,2016; 王伟 等,2009;Matthews et al. ,1991;Tennant et al. ,1976)。水力学法主要考虑河流水力参数(湿周、水深、水面宽等)结合经验公式进行计算,常用方法有湿周法、R2-Cross法等(张叶 等, 2022; Mosely, 1982)。栖息地模拟法是近年来发展最快的方法,以保障水生动植物适宜栖息地为目标,建立流量或水量与栖息地生态需求之间的响应关系与数学模型,以河道内流量增加法(IFIM)为代表(Stalnaker et al. , 1995)。整体分析法在前述方法的基础上,尽可能全面地考虑河流生态的多方面需求,融合多种计算方法,故通常以组合式、评估类与模块化的形式构建方法体系,代表方法有南非的BBM法和DRIFT法、澳大利亚的ELOHA法以及中国的水文-生态响应关系法(王俊娜 等,2013;王瑞玲 等,2020;Arthington et al. ,2003;Hughes et al. ,2003;Poff et al. ,2010)。水文学法和水力学法的指标明确且应用方便,具有整体控制性,在实践中应用较为广泛,但是多依据经验与统计,与生态系统的联系不够明确。栖息地模拟法与整体分析法对基础数据要求较高,在实践中,河流流量、水力等长系列监测数据、河流地形数据与生物生态学特性数据等较难收集全面。

另外,由社会经济用水超标引起的生态补偿问题中,多以各区域发展用水标准作为河道外补偿控制阈值,其中,以水权、水资源可开发利用量、各水源水资源量的分配研究为主(尹庆民 等,2013;Tian et al. , 2010)。分配方法大致分为两大类:一类是指标赋权分配法,另一类是目标优化分配法。指标赋权分配法是根据分配原则及影响因素建立指标体系,采用综合评估数学方法计算指标权重,从而获取下级单元的综合指数,按综合指数从上级分配到下级,常用方法包括主观赋权的层次分析法、特尔菲法、优序图法等,以及客观赋权的熵权、主成分分析、变差系数法等(孙彬 等,2022;张璇 等, 2015;Bruns et al. , 2005;Pokhrel et al. ,2023)。目标优化分配法则是通过设置不同的经济社会用水目标与约束条件,建立水量分配优化模型,得到各对象的最佳分配量(李海岭 等,2020;张帆 等, 2021;Ge et al. ,2017;Ling et al. ,2009;Zhang et al. ,2020)。目标优化类水权分配方法通常用在行业水权分配中,相较于评估类水权分配方法,目标优化类的研究成果明显偏少,主要由于目标函数的多样性难以把控,以及复杂多目标优化求解的困难。然而,初始水权分配不仅涉及流域-省区-市区-县各层次的切身利益,还需考虑各行业用水户之间的需水矛盾。为建立完整的初始水权分配体系,开展多层次水权分配研究是必要的。

综上所述,水环境的补偿控制阈值以水质指标的国家或地区标准为依据,结合水功能区情况进行制定,得到了普遍认可与应用,但水生态的河道内外补偿控制阈值的确定还尚未有统一的标准,无论是河流生态流量(需水),还是经济社会取水标准的量化方法都仍在不断更新与发展中。此外,由于水质水量双控补偿机制研究仍处于起步阶段,水质水量补偿控制阈值的协同判别准则与双控作用还需进一步探索。

1.2.4 生态补偿标准与价值研究进展

生态补偿标准的确定是生态补偿经济价值量化的基础与关键。现今,学者们对生态补偿标准的定义略有不同,主要分为两大类:一部分学者将生态补偿标准定义为生态环境损害或资源保护所需的补偿总金额(焦蒙蒙 等,2023);另一部分学者则是将生态补偿标准定义为单方污染物治理或单方水资源价值,结合水污染超标量、河流生态缺水量、河道外用水超标量、水污染治理量等,再进一步推求生态补偿总价值(张倩 等,2019[3];Guan et al.,2019[6])。无论是总量还是单位量的定义,生态补偿标准都是为了描述生态补偿"补多少"的实质,形成流域上下游协调合作的激励机制,以促进流域水生态环境的恢复与改善。

流域水生态环境补偿标准的测算方法可以分为 3 种。①以实际价格作为补偿标准,即根据所在区域的现状条件或规划要求,采用污水处理成本、水资源征收标准等作为补偿标准(陈艳萍 等,2016),或通过理论方法明确流域内各区域生态保护贡献值,对政府现有的生态补偿奖励资金进行合理分配,例如长江经济带生态补偿总金额、宜昌市财政部门专项生态补偿基金、汾河流域水生态补偿总额的分配研究(刘家宏 等,2022[7];续衍雪 等,2021;赵亮 等,2023)。基于此制定的补偿标准符合实际情况,更容易被接受与应用,但该标准往往偏低,在理论研究层面,可以进一步探索意义更广泛的补偿标准。②通过经济学方法结合实际情况对资源成本价值进行重新测定以确定补偿标准,包括资源的直接成本、间接成本、机会成本等。常用方法包括费用分析法、支付意愿法、机会成本法、恢复成本法、市场价值估算法等(付意成 等,2012[5];郭庆 等,2023;张落成 等,2011;张伊华,2023;Ana et al., 2010),将其与水环境、水生态补偿相结合,现有研究已测算过污水处理恢复成本(徐丽思, 2022)、水环境容量损失价值、水源地保护成本(孙贤斌 等,2022)、水资源经济价值等(穆贵玲 等,2018)。③自然资源价值需兼顾人类社会需求与自然生态需求两方面,故补偿标准还需要体现资源的社会属性与自然属性,既需要支撑人类社会建设,又需要维持生态系统功能。该类补偿标准的测算往往与生态学、资源学等学科交叉融合,例如基于水生态系统服务功能,既考虑服务于人类社会的供给与文化功能,又考虑维持生态系统循环的调节与支撑功能,核算能够表征经济效益、社会效益与生态效益的水资源价值(刘家宏 等,2022[2];Zhao et al.,2021);应用能值分析方法,考虑各行业生态经济系统的能量流动关系,确定分行业水资源生态经济价值,作为生态补偿标准等。该类方法在理论研究层面有很好的发展潜力,但由于考虑了自然属性,测定的补偿标准偏高,较难进行应用。

综上所述,生态补偿标准无论是总量还是单位量,所表征的都是自然损害者所应承受的或生态保护者所应获得的补偿价值。生态补偿标准的定量方法虽尚未有统一的认识，但 3 种方法也都沿用至今，根据实际或科研需求而不断拓展应用与更新改进，均具有一定的应用意义与科学参考。

1.2.5　国内外生态补偿实践

国外流域生态补偿是生态补偿理论和方法在流域中的具体应用，最早起源于美国田纳西州的流域水资源综合开发与水污染规划和德国施行的 Engriffsregelung 政策，距今已有 50 年的历史。自此，国外很多国家和地区开展了形式多样的流域生态补偿实践与探索（李超显，2018）。从国外实践经验来看，生态补偿主要依据法律法规、补偿政策和自愿协议等方式，以经济手段为主，综合运用行政、法律等手段，协调生态环境保护和相关方利益，为保护和可持续利用生态系统服务。

我国生态补偿始于 20 世纪 70 年代，在青城山管理不当引起严重的乱砍滥伐现象后，成都市将青城山门票收入的 30%用于护林工作，进而使得青城山的森林状况得到好转。1989 年 10 月，在四川乐山召开了有关森林生态补偿的研讨会，开始了建立中国生态补偿的历史进程（冯艳芬 等，2009）。我国生态补偿的模式有政府主导的转移支付补偿和市场主导的交易补偿两种性质不同的类型，其中政府主导的转移支付补偿模式主要包括流域生态补偿、森林生态补偿、耕地生态补偿、海洋生态补偿，而市场主导的交易补偿模式主要包括水权交易补偿和直接经济补偿。

（1）政府主导的转移支付补偿模式。

政府主导的转移支付补偿模式包括财政资金来源、资金支付和资金用途监管与绩效评估 3 方面的内容。政府主导的转移支付补偿模式首先是要确保生态补偿财政资金来源，其次是通过财政转移支付制度确保资金被实际支付到生态保护的义务主体手中，最后是要确保生态补偿财政资金真正用于生态保护（森林、草原、生物多样性、湖泊、河流、湿地、沙漠化防治、耕地保护等）或改善保护区内民众的生活，使保护区内民众放弃对生态保护具有破坏性的生产活动（如森林砍伐、过度放牧、过度狩猎、过度捕捞、过度耕作等），即生态保护财政资金的用途监管与绩效评估（吴越，2014）。

2003 年，福建省率先启动了九龙江流域生态补偿试点；2005 年和 2009 年，闽江、敖江流域也先后启动了流域生态补偿试点。流域各行政区年度考核得分作为《福建省重点流域生态补偿办法》资金分配依据，水质好的得到的流域补偿资金就多，水质差的得到的流域补偿资金就少。2015 年，在总结之前试点的基础上，福建省出台《福建省重点流域生态补偿办法》，补偿资金从 2003 年的 2 800 万元提高到 2016 年的 10.16 亿元，而补偿资金来源主要是省财政拨款及用水县市的生态补偿金（方晏，2018）。随着补偿机制的进一步完善，福建省重点流域生态保护补偿金的筹措力度不断加大。2018 年，福建省下达重点流域生态保护补偿资金 13.36 亿元，比 2017 年度增加 2.32 亿元。2019 年，福建省共下达重点流域生态保护补偿资金 147 460 万元，其中 5 000 万元统筹用于综合性生态保护补偿试点工作。

2007 年以来，江西省与广东省签订多轮东江流域横向生态补偿协议。东江起于江西省内，横跨赣粤两省，中央政府通过纵向转移支付手段补偿水源地生态环境治理相关费用,同时江西省政府通过相同方式对东江源头地区进行生态补偿。赣粤两省于 2019 年底签订第二轮协议,在协议签订的 6 年间,东江流域出境水质保持 100%达标,获得来自中央的补偿资金 15 亿元、广东省横向补偿资金 6 亿元、江西省财政配套安排 6 亿元,共下达东江源区补偿资金 27 亿元,东江源区生态环境问题得到明显改善(张铎,2021)。

2008 年,河北省政府办公厅发布了《关于在子牙河水系主要流域实行跨市断面水质目标责任考核并试行扣缴生态补偿金政策的通知》,该通知指出生态补偿金用于子牙河流域水污染治理项目等。截至 2009 年底,全省共扣缴生态补偿金 3 570 万元,七大水系Ⅲ类和优于Ⅲ类水质的断面比例达 40. 1%。同年,河南省原环境保护局与财政厅颁布了《沙颍河流域水环境生态补偿暂行办法》,该办法颁布后,取得了明显的成效,具体表现为 2009 年上半年沙颍河流域共扣缴补偿金 6 500 多万元,而下半年则明显下降到 1 800 多万元,这也表明该生态补偿暂行办法使得水环境质量明显提高(刘桂环 等,2010)[2]。

2011 年中华人民共和国财政部、原环境保护部印发《新安江流域水环境补偿试点实施方案》,全国首个跨省流域生态补偿机制试点在新安江启动,成为我国首个跨省流域生态保护补偿试点,试点实施期限为 2012—2014 年。2018 年,皖浙两省共同签署了《关于新安江流域上下游横向生态补偿的协议》,并出台《皖浙新安江流域上下游横向生态补偿协议分工方案》,试点工作得到延续。截至目前,新安江流域生态保护补偿试点已经实施了三轮,共安排补偿资金 52. 1 亿元,其中中央出资 20. 5 亿元,浙江出资 15 亿元,安徽出资 16. 6 亿元。通过试点,新安江流域水质逐年改善,千岛湖营养状态指数呈下降趋势,达到了以生态保护补偿为纽带,促进流域上下游共同保护和协同发展的目的,探索出了一条生态保护、互利共赢之路。

2017 年,河北省人民政府与天津市人民政府共同签订了《关于引滦入津上下游横向生态补偿的协议》,2019 年 12 月再次签署了第二轮补偿协议。2018 年 11 月,河北省人民政府、北京市人民政府签订了《密云水库上游潮白河流域水源涵养区横向生态保护补偿协议》,补偿期为 2018—2020 年。承德市坚持"治水、管水、涵水、护水"并重原则,全面推进流域水环境保护工作,到 2020 年,滦河入库(潘家口水库)水质、潮河水质、清水河水质、出境水质均达到Ⅱ类标准,区域生态环境得到了明显改善,确保了京津地区的生态安全和饮水安全。

2019 年开始,宁夏开始实施财政投入与环境质量和污染物排放总量挂钩的政策,自治区人民政府出台了政策性文件,自治区财政、生态环境两部门配套制定了相关考核奖补细则,明确了生态补偿范围。政府每年安排 2 亿元奖补资金,对未完成上年度考核指标的县域进行处罚,处罚资金全部用于对生态环境质量提高明显市县(区)的生态补偿,处罚标准与奖补标准相同。处罚资金从上下级财政结算资金中扣减。以水为媒,共谋发展,推动建立县域省级横向生态补偿。在纵向生态补偿逐渐铺开的同时,宁夏开始在横向生态补偿方面发力,主要是协同建立黄河宁夏段上下游横向生态补偿机制和黄河流域省际间上下游横向生态补偿机制。

2023 年,山东省青岛市严格落实山东省生态环境厅、山东省财政厅《关于建立流域横向生态补偿机制的指导意见》等文件要求,积极推进横向生态补偿协议签订工作,目前,全市市域内 14 个地表水断面与跨市界 12 个地表水断面流域横向生态补偿协议(2023—

2025 年）全部完成续签工作。截至 2023 年 6 月底，青岛市 10 个区市全部获补地表水生态补偿资金。全市 20 个国、省控断面水质均值全部达标且水质均达到Ⅳ类及以上，其中 14 个国控断面Ⅲ类及以上的优良水体比例 71.4%，16 处城镇级及以上集中式饮用水水源地水质达标率保持 100%，群众饮水安全得到有效保障。

（2）市场主导的交易补偿模式。

传统的生态环境保护模式之所以失灵，在于仅仅依靠政府手段，而忽视了市场的巨大力量。生态保护制度创新的同时，也催生了巨大的生态保护市场。所谓市场主导的交易补偿模式，即在“生态市场”的全新理念之下，建立和规范“生态生产”与“生态消费”两大市场，通过市场机制提供的“补偿”来防止“生态净损失”。

2001 年 11 月 24 日，浙江省东阳市和义乌市首次签订了城市间协议，东阳市以 4 元/m^3 的成交价格将其境内的横锦水库每年 4 999.9 万 m^3 的永久用水权一次性转让给义乌市，并保证水质达到国家现行Ⅰ类饮用水标准（刘桂环 等，2010）[2]。2001 年春，华北地区持续干旱少雨，经过山西省与河南省协商，协议水价为 0.025 元/m^3，从山西省漳泽水库有偿调来 3 000 万 m^3 救急水进入安阳境内跃进渠灌区，解决了红旗渠灌区缺水问题（徐永田，2011）。生态补偿采用水权交易与异地开发相结合的模式，这是生态补偿新模式的一种探索。

2007 年起，九寨沟风景区管理局对大录乡等 5 乡的群众实施就业生态补偿，开展农民与管理局合作餐饮旅游业、将农民优先录用为景区环卫人员等补偿措施。对 9 个寨的核心保护区群众则实行门票分成，每张门票提 7 元作为景区居民生活保障费，人均年提 1.4 万元左右。在诺日朗服务中心的经营中，实行景区居民占股 49%、收益分成占 77% 的优惠政策，还每年向景区周边乡镇提供 150 万元的外围保护经费。

2008 年汶川地震后，成都市和阿坝藏族羌族自治州签订协议，将位于岷江上游成都水源地的阿坝藏族羌族自治州相关工业项目，迁到下游的成都市金堂县淮口镇，成都投资 60%，阿坝藏族羌族自治州投资 40%，联合在淮口镇开办成阿工业园区。2009—2018 年，成都和阿坝藏族羌族自治州按照 3.5∶6.5 的比例分享收益，2019 年起则按照 4∶6 的比例分享收益。成阿工业园区借鉴了国外较为成熟的产业生态补偿方式，在利益共享的长效机制下，既保证了成都的饮用水源不被污染，又保障了上游阿坝藏族羌族自治州地区的经济发展。这种“飞地”补偿模式，为国内生态补偿利益联结机制的探索提供了很好的案例（刘润秋，2016）。

2014 年，生态保护公益组织“大自然保护协会”（The Nature Conservancy，TNC）等与青山村合作，采用水基金模式开展了小水源地保护项目，通过建立“善水基金”信托、吸引和发展绿色产业、建设自然教育基地等措施，引导多方参与水源地保护并分享收益，逐步解决了龙坞水库及周边水源地的面源污染问题，构建了市场化、多元化、可持续的生态保护补偿机制，实现了青山村生态环境改善、村民生态意识提高、乡村绿色发展等多重目标。

上述实践中，无论是政府主导的生态补偿，还是市场主导的生态补偿，大部分都以经济方式来进行水环境补偿，对于水生态自身的补偿也在国内多地开始实践。

长泰河和复兴河是天津市重要的二级河道，由于其水体具有较好的流动性、自净性和连通性，近年来因工业聚集排放问题，河道受损严重，水质下降水类生物种类逐渐下降，给沿岸人民正常生活用水带来巨大影响。因此，天津市政府开展建设复兴河、长泰河水环境生态修复工程,针对河道水利条件现状、河道水文水质情况和现有河道污染原因分析,在河道内构建生态系统,增强水体自我修复能力,沿河岸进行湿地建设、生态治理综合设施建设、初期雨水处理设施改造以及生态树池建设等措施,河道内采用“水生态系统重建+微生态系统调节”治理路线构建局部水系循环系统,削减水体中各项污染物,从而形成一个比较多元的内源污染治理体系,达到恢复河道健康水生态系统的目标。

赵家坝港位于海宁市盐官镇广福村,河道全长 1.2 km,因受环境污染河道长期弥散异味,相关人员根据河道特点及建设目标,对存在的问题进行专业分析,针对性地开展水生态修复工程建设。建设过程中引入人工湿地技术、植物修复技术,充分利用河岸带、景观斑块用地、池塘等,建设多种形式的生态缓冲带;同时采用了底泥改良削减、水体控流及原位辅助技术,增强河道自净功能,修复水体生态活性。通过底质改良、水质调节、植物种植、沉水曝气,不仅完成了区域的水生态修复,还打造了“水下森林”亮点。

水生态修复补偿措施不仅局限于工程措施,也有以补偿水量为基础进行修复的。为着力解决华北地区地下水超采问题,水利部于 2018 年 9 月至 2019 年 8 月选择滹沱河、滏阳河、南拒马河作为试点河段实施补水 13.2 亿 m^3。在生态补水试点取得积极成效和宝贵经验的基础上,2019 年之后,水利部逐步将补水河湖扩展到京津冀三省(市)的 21 条(个)河湖。截至 2021 年 7 月底,华北地区累计实施生态补水 113.9 亿 m^3。2021 年 6—7 月,水利部组织启动了夏季集中补水,利用汛前丹江口水库以及河北当地水库汛前腾出库容的冗余水量,向滹沱河、大清河(白洋淀)两条线路补水 2.21 亿 m^3,贯通河长 627 km。生态补水后,河湖沿线水生态环境状况明显改善。21 条(个)河湖补水后形成最大有水河长 1 964 km,最大水面面积 558 km^2,各水质监测断面水质较补水前明显好转。

尽管我国现已展开了许多针对生态补偿的探索性尝试,但总体来说,目前生态补偿实践的实施普遍面临补偿机制不完善的问题,导致补偿不能完全依理、依法进行,如许多重要的跨界流域和生态功能区的生态补偿机制尚未建立。同时,由于生态补偿研究本身的复杂性和我国发展阶段的局限性,目前我国生态补偿的研究尚处于初级阶段,因此许多地方的实践带有一定的盲目性,如有些地方政府仅是想办法以“生态补偿”的名义筹集资金增加财政收入,而不是用在真正意义上的生态补偿工作上,要真正取得生态补偿的实效,强化资金的用途监管与绩效评估是最为关键的环节。

生态补偿实践工作仍处于探索阶段,在今后的工作中,应针对各个尺度、各个要素、各种类型的问题继续展开深入研究,为建设资源节约型和环境友好型社会提供保障。2023 年 8 月 15 日,自然资源部发布《中国生态保护红线蓝皮书》,这是我国首次以蓝皮书形式发布的生态保护红线成果。《中国生态保护红线蓝皮书》表示,全国划定生态保护红线面积合计约 319 万 km^2,涵盖我国全部生物多样性保护优先区域 35 个,90%以上的典型生态系统类型。全国划定生态保护红线面积约 319 万 km^2,其中陆域生态保护红线面积约 304 万 km^2,占陆域国土面积的比例超过 30%,海洋生态保护红线面积约 15 万 km^2;包括自然保护地,自然保护地外生态功能极重要、生态极脆弱区域,以及具有潜在重要生态价值的区域。因此,保护生态迫在眉睫,充分发挥政府“有形之手”的调控作用和市场“无形之手”的激励作用,通过生态补偿制度来推进生态平衡发展。

1.3　研究内容与研究思路

本书以人与自然和谐共生为导向,深入贯彻习近平生态文明思想,针对流域水生态环境补偿研究中补偿机制不健全、补偿控制阈值作用机制不清、补偿价值量化困难等问题,开展面向水污染损失、河流生态水量亏缺、水质水量双控作用的流域水生态环境补偿系列研究。主要研究内容如下。

1.3.1　基于 TPC-WRV 耦合模型的流域水环境损害补偿研究

(1)污染物总量分配模型(TPC 模型)。综合考虑人口、经济、生产、污染状况、治污水平,应用层次分析法,构建污染物削减比率总量分配指标体系。基于信息熵理论,以“三条红线”中污染物入河总量控制为总目标,以环境目标可达性及污染物减排为约束,量化与分配流域内各行政区污染物削减量。

(2)水资源价值模型(WRV 模型)。以水环境、水资源、社会经济、用水效率 4 大属性为基础,建立水资源价值核算指标体系。基于模糊综合评价法,构建水资源价值核算模型。

(3)TPC-WRV 耦合模型与水环境损害补偿价值。根据所构建的 TPC 模型与 WRV 模型,结合污染物削减量及水资源价值,引入稀释水量作为耦合途径,构建 TPC-WRV 耦合模型,推求流域内各行政单元的水环境损害补偿价值。

以河南驻马店小洪河流域为实例,进行实例研究。

1.3.2　基于水污染损失率的流域水环境损害补偿研究

(1)水污染损失率计量模型。以各区域水功能区目标为水质控制阈值,结合区域水体背景浓度与严重污染临界浓度,建立水污染物浓度与水资源价值损失之间的 Logistic 函数关系式,核算各区域水污染损失率。应用概率分析理论,获取多类污染物综合损失率。

(2)基于能值分析理论的水资源价值核算方法。基于能值分析理论,编制工业、农业、社会生活、生态环境等子系统能值的网络图与分析表,从投入部分获取水资源贡献率,结合产出部分的货币能值,获取分行业水资源价值。

(3)流域生态损害补偿量化模型。基于水污染损失率理论与水资源生态经济价值核算方法,建立流域内上游单元对下游单元的水环境损害补偿价值量化模型。

将上述理论应用于河南驻马店小洪河流域,进行实例研究。

1.3.3　流域缺资料河流生态水量亏缺补偿研究

(1)基于水文模拟的河流关键控制断面流量过程。针对行政单元间缺实测流量资料的流域,应用 SWAT 水文模型,对全流域径流过程进行模拟,推求相应子流域即行政单元间关键断面的流量过程。结合社会经济用水情况,获取关键断面天然径流过程。

(2)基于改进 MTMSHC 水文学法的河流生态需水量。考虑特征年的划分,计算过程以月为时间尺度计算河流最小生态流量所占月均径流量的比例,由获得的比例来计算河流最小生态流量，由河流最小生态流量进行量化计算得出河流生态需水。

(3)河流生态水量亏缺补偿价值量化。以河流生态保护为目标，以河流基本生态需水为补偿控制阈值，建立基于河流生态需水的生态补偿判别准则，推求各行政单元由河道外向河道内的补偿水量。应用模糊综合评价法核算单方水资源价值作为补偿标准，结合补偿水量，量化各行政单元的补偿价值。

以河南南阳白河、唐河流域为例，进行实例研究。

1.3.4　河流生态需水与水权分配双控作用的生态补偿研究

(1)基于改进水文学法的河道内补偿控制阈值。基于月流量变动法(VMF法)与改进的年内展布法，计算河流关键断面年内丰、平、枯各时期的基本和适宜生态需水量，作为河道内补偿控制阈值。

(2)双层递阶决策下市-县-行业初始水权分配模型。基于主客观组合赋权分配理论，构建多要素协同控制的市-县分配模型；基于目标优化理论，构建多目标协调发展准则下的县-行业分配模型，实现市-县-行业初始水权的逐级分配，并作为河道外补偿控制阈值。

(3)多层级补偿判别准则与补偿价值量化。结合河道内外补偿控制阈值，制定综合考虑水文频率、生态需水、水权分配的多层级补偿判别准则，推求各行政单元补偿水量。应用能值分析理论核算分行业水资源价值，结合补偿水量，获取各行政单元需承担的补偿价值。

将上述理论应用于河南南阳白河流域，进行实例研究。

1.3.5　水质水量协同控制下的流域生态补偿研究

(1)水质水量协同控制作用下流域生态补偿机制研究。深入分析水质水量控制阈值与生态补偿的相互关系，从流域上下游相关利益体的行为表现出发，制定上下游补偿原则，界定补偿主客体，揭示水质水量协同控制作用下的生态补偿机制。

(2)河流生境补偿水量量化。研究栖息地生境因子水文情势、地理特征、水力条件、水环境质量与鱼类生态需求之间的响应关系，构建生态-生境-流量模块化模拟模型，推荐河流适宜生态流量。基于目标优化准则量化的流域市-县水权配置方法，获取县初始水权。以河流生态流量为初控阈值，以县初始水权为二级控制阈值，提出双层次超阈值判别的河流生境补偿水量量化方法。

(3)水环境补偿水量量化。针对缺水质实测资料的流域，综合考虑孕灾环境、致灾条件、治灾建设中的多要素，基于信息熵理论，构建污染物削减总量分配模型，获取流域内各行政单元需削减的入河排污量。基于污染物一级衰减反应方程与河段叠加原理，量化各行政区下游控制断面污染物混合叠加浓度。应用水污染损失率计量模型，推求关键断面综合水污染损失率与水环境补偿水量值。

(4)补偿多情景模式设置与补偿价值量化分析。根据水质达标与水量盈缺判别条件，设置4种情景模式：水质达标-水量盈余、水质达标-水量亏缺、水质超标-水量盈余、水质超标-水量亏缺。基于生态补偿机制，结合水资源价值，核算各情景下的河流生境补偿价值与水环境补偿价值，获取流域水生态环境补偿价值，进行补偿价值量化分析。

将上述理论应用于淮河干流淮南段，进行实例研究。

研究总体框架如图 1-1 所示。

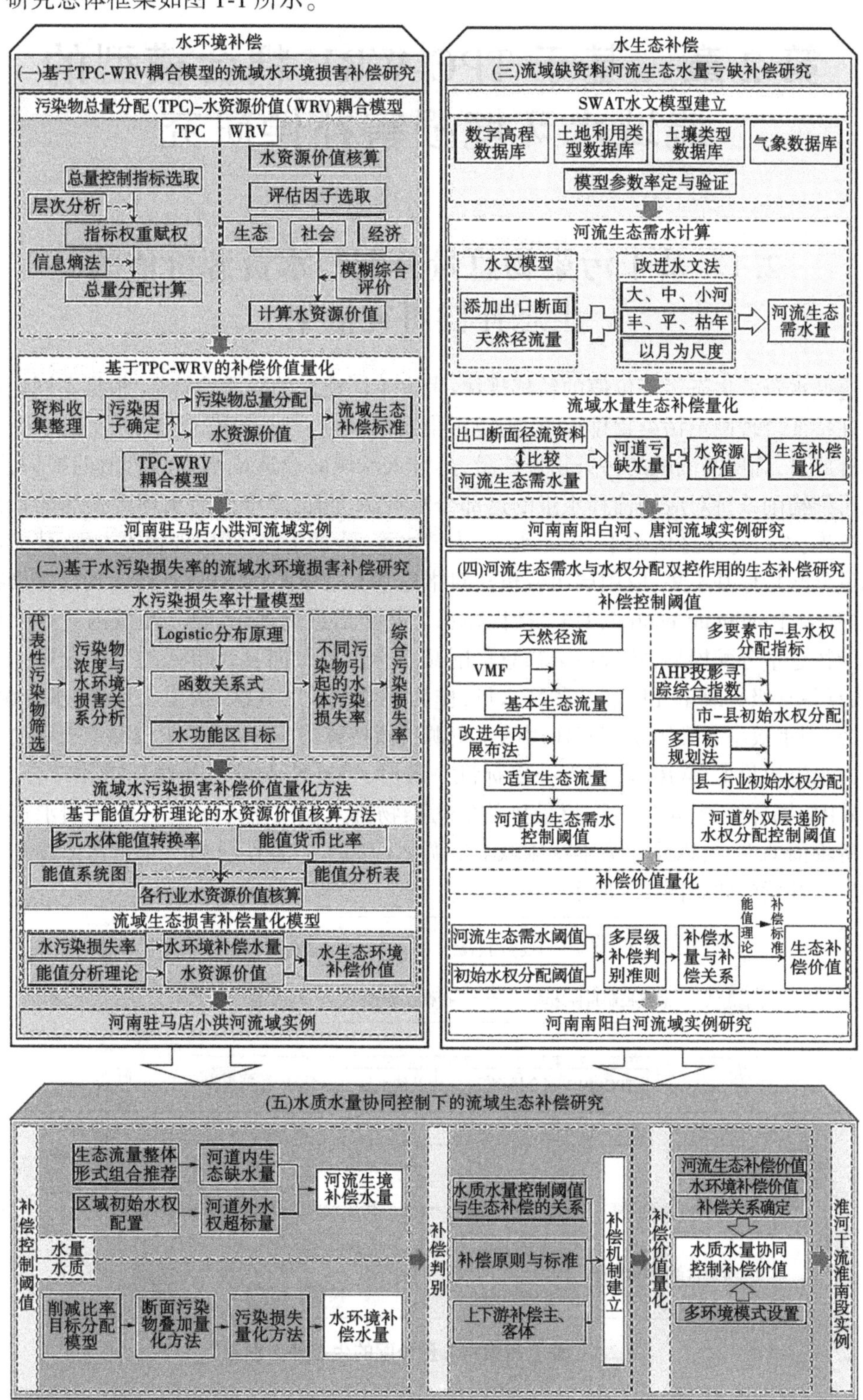

图 1-1　研究总体框架

第 2 章　基于 TPC-WRV 耦合模型的流域水环境损害补偿研究

2.1　基于污染物总量分配与水资源价值的生态补偿研究框架

遵循水资源生态经济价值的转移规律，考虑不同地区的异质性特征，根据不同地区的异质性特征合理确定污染物排放量，确定污染物削减量。对于超过该地区所能承受的污染物排放量，即所需削减的污染物排放量，其排入流域必会造成水资源价值的损失，通过量化污染物削减量对应的稀释水量的这部分水资源价值，即可作为水环境损坏的补偿价值。首先，综合考虑经济水平、生产水平、人口水平、治理条件、环境现状等方面，建立污染物总量分配指标基本集，应用层次分析法对指标基本集中的指标进行筛选，构建污染物总量分配（total pollutant control，TPC）指标体系。基于信息熵理论，建立流域内各行政单元的污染物总量分配模型，实现污染物总量削减目标由市级向县级单元的合理分配。基于此，核算各县级行政单元所需的稀释水量，作为补偿水量。其次，构建水环境、水资源、社会经济、用水效率 4 类因素相互作用的水资源价值核算指标体系，基于模糊综合评价法获取单方水资源价值（WRV），作为补偿标准。最后，将补偿水量与补偿标准相结合，建立 TPC-WRV 耦合模型，定量核算超量排放的污染物排入流域生态系统后造成的水资源生态经济价值的损失，以此作为本章流域上下游之间的生态补偿价值。基于污染物总量分配的生态补偿框架如图 2-1 所示。

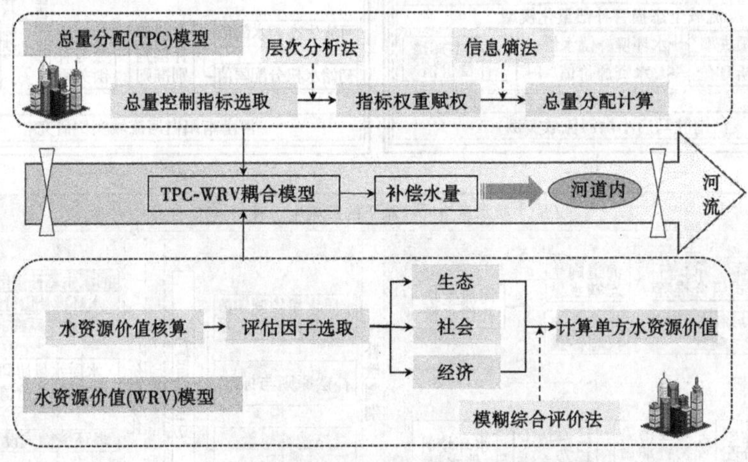

图 2-1　基于污染物总量分配的生态补偿框架

2.2　污染物总量分配指标体系

污染物总量分配模型构建的基础是选取相关的指标构成指标体系,基于此指标体系,采用科学合理的方法进行模型的构建。因此,首先需要确定其指标体系。

2.2.1　污染物总量分配原则

各个行政区域可以减排的污染物额度都是由总量分配指标集的选择来确定的。我国的污染物总量控制管理的政策目标为总体上符合国家经济发展和环境保护的目标,考虑不同地区削减能力的差异,制定不同的总量控制目标,达到合理配置环境资源、产业结构,逐步实现污染物总量控制的目标。

基于我国污染物总量控制管理的政策目标,总量分配的原则有:

(1)提高行政区域水环境质量原则。这是进行总量分配的前提。地区经济、水文水资源条件等都与水环境容量的大小密切相关。在分配的过程中,应当首先考虑行政区域的水环境容量,协调统筹社会、经济与环境之间的关系,在满足社会、经济与环境需求的同时,尽可能地削减污染物排放量。

(2)独特性原则。在总量削减分配过程中,指标的选取应当考虑各个行政区域的环境质量现状、水环境容量、减排能力、社会经济发展水平之间的差别,根据各个区域在以上方面的表现,实行不同的总量分配方案的制度。

(3)公平性原则。是总量分配的核心,与独特性原则紧密联系;一般认为,实现不同对象间的环境分配公平是环境公平的重要内容(陈晨,2013)。各个行政区域的排污现状、当地企业的生产工艺以及污染物治理水平不尽相同,不能一味地按照等比例原则来进行分配,应适当照顾经济发展水平较低的地区,严格控制污染物超标严重的地区。

(4)可行性原则。总量分配方案合理性的客观要求,使得分配方案应该具有较强的可行性。分配方案的可行性在经济、管理和技术层面得到体现,这就需要在确定分配方案时必须与当地经济发展水平相结合,与现有的环境管理工作相一致以及便于管理部门应用实施。

2.2.2　指标基本集

结合国内外总量控制的研究分析,本书拟从以下五大要素对总量分配指标基本集进行筛选。

(1)经济水平和结构要素。

在同等的条件下,经济水平越高的行政区域需要越多的水环境容量,应该分配较多的排污量。经济结构能够反映出行政区域的排污产业分布特征。经济水平的表征指标有生产总值(第一产业、第二产业、第三产业)、人均GDP、全部工业增加值、进出口贸易额、城镇居民可支配收入、城镇化率等。经济结构的表征指标有三次产业比例、三次产业增加值占生产总值的比例、重点行业产值、重点行业增加值占生产总值的比例等。其中,在选择指标过程中应该首先选择增加值指标,这是因为它们反映出了经济发展的速率和规模。

(2)生产技术进步要素。

生产技术进步的主要表征指标有人均污染物排放量、城镇人均污染物排放量、万元GDP污染物排放量、单位工业产值污染物排放量、单位经济产值污染物排放量等。

(3)人口要素。

人口要素主要包括两方面内容,即人口数量和人口结构。人口数量的表征因素一般有人口总数、老年人/青年人/未成年人人口数量、城镇/农村人口数量等。人口结构的表征指标有城镇与农村人口比例、男女比例、出生率、死亡率等。

(4)污染物治理要素。

污染物治理要素能够反映该地区的治污水平的高低。表征指标主要有生活污水削减率、生活COD/氨氮削减率、工业废水处理率、工业COD/氨氮处理率、污水处理厂处理率、污水处理厂运行费用、政府治污投入资金规模等。

(5)水环境要素。

水环境要素包含水环境质量与水资源两方面特征信息。为了维护生态平衡协调发展,污染物的削减水平应该尽量与该地区的水环境容量相适应。该行政区域的水环境容量和水资源量共同决定了该行政区域的允许污染物排放量,水资源量与水环境容量呈现正相关关系,水资源量越丰富,相应的水环境容量也越大,越能容纳污染物,反之亦然。一个地区的污染物总量分配应该与该地区的水资源量相适应。水环境质量状况由水环境容量利用率、流域监测断面各水质比例等来表征。水资源丰度除用水资源总量来表示外,还可以用人均水资源量、人均地表水/地下水资源量、年用水总量、单位面积水资源量、水资源循环利用率等来表征。

基于以上分析,污染物总量分配指标各种各样,既包括定性指标又包括定量指标,在进行总量分配时若考虑所有相关指标,会使得指标体系过于冗杂。因此,紧密结合我国减排工作和总量管理的具体要求,对指标进行初步筛选形成指标基本集,如表2-1所示。

表2-1 总量分配指标基本集

子集	指标	单位	编号
经济水平和结构	人均GDP	元/人	A_1
	生产总值	万元	A_2
	三次产业比例	—	A_3
	工业增加值	%	A_4
	重点行业增加值占生产总值比例	—	A_5

续表 2-1

子集	指标	单位	编号
生产技术进步	人均污染物排放量	t/人	B_1
	城镇人均污染物排放量	万 t	B_2
	万元 GDP 污染物排放量	万元/t	B_3
	单位工业产值污染物排放量	万元/t	B_4
	单位经济产值污染物排放量	万元/t	B_5
人口	人口总数	人	C_1
	城镇人口数量	人	C_2
	城镇与农村人口比例	—	C_3
	出生率	‰	C_4
	自然增长率	‰	C_5
污染物治理	生活污水削减率	%	D_1
	工业废水处理率	%	D_2
	污水处理厂处理率	%	D_3
	生活 COD/氨氮削减率	%	D_4
	工业 COD/氨氮处理率	%	D_5
水环境	环境容量利用率	%	E_1
	监测断面Ⅱ类水所占比例	%	E_2
	水资源总量	亿 m^3	E_3
	人均水资源量	m^3/人	E_4
	单位面积水资源量	m^3/km^2	E_5

2.2.3　基于层次分析的总量分配指标体系构建

指标体系的构建既要满足代表性原则,即注重每个指标的代表意义,还要满足全面性原则,即各个指标之间的内部结构。层次分析法(AHP)是 20 世纪 70 年代中期由美国学者 Satty 等(1997)创立的一种能用来处理复杂决策问题的定量与定性相结合的多目标决策新方法。能够把复杂的问题分解成若干组成因素,再将这些因素按从属关系分为层次结构,然后运用两两比较的方法来确定各个因素的权重(任伟宏 等,2008)。

2.2.3.1　层次分析法的步骤(陈沫宇 等, 2013)

(1)建立层次结构模型。首先需要把研究的问题条理化、层次化,然后将具有共同属性的元素归并为一组,划分递阶层次结构。同一层次的元素作为准则,对下一层次的某些元素起支配作用,同时又受上一层次元素的支配(吴观宇,2007)。递阶层次结构模型中一般包含最高层(总目标指标)、中间层和最底层(张宏亮 等,2007)。

(2)构造判断矩阵。对于影响因素的相对重要性可以构建判断矩阵来计算因素的权重值,层次分析法所用的导出权重的方法就是通过两两比较来确定的,从而得到以下的判断矩阵:

$$\boldsymbol{A}=\begin{bmatrix} a_{11} & a_{12} & \cdots & a_{1j} & \cdots & a_{1n} \\ a_{21} & a_{22} & \cdots & a_{2j} & \cdots & a_{2n} \\ \vdots & \vdots & & \vdots & & \vdots \\ a_{i1} & a_{i2} & \cdots & a_{ij} & \cdots & a_{in} \\ \vdots & \vdots & & \vdots & & \vdots \\ a_{n1} & a_{n2} & \cdots & a_{nj} & \cdots & a_{nn} \end{bmatrix} \tag{2-1}$$

式中:a_{ij} 为相对于上一层指标而言,指标 u_i 对 u_j 的相对重要程度。显然对于任意一个判断矩阵都有 $a_{ij}>0$,$a_{ii}=1$,$a_{ij}=1/a_{ji}$,其中 $i, j=1, 2,\cdots, n$。

判断矩阵中通常按 1~9 比例标度对重要性程度赋值,即分别对每一层次的评价指标的相对重要性进行定性描述,并用准确的数字进行量化表示,数字的取值所代表意义见表 2-2。使用标度法有两点要求:①进行比较的因素具有相同的数量级;②两个比较的因素的优劣程度尽可能定量表示(宋凌艳,2010)。

表 2-2 判断矩阵标度法

标度	定义
1	两因素相同重要
3	一因素比另一因素稍微重要
5	一因素比另一因素明显重要
7	一因素比另一因素强烈重要
9	一因素比另一因素极端重要
2、4、6、8	两相邻判断的中值
倒数	因素 P_i 与 P_j 比较,得到判断矩阵的元素 b_{ij}, 则因素 P_j 与 P_i 比较的判断值 $b_{ji}=1/b_{ij}$

(3)判断矩阵的一致性检验。为确保判断思维的一致,进行一致性检验,引入判断矩阵偏离一致性 C. I. 与判断矩阵的平均随机一致性指标 R. I. (见表 2-3)的比值 C. R. 来检验评判者判断思维的一致性。计算式如式(2-2)所示:

$$\mathrm{C.R.}=\mathrm{C.I.}/\mathrm{R.I.} \tag{2-2}$$

首先计算判断矩阵的最大特征值 $\lambda_{\max}$,再按式(2-3)计算一致性指标公式:

$$\mathrm{C.I.}=(\lambda_{\max}-n)/(n-1) \tag{2-3}$$

然后按表 2-3 确定平均一致性指标 R. I. ,最后按式(2-3)计算随机一致性比值 C. I. 。

表 2-3　平均一致性指标

n	1	2	3	4	5	6	7	8	9
R. I.	0	0	0. 58	0. 90	1. 12	1. 24	1. 32	1. 41	1. 45

(4)层次的总排序。计算同一层次所有指标对于总指标相对重要性的排序权重值,称为指标体系的总排序。这一过程是由最高层到最低层逐层进行的。如层次 c 对层次 a 来说,其优劣顺序为 $a_1, a_2, \cdots, a_n$,而层次 p 对层次各因素 $c_1, c_2, \cdots, c_m$ 来说,单层权重结果数值分别为 $\omega_1^1, \omega_2^1, \cdots, \omega_n^1; \omega_1^2, \omega_2^2, \cdots, \omega_n^2; \cdots; \omega_1^m, \omega_2^m, \cdots, \omega_n^m$; 则层次 p 各因素对层次 a 的总排序数值由 $\omega_1 = \sum_{j=1}^{m} a_j \omega_1^j, \omega_2 = \sum_{j=1}^{m} a_j \omega_2^j, \cdots, \omega_n = \sum_{j=1}^{m} a_j \omega_n^j$ 确定。同样的,层次总排序也需要进行一致性检验,如 c 层某因素对 a_n 的单排序一致性指标 $C.I._j$,平均随机一致性指标 $R.I._j$,则 c 层总排序一致性比率如式(2-4)所示:

$$C.R. = \frac{\sum_{j=1}^{m} \omega_j C.I._j}{\sum_{j=1}^{m} \omega_j R.I._j} \tag{2-4}$$

当 $C.R. < 0.1$ 时,认为总排序满足一致性条件,否则需继续调整判断矩阵。

2.2.3.2　指标体系构建结果

在项目进行过程中,通过咨询专家和问卷调查,获取了 30 位专家对评估指标基本集中的指标的评价结果。采用污染物总量分配指标体系,确定评估指标基本集中的 25 个指标进行层次之间的判断矩阵,从而构建驻马店小洪河流域污染物总量分配指标体系。

在指标基本集分层的基础上,根据专家意见,根据层析分析法相关方法,确定层次之间的判断矩阵,并通过了一致性检验。最终将 30 位专家各个指标得分值加权平均得到污染物总量分配指标基本集中各指标的层次分析得分值,如表 2-4 所示。

表 2-4　指标基本集中各指标的层次分析得分值

子集	指标	编号	分值
经济水平和结构	人均 GDP	A_1	0. 128 4
	生产总值	A_2	0. 019 8
	三次产业比例	A_3	0. 008 1
	工业增加值	A_4	0. 009 2
	重点行业增加值占生产总值比例	A_5	0. 012 4
生产技术进步	人均污染物排放量	B_1	0. 147 0
	城镇人均污染物排放量	B_2	0. 012 2
	万元 GDP 污染物排放量	B_3	0. 021 6
	单位工业产值污染物排放量	B_4	0. 015 7
	单位经济产值污染物排放量	B_5	0. 014 9

续表 2-4

子集	指标	编号	分值
人口	人口总数	C_1	0.017 2
	城镇人口数量	C_2	0.009 1
	城镇与农村人口比例	C_3	0.006 0
	出生率	C_4	0.004 1
	自然增长率	C_5	0.005 7
污染物治理	生活污水削减率	D_1	0.017 8
	工业废水处理率	D_2	0.018 0
	污水处理厂处理率	D_3	0.024 4
	生活 COD/氨氮削减率	D_4	0.100 9
	工业 COD/氨氮处理率	D_5	0.096 8
水环境	环境容量利用率	E_1	0.196 6
	监测断面Ⅱ类水所占比例	E_2	0.038 3
	水资源总量	E_3	0.010 5
	人均水资源量	E_4	0.009 5
	单位面积水资源量	E_5	0.055 8

从表 2-4 的指标中，筛选出环境容量利用率、人均污染物排放量、人均 GDP、生活 COD/氨氮削减率、工业 COD/氨氮处理率、单位面积水资源量这 6 个指标。它们反映污染物总量分配的指标之和为 0.725 5，能够表征污染物总量分配的目标。最终形成的污染物总量分配指标体系如图 2-2 所示。

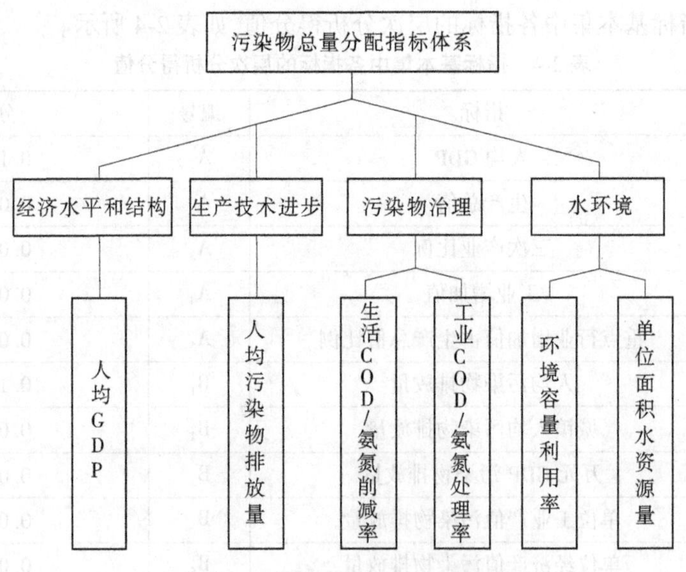

图 2-2 污染物总量分配指标体系

2.3　基于信息熵的污染物总量分配模型

“熵”(entropy)是一个内涵和外延极其丰富的概念(陈颖,2014)。“熵”最初出现在希腊语中,意为“变化”。1865 年 Clausius 第一次将“熵”作为热力学中的状态函数来表示不可逆程度(于术桐 等,2009)。1948 年, CEshannon 把“熵”与信息论结合起来,构建了用于度量随机事件信息量的信息“熵”模型。CEshannon 认为,信息能够反映出系统的有序度,“熵”能够反映出系统的无序度,信息和“熵”在绝对值上呈相等关系,在数值上呈反比关系,即“熵”越大,系统越无序,信息的效用值越小,反之亦然(Thomainn et al. ,1964)。基于信息熵能够有效度量数据信息量的优点,在政策管理和制定决策过程中引入信息熵对其进行数据挖掘(孙志高 等,2004;Beenstoek et al. ,2008)。在这个过程中,对于给定的评价对象,各个指标的熵值能够反映差异状况,熵权则能反映各指标的竞争激烈程度,进而实现对决策方案的优化优选。

近年来,学者对于信息熵的应用越来越广泛,例如在多目标决策(陈强 等,2007)、工程优化(闫文周 等,2004)、环境资源系统分析(刘利霞 等,2007;张戈丽 等,2008)、社会决策分析和优选(朱丽,2008)等方面。

从以上信息熵的基本概述可知,信息熵方法已经成为系统分析和决策的一种有效工具。在实际的分析决策过程中,当不同的方案与研究者、利益相关方的利益密切相关时,他们在选择决策指标重要性时通常差距较大,难以形成一致意见,信息熵能够对于分析决策过程中的差异性进行分析,避免了人为因素的干扰,客观地依靠指标自身的特性来确定重要程度。信息熵依据指标的信息量来确定其相对重要程度,即权重的大小。

我国的污染物总量分配需秉承着公平合理的原则,分配方案的确定关键在于确定一套能够反映不同地区异质性特征的分配指标体系和判断指标体系中各个指标的相对重要程度。对于分配指标体系的确定问题在前述章节已经解决,对于指标的相对重要程度可用信息熵理论来解决。

污染物总量分配(TPC)模型如下:

假设总量分配对象集合为

$$X_i = \{x_1, x_2, x_3, \cdots, x_n\}, i \in (1, n) \tag{2-5}$$

假设总量分配指标集为

$$X_j = \{x_1, x_2, x_3, \cdots, x_m\}, j \in (1, m) \tag{2-6}$$

由总量分配指标集构造原始数据矩阵,此矩阵为 $n \times m$ 阶:

$$\boldsymbol{A}_{ij} = \begin{bmatrix} x_{11} & x_{12} & \cdots & x_{1m} \\ x_{21} & x_{22} & \cdots & x_{2m} \\ \vdots & \vdots & & \vdots \\ x_{n1} & x_{n2} & \cdots & x_{nm} \end{bmatrix} \tag{2-7}$$

式中:$\boldsymbol{A}_{ij}$ 为原始分配指标数据的判断矩阵;x_{ij} 为第 i 个地区第 j 个指标值;n 为分配对象省(市、区)的个数,$i \in (1, n)$;m 为指标个数,$j \in (1, m)$。

为了避免不同指标量纲的影响,因此将各指标归一化。

对于正向指标：

$$X_{ij}=\frac{I_{ij}-\min\{I_{ij}\}}{\max\{I_{ij}\}-\min\{I_{ij}\}} \tag{2-8}$$

对于反向指标：

$$X_{ij}=\frac{\max\{I_{ij}\}-I_{ij}}{\max\{I_{ij}\}-\min\{I_{ij}\}} \tag{2-9}$$

式中：$X_{ij}\in(0,1)$；$\max\{I_{ij}\}$ 为 i 地区 j 指标的最大值；$\min\{I_{ij}\}$ 为 i 地区 j 指标的最小值；X_{ij} 为第 i 个地区第 j 个指标的归一化值；I_{ij} 为 i 地区 j 指标的值。

归一化后构造新标准化矩阵：

$$\boldsymbol{B}_{ij}=\begin{bmatrix} X_{11} & X_{12} & \cdots & X_{1m} \\ X_{21} & X_{22} & \cdots & X_{2m} \\ \vdots & \vdots & & \vdots \\ X_{n1} & X_{n2} & \cdots & X_{nm} \end{bmatrix} \tag{2-10}$$

式中：$\boldsymbol{B}_{ij}$ 为归一化后的新的判断矩阵。

指标 j 的信息熵定义为

$$H(X)_j=-K\sum_{i=1}^{n}p_{ij}\ln p_{ij}\quad 0\leqslant H(X)_j\leqslant 1 \tag{2-11}$$

$$p_{ij}=\frac{X_{ij}}{\sum\limits_{i=1}^{n}X_{ij}} \tag{2-12}$$

式中：p_{ij} 为能够反映各个指标的不同特征的状态函数。

指标在总量分配过程中所起作用的大小可以通过指标值 p_{ij} 来反映，p_{ij} 越大则其作用越大。

常数参量 K 如式(2-13)所示，可以看出 K 与分配对象 n 有关。

$$K=\frac{1}{\ln n}\quad K>0 \tag{2-13}$$

将式(2-12)和式(2-13)代入式(2-11)，可得：

$$H(X)_j=-\frac{1}{\ln n}\sum_{i=1}^{n}\left(\frac{X_{ij}}{\sum\limits_{i=1}^{n}X_{ij}}\times\ln\frac{X_{ij}}{\sum\limits_{i=1}^{n}X_{ij}}\right) \tag{2-14}$$

当 $P_{ij}=0$ 时，

$$P_{ij}\ln P_{ij}=0 \tag{2-15}$$

$$\sum P_{ij}=1 \tag{2-16}$$

指标 j 的信息量与其熵值呈反比关系，因此信息熵的效用为

$$d_j=[1-H(X)_j] \tag{2-17}$$

根据污染物总量分配信息熵的定义可知，d_j 反映了各个指标的重要程度，确定各项指标的信息熵权如式(2-18)所示：

$$w_j = \frac{d_j}{\sum_{j=1}^{m} d_j} \tag{2-18}$$

将式(2-17)代入式(2-18),可构造污染物总量分配熵权与信息熵的定量计量模型:

$$\boldsymbol{w}_j = \frac{[1 - H(X)_j]}{\sum_{j=1}^{m}[1 - H(X)_j]}, 0 \leqslant w_j \leqslant 1, \sum w_j = 1 \tag{2-19}$$

进而,各个指标的权重向量分布为

$$\boldsymbol{W}_j = \{w_1, w_2, \cdots, w_m\} \tag{2-20}$$

$$C_i = \sum_{j=1}^{m} X_{ij} \times W_j \tag{2-21}$$

C_i 反映的是各个地区的综合状况,是相对削减水平,并不能反映各个分配对象的削减率。接下来对 C_i 进行处理,求得各个分配对象的分配削减率:

$$\lambda_i = \frac{C_i}{\overline{C}} \tag{2-22}$$

式中:$\overline{C}$ 为分配对象的平均相对削减水平;λ_i 为分配对象的相对削减率与平均相对削减水平的比例。

各分配对象的分配削减率方程为

$$r_i = r \times \lambda_i \tag{2-23}$$

式中:r 为全国削减率,即平均削减率。

将式(2-22)代入(2-23)得

$$r_i = r \times \frac{C_i}{\overline{C}} \tag{2-24}$$

由各分配对象的削减率,可以求得各分配对象的削减量为

$$R_i = W_{i(0)} \times r_i \tag{2-25}$$

将式(2-24)代入式(2-25)得

$$R_i = W_{i(0)} \times r \times \frac{C_i}{\overline{C}} \tag{2-26}$$

则各分配对象的分配量为

$$W_i = W_{i(0)} \times (1 - r_i) \tag{2-27}$$

式中:$W_{i(0)}$ 为 i 地区的各污染物现状排放量;r_i 为全国各污染物目标削减率。

2.4　基于模糊综合评价的水资源价值核算方法

在自然资源中,水资源是非常重要的资源之一,它可以为人们的物质经济系统提供各种生产和生活资料。反过来,人们生活产生的大量废物又对水资源系统有一定的作用,这样在这两个系统中,能量和物质进行复杂的交换与转变,具有一定的模糊性,不能被准确

地确定,而这两个系统形成了水资源的价值系统。由于这个系统具有以上特征,本书通过模糊数学模型的方法来研究水资源价值模型。

2.4.1 水资源价值核算指标体系

2.4.1.1 评价因子选取

采用模糊综合评价的方法计算水资源的价值,主要从水资源价值属性方面入手,选取具有科学性、代表性的评价指标,包括水环境、水资源、社会经济和用水效率属性。

1. 水环境属性

在自然生态环境中,水资源的环境属性主要分为水资源对环境的影响程度、水资源整体质量、水资源的健康程度等,水资源的分布和质量对环境的影响体现出水环境的属性。在生态系统中,又分为人工生态系统和天然生态系统,水环境属性不仅是生态环境建设下主要的控制因素,同时也是维持生态系统基本稳定的基础因素。

2. 水资源属性

在水资源价值属性中的水资源属性可以理解为水资源在自然生态环境中所具有的自身属性,可以概括为水量的多少、流域面积的大小、水资源的分布情况等。在大多数情况下,水资源属性有多种存在形态,具有普遍性和自然贯通性,同时具有绝对数量的巨大性和相对数量的不足性。水资源自身的运动属性、循环性都属于水资源属性。在自然生态环境中,水资源自身属性处于基本地位。

3. 社会经济属性

从水资源的社会和经济角度入手,可以将水资源的社会经济属性概括为水资源对人类社会生产、生活等造成有利或者有害的影响,流域的人群对水资源都享有基本的使用权,在社会生活中生存用水权优先,水资源在社会分配中要充分体现公平和可持续原则,水资源具有持续利用的经济价值。当水资源被利用到社会生活的各个方面的时候,水资源的经济价值就体现出来。

4. 用水效率属性

当水资源被使用或者消耗的时候,可以体现出水资源的用水效率属性,一方面可以理解为水资源在人类日常生产、生活、工农业的发展中具有支持和保障作用;另一方面人类的发展离不开水资源,发展效率以及发展的程度也能从侧面反映出用水效率。

2.4.1.2 评估指标体系构建

1. 评估指标选取原则

水资源价值评估指标,是指影响水资源价值的各种自然、经济、社会因素的集合,这些因素直接或间接地反映和制约了水资源价值。本书建立的水资源评价指标体系,主要的选取原则有:

(1)系统性与科学性原则。

水资源价值是一个复杂的体系,包含多个子系统,且各个子系统之间相互作用、互相影响。因此,在选择评价指标的时候需要从系统性的角度出发选择评价指标,且指标选取不仅要符合实际,同时要具有科学性和说服力,选取的指标能够对水资源价值体系进行一个系统科学的描述。

(2)层次性与综合性原则。

水资源价值系统是个复杂系统,因为评价指标包含了多个方面,而且每个方面又由许多因素决定,所以可以看出这些指标之间有着明显的层属关系,需要在指标体系建立过程中加以注意,做到层次分明、清晰。各个层次的指标形成了水资源的价值评价指标体系,为了使研究的问题更具有针对性和现实意义,所选取的各层级指标要全面、综合,具有尽可能大的集成度。

(3)可操作性与动态性原则。

人们的认识理解不是一成不变的,是逐层深入的。选取的指标在实施时应得到有效运用,且数据来源真实、利于收集,评价指标应该是可操作、可处理和可改进的,这样才能够提高评价结果,且便于人们理解。

(4)适度性原则。

在选取评价指标时不是说越多越好,而是具有一定的数量,只要选取的指标具有代表性,能够明确表达出水资源的价值属性,能够利于水资源价值的计算即可,选取数量过多反而不利于计算,同时会出现重复现象,表现混乱。选取的指标数量过少则不具有揭示水资源价值问题本质的作用。

2. 指标体系构建

根据以上原则,经过研究数据分析建立评价指标体系,选取水环境、水资源、社会经济和用水效率 4 类属性,遴选 14 个指标构建指标体系。其中,水环境选取 COD、氨氮、总磷和地表水功能区河长达标占比 4 个指标;水资源选取人均水资源量、水资源总量和供水工程总供水量 3 个指标;社会经济选取人口密度、人均用水量、城镇化率,以及供水、污水处理设施固定资产投资额 4 个指标;用水效率选取人均 GDP、万元 GDP 用水量和平均用水消耗率 3 个指标。水资源价值指标体系见表 2-5。

表 2-5　水资源价值指标体系

属性	指标层
水环境	COD/(mg/L)
	氨氮/(mg/L)
	总磷/(mg/L)
	地表水功能区河长达标占比/%
水资源	人均水资源量/(m^3 · 人)
	水资源总量/10^8 m^3
	供水工程总供水量/10^8 m^3
社会经济	人口密度/(人/hm^2)
	人均用水量/m^3
	城镇化率/%
	供水、污水处理设施固定资产投资额/亿元

续表 2-5

属性	指标层
用水效率	人均 GDP/元
	万元 GDP 用水量/m^3
	平均用水消耗率/%

2.4.2 水资源价值核算模型

采用模糊综合评价法对水资源价值进行计算,模糊综合评价法借助部分模糊数学的概念,通过模糊数学中的隶属度理论对具有多种属性及不确定性物品做出评价计算,通过这一过程将定性评价转化为定量评价,基本过程如下:

(1)建立模糊综合评价指标体系。

构建模糊综合评价指标体系是进行模糊综合评价的基础,模糊综合评价计算结果很大程度上受到评价因子选取这一部分影响,根据评价指标体系选取的原则及方法来对评价指标体系进行构建,使评价结果达到科学合理的程度。

(2)建立模糊综合评价等级。

根据评价要求需要对评价等级进行划分,目的是判断被评价对象的等级归属。根据一般要求,评价等级一般取 3~7 中间的某个数字,等级取奇数最佳,因为在奇数区间中可以存在一个中间等级,这样可以更直观区分评价对象的状态。

(3)建立隶属度矩阵。

设水资源价值具有 K 个属性($k=1\sim K$),并且每一个属性涵盖了 m 个指标($i=1\sim m$),在研究中需要对 m 的数值进行具体问题具体分析。此外各指标的分级标准有 n 级($j=1\sim n$),基于升(降)半梯形分布隶属度函数,依次构建各属性隶属度矩阵 $\boldsymbol{R}_k$:

$$\boldsymbol{R}_k = \begin{bmatrix} \gamma_{11}^k & \cdots & \gamma_{1j}^k & \cdots & \gamma_{1n}^k \\ \vdots & & \vdots & & \vdots \\ \gamma_{i1}^k & \cdots & \gamma_{ij}^k & \cdots & \gamma_{in}^k \\ \vdots & & \vdots & & \vdots \\ \gamma_{m1}^k & \cdots & \gamma_{mj}^k & \cdots & \gamma_{mn}^k \end{bmatrix} \tag{2-28}$$

式中:γ_{ij}^k 为第 k 个属性内第 i 个指标在第 j 个分级标准下的隶属度值。

隶属度的计算方法及其改进算法多种多样(肖满生 等,2017;邓景成 等,2018;郑焕科 等,2020),隶属度本身计算也具有一定的模糊性,其具体表达的内容即是在一个研究区域内任何一个元素,在该区域内的一个区间总有一两个数(该数存在于一个集合中)与之对应,当这个元素越“接近”区域内的一个数,则取值越接近于 1,表明该元素“属于”这个数的可能性越大,取值区间[0,1]就可以表示元素属于这个集合中某个数的程度的高低(李军均 等,2010)。本书中选取的升(降)半梯形隶属度分布函数应用广泛、研究内容丰富,对解决模糊数学等方面内容研究具有良好的适用性、可靠性,升(降)半梯形公式表达式及判断标准见表 2-6。

表 2-6　升(降)半梯形公式表达式及判断标准

γ_{ij}^{k}	计算公式	判断标准	
		升梯形	降梯形
$\gamma_{i1}^{k}(x_i)$	1	$x_i \geqslant x_{i1}$	$x_i \leqslant x_{i1}$
	$\lvert(x_{i2}-x_i)/(x_{i2}-x_{i1})\rvert$	$x_{i1}>x_i>x_{i2}$	$x_{i1}<x_i<x_{i2}$
	0	$x_i \leqslant x_{i2}$	$x_i \geqslant x_{i2}$
$\gamma_{ij}^{k}(x_i)$	$\lvert(x_{ij}-x_i)/(x_{ij}-x_{i,j-1})\rvert$	$x_{i,j-1} \geqslant x_i \geqslant x_{ij}$	$x_{i,j-1} \leqslant x_i \leqslant x_{ij}$
	$\lvert(x_{i,j+1}-x_i)/(x_{i,j+1}-x_{ij})\rvert$	$x_{ij} \geqslant x_i \geqslant x_{i,j+1}$	$x_{ij}<x_i<x_{i,j+1}$
	0	$x_i \geqslant x_{i,j-1}, x_i \leqslant x_{i,j+1}$	$x_i \leqslant x_{i,j-1}, x_i \geqslant x_{i,j+1}$
$\gamma_{in}^{k}(x_i)$	1	$x_i \leqslant x_{in}$	$x_i \geqslant x_{in}$
	$\lvert(x_{in}-x_i)/(x_{in}-x_{i,n-1})\rvert$	$x_{i,n-1}>x_i>x_{in}$	$x_{i,n-1}<x_i<x_{in}$
	0	$x_i \geqslant x_{i,n-1}$	$x_i \leqslant x_{i,n-1}$

(4)水资源价值客观评价矩阵。

该步骤需要计算各属性内各指标的权重,采用指标实际值 x_i 与其相应的评价标准的平均值$\frac{1}{n}\sum_{j=1}^{n}x_{ij}$之比计算:

$$w_i^k = \frac{x_i}{\frac{1}{n}\sum_{j=1}^{n}x_{ij}} \tag{2-29}$$

式中:w_i^k 为第 k 个属性内的第 i 个评价指标的权重。

为了提高在各个属性内每个指标的均衡性,需要对各评价因子的权重进行归一化处理,原来第 k 个属性内各评价因子的权重为 w_i^k,经过归一化处理后得到该评价因子新的权重 Δw_i^k,由新的评价因子权重组合成新评价因子权重矩阵:$\boldsymbol{W}_k=[\Delta w_1^k,\Delta w_2^k,\cdots,\Delta w_m^k]$,结合所求隶属度矩阵,可以得到第 k 个属性内的客观水资源价值评价矩阵 $\boldsymbol{O}_k$。

$$\boldsymbol{O}_k = W_k \circ R_k = [\sigma_1^k,\cdots,\sigma_j^k,\cdots,\sigma_n^k] \tag{2-30}$$

$$\sigma_j^k = \sum_{j=1}^{n}\Delta w_i^k \gamma_{ij}^k \tag{2-31}$$

式中:σ_j^k 为归一计算后第 k 个水资源属性内第 j 等级下的权重值;$\circ$ 为矩阵运算符号。

依次计算各属性下的水资源价值评价矩阵,将计算结果汇总为整体的客观水资源价值评价矩阵 $\boldsymbol{O}$:

$$\boldsymbol{O} = \begin{bmatrix} \boldsymbol{O}_1 \\ \vdots \\ \boldsymbol{O}_j \\ \vdots \\ \boldsymbol{O}_k \end{bmatrix} = \begin{bmatrix} \sigma_1^1 & \cdots & \sigma_j^1 & \cdots & \sigma_n^1 \\ \vdots & & \vdots & & \vdots \\ \sigma_1^k & \cdots & \sigma_j^k & \cdots & \sigma_n^k \\ \vdots & & \vdots & & \vdots \\ \sigma_1^K & \cdots & \sigma_j^K & \cdots & \sigma_n^K \end{bmatrix} \tag{2-32}$$

(5)水资源价值主观评价矩阵。

经过咨询专家对各评价因子的主观意见和评分,需要对水资源属性权重进行确定,计算各属性内专家对评价因子评分的归一化权重平均值,构成水资源价值主观评价矩阵 $\boldsymbol{S}$:

$$\boldsymbol{S} = [S_1, \cdots, S_k, \cdots, S_K] \tag{2-33}$$

(6)水资源价值综合评价矩阵。

由计算出的水资源价值主观和客观评价矩阵,将二者结合即可得出所需要的水资源价值综合评价矩阵 $\boldsymbol{V}$:

$$\boldsymbol{V} = \boldsymbol{S} \circ \boldsymbol{O} = [v_1, \cdots, v_j, \cdots, v_n] \tag{2-34}$$

$$v_j = \sum_{k=1}^{K} S_k \sigma_j^k \tag{2-35}$$

计算出的水资源价值综合评价矩阵 $\boldsymbol{V}$ 中的数值,从左到右分别依次对应水资源价值等级中的高、较高、中等、较低、低 5 种评价等级。

(7)水资源价格计算。

上述方法中得到的水资源价值模糊综合评价的隶属度“向量结果”是无量纲数,不能直接参与计算和判断,需将其转换为水资源价格“标量值”,因此需要确定能够适用的价格向量。本书中的水资源价格通过以下方法确定:

$$\mathrm{WLJ} = \boldsymbol{V} \circ \boldsymbol{M} \tag{2-36}$$

$$\boldsymbol{M} = [\mathrm{PU}, P_1, P_2, P_3, \boldsymbol{O}] \tag{2-37}$$

$$\mathrm{PU} = \mathrm{WCI}_{\max} \times \frac{\mathrm{AI}}{\mathrm{QW}} - \mathrm{CP} \tag{2-38}$$

$$\mathrm{WCI} = \frac{\mathrm{CW}}{\mathrm{AI}} \tag{2-39}$$

式中:WLJ 为水资源价格;$\boldsymbol{V}$ 为水资源价值综合评价矩阵;$\boldsymbol{M}$ 为水资源价格向量;PU 为水资源价格上限;$P_1 = \frac{3}{4}\mathrm{PU}$;$P_2 = \frac{1}{2}\mathrm{PU}$;$P_3 = \frac{1}{4}\mathrm{PU}$;$\mathrm{WCI}_{\max}$ 为最大水费承受指数;QW 为用水量;CP 为单位供水成本及正常利润;WCI 为水费承受指数;CW 为水费支出;AI 为实际收入。

2.5　基于TPC-WRV的补偿价值量化

污染物总量分配(TPC)模型和水资源价值(WRV)模型是分属两个不同的模型系统,各具有物质和能量上的异质性,但通过前文的分析可知,二者之间存在着内在联系。因此,要构建两者耦合的流域生态补偿标准TPC-WRV耦合模型,只需要确定二者之间的耦合途径即可。由前文可知,污染物进入流域造成流域污染,这会导致水资源的价值发生变化,因此本书引入稀释水量作为二者的耦合途径,通过各区域多排放的污染物量(污染物削减量)稀释到责任目标水质浓度所需水量的水资源价值作为上下游区域之间的补偿标准。

流域生态补偿标准TPC-WRV耦合模型的建立分为两个步骤:第一,需要构建污染物总量分配(TPC)模型和水资源价值(WRV)模型,计算出各个地区的污染物削减量以及水资源价值;第二,采用水资源价值并结合各个地区的污染物削减量,以此为基础构建流域生态补偿标准TPC-WRV耦合模型。流域生态补偿标准TPC-WRV耦合模型的两步密不可分,污染物总量分配(TPC)模型和水资源价值(WRV)模型是流域生态补偿标准TPC-WRV耦合模型建立的基础,直接影响到生态补偿标准的核算。而流域生态补偿标准TPC-WRV耦合模型是核算生态补偿标准的关键所在,通过流域生态补偿标准TPC-WRV耦合模型能够量化各个地区的生态补偿标准,能够科学准确地制定流域生态补偿标准。

流域生态补偿标准TPC-WRV耦合模型的构建在开展实地调研的基础上,拟从污染物稀释的角度入手,建立各水质浓度恢复到责任目标水质时所需的稀释水量,从而确定生态补偿标准。流域生态补偿标准TPC-WRV耦合模型具体如下:

假设各地区的污染物削减量集合为:

$$\boldsymbol{R}_i = \{a_1, a_2, a_3, \cdots, a_n\}, i \in (1, n) \tag{2-40}$$

假设污染物指标集合为

$$\boldsymbol{R}_j = \{a_1, a_2, a_3, \cdots, a_m\}, j \in (1, m) \tag{2-41}$$

由此可得污染物削减数据矩阵,此矩阵为$n \times m$阶:

$$\boldsymbol{R}_{ij} = \begin{bmatrix} a_{11} & a_{12} & \cdots & a_{1m} \\ a_{21} & a_{22} & \cdots & a_{2m} \\ \vdots & \vdots & & \vdots \\ a_{n1} & a_{n2} & \cdots & a_{nm} \end{bmatrix} \tag{2-42}$$

式中:$\boldsymbol{R}_{ij}$为污染物削减数据矩阵;a_{ij}为第i个地区第j个污染物的削减量;n为削减对象省(市、区)的个数,$i \in (1, n)$;m为污染物个数,$j \in (1, m)$。

根据质量守恒定律,可得污染物j的稀释水量,即在1 t水中把该污染物稀释到责任目标水质浓度值的水量:

$$y_i = \frac{I_i}{E_i} - 1 \tag{2-43}$$

其中,

$$I_i = R_i / K_i \tag{2-44}$$

式中：y_i 为稀释水量，L；E_i 为责任目标水质浓度值，mg/L；I_i 为污水浓度，mg/L；R_i 为 i 地区的污染物削减量，t；K_i 为地区 i 的水资源总量，t。

进而，各个地区的不同污染物的稀释水量矩阵分布为

$$\boldsymbol{Y}_{ij} = \begin{bmatrix} y_{11} & y_{12} & \cdots & y_{1m} \\ y_{21} & y_{22} & \cdots & y_{2m} \\ \vdots & \vdots & & \vdots \\ y_{n1} & y_{n2} & \cdots & y_{nm} \end{bmatrix} \tag{2-45}$$

根据式(2-45)可知，稀释水量 $\boldsymbol{Y}_{ij}$ 反映了各个地区不同污染物的污染程度，污染程度越高的地区，其稀释水量就越大，反之稀释水量就越小。

地区 i 的流域生态补偿标准计算公式为

$$C_{r_i} = \mathrm{WLJ}_i \cdot \sum_{j=1}^{m} y_j \tag{2-46}$$

式中：C_{r_i} 为地区 i 的流域生态补偿标准，t/元；$\sum_{j=1}^{m} y_j$ 为 j 个污染物的总稀释水量，t；WLJ_i 为地区 i 的当地水资源价值，元。

2.6 驻马店小洪河流域实例

河南省涵盖黄河流域、长江流域、海河流域、淮河流域四大流域。因淮河流域监测断面各水质类别所占比例与河南省的 83 个监测断面各类水质类别所占比例较为相似，可以反映出河南省流域水质状况的整体水平，因此选择淮河流域作为典型流域的选取流域。综合考虑淮河流域水质状况、社会经济发展水平及各条河流的国控、省控断面情况，最终选取污染较为严重的驻马店小洪河流域作为典型流域进行应用。

2.6.1 驻马店小洪河流域概况

洪河(洪汝河)，淮河上游北岸较大支流，发源于伏牛山南部的河南省舞钢市。洪河以新蔡县的班台村为分界点，班台以上河流称为小洪河，以下河流称为大洪河。小洪河流域面积 11 740 km^2，占全流域面积的 95%。本书以驻马店洪河流域为研究区，主要包括西平县、上蔡县、平舆县、新蔡县，如图 2-3 所示。

2.6.1.1 社会经济概况

驻马店小洪河流域 2008 年人口达 426 万人，至 2012 年人口增长为 447.6 万人，占驻马店市人口的 50.2%，其中城镇人口 95.4 万人，城镇化率 21.3%，低于全市平均水平。根据驻马店统计年鉴相关数据(见表 2-7)，2008—2012 年驻马店小洪河流域人口自然增长率为 5.07%。流域内生产总值(见表 2-8)从 2008 年的 343 亿元增长到 2012 年的 547.3 亿元，增长 59.6%。从表 2-7、表 2-8 中可以看出，驻马店小洪河流域的经济发展较为迅猛。

图 2-3　驻马店小洪河流域

表 2-7　2008—2012 年驻马店小洪河流域人口状况　　单位:人

地区	2008 年	2009 年	2010 年	2011 年	2012 年
西平县	836 976	841 328	858 280	875 235	879 477
上蔡县	1 421 437	1 428 829	1 457 618	1 486 413	1 493 617
平舆县	943 118	948 022	967 124	986 229	991 009
新蔡县	1 058 526	1 064 031	1 085 470	1 106 913	1 112 278

表 2-8　2008—2012 年驻马店小洪河流域生产总值状况　　单位:万元

地区	2008 年	2009 年	2010 年	2011 年	2012 年
西平县	10 642	11 841	14 276	17 598	19 820
上蔡县	7 640	8 500	10 248	12 633	14 228
平舆县	9 852	10 962	13 216	16 291	18 348
新蔡县	6 209	6 908	8 329	10 267	11 563

西平县依靠食品加工、轻工纺织、机械制造、塑料塑胶、化工建材这五大产业项目加快推进农业产业化进程,使得工业、经济迅猛发展。西平县打造的 12 km^2 的东、西、中产业聚集区已逐渐成为西平县工业发展的主阵地。上蔡县总面积 1 529 km^2,耕地面积 156.8 万亩(1 亩＝1/15 公顷,全书同),2012 年总人口约 149 万人,农业人口 122.38 万人。上

蔡县盛产优质小麦、玉米、芝麻等农作物，主要以农业畜牧业为主，初步形成了以建材、化工、纺织、制鞋、厨具等为主体的工业群体；平舆县总面积1 285 km^2，是江淮地区著名的皮革产地，拥有河南省最优水质的天然矿泉水资源，其地区水资源丰富；新蔡县总面积1 453 km^2，耕地148万亩，盛产小麦、玉米、芝麻、棉花等，工业上形成了棉纺加工、粮油加工、畜产品加工、医药化工四大支柱产业。

2.6.1.2 水资源概况

据《河南省水资源公报》，2012年驻马店市平均降水深846.7 mm，比常年偏少27.9%。地表水资源量206 954万 m^3，地下水资源量15 620万 m^3，地表水与地下水资源重复量35 283万 m^3，水资源总量206 843万 m^3，人均水资源总量232 m^3，低于河南省人均水资源总量(330 m^3)。小洪河流域气候属亚热带到暖温带过渡区，多年平均降水量800~1 000 mm，年际变幅大，最大年降水量为最小年降水量的3倍左右，因受东南季风影响，年内分配不均，汛期(6—9月)的降水量占全年的60%~70%。尤其是7—8月，降水量集中在2~3次的暴雨之中。2008—2012年小洪河流域行政区供用耗水量如表2-9所示。

表2-9 2008—2012年小洪河流域行政区供用耗水量 单位：亿 m^3

年份	供水量			用水量				耗水量
	地表水	地下水	合计	农林牧渔	工业	城乡综合	合计	
2008	0.338	4.282	4.62	3.155	0.401	1.064	4.620	3.450
2009	0.208	4.516	4.724	3.135	0.418	1.159	4.712	3.545
2010	0.191	5.154	5.345	3.872	0.403	1.073	5.348	3.987
2011	0.400	5.672	6.072	4.915	0.504	0.983	6.402	4.364
2012	0.125	5.991	6.116	4.928	0.509	1.017	5.824	4.607

2.6.1.3 水环境概况

驻马店小洪河流域属于经济发展中地区，从20世纪80年代初至90年代中期，地方政府和群众出于发展经济、脱贫致富的迫切需要，建设了一批产能低、能耗高、污染大的中小型企业。同时，随着人民生活水平的不断提高，城镇农村的生活污染垃圾随意倾倒，严重污染了地表水及地下水。再加上小洪河流域水资源十分短缺，人均水资源总量为461 m^3，仅为全国平均水平的1/5左右，大量工业超标废水和生活污水排入河流，致使有限的水环境容量严重超载，水质恶化。经调查发现，小洪河沿岸存在着多个癌症高发的村子，这是由于沿岸企业偷排污水导致河水受到严重污染，亚硝酸盐氮超标54.5倍以上，周围村民正是长期饮用这样的水才会诱发消化道癌症。流域内部分城乡人民群众用水安全受到严重威胁，水污染纠纷不断，水污染事故时有发生。

从流域水质类别以及主要排污工业企业可知，驻马店小洪河流域面临着：①工业结构性污染突出，流域提标增加治污难度；②COD、氨氮污染凸显；③水污染防治工作亟须高新环保技术支撑;④水环境容量与经济发展不协调;⑤流域水污染排放标准及环境经济政策体系不健全等压力。

驻马店地区地表水、地下水污染均较为严重,大部分河段水质均超过Ⅴ类水标准,污染的地表水渗透污染了地下水资源。驻马店小洪河流域主要的排污工业企业的排放物如表 2-10 所示,排污工业企业如图 2-4 所示,其主要集中在西平县。

表 2-10　小洪河流域主要的排污工业企业的排放物

公司名称	主要营业项目	排放标准	排放物
河南永骏化工有限公司	氮肥制造	合成氨工业水污染排放标准	COD、氨氮、挥发酚、氰化物、硫化物
鲁洲生物科技(山东)有限公司西平分公司	淀粉及淀粉制品制造	淀粉工业水污染物排放标准	生化需氧量、氨氮、悬浮物、总磷、化学需氧量
兴华综合纸业有限公司	机制纸及纸板制造	制浆造纸工业水污染物排放标准	生化需氧量、总磷、化学需氧量、氨氮、总氮
惠成皮革有限公司	皮革鞣制加工	皮革工业水污染排放标准	生化需氧量、化学需氧量、总铬、氨氮、硫化物、动植物油
新蔡县李桥回族银亿制	皮革、毛皮、羽毛制造	皮革工业水污染排放标准	总铬、六价铬

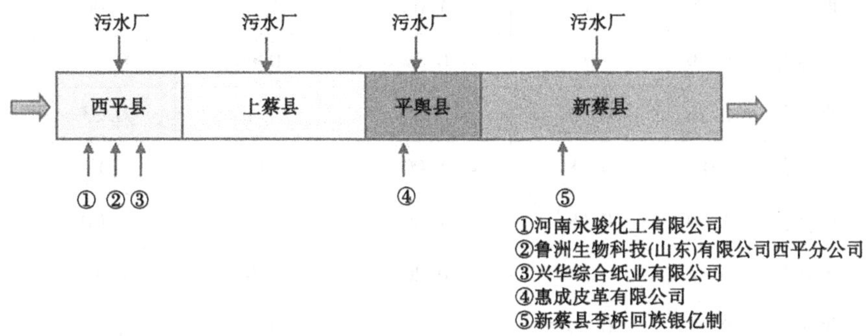

图 2-4　驻马店小洪河流域主要排污工业企业

2.6.1.4　污染因子的确定

驻马店小洪河流域水污染主要来自生活污水和工业企业废水,其主要污染物为 COD、氨氮。COD 的大小是水中受还原性物质污染程度的高低所决定的,这些物质主要包含有机物、亚硝酸盐、亚铁盐、硫化物等,但在普通水和废水中含有的无机还原性物质较少;氨氮是水中的耗氧污染物,可以使水体产生富营养化的现象,对一些水生物和鱼类产生危害。所以本书把 COD、氨氮两个污染因子作为流域生态补偿分析的水质因子。

2.6.2 污染物总量分配

2.6.2.1 无量纲同向化处理

无量纲化,也称为数据的标准化、规范化,是指不同指标之间由于量纲不同导致的不具有可比性,所以需要先进行无量纲化处理;它是通过数据变换来消除原始变量的量纲影响的方法;消除量纲影响后再进行后续分析。根据式(2-8)、式(2-9),将驻马店小洪河流域2008—2012年COD、氨氮总量分配的6项原始指标进行无量纲同向化处理,结果见表2-11、表2-12。

表 2-11 2008—2012 年 COD 总量削减分配指标归一化矩阵

年份	地区	人均GDP	人均COD排放强度	工业废水COD处理率	生活污水COD削减率	环境容量利用率	单位面积水资源量
2008	西平县	1.00	1.00	1.00	1.00	1.00	0.79
	上蔡县	0.27	0	0.83	0.53	0.47	1.00
	平舆县	0.79	0.72	0	0.61	0.60	0.85
	新蔡县	0	0.19	0.17	0	0	0
2009	西平县	1.00	1.00	1.00	1.00	1.00	0.69
	上蔡县	0.34	0	0.80	0.54	0.22	1.00
	平舆县	0.88	0.77	0.40	0.46	0.19	0.75
	新蔡县	0	0.19	0	0	0	0
2010	西平县	1.00	1.00	1.00	1.00	1.00	0.79
	上蔡县	0.29	0	0.50	0.60	0.23	1.00
	平舆县	0.75	0.77	0	0.40	0.23	0.85
	新蔡县	0	0.18	1.00	0	0	0
2011	西平县	1.00	0.68	1.00	1.00	1.00	0.83
	上蔡县	0.34	0	0.20	0.64	0.48	1.00
	平舆县	0.87	0.59	0	0.09	0.49	0.88
	新蔡县	0	1.00	0.60	0	0	0
2012	西平县	1.00	1.00	0.88	1.00	1.00	0.67
	上蔡县	0.32	0	0.38	0.43	0.44	1.00
	平舆县	0.82	0.74	0	0.38	0.43	0.83
	新蔡县	0	0.19	1.00	0	0	0

表 2-12　2008—2012 年氨氮总量削减分配指标归一化矩阵

年份	地区	人均 GDP	人均氨氮排放强度	工业废水氨氮处理率	生活污水氨氮削减率	环境容量利用率	单位面积水资源量
2008	西平县	1.00	1.00	1.00	1.00	0.87	0.79
	上蔡县	0.27	0	0.17	0	1.00	1.00
	平舆县	0.79	0.37	0.61	0.80	0.28	0.85
	新蔡县	0	0.09	0	0.20	0	0
2009	西平县	1.00	1.00	1.00	1.00	1.00	0.69
	上蔡县	0.32	0	0.80	0.54	0.81	1.00
	平舆县	0.82	0.36	0.48	0.31	0.65	0.75
	新蔡县	0	0.04	0	0	0	0
2010	西平县	1.00	1.00	1.00	1.00	0.68	0.79
	上蔡县	0.29	0.02	0.43	0.77	1.00	1.00
	平舆县	0.75	0.43	0	0.31	0.40	0.85
	新蔡县	0	0	0.10	0	0	0
2011	西平县	1.00	1.00	1.00	1.00	1.00	0.79
	上蔡县	0.34	0.06	0.16	0.33	0.86	1.00
	平舆县	0.87	0.37	0	0	0.59	0.85
	新蔡县	0	0	0.32	0.17	0	0
2012	西平县	1.00	1.00	1.00	1.00	1.00	0.67
	上蔡县	0.32	0	0.89	0.44	0.79	1.00
	平舆县	0.82	0.36	0.22	0.89	0.44	0.83
	新蔡县	0	0.04	0	0	0	0

2.6.2.2　关键参量值计算

信息熵值和信息效用值是信息论中的两个重要概念，它们用于衡量信息的随机性和有用性。信息熵值是指信息源所传输的信息的不确定性程度，也可以理解为信息的平均不确定性。信息效用值则是指信息的有用性程度，即信息的重要程度。由式(2-14)、式(2-17)、式(2-19)，可得基于信息熵的 COD、氨氮总量分配模型中各指标的关键参量值——信息熵值、信息熵的效用值和熵权值，见表 2-13 和表 2-14。

表 2-13　基于信息熵法的 COD 总量分配法的关键参量值

年份	关键参量	人均 GDP	人均 COD 排放强度	工业废水 COD 处理率	生活污水 COD 削减率	环境容量利用率	单位面积水资源量
2008	信息熵值 [$H(X)$]	0.709	0.674	0.663	0.764	0.756	0.789
	信息熵的效用值(d_j)	0.291	0.326	0.337	0.236	0.244	0.211
	熵权值(w_j)	0.177	0.198	0.205	0.143	0.148	0.128
2009	信息熵值 [$H(X)$]	0.730	0.673	0.747	0.749	0.581	0.783
	信息熵的效用值(d_j)	0.270	0.327	0.253	0.251	0.419	0.217
	熵权值(w_j)	0.155	0.188	0.145	0.145	0.241	0.125
2010	信息熵值 [$H(X)$]	0.717	0.671	0.761	0.743	0.610	0.789
	信息熵的效用值(d_j)	0.283	0.329	0.239	0.257	0.390	0.211
	熵权值(w_j)	0.166	0.192	0.140	0.151	0.228	0.124
2011	信息熵值 [$H(X)$]	0.732	0.773	0.676	0.605	0.746	0.790
	信息熵的效用值(d_j)	0.268	0.227	0.324	0.395	0.254	0.210
	熵权值(w_j)	0.160	0.135	0.193	0.235	0.151	0.125
2012	信息熵值 [$H(X)$]	0.727	0.678	0.740	0.719	0.731	0.783
	信息熵的效用值(d_j)	0.273	0.322	0.260	0.281	0.269	0.217
	熵权值(w_j)	0.168	0.199	0.160	0.173	0.166	0.134

表 2-14　基于信息熵法的氨氮总量分配法的关键参量值

年份	关键参量	人均 GDP	人均氨氮排放强度	工业废水氨氮处理率	生活污水氨氮削减率	环境容量利用率	单位面积水资源量
2008	信息熵值 [$H(X)$]	0. 709	0. 564	0. 658	0. 680	0. 714	0. 789
	信息熵的效用值(d_j)	0. 291	0. 436	0. 342	0. 320	0. 286	0. 211
	熵权值(w_j)	0. 154	0. 231	0. 181	0. 170	0. 152	0. 112
2009	信息熵值 [$H(X)$]	0. 727	0. 502	0. 762	0. 714	0. 782	0. 783
	信息熵的效用值(d_j)	0. 273	0. 498	0. 238	0. 286	0. 218	0. 217
	熵权值(w_j)	0. 158	0. 288	0. 137	0. 165	0. 126	0. 126
2010	信息熵值 [$H(X)$]	0. 717	0. 481	0. 588	0. 723	0. 746	0. 789
	信息熵的效用值(d_j)	0. 283	0. 519	0. 412	0. 277	0. 254	0. 211
	熵权值(w_j)	0. 145	0. 265	0. 211	0. 142	0. 130	0. 108
2011	信息熵值 [$H(X)$]	0. 732	0. 528	0. 605	0. 612	0. 776	0. 789
	信息熵的效用值(d_j)	0. 268	0. 472	0. 395	0. 388	0. 224	0. 211
	熵权值(w_j)	0. 137	0. 241	0. 202	0. 198	0. 114	0. 108
2012	信息熵值 [$H(X)$]	0. 727	0. 502	0. 689	0. 755	0. 755	0. 783
	信息熵的效用值(d_j)	0. 273	0. 498	0. 311	0. 245	0. 245	0. 217
	熵权值(w_j)	0. 152	0. 278	0. 174	0. 137	0. 137	0. 121

从各指标的信息熵值来看，信息熵越大，则该指标的信息量越大，越能够突出分配对象的异质性，在指标体系中起的作用越大。从表 2-13 和表 2-14 可以看出，随着年份的变

化，信息熵值也在发生着一定的变化，并非是固定不变的。

2.6.2.3 总量分配方案设置

由式(2-21)、式(2-24)、式(2-26)分别得到各个分配对象的COD、氨氮削减综合指数值，各个分配对象削减率和削减量后，由于各个省(市、区)的社会经济发展水平以及自然资源禀赋不同，因此各个省(市、区)应该按照国家层面的削减率做适当的调整。综合考虑驻马店小洪河流域社会经济发展水平、自然资源禀赋、全国环境保护"十二五"规划，本书认为驻马店小洪河流域的COD削减率为9.9%、氨氮削减率为12.6%。总量分配结果见表2-15和表2-16。

表2-15 信息熵法的COD总量分配方案

年份	地区	综合削减得分 C_i	削减差异比率 λ_i	削减率 r_i/%	削减量 R_i/万t	分配量/万t
2008	西平县	0.973	0.462	4.578	0.075	1.565
	上蔡县	0.493	0.230	2.273	0.034	1.482
	平舆县	0.567	0.264	2.611	0.043	1.589
	新蔡县	0.071	0.033	0.329	0.004	1.309
2009	西平县	0.962	0.489	4.842	0.071	1.393
	上蔡县	0.424	0.198	1.956	0.026	1.328
	平舆县	0.545	0.254	2.512	0.037	1.420
	新蔡县	0.035	0.016	0.161	0.002	1.171
2010	西平县	0.974	0.481	4.763	0.066	1.314
	上蔡县	0.384	0.179	1.771	0.023	1.254
	平舆县	0.491	0.229	2.264	0.031	1.342
	新蔡县	0.175	0.081	0.806	0.009	1.096
2011	西平县	0.935	0.456	4.512	0.068	1.431
	上蔡县	0.441	0.205	2.033	0.028	1.358
	平舆县	0.424	0.197	1.954	0.029	1.462
	新蔡县	0.251	0.117	1.157	0.014	1.186
2012	西平县	0.935	0.453	4.486	0.067	1.431
	上蔡县	0.396	0.184	1.825	0.025	1.361
	平舆县	0.534	0.249	2.461	0.037	1.454
	新蔡县	0.199	0.093	0.916	0.011	1.189

表 2-16　信息熵法的氨氮总量分配方案

年份	地区	综合削减得分 C_i	削减差异比率 λ_i	削减率 r_i/%	削减量 R_i/万 t	分配量/万 t
2008	西平县	0.956	0.476	5.996	0.009	0.135
	上蔡县	0.335	0.167	2.102	0.003	0.146
	平舆县	0.592	0.294	3.710	0.004	0.113
	新蔡县	0.055	0.028	0.348	0	0.106
2009	西平县	0.962	0.479	6.030	0.009	0.132
	上蔡县	0.477	0.238	2.994	0.004	0.133
	平舆县	0.528	0.263	3.310	0.004	0.112
	新蔡县	0.012	0.006	0.075	0	0.105
2010	西平县	0.935	0.466	5.867	0.008	0.129
	上蔡县	0.484	0.241	3.034	0.004	0.129
	平舆县	0.410	0.204	2.574	0.003	0.110
	新蔡县	0.021	0.011	0.134	0	0.102
2011	西平县	0.977	0.486	6.129	0.009	0.133
	上蔡县	0.366	0.182	2.294	0.003	0.143
	平舆县	0.367	0.183	2.304	0.003	0.126
	新蔡县	0.098	0.049	0.615	0.001	0.124
2012	西平县	0.960	0.478	6.018	0.008	0.133
	上蔡县	0.494	0.246	3.098	0.005	0.141
	平舆县	0.548	0.273	3.438	0.005	0.134
	新蔡县	0.012	0.006	0.072	0	0.135

各分配对象的综合削减得分反映了各地区的相对削减比率的大小情况，从 COD 总量分配方案和氨氮总量分配方案可知，西平县的综合削减得分居四县之首，说明了西平县应当担负起较大的削减率；下游新蔡县得分相对较小，说明新蔡县只需承担较小的削减率。从这些分配对象的相对削减差异比率的数值可以看出，2008—2012 年西平县、上蔡县、平舆县、新蔡县的 COD、氨氮削减差异比率均小于 1，说明这些地区应当承担小于全国平均削减比例 10%的减排责任，能够满足河南省“十二五”期间所下达的 COD 削减率 9.9%、氨氮削减率 12.6%的计划，且均能超额完成。从分配对象的削减分布区间来看，COD 的削减率为 $0.161\%<r_i<4.842\%$，氨氮的削减率为 $0.072\%<r_i<6.129\%$，从中可以看出，四县削减幅度相对较大，4 县的 COD 削减率和氨氮削减率的极值差分别为 4%和 6%，削减率的极值差反映了在进行污染物总量分配时不同地区的差异性。

在 COD 总量削减率为 9.9%、氨氮的总量削减率为 12.6%的前提下，西平县、上蔡县、平舆县和新蔡县的 COD、氨氮削减率见图 2-5。由图 2-5 可知，2008—2012 年西平县、上蔡县、平舆县、新蔡县的 COD、氨氮削减率都未超过河南省“十二五”期间的削减目标，尤其是新蔡县的削减率较低。这是因为西平县环境容量利用率大、经济发展水平高和污染物人均排放强度大等因素共同造成了其削减值相比其他行政县要高；上蔡县、平舆县主要是以农业为主，经济发展水平较低，因此削减率相对西平县偏低；新蔡县是驻马店小洪河流域的出境行政区，该地区削减率较低与该地区较小的人均 GDP 和污染物排放强度、较小的水环境压力有关。

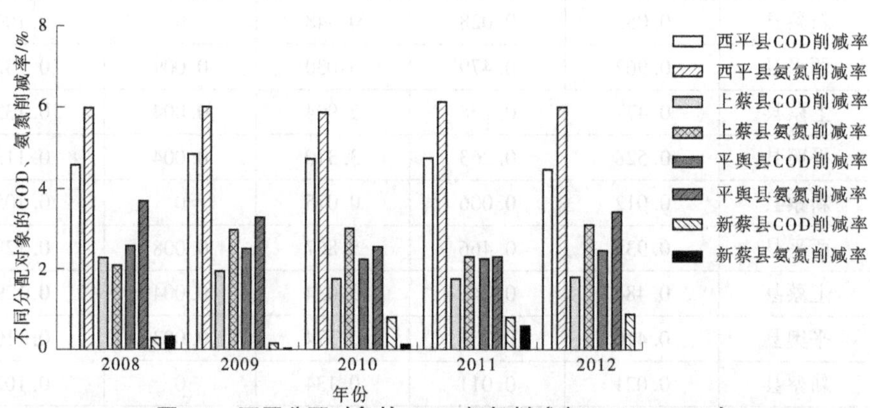

图 2-5 不同分配对象的 COD、氨氮削减率(2008—2012 年)

不同分配对象的 COD、氨氮削减量见图 2-6，由图 2-6 可以看出，各分配对象的 COD 和氨氮的削减量差异较大，以西平县为首。各个地区的削减量的多少和削减率的大小有一定的关系，但并不是直接对应关系，削减量的多少还与各个地区的现状排放量有关。西平县的削减量相对较多，是削减率和现状排放量均相对较多共同造成的，不论是 COD 削减量还是氨氮削减量，其现状排放量和削减率都大，其削减量也就较大；新蔡县削减量的多少是由削减率和现状排放量这两个因素共同作用的结果，新蔡县的氨氮排放量 2012 年高于 2011 年，但由于 2012 年的氨氮削减率较小，导致了其削减量也低于 2011 年的削减量。某些地区的削减量相对较小是因为削减率和现状排放量都相对较小，这在新蔡县体现得最为明显。

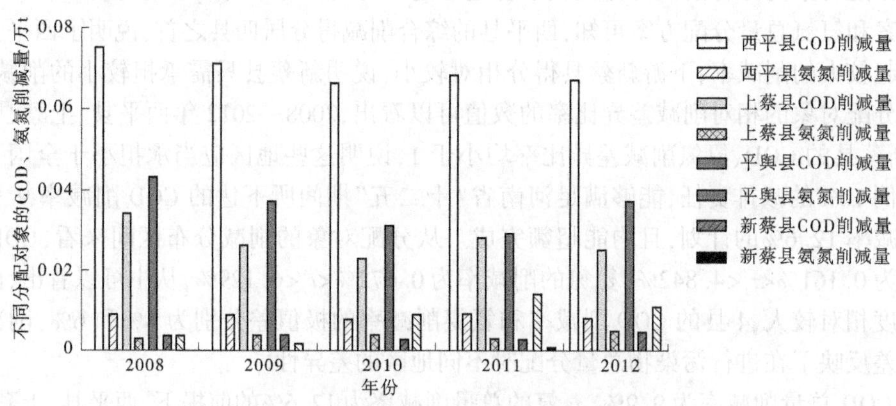

图 2-6 不同分配对象的 COD、氨氮削减量(2008—2012 年)

2.6.3　补偿标准核算

根据驻马店小洪河流域基本情况，同时考虑构成水资源价值因素，即自然因素、经济因素、社会因素，其中自然因素作为唯一一种非人工控制因素。在水资源价值评估模型中，选择水质（COD、氨氮、总磷）、水量（水资源量、人均水资源量）、人口（人口密度）以及社会经济（万元 GDP 用水量、人均 GDP）4 项因素参与评价（见图 2-7）。

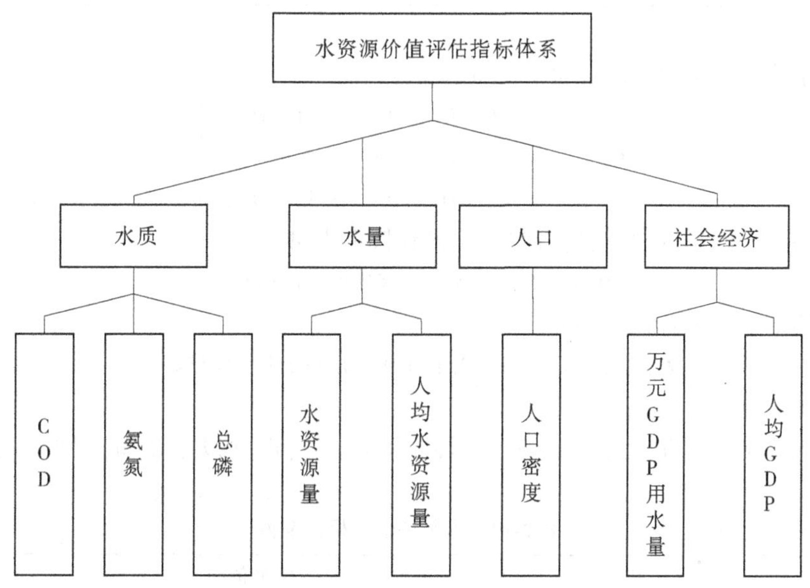

图 2-7　水资源价值评估指标体系

2.6.3.1　评价矩阵确定

1. 水质

地表水水质控制的基础因子是 COD 和氨氮，总磷能反映水体的富营养化程度，因此将 COD、氨氮、总磷作为水环境监测的 3 个指标。2008 年西平辖洪河水质数据见表 2-17，其中水质断面选择五沟营。根据《地表水环境质量标准》（GB 3838—2002）（见表 2-18），对各个评价因子确立不同级别的隶属度矩阵。

表 2-17　2008 年西平辖洪河水质监测结果统计　　单位：mg/L

序号	COD	氨氮	总磷
1	41.6	1.06	0.37
2	36.5	1.45	0.47
3	41.3	1.12	0.28
4	31.0	1.15	0.30
5	33.2	0.90	0.29
6	31.8	1.84	0.48
平均值	35.9	1.25	0.37

表 2-18 地表水环境质量标准(节选)

项目	标准值				
	Ⅰ(高)	Ⅱ(较高)	Ⅲ(中等)	Ⅳ(较低)	Ⅴ(低)
COD/(mg/L),≤	15	15	20	30	40
氨氮/(mg/L),≤	0.15	0.5	1.0	1.5	2.0
总磷/(mg/L),≤	0.02	0.1	0.2	0.3	0.4

计算水质各污染因子的评价矩阵 $\boldsymbol{R}_{水质2008}$:

$$\boldsymbol{R}_{水质2008}=\begin{bmatrix}0 & 0 & 0 & 0.41 & 0.59\\ 0 & 0 & 0.5 & 0.5 & 0\\ 0 & 0 & 0 & 0.35 & 0.65\end{bmatrix}$$

确定各污染因子的权重,进行归一化得到权重集 $\boldsymbol{W}$:

$$\boldsymbol{W}=[0.332\,5 \quad 0.269\,8 \quad 0.397\,7]$$

则水质的模糊综合评价结果:

$$\boldsymbol{O}_{水质2008}=[0 \quad 0 \quad 0.134\,9 \quad 0.410\,4 \quad 0.454\,7]$$

2. 水量

根据人均水资源量及水资源量的国际标准区分,得到以下水量各因子的标准值,见表 2-19。

表 2-19 水量评价指标标准值

评价因子	标准值				
	高	较高	中等	较低	低
人均水资源量/(m^3/人)	200	1 400	2 600	3 800	5 000
水资源量/10^8 m^3	30	100	200	300	500

方法同上,水量的模糊综合评价结果:

$$\boldsymbol{O}_{水量2008}=[0.101\,9 \quad 0.775\,9 \quad 0.122\,1 \quad 0 \quad 0]$$

3. 人口

中国是人口大国,不适合当前国际上对人口密度的一般分类:人口密集区(>100 人/km^2)、人口中等区(25~100 人/km^2)、人口稀少区(1~25 人/km^2)、人口极稀区(<1 人/km^2)。因此,根据 2008—2012 年全国各省(市、区)的相关统计资料和有关标准进行划分,见表 2-20。

表 2-20 人口评价指标标准值

评价因子	标准值				
	高	较高	中等	较低	低
人口密度/(人/km^2)	1 500	1 000	500	200	100

则人口的模糊综合评价结果：

$$\boldsymbol{O}_{人口2008}=[0\quad 0.534\quad 0.466\quad 0\quad 0]$$

4. 社会经济

社会经济中的各项指标的划分统一根据 2008—2012 年全国各省(市、区)的相关统计资料并结合世界银行目前的收入等级划分标准进行划分,见表 2-21。

表 2-21　社会经济评价指标标准值

评价因子	标准值				
	高	较高	中等	较低	低
万元 GDP 用水量/m^3	50	100	500	1 000	3 000
人均 GDP/美元	9 266	5 000	3 126	1 500	557

则社会经济的模糊综合评价结果如下：

$$\boldsymbol{O}_{社会经济2008}=[0\quad 0\quad 0\quad 0.429\,8\quad 0.570\,2]$$

因而得到水资源价值模糊综合评价矩阵如下：

$$\boldsymbol{O}_{2008}=\begin{bmatrix}\boldsymbol{O}_{水质2008}\\ \boldsymbol{O}_{水量2008}\\ \boldsymbol{O}_{人口2008}\\ \boldsymbol{O}_{社会经济2008}\end{bmatrix}=\begin{bmatrix}0 & 0 & 0.134\,9 & 0.410\,4 & 0.454\,7\\ 0.101\,9 & 0.775\,9 & 0.122\,1 & 0 & 0\\ 0 & 0.534\,0 & 0.466\,0 & 0 & 0\\ 0 & 0 & 0 & 0.429\,8 & 0.570\,2\end{bmatrix}$$

按照上述方法,2009—2012 年水资源价值模糊综合评价矩阵分别如下：

$$\boldsymbol{O}_{2009}=\begin{bmatrix}\boldsymbol{O}_{水质2009}\\ \boldsymbol{O}_{水量2009}\\ \boldsymbol{O}_{人口2009}\\ \boldsymbol{O}_{社会经济2009}\end{bmatrix}=\begin{bmatrix}0 & 0 & 0 & 0.360\,4 & 0.630\,9\\ 0.566\,1 & 0.433\,9 & 0 & 0 & 0\\ 0 & 0.544\,0 & 0.456\,0 & 0 & 0\\ 0 & 0 & 0 & 0.491\,8 & 0.508\,9\end{bmatrix}$$

$$\boldsymbol{O}_{2010}=\begin{bmatrix}\boldsymbol{O}_{水质2010}\\ \boldsymbol{O}_{水量2010}\\ \boldsymbol{O}_{人口2010}\\ \boldsymbol{O}_{社会经济2010}\end{bmatrix}=\begin{bmatrix}0 & 0 & 0 & 0.291\,9 & 0.708\,1\\ 0.304\,4 & 0.695\,6 & 0 & 0 & 0\\ 0 & 0.574\,0 & 0.462\,0 & 0 & 0\\ 0 & 0 & 0 & 0.713\,7 & 0.286\,3\end{bmatrix}$$

$$\boldsymbol{O}_{2011}=\begin{bmatrix}\boldsymbol{O}_{水质2011}\\ \boldsymbol{O}_{水量2011}\\ \boldsymbol{O}_{人口2011}\\ \boldsymbol{O}_{社会经济2011}\end{bmatrix}=\begin{bmatrix}0 & 0 & 0 & 0.020\,5 & 0.979\,5\\ 0.842\,0 & 0.158\,0 & 0 & 0 & 0\\ 0 & 0.604\,0 & 0.396\,0 & 0 & 0\\ 0 & 0 & 0 & 0.725\,5 & 0.274\,5\end{bmatrix}$$

$$\boldsymbol{O}_{2012}=\begin{bmatrix}\boldsymbol{O}_{水质2012}\\ \boldsymbol{O}_{水量2012}\\ \boldsymbol{O}_{人口2012}\\ \boldsymbol{O}_{社会经济2012}\end{bmatrix}=\begin{bmatrix}0 & 0 & 0 & 0.119\,9 & 0.880\,1\\ 0.809\,0 & 0.191\,0 & 0 & 0 & 0\\ 0 & 0 & 0.614\,0 & 0.386\,0 & 0\\ 0 & 0 & 0 & 0.837\,3 & 0.162\,7\end{bmatrix}$$

2.6.3.2　各评价要素的权重确定

权重的确定采用专家评估法。选取该领域具有丰富知识与经验的专家，各专家对水资源价值各评价要素的评价结果如表 2-22 所示。

表 2-22　水资源价值各要素权重专家评价结果

	水质	水量	人口	社会经济
专家 1	0.25	0.35	0.15	0.25
专家 2	0.3	0.3	0.15	0.25
专家 3	0.25	0.3	0.25	0.2
专家 4	0.3	0.4	0.1	0.2
专家 5	0.15	0.15	0.35	0.35
均值	0.25	0.3	0.2	0.25

在水资源供需矛盾日趋严重的前提下，专家一致认为水量的权重应该要大些，其次是水质，最终得到水资源价值各要素的权重：

$$S = [0.25 \quad 0.3 \quad 0.2 \quad 0.25]$$

2.6.3.3　综合评价矩阵确定

根据前文计算得到的结果，计算 2008 年西平县水资源价值综合评价矩阵：

$$V_{2008} = S \circ O$$

$$= [0.25 \quad 0.3 \quad 0.2 \quad 0.25] \circ \begin{bmatrix} 0 & 0 & 0.1349 & 0.4104 & 0.4547 \\ 0.1019 & 0.7759 & 0.1221 & 0 & 0 \\ 0 & 0.5340 & 0.4660 & 0 & 0 \\ 0.0232 & 0 & 0 & 0.4298 & 0.5469 \end{bmatrix}$$

$$= [0.0306 \quad 0.3663 \quad 0.1869 \quad 0.1886 \quad 0.2277]$$

2.6.3.4　水资源价格计算

以西平县 2008 年的城镇居民人均可支配收入为标准核算水资源价格。2008 年，人均年可支配收入为 10 642 元，人均年生活用水量为 25.577 m^3。最大水费承受指数根据亚太经济和社会委员会（Economic and Social Commission for Asia and the Pacific，ESCAP）的建议，最大不应超过家庭收入的 3%，因此取 0.03。根据统计资料，2008 年西平县供水成本为 1.62 元/t，则水资源价格上限 P_{2008} 为

$$P_{2008} = \frac{0.03 \times 10\,642}{25.577} - 1.62 = 10.86(\text{元}/m^3)$$

将其进行等差间隔，得到水资源价格向量 M 为

$$M = [10.86 \quad 8.15 \quad 5.43 \quad 2.72 \quad 0]$$

计算水资源价格为

$$
\begin{aligned}
\mathrm{WLJ}_{2008} &= \boldsymbol{V} \circ \boldsymbol{M} \\
&= [0.0306\quad 0.3663\quad 0.1869\quad 0.1886\quad 0.2277] \circ [10.86\quad 8.15\quad 5.43\quad 2.72\quad 0] \\
&= 4.85(\text{元}/\mathrm{m}^3)
\end{aligned}
$$

按照上述方法，分别计算西平县 2009—2012 年水资源价格，见表 2-23。

表 2-23　2008—2012 年西平县水资源价格　单位：元/m³

地区	2008 年	2009 年	2010 年	2011 年	2012 年
西平县	4.85	5.53	6.31	8.09	9.42

上述模糊数学模型得到的水资源价值是没有加上供水成本、污水处理费等其他费用的，此水价要低于实际水价。如果加上污水处理费 0.8~1.4 元/m³，供水成本 1.62~2.01 元/m³，2008—2012 年真正的实际水价为 7.27~12.83 元/m³。以西平县 2008 年的水价为例，当年西平县水价为 4.85 元/m³，如果加上污水处理费及供水成本费用后的价格为 7.27 元/m³，这是西平县真正的水费标准，2008 年西平县人均年生活用水量为 25.577 m³，则全年人均水费支出为 7.27×25.577＝185.95(元)，全年人均水费支出占年平均收入(10 642 元)的 1.75%，满足 ESCAP 规定的 3%的要求。同理，2009—2012 年的水费支出占可支配收入的比例亦与国际标准的规定基本吻合。因此，该水资源价格基本符合现实。

同样按照上述方法对 2008—2012 年上蔡县、平舆县、新蔡县的水资源价格进行计算。2008—2012 年四县水资源价格的计算结果如表 2-24 所示。

表 2-24　2008—2012 年驻马店小洪河流域四县水资源价格　单位：元/m³

地区	2008 年	2009 年	2010 年	2011 年	2012 年
西平县	4.85	5.53	6.31	8.09	9.42
上蔡县	3.49	4.22	5.45	7.13	8.01
平舆县	4.52	5.09	5.98	7.67	8.88
新蔡县	2.62	3.45	4.64	5.78	6.69

由表 2-24 可知，驻马店小洪河流域的水资源价格为上游(西平县)、中下游(平舆县)较高，中游(上蔡县)中等，下游(新蔡县)较低，并且随着时间呈现出增加的趋势。

2.6.4　补偿价值量化

2.6.4.1　流域生态补偿标准确定

根据水功能类别，Ⅰ类和Ⅱ类水为源头水，水质较好，且较为接近，因此选择以Ⅲ类水标准作为责任目标水质浓度值，进行补偿标准的确定。根据构建的流域生态补偿标准耦合模型，结合 2.6.2 节计算出的污染物削减量，计算得到各地区的 COD、氨氮稀释水量，如表 2-25 所示。综合计算得到驻马店小洪河流域生态补偿标准，如表 2-26 所示。

表 2-25 驻马店小洪河流域主要行政县 COD、氨氮稀释水量

年份	地区	COD 削减量/万 t	氨氮削减量/万 t	水资源量/$10^8 m^3$	COD 稀释水量/t	氨氮稀释水量/t
2008	西平县	0.075	0.009	12.27	304.93	699.61
	上蔡县	0.034	0.003	16.77	101.76	185.90
	平舆县	0.043	0.004	14.31	147.79	303.76
	新蔡县	0.004	0	17.91	11.07	19.75
2009	西平县	0.071	0.009	6.58	537.38	1 289.99
	上蔡县	0.026	0.004	9.00	146.15	454.05
	平舆县	0.037	0.004	7.68	237.16	497.03
	新蔡县	0.002	0	9.61	8.80	7.20
2010	西平县	0.066	0.008	8.89	368.83	904.60
	上蔡县	0.023	0.004	12.15	92.04	331.45
	平舆县	0.031	0.003	10.37	148.86	278.34
	新蔡县	0.009	0	12.97	33.33	9.58
2011	西平县	0.068	0.009	4.15	813.20	2 083.50
	上蔡县	0.028	0.003	5.68	247.26	588.41
	平舆县	0.029	0.003	4.84	299.68	610.79
	新蔡县	0.014	0.001	6.06	113.56	125.96
2012	西平县	0.067	0.008	4.44	756.09	1 913.05
	上蔡县	0.025	0.005	6.07	207.40	743.52
	平舆县	0.037	0.005	5.18	353.09	919.09
	新蔡县	0.011	0	6.48	83.81	14.10

表 2-26 驻马店小洪河流域生态补偿标准 单位:元

年份	项目	西平县	上蔡县	平舆县	新蔡县
2008	COD	1 478.90	335.16	668.00	29.01
	氨氮	3 393.13	648.80	1 373.00	51.74
	总计	4 872.03	983.96	2 041.00	80.75
2009	COD	2 971.71	616.75	1 207.14	0
	氨氮	7 133.67	1 916.09	2 529.90	0
	总计	10 105.38	2 532.84	3 737.04	0
2010	COD	2 327.32	501.64	890.18	154.65
	氨氮	5 708.01	1 806.42	1 664.47	44.47
	总计	8 035.33	2 308.06	2 554.65	199.12
2011	COD	6 578.75	1 762.93	2 298.51	656.39
	氨氮	16 855.55	4 195.37	4 684.76	728.05
	总计	23 434.30	5 958.30	6 983.27	1 384.44

续表 2-26

年份	项目	西平县	上蔡县	平舆县	新蔡县
2012	COD	7 122.40	1 661.25	3 135.42	560.69
	氨氮	18 020.94	5 955.62	8 161.51	94.35
	总计	25 143.34	7 616.87	11 296.93	655.04

2.6.4.2　流域生态补偿标准结果分析

利用 GIS(geographical information system)强大的空间分析与处理功能,同时结合表 2-26,对生态补偿标准在空间上的分布进行评价,并绘制综合评价图,如图 2-8 所示。

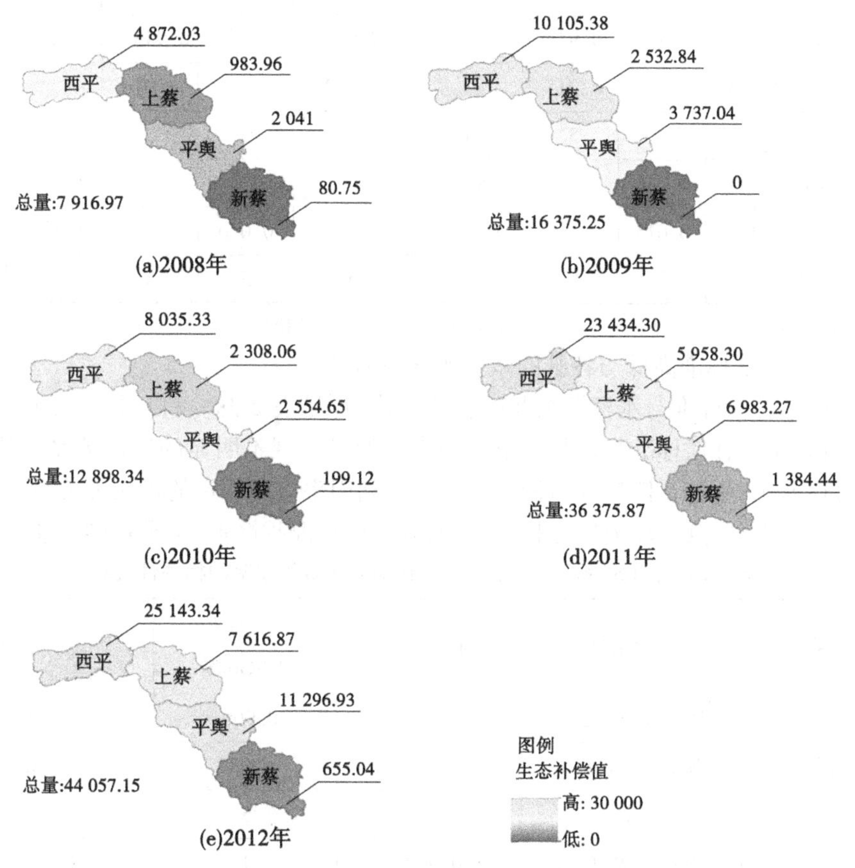

图 2-8　2008—2012 年驻马店小洪河流域生态补偿标准　(单位:元)

由图 2-8 可知,驻马店小洪河流域的生态补偿标准基本呈现出从上游到下游逐渐递增的趋势,西平县生态补偿标准最高,新蔡县生态补偿标准最低,这与各地的污染程度相一致。2008—2012 年驻马店小洪河流域的生态补偿标准整体上表现为逐渐增长的趋势,在 2010 年稍有下降。这是因为 2010 年的流域水资源量相对丰富,一方面在一定程度上缓解了污染程度,另一方面造成了水资源价值的偏低,这两方面共同造成了生态补偿标准的下降。

2.6.4.3　流域生态补偿标准影响因素分析

(1)生态补偿标准的高低与经济发展水平有关。

采用SPSS软件分析驻马店小洪河流域主要行政县生态补偿标准与经济发展水平的相关关系。计算结果表明西平县、上蔡县、平舆县、新蔡县的生态补偿标准与人均GDP的相关系数均大于0.8,除新蔡县外都通过了显著水平的检验,表明生态补偿标准与人均GDP一般具有显著的相关关系,即驻马店小洪河流域生态补偿标准受到地区经济发展情况的影响。生态补偿标准与人均GDP(万元/人)的相关关系如表2-27所示。

表2-27 (SPSS系统中)生态补偿标准与人均GDP的相关性检验

指标	检验指标	西平县		上蔡县		平舆县		新蔡县	
		补偿标准	人均GDP	补偿标准	人均GDP	补偿标准	人均GDP	补偿标准	人均GDP
补偿值	Pearson 相关性	1	0.946	1	0.985 * *	1	0.943 *	1	0.868
	显著性(双侧)		0.015		0.002		0.016		0.057
	N		5	5	5	5	5	5	5
人均GDP	Pearson 相关性	0.946	1	0.985 * *	1	0.943 *	1	0.868	1
	显著性(双侧)	0.015		0.002		0.016		0.057	
	N	5	5	5	5	5	5	5	5

注:*在0.05水平(双侧)上显著相关;* *在0.01水平(双侧)上显著相关。

(2)生态补偿标准高低与各县的水资源禀赋有关。

各县生态补偿标准与水资源禀赋的相关性检验(见表2-28)可以看出,在水资源较为丰富的地区,生态补偿标准高低与单位面积水资源量呈现不明显的反比关系。从相关关系中还可以看出,生态补偿标准高低与环境容量利用率呈现一定的正相关关系,环境容量利用率越大的地区,其水环境压力越大,说明其污染情况越严重,生态补偿标准越高。

表2-28 (SPSS系统中)生态补偿标准与水资源禀赋的相关性检验

地区	指标	检验指标	补偿标准	单位面积水资源量	环境容量利用率
西平县	补偿标准	Pearson 相关性	1	-0.900 *	0.941 *
		显著性(双侧)		0.037	0.017
		N	5	5	5
	单位面积水资源量	Pearson 相关性	-0.900 *	1	-0.985 * *
		显著性(双侧)	0.037		0.002
		N	5	5	5
	环境容量利用率	Pearson 相关性	0.941 *	-0.985 * *	1
		显著性(双侧)	0.017	0.002	
		N	5	5	5

续表 2-28

地区	指标	检验指标	补偿标准	单位面积水资源量	环境容量利用率
上蔡县	补偿标准	Pearson 相关性	1	-0.877	0.919 *
		显著性(双侧)		0.051	0.027
		N	5	5	5
	单位面积水资源量	Pearson 相关性	-0.877	1	-0.826
		显著性(双侧)	0.051		0.085
		N	5	5	5
	环境容量利用率	Pearson 相关性	0.919 *	-0.826	1
		显著性(双侧)	0.027	0.085	
		N	5	5	5
平舆县	补偿标准	Pearson 相关性	1	-0.769	0.827
		显著性(双侧)		0.129	0.065
		N	5	5	5
	单位面积水资源量	Pearson 相关性	-0.769	1	-0.402
		显著性(双侧)	0.129		0.503
		N	5	5	5
	环境容量利用率	Pearson 相关性	0.827	-0.402	1
		显著性(双侧)	0.065	0.503	
		N	5	5	5
新蔡县	补偿标准	Pearson 相关性	1	-0.694	0.981 * *
		显著性(双侧)		0.194	0.003
		N	5	5	5
	单位面积水资源量	Pearson 相关性	-0.694	1	-0.785
		显著性(双侧)	0.194		0.116
		N	5	5	5
	环境容量利用率	Pearson 相关性	0.981 * *	-0.785	1
		显著性(双侧)	0.003	0.116	
		N	5	5	5

注：* 在 0.05 水平(双侧)上显著相关；* * 在 0.01 水平(双侧)上显著相关。

(3)生态补偿的高低与各县的污染物治理水平有关。

分析驻马店小洪河流域生态补偿标准的高低与各县污染物治理水平的关系，主要选择了COD、氨氮的工业废水处理率和生活污水削减率进行分析。各县生态补偿标准与COD、氨氮的工业废水处理率和生活污水削减率的关系见表2-29。

表2-29 （SPSS系统中）生态补偿标准与污染物治理水平的相关性检验（节选）

指标	检验指标	工业废水COD处理率	生活污水COD削减率	工业废水氨氮处理率	生活污水氨氮削减率
西平县补偿标准	Pearson 相关性	0.533	0.532	0.928*	0.963**
	显著性（双侧）	0.355	0.356	0.023	0.009
	N	5	5	5	5
上蔡县补偿标准	Pearson 相关性	0.868	0.822	0.826	0.908*
	显著性（双侧）	0.057	0.088	0.085	0.033
	N	5	5	5	5
平舆县补偿标准	Pearson 相关性	0.773	0.777	0.783	0.694
	显著性（双侧）	0.125	0.122	0.118	0.194
	N	5	5	5	5
新蔡县补偿标准	Pearson 相关性	-0.191	0.599	0.775	0.415
	显著性（双侧）	0.758	0.286	0.124	0.487
	N	5	5	5	5

注：*在0.05水平（双侧）上显著相关；**在0.01水平（双侧）上显著相关。

计算结果表明，生态补偿标准与COD、氨氮的工业废水处理率和生活污水削减率均呈正相关，相关系数大小不一，显著性水平普遍不高，这表明驻马店小洪河流域生态补偿标准的高低与当地的污染物治理水平有着一定的关系，但并不显著，反映了区域异质性、生态补偿标准的高低是由多重因素影响共同决定的。

第 3 章　基于水污染损失率的流域水环境损害补偿研究

3.1　补偿框架

流域上游的社会生产取水、排水、用水、耗水等过程产生大量的污废水，其中大部分污水未经处理直接排放到河流中，使得水体中污染物浓度增加，水体污染严重。虽然水体在向下游运动的过程中发生自净作用，污染物得到一定程度的减少，但是该自净能力不足以有效降低水体中污染物浓度。当区域内流域水资源利用或污染物排放超过了相应的总量控制标准或跨界断面的考核标准时，不仅提高了下游地区治污的费用，还可能对下游造成直接经济损失，产生负的外部效益，则上游地区应该承担下游地区的超标治污成本并赔偿对下游地区造成的损害，即给予一定的经济补偿。当跨界断面水体水质量监测结果超过规定的水体环境质量标准或者跨界地区自拟协议标准时，应坚持"谁污染、谁付费"的原则，对经济损失大小进行评估，核算出污染造成的经济损失大小，定量确定流域上游对下游的损害补偿标准。

本书提出基于水污染损失率与能值分析理论的流域水环境损害补偿理论框架，首先，基于 Logistic 理论，建立污染物浓度与水资源价值损失之间的函数关系。结合流域水功能区标准与国家分行业用水质量标准，确定分区域水体背景浓度与严重污染临界浓度值，进而确定函数关系中的相关参数，获取单水质指标污染损失率关系式。结合研究区内实测水质情况，计算水质指标的污染损失率值。其次，基于能值分析理论，分析各分区内水资源生态经济系统及其子系统能量流、物质流与货币流过程，编制工业、农业、社会生活、生态环境子系统能值网络图与分析表，建立水资源价值核算方法体系。最后，遵循"谁污染、谁补偿"的原则，建立污染损失率、水资源价值与水污染损害补偿价值之间的转换关系，核算出污染造成的经济损失大小，定量确定流域上游对下游的补偿价值。流域水环境损害补偿研究框架如图 3-1 所示。

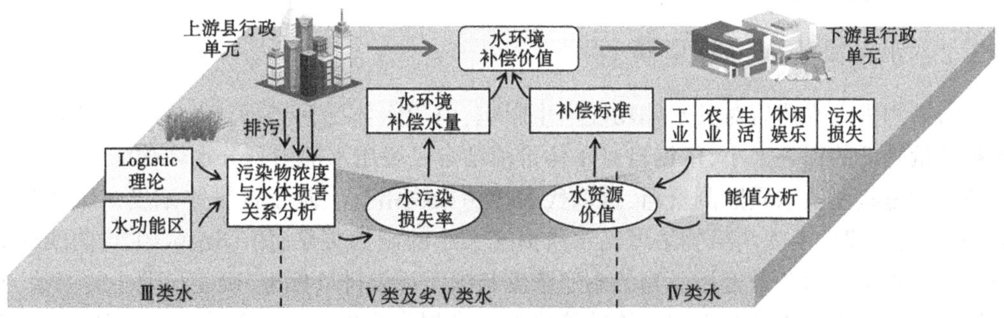

图 3-1　基于水污染损失率的流域水环境损害补偿理论框架

3.2 水污染损失率理论基础

3.2.1 污染物浓度与水环境损害补偿水量之间的影响关系分析

污染物进入水体,会对其物理化学性质产生影响,造成水体正常功能的减退或丧失,进一步造成与水体密切相关的各产业产量减少和质量降低的损失。美国学者 James 和 Lee 提出了水环境补偿水量-浓度曲线,又称詹姆斯曲线,指出在使用和输送过程中水质不断恶化,水的价值就要降低。流域或者区域的各个用户在经济活动中由于使用这种被污染的水体而需要承受一定的经济损失,这种损失可能是由于在使用水的过程中采取了处理措施改善水质而增加了额外的成本造成,或者是采用另一种水源或水体进行替代造成成本的增加。而用户因水质降低而带来的经济损失是其采取最廉价的综合措施费用的总和,对于一定浓度的污染物,可以通过分析该污染物浓度与经济损失(所采取的措施费用)的关系曲线。李锦秀等在分析水质对社会经济影响关系的时候指出,当水质较为良好时,水体污染对经济造成的损失很小或者不造成损失,因为此时水环境存在一定的环境容量,即纳污能力;当水质达到一个临界的浓度,经济损失会在一定范围内随着浓度的增加而迅速增加,该阶段处于水质恶化的初始阶段,污染损失率也呈上升趋势;而水质对经济造成的影响是渐变的过程,在此过程中的某个时间点会出现一个拐点,当水质浓度达到该拐点之后,水污染损失率会逐渐下降,污染所造成经济损失的增长速度也会减慢;等水质浓度达到一定浓度时,水污染造成的经济损失会趋于一个稳定的状态,此后无论污染物的浓度再大,损失也不会因此有较大的变动(李锦秀 等,2003)。此时可认为水体已基本丧失了服务功能,水污染造成的经济损失达到最大值(Hamzah H,2015;朱发庆 等,1993;李嘉竹 等,2009;谭啸 等,2012;饶清华 等 2014)。

Logistic 函数也称为生长曲线函数,由美国生物学家和人口统计学家 Pearl 和 Reed 首先在生物繁殖研究中发现,应用于研究生物生长和产业成长过程的描述,后来经过不断地发展,该曲线模型逐渐被广泛应用到社会生活的各个领域。通过众多国内外学者的研究发现,该曲线的发展遵循 Logistic 函数模型的 3 个发展阶段:开始期、加速期、减速期,运用该曲线函数模型可以较准确地反映水污染浓度造成的价值损失,从而确定水环境补偿水量(陈金发 等,2012),见图 3-2。

3.2.2 水污染损失率计量模型

污染物进入水体后对其水体功能产生影响,由于水体受污染而产生的各产业产量减少和质量降低的损失大小,依据自身水体价值结合区域用水部门划分水体功能,考虑流域水环境质量状况及水质监测资料,选取代表性污染物指标。基于污染物浓度与水体损害的关系分析,建立反映污染物浓度与水质损害大小的函数关系,用 Logistic 生长曲线函数模型进行表示。综合考虑污染物的本底浓度与国家污染排放标准,确定模型中的参数,分别估算不同污染物浓度对不同水体功能价值污染损失率的大小。结合统计学方法,计算综合污染损失率,构建污染损失率模型。按照《地表水环境质量标准》(GB 3838—2002)

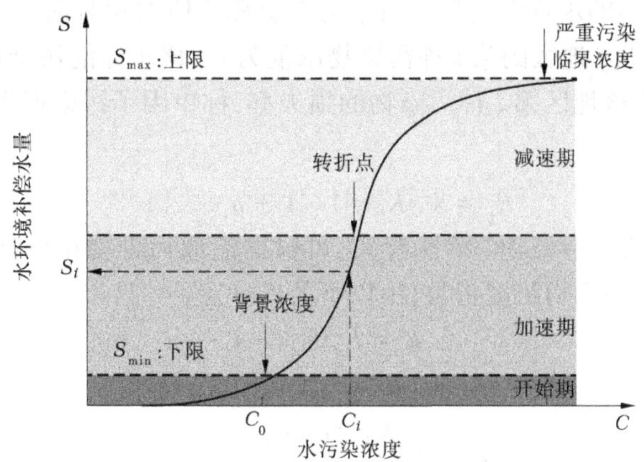

图 3-2　水污染浓度-水环境补偿水量关系曲线

中水质等级划分标准,分别估算相应水质等级的污染损失率,作为水质评价的依据。考虑综合污染损失率与水质评价标准,定量评价各行政区断面水质状况。污染损失率模型如图 3-3 所示。

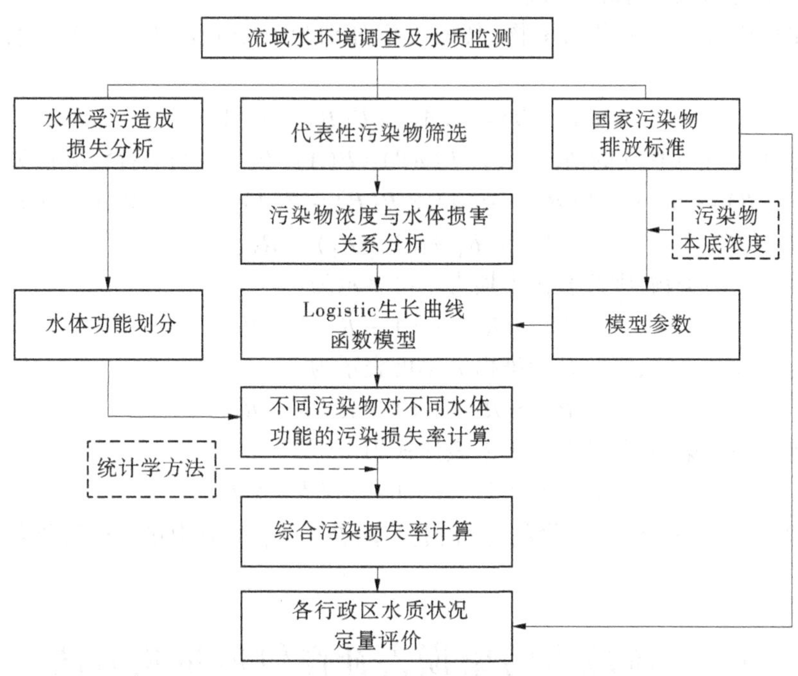

图 3-3　污染损失率模型

模型计算如下:

根据 Logistic 函数建立微分方程,假设某一流域共有 m 个地区,在地区 j 的水体中,共有 n 种污染物,第 i 种污染物对 j 地区造成的污染价值损失为 S_{ij}(元),水污染所造成的 S_{ij} 随污染物浓度 c_{ij}(mg/L)呈 S 形增长的趋势,两者之间的关系可以用以下的微分方程进行表示:

$$dS_{ij}/dc_{ij} = r_{ij}S_{ij}(1 - S_{ij}/K_j) \tag{3-1}$$

式中：K_j 为 j 地区水体的水资源价值，元；r_{ij} 为水资源价值的相对损失率(%)。

求解微分方程，当 j 地区的第 i 种污染物浓度为 c_{ij}，该水体的污染价值损失 S_{ij} 与水资源价值 K_j 的比值，为该地区第 i 种污染物的损失率，称单因子污染损失率 R_{ij}，其计算公式如下：

$$R_{ij} = S_{ij}/K_j = 1/(1 + a_i e^{-b_i \lambda_{ij}}) \tag{3-2}$$

式中：a_i、b_i 为常数项，与污染物 i 特性有关，可根据流域污染物排放标准确定（张江山和孔健建，2006）；λ_{ij} 为污染物浓度指数，由以下公式确定：

$$a_i = K_j/S_{0ij} - 1 \tag{3-3}$$

$$b_i = r_{ij} \times c_{0ij} \tag{3-4}$$

$$\lambda_{ij} = c_{ij}/c_{0ij} \tag{3-5}$$

式中：S_{0ij} 为引起水体价值损失的临界值，元；c_{0ij} 为引起水体损失的本底浓度，一般参考水质目标确定，mg/L。

众所周知，当前影响河流水体水质的污染物不止一种，当两种或者两种以上污染物共同作用于水体时，其污染损失率并不是这几种污染物损失率的简单叠加，目前采用较多的是利用概率论的知识进行综合污染损失率的计算。

假定水体中有 A、B 两种污染物，其损失率分别为 $P(A)$、$P(B)$，则其综合污染损失率为

$$P(A \cup B) = P(A) + P(B) - P(AB) \tag{3-6}$$

在满足 A、B 相互独立的情况下，有 $P(AB) = P(A) \times P(B)$，则综合污染损失率为

$$P(A \cup B) = P(A) + P(B) - P(A) \times P(B) = P(A) + [1 - P(A)] \times P(B) \tag{3-7}$$

$$R^{(2)} = R_1 + (1 - R_1) \times R_2 \tag{3-8}$$

如果有3种污染物，则综合污染损失率可表示为

$$R^{(3)} = R^{(2)} + (1 - R^{(2)}) \times R_3 \tag{3-9}$$

如果有4种污染物，则综合污染损失率可表示为

$$R^{(4)} = R^{(3)} + (1 - R^{(3)}) \times R_4 \tag{3-10}$$

推广到多种污染物，其综合损失率表达式为

$$R_j^{(i)} = R_j^{(i-1)} + (1 - R_j^{(i-1)}) \times R_{i,j} \tag{3-11}$$

式中：$R_j^{(i)}$ 为 j 行业中 i 种污染物的综合损失率；$R_{i,j}$ 为 j 行业中第 i 种污染物的污染损失率。

3.3 流域水污染损害补偿价值量化方法

3.3.1 基于能值分析理论的水资源价值核算方法

能值理论是由美国著名生态学家 Odum 为首创立的一种新的生态经济价值理论和系统分析方法，能值是指一种产品和服务在生产过程中直接和间接耗用的所有的某种有效能的数量，能将生物圈中不同形式的能量采用统一量纲全部转化为太阳能值来表达。根据能值理论的内涵，构建基于能值理论的水资源经济价值分析框架。其基本步骤为：首

先,收集涉及研究区水资源生态经济系统数据资料,通过建立系统能量和能值网络来分析系统内部与外部能量的流动,绘制水资源生态经济系统能值表,计算相关的能值指标;然后,根据自然水体的特点及形成过程计算能值转换率;通过查找到的研究区相关数据资料,计算水资源经济价值以及工业、农业、生活及休闲娱乐、污水损失分行业水资源价值;最后,综合各项系统价值,汇总得到综合水资源生态经济价值。

3.3.1.1　多元水体能值转换率

水资源在循环过程中伴随着能量转换,从能量角度出发,由于水体的运动与人类的活动过程都会对水体做功,导致自然水体的太阳能值转换率发生改变。由于不同水体的物质和能量转换过程是不同的,而且伴随着时间不断地变化,根据能值转换率的基本原理对不同水体的能值转换率进行计算。本章节研究的主要是河流中水体的能值转换关系,因此在进行水体能值转换率计算的时候,仅考虑自然水体,河水的能值转换率只需考虑天然降水汇流到河流中的过程。本章节研究的自然水体可分为地表水和地下水两大类,地表水即为河流,地下水为浅层地下水。该部分水体的来源主要是天然降水过程,大气降水经过汇流过程不断补充着地表水及浅层地下水,使得系统能量得到不断增加。根据自然水体的循环过程及太阳能值转换率的计算原理,可以得到自然水体的能值转换率的计算方法如下。

(1)计算研究区降水总化学能:

$$CE_{降水} = WV \times WD \times G \tag{3-12}$$

式中:WV 为水体体积,m^3;WD 为水体密度,10^6 g/m^3;G 为吉布斯自由能,GJ/g。

(2)计算研究区的年降水总能值:

$$EA_{降水} = CE_{降水} \times ECR_{雨水} \tag{3-13}$$

式中:$EA_{降水}$ 为研究区的降水年能值总量,sej;$CE_{降水}$ 为降水的总化学能,由收集到的基础资料计算得到,J/年;$ECR_{雨水}$ 为雨水的能值转换率。

(3)计算研究区的自然水体年化学能:

$$TWC = CA \times AP \tag{3-14}$$

式中:TWC 为研究区的集水总量,m^3;CA 为集水面积,m^2;AP 为平均降水量,mm。

(4)计算自然水体的年集水量:

$$PE = ACA \times AP/T \times \rho \times G_1 \tag{3-15}$$

式中:PE 为年化学能,J/年;ACA 为年集水面积,m^2/年;AP 为平均降水量,mm; T 为更新周期,年;ρ 为水体密度,10^6 g/m^3;G_1 为天然水体吉布斯自由能,J/g。

其中

$$G_1 = \frac{8.33\ \text{J/mol}}{18\ \text{g/mol}} \ln\left[\frac{(1 \times 10^6 - S) \times 10^{-6}}{965\ 000 \times 10^{-6}}\right] \tag{3-16}$$

式中:S 为水体固体物质溶解量。

(5)计算自然水体年化学能:

$$PE = AWC \times WD \times G_1 \tag{3-17}$$

式中:PE 为年化学能,J/年;G_1 为天然水体吉布斯自由能,J/g。

(6)计算自然水体能值转换率:

$$\tau_1 = EA_{降水} / PE$$
$$\tau_2 = EA_{降水} / AP \tag{3-18}$$

式中:τ_1 为自然水体的太阳能值转换率,sej/J;τ_2 为单方自然水体太阳能值,sej/m³。

3.3.1.2 能值/货币比率计算

1. 能值分析表编制

能值分析表是能值分析的基础,是对网络图的细化与落实,也是水资源生态经济价值核算的前提。水资源经济系统各分项统计数据资料经过转换计算统一为能值,为水资源生态经济价值核算提供便利。

根据能值分析方法,表的格式从左到右依次为:①项目编号及名称,包括能值产出项、投入项等;②原始数据,将统计数据乘以能量折算系数转换为能量等;③单位,一般为能量(J)、货币(元)等;④太阳能值转换率,根据已有研究成果及计算结果得到各投入产出项的太阳能值转换率,单位为 sej/J(或 sej/元);⑤太阳能值,该列为计算结果,由原始数据与太阳能值转换率相乘得到。

2. 能量网络图绘制

水资源系统能量网络图能够反映出水资源生态经济系统及其子系统内部能量流动、物质转移、货币流动的方向及相互作用关系(蓝盛芳 等,2002)。分析水资源与工业系统、农业系统和生活系统间的能量流动与转化过程,绘制能量网络图,可为各系统能值的计算提供基础。根据水资源生态经济系统的基本结构和主要能源、物质等生态经济流情况,构建研究区水资源生态经济系统能量系统图,如图 3-4 所示。

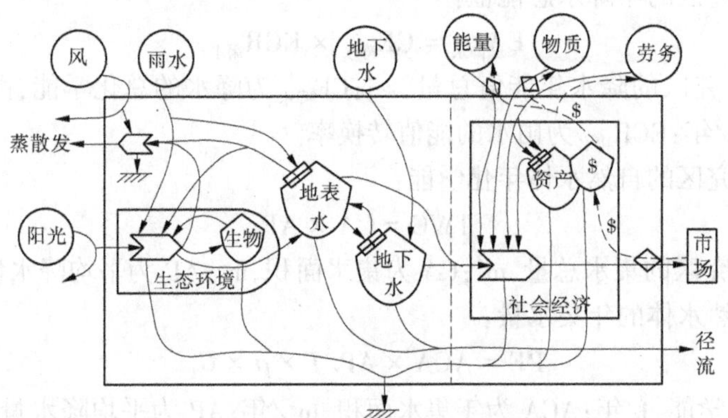

图 3-4 水资源生态经济系统能量系统

3. 能值/货币比率计算

能值/货币比率反映了一个国家对自然资源的依赖程度。当能值/货币比率越高时,表明在生产过程对于自然资源使用越多,依赖程度越大,反之亦然。通过能值/货币比率来达到能值与货币之间转变的目的。能值/货币比率等于研究区总能值投入与当年 GDP 之比。

$$P = \frac{EI}{GDP} \tag{3-19}$$

式中:P 为该区域的能值/货币比率,sej/元;EI 为投入总能值,sej。

4. 主要能值指标

生态经济系统的能值来源包括本地区自然资源能值及地区外输入能值,具体有太阳能、风能、雨水化学能、工农业进口产品、能源物资产品等。系统输出则是指整个区域的所有产出,包括各类生活、工农业产品、物资等。在流量指标的基础上,结合生态经济系统的结构和功能,可以计算出部分能值评价指标,以反映水资源与经济社会发展、生态环境之间的关系。区域水资源生态经济系统的主要能值流指标的各项表达式及含义见表 3-1。

表 3-1　系统主要能值指标

指标	符号或表达式	含义
总能值投入	EI	各生态经济系统投入的总量,包括可更新资源、不可更新资源等
总能值产出	EO	系统产出的总量,包括工业、农业等各方面
年用水能值	WUE	系统年水资源总投入相应的能值
生态经济系统能值价值	M	反映各生态经济系统的能值价值,包括工业、农业、生活等系统
能值/货币比率	P=EI/GDP	反映系统的资源开发程度及现代化水平,等于系统能值投入与国内生产总值的比值
能值货币价值	V=M/P	与能值相当的货币大小,等于生态经济系统能值价值与能值/货币比率的比值
水资源贡献率	WCR=WUE/EI	系统水资源能值投入占总能值投入的比例

3.3.1.3　水资源生态经济价值核算方法

根据能值分析理论及其结构框架,分析水资源与工业系统、农业系统、生活系统及休闲娱乐、污水损失系统间的能量流动与转化过程,绘制各系统能量系统图。根据水资源生态经济价值的内涵、构成和体现形式,基于能值/货币比率及水体太阳能值转换率,分别计算农业生态系统水资源价值、工业生态系统水资源价值、生活生态系统水资源价值、休闲娱乐价值及污水损失水资源价值。

1. 农业生产系统水资源价值

分析并绘制农业生产系统水资源价值能值图(见图 3-5),了解系统主要能值投入和产出能源,建立能值分析表。农业生产系统水资源价值反映了水资源在农业生产系统中的作用与贡献,体现了水资源对农业生产发展产生的效益,可由水资源对农业生产系统的贡献率乘以农业系统产出能值进行计算得到。

计算农业生产系统水资源贡献率:

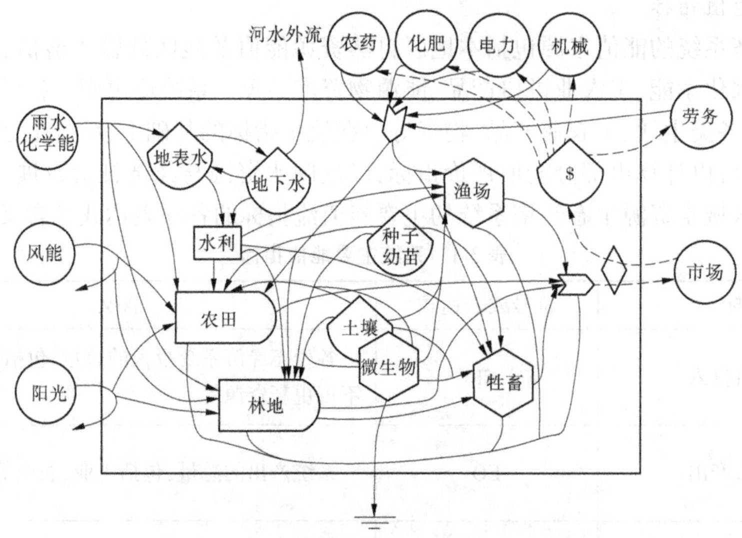

图 3-5　农业生态系统水资源价值能值系统

$$\mathrm{WCR_A} = \frac{\mathrm{WUE_A}}{\mathrm{EI_A}} \tag{3-20}$$

式中：$\mathrm{WCR_A}$ 为农业生产系统水资源贡献率（%）；$\mathrm{WUE_A}$ 为农业生产系统水资源用水总能值，sej；$\mathrm{EI_A}$ 为农业生产系统能值总投入，sej。

计算农业生产系统水资源价值：

$$M_{农业生产} = \mathrm{WCR_A} \times \mathrm{EO_A} \tag{3-21}$$

式中：$M_{农业生产}$ 为农业生产系统水资源价值，sej；$\mathrm{WCR_A}$ 为水资源对农业的生产贡献率（%）；$\mathrm{EO_A}$ 为农业生产系统的产出能值，sej。

计算单方水货币价值：

$$\begin{aligned} \mathrm{EM_{PA}} &= M_{农业生产} / W_A \\ E_{PA} &= \mathrm{EM_{PA}} / \mathrm{EDR} \end{aligned} \tag{3-22}$$

式中：$\mathrm{EM_{PA}}$ 为农业生产的能值，sej/m³；E_{PA} 为农业单方水货币价值，元/m³；EDR 为地区能值/货币比率，sej/元；W_A 为农业系统用水总量，m³。

2. 工业生产系统水资源价值

分析并绘制工业生产系统水资源价值能值系统图（见图 3-6），了解系统主要能值投入和产出能源，建立能值分析表。工业生产系统水资源价值反映了水资源在工业生产系统中的作用与贡献，体现了水资源对工业生产发展产生的效益，可由水资源对工业生产系统的贡献率乘以工业生产系统产出能值进行计算得到。

计算工业生产系统水资源贡献率：

$$\mathrm{WCR_I} = \frac{\mathrm{WUE_I}}{\mathrm{EI_I}} \tag{3-23}$$

式中：$\mathrm{WCR_I}$ 为工业生产系统水资源贡献率（%）；$\mathrm{WUE_I}$ 为工业生产系统水资源用水总能值，sej；$\mathrm{EI_I}$ 为工业生产系统能值总投入，sej。

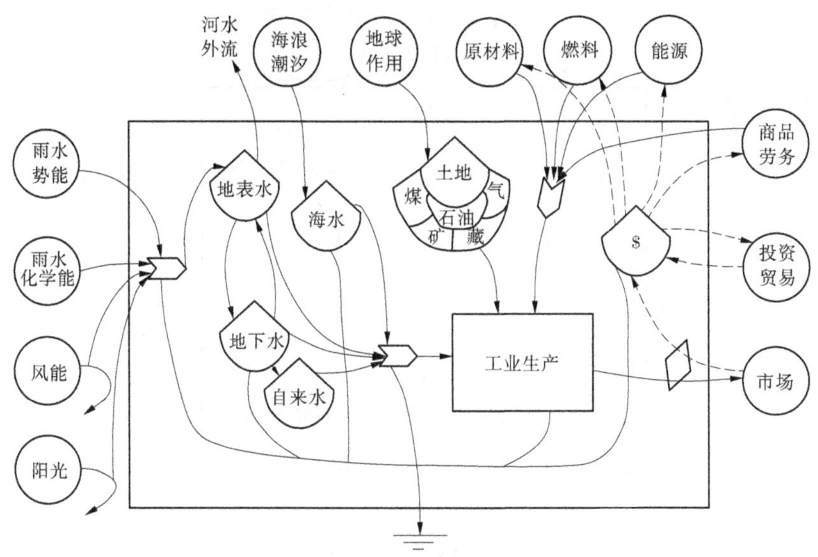

图 3-6　工业生态系统水资源价值能值系统

计算工业生产系统水资源价值：

$$M_{\text{工业生产}} = \mathrm{WCR_I} \times \mathrm{EO_I} \tag{3-24}$$

式中：$M_{\text{工业生产}}$ 为工业生产系统水资源价值，sej；$\mathrm{WCR_I}$ 为水资源对工业的生产贡献率（%）；$\mathrm{EO_I}$ 为工业生产系统的产出能值，sej。

计算单方水货币价值：

$$\begin{aligned} \mathrm{EM_{PI}} &= M_{\text{工业生产}} / W_{\mathrm{I}} \\ E_{\mathrm{PI}} &= \mathrm{EM_{PI}}/\mathrm{EDR} \end{aligned} \tag{3-25}$$

式中：$\mathrm{EM_{PI}}$ 为农业生产的能值，sej/m^3；E_{PI} 为工业单方水货币价值，元/m^3；W_{I} 为工业系统用水总量，m^3。

3. 生活生产系统水资源价值

分析并绘制生活生产系统水资源价值能值系统图，如图 3-7 所示。生活生产系统水资源价值也称为劳动力恢复价值，反映了水资源在生活系统中的作用与贡献，体现的是水资源在维持人民生命健康和基本生存需求中产生的效益。

在进行生活系统水资源价值的计算时，将太阳能、风能、生活用水、食品及非食品等生活物资作为投入项；由于资料收集的限制，将能够代表人民生活水平的人均可支配收入作为产出项，分别计算生活系统用水能值、系统产出能值、人均居民支配收入、恩格尔系数等数据，可以得到水资源生活系统价值。

计算生活系统水资源贡献率：

$$\mathrm{WCR_L} = \frac{\mathrm{WUE_L}}{\mathrm{EI_L}} \tag{3-26}$$

式中：$\mathrm{WCR_L}$ 为生活系统水资源贡献率（%）；$\mathrm{WUE_L}$ 为生活系统水资源用水总能值，sej；$\mathrm{EI_L}$ 为生活系统能值总投入，sej。

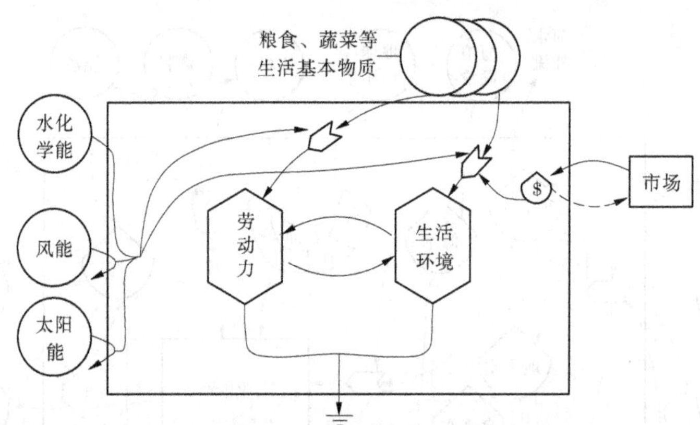

图 3-7　生活生产系统水资源价值能值系统

将生活产出能值、水资源对生活的贡献率、恩格尔系数三者相乘,即可得到生活系统水资源价值:

$$M_{生活} = WCR_L \times EO_L \times E \tag{3-27}$$

式中:$M_{生活}$ 为水资源的生活价值,sej;EO_L 为生活系统产出能值,sej;WCR_L 为生活系统水资源贡献率(%);E 为恩格尔系数。

计算单方水货币价值:

$$E_{PL} = M_{生活} / W_L \tag{3-28}$$

式中:E_{PL} 为生活单方水货币价值,元/m^3;W_L 为人均年用水总量,m^3。

4. 休闲娱乐水资源价值

休闲娱乐水资源价值是水资源在满足人民社会精神需求方面所产生的效益总和,也称为旅游水资源价值。在社会日益发展的今天,人民在寻求物质基本资料满足的同时,对精神需求的要求程度越来越高。研究中采用旅游部门在某一年中的旅游收益作为衡量休闲娱乐水资源价值的标准,旅游业包括了与水体直接相关的活动,比如游泳、划水、钓鱼、水上游乐场等,以及间接与水体相关的活动,比如,摄影、环水公园、环湖骑行等。水体的休闲娱乐水资源价值由水域的自然气候条件、水域的水质、水域所处的地理位置及周边相关基础设施条件等决定,并有季节性变化的特点(刘青,2007)。

根据中华人民共和国文化和旅游部公布的《2000 年入境旅游者抽样调查综合分析报告》,在所有的旅游资源中,自然山水风光占比为 24.6%,假定与水体相关的旅游在自然山水风光旅游中占比为 50%,则其在旅游总收入中所占的比例为 12.3%。则水资源的休闲娱乐价值可通过当年地区的旅游收入与能值/货币比率及水体旅游占比的乘积进行计算:

$$M_{休闲娱乐} = TI \times 12.3\% \times ECR \tag{3-29}$$

式中:$M_{休闲娱乐}$ 为水资源的休闲娱乐价值,sej;TI 为旅游收入,元;ECR 为地区的能值/货币比率,sej/元。

5. 污水损失水资源价值

水资源的生态环境价值包括了污水价值、净化环境价值、保护生物多样性价值、调蓄水分价值、气候调节价值、输送价值 6 项,但由于在 6 项生态环境价值中污水价值占据较大比例,其他 5 项价值可忽略,因此本节仅考虑污水价值,并将其作为生态环境价值进行汇总计算(吕翠美,2011)。

污水损失水资源价值主要是指未经处理的社会生产生活污水排放到水体中,造成水体功能下降及相关服务功能丧失的损失量。因为污水排放到水体中,会进行较为复杂的运移转化,同时水体还有自身的自净能力,因而直接计算污水的损失量较为困难,资料收集较为麻烦。从能值的角度考虑,污水排放到水体中造成了水体的能值转换率的差异,因此污水损失水资源价值可通过水体污染前后的损失率差值进行求解,计算公式如下:

$$M_{污水损失} = (\tau_{污染后} - \tau_{污染前}) \times W_{污水} \tag{3-30}$$

式中:$M_{污水损失}$为污水损失水资源价值,sej;$W_{污水}$为排污总量,m^3;$\tau_{污染前}$、$\tau_{污染后}$为水体污染前后的能值转换率,sej/m^3。

6. 水资源生态经济能值价值汇总

综合以上5项水资源生态经济价值能值结果,通过能值/货币比率,将其转换为相应的水资源生态经济货币价值,如下:

$$V_{EC} = M_{EC}/P \tag{3-31}$$

式中:V_{EC}为水资源生态经济货币价值,元;M_{EC}为水资源生态经济能值价值,sej;P为能值/货币比率,sej/元。

单方水能值价值与单方水货币价值可由能值价值与货币价值分别除以各经济系统用水量得到。由于污水排放到水体中,会造成水体功能下降及功能丧失,是负价值,所以其他行业单方水资源价值总和减去单方污水损失价值为区域单方水资源综合价值V_W(元/m^3)。

3.3.2 流域水环境补偿量化模型

某地区水环境补偿水量Q_j^{PL}可根据地区j的综合污染损失率$R_j^{(n)}$结合区域的水资源量Q_{WR_j}估算:

$$Q_j^{PL} = R_j^{(n)} \times Q_{WR_j} \tag{3-32}$$

结合所得到的单方水资源生态经济货币价值,可以构建基于污染损失价值的流域生态补偿量化模型,核算出流域水环境补偿量:

$$M_i = V_{EC} \times Q_j^{PL} \tag{3-33}$$

式中:M_i为i地区水环境补偿量,元;V_{EC}为单方水水资源生态经济货币价值,元/m^3。

3.4 驻马店小洪河流域实例

3.4.1 污染损失率的计算及补偿水量计算

3.4.1.1 参数的确定

参数a、b应根据自身污染物特性以及相关水质标准进行确定。根据《河南省水功能区划》及《驻马店市水污染防治工作方案》,小洪河流域主干河流主要流经驻马店的西平、上蔡、平舆、新蔡4个县级行政区,各水功能区中地表水水质考核目标均为Ⅳ类水。本节选取西平杨庄、上蔡前相湾、平舆李桥、新蔡班台4个监测断面来分析4个县级行政区的水质状况。根据河南省环保厅提供的2012—2015年驻马店市地表水责任考核断面及河流监测断面水质资料(见表3-2)和《地表水环境质量标准》(GB 3838—2002)(见表3-3)、《污水综合排放标准》(GB 8978—1996)(见表3-4),并结合实际,合理确定相关背景浓度与严重污染临界浓度。

表3-2　2012—2015年小洪河流域驻马店段污染物浓度年均值　　单位:mg/L

监测区域	监测项目	2012年	2013年	2014年	2015年
西平县	COD	35.4	27.1	26.3	22.0
	NH_3-H	1.65	2.78	5.70	2.54
	TP	0.473	0.504	0.387	0.547
上蔡县	COD	42.2	36.1	37.2	29.5
	NH_3-H	7.50	6.00	4.96	1.90
	TP	0.282	0.179	0.113	0.235
平舆县	COD	34.1	41.3	33.9	27.0
	NH_3-H	1.04	2.29	2.8	1.29
	TP	0.212	0.281	0.310	0.289
新蔡县	COD	17.8	21.5	23.6	25.5
	NH_3-H	0.89	1.25	1.65	0.99
	TP	0.264	0.353	0.401	0.285

表3-3　地表水环境质量标准　　单位:mg/L

监测项目	Ⅰ类	Ⅱ类	Ⅲ类	Ⅳ类	Ⅴ类
COD	15	15	20	30	40
NH_3-H	0.15	0.5	1	1.5	2
TP	0.02	0.1	0.2	0.3	0.4

表3-4　污水综合排放标准　　单位:mg/L

监测项目	一级	二级	三级
COD	100	150	500
NH_3-H	15	25	30
TP	0.5	1	2

根据污染物浓度价值曲线,只有当水体中污染达到一定程度时,水资源价值才会造成损失。通常将背景浓度(本底浓度)作为引起污染损失的起点,假定污染物浓度在达到背景浓度时对水资源价值的损失率为0.01;将严重污染临界浓度作为污染损失的终点,假定污染物浓度达到严重污染临界浓度时,水资源价值的损失率为0.99(管新建和刘文康,

2018；田春暖和孙英兰，2009）。由于资料收集的困难，根据相关研究成果，可以将当地水质目标作为背景浓度，而严重污染临界浓度可参考国家有关污染物综合排放标准的有关规定进行确定，一般可取背景浓度的5~20倍（单长青和刘娟娟，2011）。由此可以得到背景浓度 c_1 与严重污染临界浓度 c_2，结合式（3-1）~式（3-11），即可近似估算得到参数 a、b 的值。具体计算过程如下（以COD为例）：

根据分析，驻马店断面水质考核目标为Ⅳ类水，COD临界浓度取值为30 mg/L。而当COD的背景浓度 c_1 取地表水环境质量Ⅳ类标准时，污染物浓度指数为1，此时污染损失率最小为0.01；严重污染临界浓度 c_2 取污水综合排放最大排放标准，即500 mg/L，污染物浓度指数为500/30，此时污染损失率达到最大值0.99。可建立关于 a、b 的关系式，进行求解。

$$\begin{cases} 0.01 = \dfrac{1}{1 + a \cdot e^{-b \times \frac{30}{30}}} \\ 0.99 = \dfrac{1}{1 + a \cdot e^{-b \times \frac{500}{30}}} \end{cases} \Rightarrow \begin{cases} a = 177.991 \\ b = 0.587 \end{cases} \tag{3-34}$$

氨氮和总磷的计算方法与COD相同，参数的具体计算结果见表3-5。

表3-5　参数 a、b 计算结果

污染因子	背景浓度 c_1/（mg/L）	严重污染临界浓度 c_2/（mg/L）	参数 a	参数 b
COD	30	500	177.991	0.587
NH_3-H	1.5	30	149.400	0.412
TP	0.3	2	500.680	1.622

3.4.1.2　污染损失率的计算

根据各污染物参数 a、b 的计算结果，结合实测数据，可以计算得到研究区四县2012—2015年各污染因子的污染损失率。以2012年西平县COD的污染损失率为例进行计算，具体过程如下：

$$R_{COD} = \frac{1}{1 + 177.991 e^{-0.587 \times \frac{c}{30}}} \tag{3-35}$$

$$R_{NH_3\text{-}N} = \frac{1}{1 + 149.399 e^{-0.412 \times \frac{c}{1.5}}} \tag{3-36}$$

$$R_{TP} = \frac{1}{1 + 500.683 e^{-1.622 \times \frac{c}{0.3}}} \tag{3-37}$$

将3种污染物的实测浓度 c 分别代入式（3-35）~式（3-37）中，可以得到2012年西平县COD、氨氮、总磷3种污染物的污染损失率（见图3-8），分别为0.011 1、0.010 4、0.025 1。采用综合叠加公式，3种污染物的综合污染损失率为0.045 9。详细结果见表3-6。

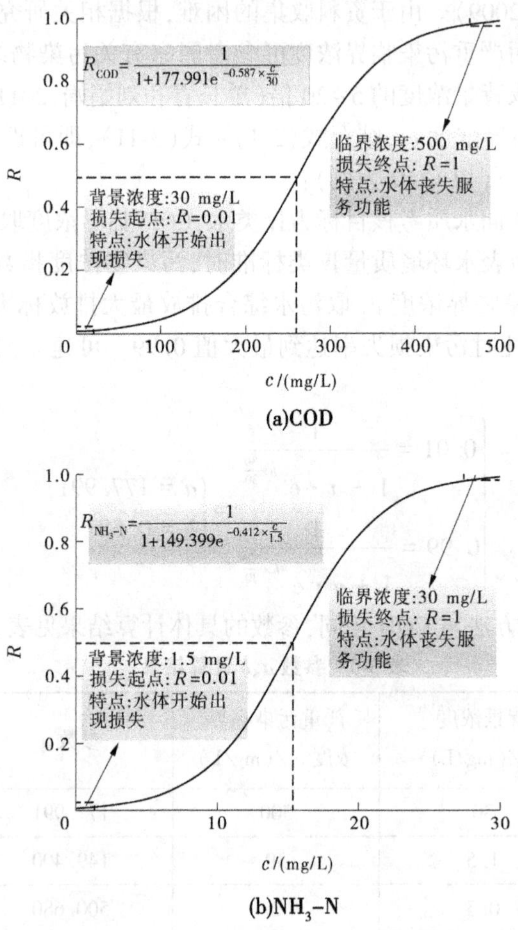

(a)COD

(b)NH_3-N

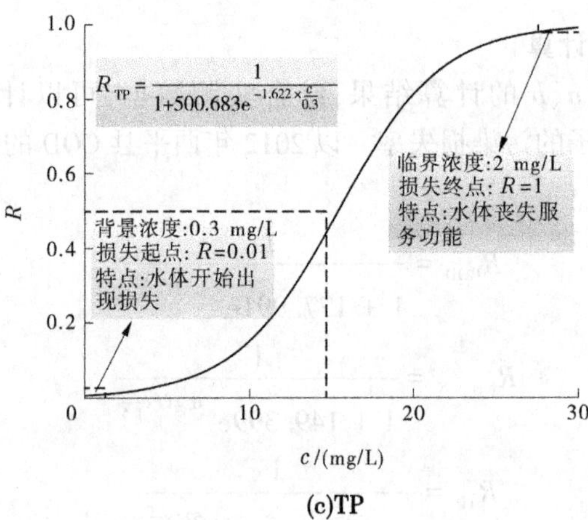

(c)TP

图 3-8 COD、NH_3-N、TP 污染损失率计算曲线

表 3-6　研究区各县综合污染损失率

监测区域	年份	COD	NH_3-N	TP	综合损失率
西平县	2012	0.011 1	0.010 4	0.025 1	0.045 9
	2013	0.009 4	0.014 1	0.029 5	0.052 3
	2014	0.009 3	0.030 9	0.015 9	0.055 2
	2015	0.008 5	0.013 2	0.037 0	0.057 9
上蔡县	2012	0.012 6	0.049 7	0.009 0	0.070 3
	2013	0.011 2	0.033 5	0.005 2	0.049 4
	2014	0.011 4	0.025 4	0.003 6	0.040 1
	2015	0.009 9	0.011 1	0.007 0	0.027 8
平舆县	2012	0.010 8	0.008 8	0.006 2	0.025 6
	2013	0.012 4	0.012 3	0.009 0	0.033 4
	2014	0.010 7	0.014 2	0.010 5	0.035 1
	2015	0.009 4	0.009 4	0.009 4	0.028 0
新蔡县	2012	0.007 8	0.008 4	0.008 2	0.024 4
	2013	0.008 4	0.009 3	0.013 2	0.030 7
	2014	0.008 8	0.010 4	0.017 1	0.035 9
	2015	0.009 1	0.008 7	0.009 2	0.026 8

研究区 4 县综合污染损失率变化趋势见图 3-9。从图 3-8、表 3-6 中可以看出，COD、NH_3-H、TP 3 种污染物的损失率在各行政区域的变化情况不同，且同一行政区在各年份的变化情况也有所差别，这与各行政区域在不同年份实行的水环境保护政策有一定关系。西平县和上蔡县的综合污染损失率偏高，平舆县和新蔡县的综合污染损失率相对偏低。

3.4.2　分行业水资源价值计算

根据水资源生态经济价值的内涵、构成和体现方式，在能量能值网络图和水体太阳能值转换率计算的基础上，分别对水资源的工业生产系统水资源价值、农业生产系统水资源价值、生活系统水资源价值、休闲娱乐水资源价值和污水损失水资源价值 5 部分，运用能值/货币比率，将水资源生态经济价值能值转换为相应的生态经济价值。

3.4.2.1　工业生产系统水资源价值的能值计算

由前文中的计算方法，结合小洪河流域实际情况，对工业生产系统的主要物质、能量、货币流的流向及其与工业生产之间的关系进行分析。系统主要投入能值包括太阳光能、风能、工业用水化学能等可更新资源；能源、原材料、劳务、固定资产投资等不可更新资源。系统能值产出主要包括玻璃、水泥等工业产品以及相关产业产值。以 2015 年为例，驻马店小洪河流域工业生产系统能值计算结果见表 3-7。

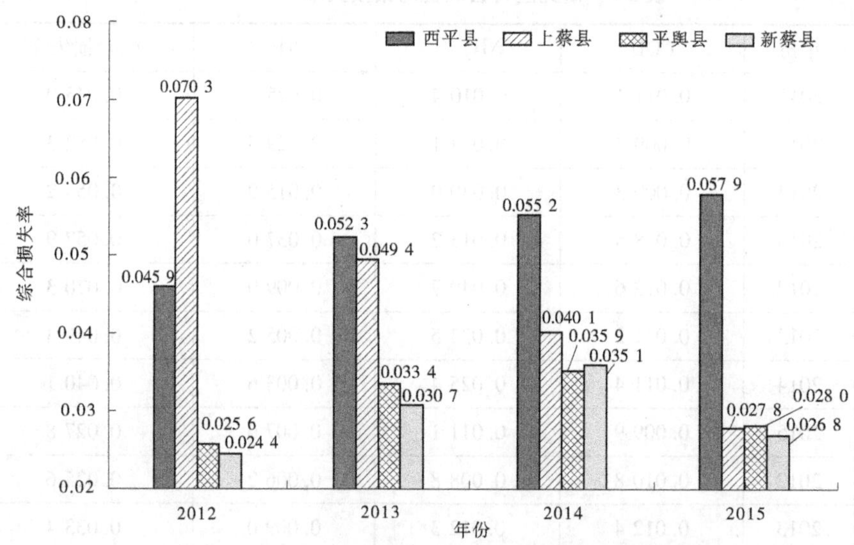

图 3-9　研究区 4 县综合污染损失率变化趋势

表 3-7　驻马店小洪河流域 2015 年工业生产系统能值计算结果

项目	原始数据	单位	能值转换率/(sej/unit)	能值/(10^{20} sej)
1 能值总投入				709.7
1.1 可更新资源				18.70
1.1.1 太阳光能	7.06×10^{19}	J	1.00	0.71
1.1.2 风能	1.27×10^{17}	J	6.23×10^{2}	0.79
1.1.3 工业用水化学能				1.95
1.1.3.1 自来水	3.93×10^{7}	m^3	3.89×10^{13}	15.27
1.1.3.2 地表水	3.88×10^{7}	m^3	5.2×10^{11}	0.20
1.1.3.3 地下水	9.46×10^{7}	m^3	1.85×10^{12}	1.75
1.2 不可更新资源				691
1.2.1 能源	1.62×10^{17}	J	3.98×10^{4}	64.4
1.2.2 原材料	4.32×10^{9}	J	7.44×10^{11}	32.1
1.2.3 劳务	1.14×10^{10}	J	7.44×10^{11}	84.9
1.2.4 固定资产投资	6.84×10^{10}	J	7.44×10^{11}	509
2 能值总产出				1 223
2.1 发电量	2.50×10^{16}	J	1.59×10^{5}	39.7
2.2 水泥	1.65×10^{13}	g	1.98×10^{9}	326
2.3 玻璃	2.8×10^{11}	g	8.40×10^{8}	2.35

续表 3-7

项目	原始数据	单位	能值转换率/(sej/unit)	能值/10^{20} sej
2.4 塑料	1.95×10^{11}	g	3.80×10^{8}	0.74
2.5 钢及钢材	4.98×10^{11}	g	1.78×10^{9}	8.87
2.6 农药	6.32×10^{9}	g	1.62×10^{9}	0.10
2.7 氮肥、磷肥	8.57×10^{11}	g	3.80×10^{9}	32.6
2.8 纸及纸板	3.71×10^{11}	g	3.90×10^{9}	14.5
2.9 机械制品	1.87×10^{11}	g	6.70×10^{9}	12.6
2.10 食品	6.23×10^{10}	元	7.44×10^{12}	463
2.11 纺织制品	1.21×10^{10}	元	7.44×10^{12}	89.7
2.12 木材加工及家具制造	1.09×10^{10}	元	7.44×10^{12}	81.2
2.13 交通运输设备制造	8.35×10^{9}	元	7.44×10^{12}	62.1
2.14 橡胶和塑料制品业	7.53×10^{9}	元	7.44×10^{12}	56.0
2.15 酒、饮料、精制茶制造业	4.45×10^{9}	元	7.44×10^{12}	33.1

注:原始数据来源于《驻马店统计年鉴》《驻马店市水资源公报》。

驻马店小洪河流域 2012—2015 年工业生产系统水资源的贡献率及价值能值计算结果见表 3-8。

表 3-8　驻马店小洪河流域 2012—2015 年工业生产系统水资源的贡献率及价值能值计算结果

工业项目	2012 年	2013 年	2014 年	2015 年
工业用水总能值/10^{20} sej	25.95	24.84	20.00	17.22
工业生产投入总能值/10^{20} sej	505.53	560.20	649.44	709.24
工业总产出能值/10^{20} sej	742.64	972.76	1 059.59	1 222.66
水资源贡献率/%	5.13	4.43	3.08	2.43
水资源总价值能值/10^{20} sej	38.12	43.13	32.63	29.68
能值/货币比率/(10^{11} sej/元)	20.88	21.65	20.51	20.30
水资源货币价值/10^{8} 元	18.26	19.92	15.91	14.62
取水量/10^{8} m^3	2.01	2.02	1.62	1.73
单方水价值能值/(10^{12} sej/m^3)	18.96	21.40	20.16	17.19
单方水货币价值/(元/m^3)	9.08	9.89	9.83	8.47

3.4.2.2　农业生产系统水资源价值的能值计算

根据前文的计算方法,结合小洪河流域实际情况,对农业生产系统的主要物质、能量、货币流的流向及其与农业生产之间的关系进行分析。系统主要投入能值包括太阳光能、风能、农业用水化学能等可更新资源；表土层损失等不可更新资源；电力、氮肥、磷肥、农药等不可更新产品资源；人力、畜力、种子等可更新有机能。系统能值产出主要包括谷物、玉米、小麦等农产品，牛肉、蜂蜜等畜牧产品，鱼产品等水产品。以 2015 年为例，驻马店小洪河流域农业生产系统能值计算结果见表 3-9。

表 3-9　驻马店小洪河流域 2015 年农业生产系统能值计算结果

项目	原始数据	单位	能值转换率/(sej/unit)	能值/(10^{20} sej)
1 能值总投入				143.00
1.1 可更新资源				9.15
1.1.1 太阳光能	7.06×10^{19}	J	1.00	0.76
1.1.2 风能	1.27×10^{17}	J	6.23×10^{2}	0.79
1.1.3 农业用水化学能				7.64
1.1.3.1 地表水	1.97×10^{8}	m^3	5.20×10^{11}	1.02
1.1.3.2 地下水	3.59×10^{8}	m^3	1.85×10^{12}	6.62
1.2 不可更新资源				3.51
1.2.1 表土层损失	5.62×10^{15}	J	6.25×10^{4}	3.51
1.3 不可更新工业辅助能				108.00
1.3.1 电力	6.33×10^{15}	J	1.59×10^{5}	10.10
1.3.2 氮肥	1.35×10^{11}	g	4.62×10^{9}	6.22
1.3.3 磷肥	7.53×10^{10}	g	1.78×10^{10}	13.40
1.3.4 钾肥	6.07×10^{10}	g	2.69×10^{9}	1.63
1.3.5 复合肥	4.02×10^{10}	g	2.80×10^{9}	11.30
1.3.6 农药	5.29×10^{9}	g	1.62×10^{9}	0.09
1.3.7 农膜	1.09×10^{10}	g	3.80×10^{8}	0.04
1.3.8 农用机械	8.68×10^{13}	J	7.50×10^{7}	65.10
1.4 可更新有机能				22.10
1.4.1 人力	4.63×10^{15}	J	3.80×10^{5}	17.60
1.4.2 畜力	1.63×10^{15}	J	1.46×10^{5}	2.38
1.4.3 种子	1.07×10^{15}	J	2.00×10^{5}	2.14
2 能值总产出				714.00
2.1 农产品				387.00
2.1.1 谷物	2.50×10^{15}	J	8.30×10^{4}	2.07
2.1.2 小麦	6.81×10^{16}	J	6.80×10^{4}	46.30

续表 3-9

项目	原始数据	单位	能值转换率/(sej/unit)	能值/(10^{20} sej)
2.1.3 玉米	3.64×10^{16}	J	8.52×10^{4}	31.10
2.1.4 豆类	1.25×10^{15}	J	6.90×10^{5}	8.59
2.1.5 薯类	3.99×10^{14}	J	2.70×10^{4}	0.01
2.1.6 油料	4.26×10^{16}	J	6.90×10^{5}	294.00
2.1.7 棉花	5.24×10^{13}	J	8.60×10^{5}	0.45
2.1.8 烟叶	2.61×10^{14}	J	2.40×10^{4}	0.06
2.1.9 蔬菜	1.01×10^{16}	J	2.70×10^{4}	2.72
2.1.10 瓜果	2.83×10^{15}	J	5.30×10^{4}	1.50
2.2 畜牧产品				314.00
2.2.1 牛肉	8.01×10^{14}	J	4.00×10^{6}	32.00
2.2.2 羊肉	2.90×10^{14}	J	2.00×10^{6}	5.81
2.2.3 其他肉类	1.30×10^{16}	J	1.70×10^{6}	221.00
2.2.4 奶产品	1.37×10^{14}	J	2.00×10^{6}	2.74
2.2.5 羊毛	6.51×10^{12}	J	4.40×10^{6}	0.29
2.2.6 蜂蜜	8.72×10^{14}	J	2.00×10^{6}	17.40
2.2.7 禽蛋	1.76×10^{15}	J	2.00×10^{6}	35.20
2.3 水产品				12.60
2.3.1 鱼产品	6.30×10^{14}	J	2.00×10^{6}	12.60

注：原始数据来源于《驻马店市统计年鉴》《驻马店市水资源公报》。

驻马店小洪河流域 2012—2015 年农业生产系统水资源的贡献率及价值能值计算结果见表 3-10。

表 3-10　驻马店小洪河流域 2012—2015 年农业生产系统水资源的贡献率及能值价值计算结果

农业项目	2012 年	2013 年	2014 年	2015 年
农业用水总能值/10^{20} sej	18.66	12.91	7.11	7.65
农业生产投入总能值/10^{20} sej	167.01	163.00	141.20	142.51
农业总产出能值/10^{20} sej	712.49	766.54	687.60	713.55
水资源贡献率/%	11.18	7.92	5.03	5.37
水资源总价值能值/10^{20} sej	79.63	60.73	34.61	38.29
能值/货币比率/(10^{11} sej/元)	20.88	21.65	20.51	20.3
水资源货币价值/10^{8} 元	38.14	28.05	16.88	18.86

续表 3-10

农业项目	2012 年	2013 年	2014 年	2015 年
取水量/10^8 m^3	10.98	7.43	4.92	5.55
单方水价值能值/(10^{12} sej/m^3)	7.25	8.18	7.04	6.90
单方水货币价值/(元/m^3)	3.47	3.78	3.43	3.40

3.4.2.3 生活生产系统水资源价值的能值计算

由前文的计算方法,对小洪河流域生活系统的主要物质、能量、货币流的流向及其与生活之间的关系进行分析,收集相关数据资料,计算驻马店小洪河流域生活系统水资源能值价值。系统主要投入能值包括太阳能、风能、生活食用品等。以 2015 年为例,驻马店小洪河流域 2015 年生活系统能值计算结果见表 3-11。

表 3-11 驻马店小洪河流域 2015 年生活系统能值计算结果

项目	原始数据	单位	能值转换率/(sej/unit)	能值/sej
1 人均生活能值投入				7.65×10^{15}
1.1 太阳能	7.92×10^{12}	J	1.00	7.92×10^{12}
1.2 风能	1.43×10^{10}	J	6.23×10^{2}	8.90×10^{12}
1.3 用水				2.08×10^{14}
1.3.1 地下水	39.3	m^3	5.20×10^{11}	2.04×10^{13}
1.3.2 地表水	19.9	m^3	1.85×10^{12}	3.67×10^{13}
1.3.3 自来水	4.95	m^3	3.05×10^{13}	1.51×10^{14}
1.4 粮食	20.6×10^{8}	J	8.30×10^{4}	1.71×10^{14}
1.5 油脂类	7.74×10^{8}	J	1.30×10^{6}	1.01×10^{15}
1.6 肉类	5.71×10^{8}	J	1.70×10^{6}	9.71×10^{14}
1.7 禽类	2.28×10^{8}	J	1.70×10^{6}	3.88×10^{14}
1.8 蛋类	3.79×10^{8}	J	2.00×10^{6}	7.58×10^{14}
1.9 蔬菜类	1.83×10^{8}	J	2.70×10^{4}	4.93×10^{13}
1.10 酒类	2.35×10^{8}	J	6.00×10^{4}	1.41×10^{13}
1.11 茶、咖啡类	0	J	2.40×10^{4}	0
1.12 干鲜瓜果类	9.82×10^{8}	J	5.30×10^{4}	5.20×10^{13}
1.13 糕点、奶及奶制品	0.85×10^{8}	J	2.00×10^{6}	1.70×10^{14}
1.14 其他食品	184.7	元	7.44×10^{11}	1.37×10^{14}
1.15 饮食服务	195.8	元	7.44×10^{11}	1.46×10^{14}
1.16 非食品类	4 757.7	元	7.44×10^{11}	3.54×10^{15}
人均总投入				7.63×10^{15}
恩格尔系数/%				31.76

注:原始数据来源于《驻马店市统计年鉴》《驻马店市水资源公报》。

驻马店小洪河流域 2012—2015 年生活生产系统水资源价值能值计算结果见表 3-12。

表 3-12　驻马店小洪河流域 2012—2015 年生活系统水资源价值能值计算结果

项目	2012 年	2013 年	2014 年	2015 年
水对劳动力恢复的贡献率/%	4.75	4.47	3.72	2.73
恩格尔系数/%	30.46	31.73	32.00	31.76
居民家庭可支配收入/(元/人)	17 671	19 431	21 320	22 608
能值/货币比率/(10^{11} sej/元)	20.88	21.65	20.51	20.3
人均水资源能值价值/(10^{14}sej/人)	5.34	5.97	5.20	3.98
水资源货币价值/(元/人)	255.83	275.84	253.61	195.89
人均年生活用水量/(m^3/人)	51.36	60.96	61.36	59.20
单方水能值价值/(10^{12} sej/m^3)	10.40	9.80	8.48	6.72
单方水货币价值/(元/m^3)	4.98	4.53	4.13	3.31

3.4.2.4　休闲娱乐水资源价值

驻马店小洪河流域当地水资源短缺,旅游资源较为匮乏,由于资料收集的困难,本书对研究区的水资源休闲娱乐价值进行简化计算,根据当地旅游收入及水资源量,计算得到当地休闲娱乐价值,见表 3-13。

表 3-13　休闲娱乐水资源价值能值计算结果

项目	2012 年	2013 年	2014 年	2015 年
旅游收入/10^9 元	6.78	8.48	10.70	13.30
水体娱乐系数	0.123	0.123	0.123	0.123
水量/10^8 m^3	13.96	10.72	8.57	10.81
能值/货币比率/(10^{11} sej/元)	20.88	21.65	20.51	20.30
休闲娱乐价值/10^{21} sej	1.74	2.26	2.69	3.32
单方水能值价值/(10^{11} sej/m^3)	12.48	21.06	31.35	30.66
单方水货币价值/(元/m^3)	0.60	0.97	1.53	1.51

3.4.2.5　污水损失水资源价值

根据《驻马店市水资源公报》,目前小洪河流域的污水处理厂较少,处理能力有限,导致大量的生产生活废污水未经处理直接排放到河流中,不仅严重威胁当地地表水环境质量,而且造成水质性缺水,使得缺水形势更加严重。根据前面的论述,结合驻马店小洪河流域的实际情况,本书只计算水污染带来的水环境损失量。以地表水能值转换率作为净水能值转换率,计算驻马店小洪河流域污染排放造成的水环境污染损失,结果见表 3-14。

表 3-14 污水损失水资源价值能值计算结果

项目	2012 年	2013 年	2014 年	2015 年
地表水能值转换率/(10^{11} sej/m³)	6.96	9.23	4.78	5.20
污水能值转换率/(10^{12} sej/m³)	8.05	8.05	8.05	8.05
水污染损失/(10^{12} sej/m³)	7.35	7.13	7.57	7.53
能值/货币比率/(10^{11} sej/元)	20.88	21.66	20.51	20.30
污水排放量/10^7 m³	9.79	11.10	10.73	11.29
污水损失价值/10^{20} sej	7.20	7.91	8.12	8.50
污水损失价值/(元/m³)	3.52	3.29	3.69	3.71

3.4.2.6 生态经济价值补偿标准

将小洪河水资源工业生产系统水资源价值能值、农业生产系统水资源价值能值、生活生产系统水资源价值能值、休闲娱乐水资源价值能值、污水损失水资源价值能值汇总,得到研究区驻马店小洪河流域各年份单方水货币价值,具体结果见表 3-15。

表 3-15 驻马店小洪河流域单方水货币价值 单位:元/m³

分项	工业	农业	生活	休闲娱乐	污水损失	生态经济
2012 年	9.08	3.47	4.98	0.60	-3.52	14.61
2013 年	9.89	3.78	4.53	0.97	-3.29	15.87
2014 年	9.83	3.43	4.13	1.53	-3.69	15.23
2015 年	8.47	3.40	3.31	1.51	-3.71	12.97

由表 3-15 可知,驻马店小洪河流域的水资源价值在 2012—2015 年间的单方水生态经济价值基本在 12~16 元/m³ 上下浮动,变化幅度不大,2013 年水资源价值最高,且与工业、农业、生活 3 个方面的价值变化规律保持一致。从表 3-15 中可知,工业系统水资源价值最大,工业、农业等经济系统的增长对生态经济综合价值增长的贡献最大,且各年份变化较为稳定。休闲娱乐价值量相对较小,一方面是由于驻马店小洪河流域沿岸县区主要是以农业、工业为主的传统型城市,随着经济社会的迅速发展,当地污水排放量急剧增加,流域水资源恶化严重,水体功能丧失,无法提供较为满意的水体服务环境,从而导致了旅游业、服务业等第三产业发展的相对滞后状况,造成休闲娱乐价值量相对较小。但随着近些年政府对于生态环境保护的重视,休闲娱乐价值得到一定幅度的提升。污水损失价值处于稳定缓慢增长的趋势,这与当年污水排放量密切相关。

通过收集研究居民人均可支配收入、人均水费支出、年人均用水量等人民生活数据资料,分析了研究区水费支出所占居民人均可支配收入的比例,见表 3-16。

表 3-16　驻马店小洪河流域水价可承受能力分析

项目	2012 年	2013 年	2014 年	2015 年
居民人均可支配收入/元	17 671	19 431	21 320	22 608
人均水费支出/(元/m^3)	2.86	8.02	9.82	9.85
人均生活用水量/m^3	34.93	42.56	40.3	39.86
人均生活水费支出/元	99.90	341.33	395.75	392.62
水费占比/%	0.57	1.76	1.86	1.74
3%承受能力时的水价/(元/m^3)	15.17	13.7	15.87	17.02
水资源生态经济价值/(元/m^3)	14.61	15.87	15.23	12.97

从表 3-16 中可以得到研究区水资源生态经济价值，将其与驻马店小洪河流域的可承受水价进行了对比分析。根据世界银行和相关国际贷款机构的研究，国际上通用的发展中国家可承受能力标准为：居民人均水费支出占居民人均可支配收入的 3%～5%是可行的(水利部发展研究中心，2003)。从当前人均水费支出占居民人均可支配收入的比例来看，2012—2015 年的水费占比分别为 0.57%、1.76%、1.86%、1.74%，远远没有达到标准的 3%～5%的范围，说明当前研究区水资源价格定价偏低。以 2012 年为例，按 3%承受能力计算出来的水资源价格为 15.17 元/m^3，与本书计算出的水资源生态经济价值结果(14.61 元/m^3)较为接近，从侧面验证了本书水资源生态经济价值计算结果的合理性以及方法的可行性。

3.4.3　补偿水量及补偿价值量化

结合前文补偿水量计算方法和综合损失率计算结果，综合水资源生态经济价值、综合损失率及流域水资源量计算结果，可计算得到上游对下游的补偿水量和损害补偿价值，见表 3-17、表 3-18 与图 3-10。生态补偿标准及补偿量的变化趋势基本相同。结合流域上游对下游水环境补偿的机制分析，以 2015 年为例，可以得到流域损害补偿的资金流向为：西平县对上蔡县水环境补偿 643 万元，上蔡县对平舆县水环境补偿 934 万元，平舆县对新蔡县水环境补偿 1 202 万元，新蔡对下游地区水环境补偿 978 万元。

表 3-17　研究区补偿水量计算

年份	研究区	综合损失率	流域水资源量/10^8 m^3	补偿水量/10^5 m^3
2012	西平县	0.045 9	0.160 4	7.362 36
	上蔡县	0.052 3	0.142 7	7.463 21
	平舆县	0.055 2	0.169 5	9.356 4
	新蔡县	0.057 9	0.208 8	12.089 52

续表 3-17

年份	研究区	综合损失率	流域水资源量/10^8 m^3	补偿水量/10^5 m^3
2013	西平县	0.070 3	0.125 6	8.829 68
	上蔡县	0.049 4	0.127 3	6.288 62
	平舆县	0.040 1	0.122 7	4.920 27
	新蔡县	0.027 8	0.161 6	4.492 48
2014	西平县	0.025 6	0.277 4	7.101 44
	上蔡县	0.033 4	0.368 0	12.291 2
	平舆县	0.035 1	0.335 0	11.758 5
	新蔡县	0.028 0	0.406 2	11.373 6
2015	西平县	0.024 4	0.202 8	4.948 32
	上蔡县	0.030 7	0.233 8	7.177 66
	平舆县	0.035 9	0.218 4	7.840 56
	新蔡县	0.026 8	0.280 6	7.520 08

表 3-18 研究区各县损害补偿价值

年份	研究区	综合损失率	单方水货币价值/（元/m^3）	流域水资源量/10^8 m^3	补偿量/10^4 元
2012	西平县	0.045 9	14.61	0.160 4	1 078
	上蔡县	0.052 3	14.61	0.142 7	1 465
	平舆县	0.055 2	14.61	0.169 5	636
	新蔡县	0.057 9	14.61	0.208 8	745
2013	西平县	0.070 3	15.87	0.125 6	1 402
	上蔡县	0.049 4	15.87	0.127 3	999
	平舆县	0.040 1	15.87	0.122 7	782
	新蔡县	0.027 8	15.87	0.161 6	714
2014	西平县	0.025 6	15.23	0.277 4	1 085
	上蔡县	0.033 4	15.23	0.368 0	1 878
	平舆县	0.035 1	15.23	0.335 0	1 794
	新蔡县	0.028 0	15.23	0.406 2	1 736
2015	西平县	0.024 4	12.97	0.202 8	643
	上蔡县	0.030 7	12.97	0.233 8	934
	平舆县	0.035 9	12.97	0.218 4	1 202
	新蔡县	0.026 8	12.97	0.280 6	978

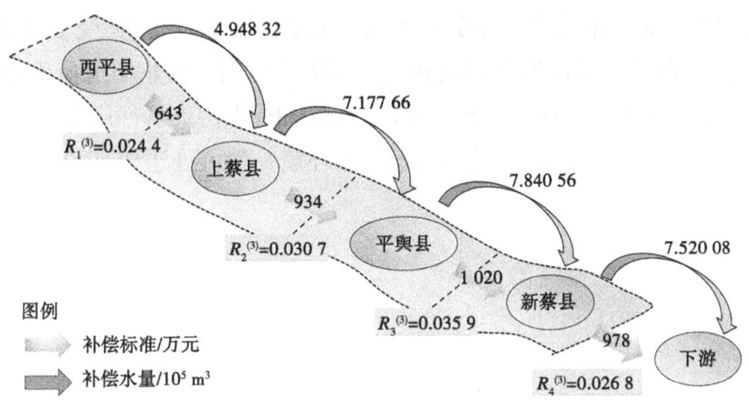

图 3-10　驻马店小洪河流域 2015 年水环境补偿资金流向

从时间流向来看，在 2012—2015 年期间，流域内四县的水环境补偿标准的年际变化趋势不明显，但在 2014 年补偿标准值偏大，且 2015 年的补偿值又有明显的降低，这与当地流域水资源量的丰富程度及当年采取的水环境保护措施密切相关。2014 年研究区四县的流域水资源量达到较大值，污染物造成的损失量在一定程度上就会随之增加。同时，在 2014 年之前，驻马店有关水污染防治及水资源管理的措施较少，相关制度不完善，流域内无证排污小企业横行，暗排、暗挖现象层出不穷，流域废污水未经处理直接排放到河流中，造成污染严重。在 2014 年期间驻马店市相继颁布实施了《驻马店市人民政府关于实行最严格水资源管理制度的实施意见》《驻马店市实行最严格水资源管理制度考核工作实施方案》《水利发展“十二五”规划思路》等多项水资源调控及水污染防治工作，制定了污染物逐年削减任务，严格入河排污口监督管理，加强了对入河口和排污单位外排废水的水质监测，对排污量超出水功能区限排总量的地区，限制或者禁止审批入河排污口和建设项目新增取水。作为“十二五”减排工作的收官之年，2015 年研究区严格落实污染物排放总量控制计划，原则上没有新的重点减排项目，并积极推进多家污水处理厂的建设，确保了减排计划的完成。这些因素共同造成了从 2014 年开始，研究区水环境补偿标准下降。

从区域流向来看，四县在不同年份的补偿值变化趋势不相同，同时各县补偿量存在差距。在 2012 年上蔡县补偿值最高，平舆县补偿值最小；2013 年小洪河流域的水环境补偿标准呈现从上游到下游逐渐降低的趋势，其中西平县补偿值最高，新蔡县补偿值最低；2014 年上蔡县补偿值最高，西平县补偿值最小；2015 年平舆县补偿值最高，西平县补偿值最低。补偿值的高低与各县的污染物排放量、水资源量及环境保护政策密切相关。以 2014 年为例进行分析，西平县先后投资建设了西平县北柳堰河仪封—刘李庄段治理工程、淤泥河王庄—罗庄段治理工程等多项水利基建项目，将流域上游的水环境进行了综合治理，使得流域上游水质恶化状况有所缓解，从而使西平县的损害补偿值最低。上蔡县为发展本地区经济大力实行招商引资，扩大产业集聚区建设，2014 年的生产总值增长率位居流域首位，且第二产业发展增速达到 11. 1%，工业企业逐渐壮大。与经济发展相伴而来的是污水排放量的逐渐增加，而当地很难实行有效的限制排污措施，导致了上蔡县的水体污染严重，水环境补偿值最高。平舆县和新蔡县处于流域的下游，受上游排污的影响较大。同时，2014 年两县的经济发展方式仍然以粗放型为主，农业的迅速发展造成了大量农药化肥的使用，非点源污染严重，河流富营养化严重，水污染事件层出不穷，两者共同造成了平舆与新蔡两县的污染损失价值量较大，水环境补偿值处于较高的水平。

第 4 章　流域缺资料河流生态水量亏缺补偿研究

4.1　流域河流生态水量亏缺损害补偿机制

4.1.1　补偿机制整体框架

以区域生态环境建设与经济协调发展为目标,研究流域河流以水量补偿为基础的流域生态补偿研究。首先,从流域上下游及河道外用水行业考虑补偿主客体划分,明确流域补偿主体主要为河道外用水行业以及上游行政单元,补偿客体为河道和下游行政单元。以河流生态水量亏缺情况为依据确定补偿方向,由补偿方向明确补偿方式,建立以河流生态水量为控制阈值的流域生态补偿机制。其次,为获取缺实测流量资料断面的生态需水量,提出基于水文模型加水文学法的水生态补偿控制阈值量化方法。建立研究区域图以及 SWAT 数据库,获取模拟径流资料,结合实测站点资料,建立流域缺资料出口断面,调整模型水文参数为率定后的水文参数值,获取出口断面径流资料;同时,采用改进的 MTMSHC 方法对河流最小生态流量进行计算,计算河流生态需水量,并以此作为补偿判别阈值。最后,解析流域上下游间与河道内外用水关系,推求河流生态亏缺水量,作为流域生态补偿总的河流生境补偿水量。建立一套涵盖自然、经济、社会因素的水资源价值评价体系,准确量化水资源价值及补偿价值,合理确定流域内各行政单元的补偿资金分配。流域生态补偿机制研究框架如图 4-1 所示。

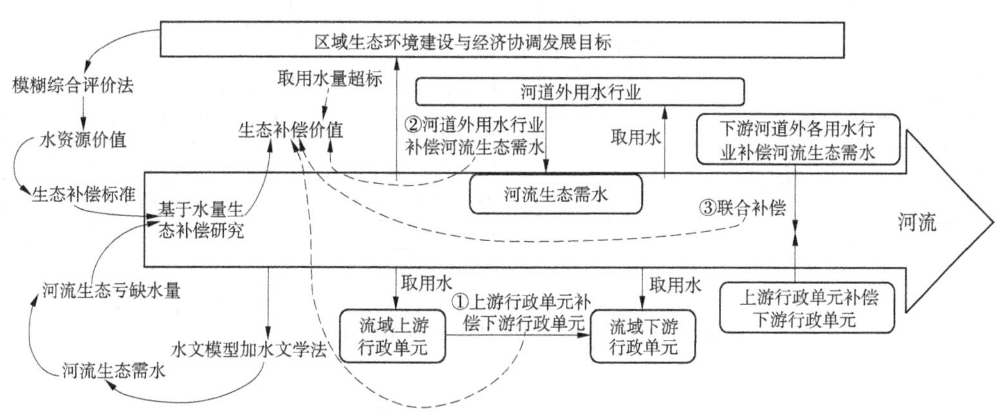

图 4-1　流域生态补偿机制研究框架

4.1.2　流域河流生态水量亏缺损害补偿机制

补偿机制的建立能够将与生态补偿相关的内容联系起来，形成一套理论与实际操作相结合的系统，更有利于生态补偿的实施和运行，因此建立生态补偿机制是生态补偿能否展开的关键一步。在基于河流生态水量亏缺的生态补偿研究中，以河流生态需水作为补偿的判别依据，需要明确流域内各行政单元出口断面的河流生态需水量，将其作为该行政单元整体补偿判别控制阈值。但在实际的研究中，往往存在流域出口断面未设置相应水文观测站点的情况，故无法有效收集和获取出口断面的径流资料，在对河流生态需水量进行量化及实施生态补偿时存在一定局限性。

针对河流关键断面缺实测流量资料的流域，借助水文模型与水文学法对关键断面的河流生态需水进行确定（见图 4-2）。首先，运用 SWAT 水文模型模拟径流可以推求流域内各行政单元间关键断面的径流量，结合社会经济用水情况可推求天然径流。以关键断面的天然径流序列为基础，应用水文学法可确定关键断面的河流生态需水量。其次，对 MTMSHC 水文学法进行改进，使其计算结果能够更符合径流特征，计算出的河流生态需水能够基本满足河流生态环境的需求。从水文特征年份入手，可将径流资料进行特征年的划分，划分为丰、平、枯 3 个特征年。针对某一典型年，年内的降雨径流分布不是均衡的，以月为时间尺度进行河流生态需水的计算。以基于水文模型加水文学法计算出的河流生态需水符合流域生态规律，当以河流生态需水为基础进行流域生态补偿研究时，补偿数额更准确，补偿的效果更好。最后，以基于模糊综合评价的单方水资源价值作为补偿标准。基于河流生态需水的“盈”“缺”关系作为是否需要进行生态补偿的判别依据，同时结合实际用水情况进行情景分析，确定河流亏缺的补偿水量，进而对补偿方向和补偿方式的判别建立准则（见表 4-1），由补偿水量结合生态补偿标准可以获取最终生态补偿价值，建立流域缺资料河流生态水量亏缺补偿机制。

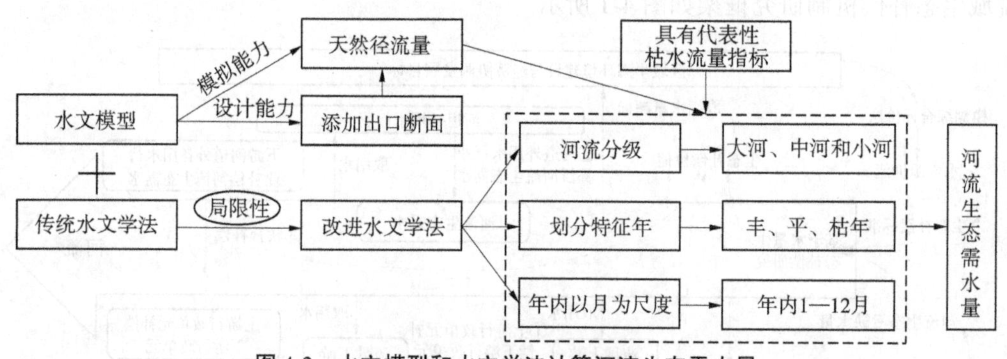

图 4-2　水文模型和水文学法计算河流生态需水量

表 4-1　基于河流生态需水的流域生态补偿机制分析

<table>
<tr><td colspan="2">基于河流生态需水的生态补偿判别分析</td><td rowspan="2">情景分析</td><td rowspan="2">补偿方向</td><td rowspan="2">补偿方式</td></tr>
<tr><td>流域上游</td><td>流域下游</td></tr>
<tr><td rowspan="2">盈</td><td rowspan="2">缺</td><td>上游行政单元用水超标</td><td>上游行政单元补偿下游行政单元</td><td>政府间财政转移支付</td></tr>
<tr><td>下游各用水行业取用水超标</td><td>下游各用水行业补偿河流生态需水</td><td rowspan="2">恢复河流进行补偿</td></tr>
<tr><td rowspan="2">缺</td><td rowspan="2">盈</td><td>上游各用水行业取用水超标</td><td>上游各用水行业补偿河流生态需水</td></tr>
<tr><td>上游行政单元减少用水，满足下游行政单元用水需求</td><td>下游行政单元补偿上游行政单元</td><td>政府间财政转移支付</td></tr>
<tr><td rowspan="3">缺</td><td rowspan="3">缺</td><td>上、下游各用水行业取用水超标</td><td>上、下游各行业分别补偿河流生态需水</td><td>恢复河流进行补偿</td></tr>
<tr><td>上游行政单元用水超标</td><td>上游行政单元补偿下游行政单元</td><td>政府间财政转移支付</td></tr>
<tr><td>上游行政单元用水超标，下游各用水行业取用水超标</td><td>上游行政单元补偿下游行政单元，下游各行业补偿河流生态需水</td><td>联合补偿</td></tr>
<tr><td colspan="2">其他情况</td><td>取用水均未超标</td><td colspan="2">不进行生态补偿</td></tr>
</table>

4.2　基于水文模型的主要控制断面流量过程

4.2.1　SWAT 模型介绍

SWAT 模型是由美国农业部农业研究所在 20 世纪 90 年代中期通过对其前身(SWRRB 模型)的修改而开发的分布式流域水文模型，可以预测不同土地利用方式和农业管理措施对流域水文、泥沙和营养盐物质的影响，广泛应用于国内外不同尺度流域的非点源污染研究(张德健,2017)。

SWAT 及其前身在发展的过程中(见图 4-3)集成了多个模型主体模块，这些模型包括 CLEAMS、CREAMS、EPIC、QUAL2E 及 ROTO，同时通过版本的升级不断丰富和扩展自身的功能(谭珉,2023)。

SWAT 模型除直接继承 SWRRB 模型所有功能外，在其创立的过程中也分别集成了

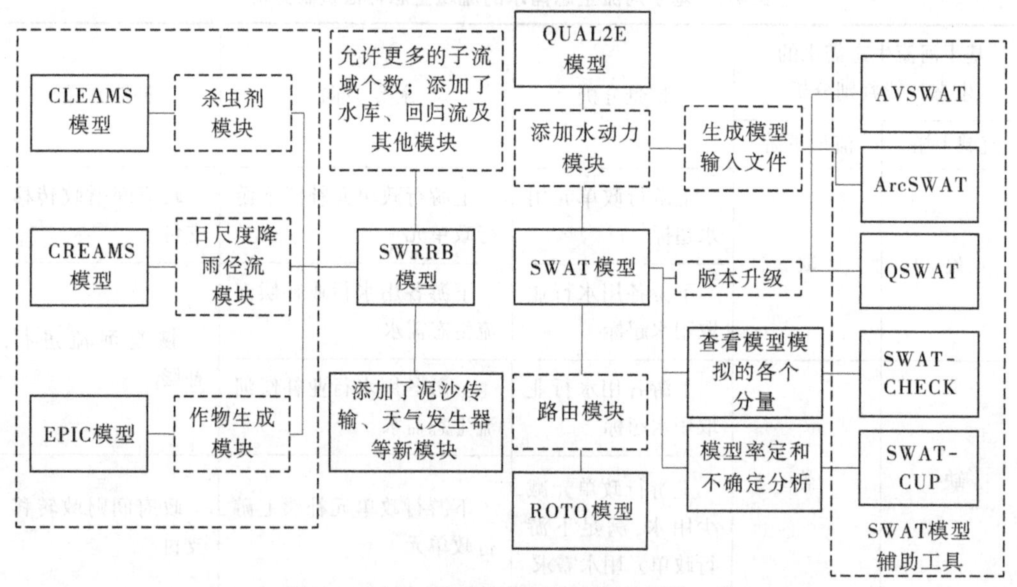

图 4-3　SWAT 模型的发展历史及其辅助工具

QUAL2E 模块的水动力模块和 ROTO 模型的路由模块。此外，SWAT 模型本身也经历了数次的版本更新。在模型自身发展的过程当中，一系列的建模辅助工具也应运而生，包括用于生成和编辑模型输入文件的 AVSWAT、ArcSWAT 及 QSWAT，用于辅助 SWAT 模型率定的 SWAT-CUP 软件，用于辅助分析和识别 SWAT 输入参数潜在问题的 SWAT-CHECK 软件。其中，AVSWAT、ArcSWAT 及 QSWAT 分别以 ArcView、ArcGIS 及 QGIS 软件插件的形式发布。这些软件开发很大程度上提高了 SWAT 创建、率定、结果分析和检验效率及模拟效果。

4.2.2　SWAT 模型结构及原理

4.2.2.1　SWAT 模型结构

SWAT 模型由 701 个方程、1 013 个中间变量组成，可以模拟流域内复杂情况下的物理过程（方玉杰，2015）。SWAT 模型可连续模拟地表水和地下水的水量、产沙和营养物质迁移，长期模拟及预测土地管理措施对大尺度复杂流域的径流、泥沙和营养物质产量的影响。从模型结构看，SWAT 属于第二类分布式水文模型，即在每一个网格单元（或子流域）上应用传统的概念性模型来推求净雨量，再进行汇流演算，最后求得出口断面流量。从建模技术看，SWAT 模型采用先进的模块化技术，水循环、泥沙侵蚀、营养盐流失、气候、作物生长等各个环节都对应于一个子模块，使模型的操作和开发都更加便捷。为提高精度，模型将整个流域分解成若干个具有独特的土壤类型、土地利用属性和坡度等级的单元，即水文响应单元（HRU），HRU 代表的是同一个子流域内有着相同土地利用类型、土壤类型、坡度划分的区域。

SWAT 模型主要包括 3 个子模块，即水文过程、土壤侵蚀和污染负荷。模型以每个 HRU 为最小模拟单元，基于水量平衡原理，模拟降水、地表径流、蒸发、壤中流、渗透、地下水回流和河道运移等水文过程(张徐杰,2015)。SWAT 模拟演算过程涵盖了降水、降雪、降雨、蒸散发(土壤、植被、水面等)、地表径流、壤中流、地下径流以及河道汇流等过程。SWAT 模型结构如图 4-4 所示。

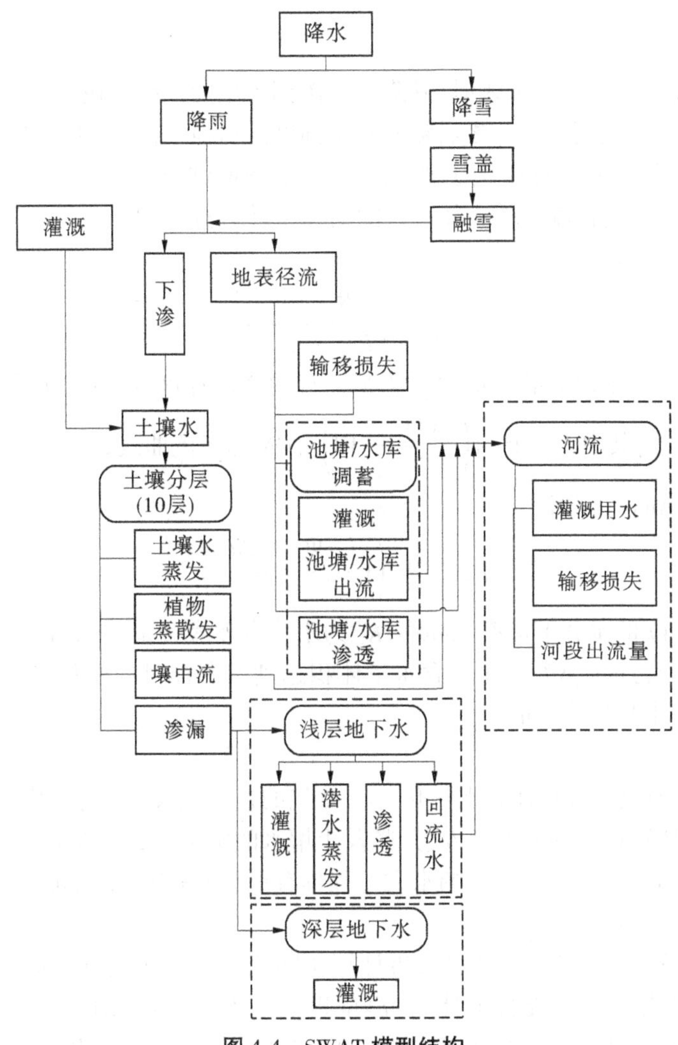

图 4-4　SWAT 模型结构

4.2.2.2　SWAT 模型原理

1. 水文过程模拟

SWAT 模型的水文过程模拟可以分为两个部分:水循环的陆面部分(产流和坡面汇流)和水循环的水面部分(河道汇流)。每个流域内主河道的水、沙、营养物质以及化学物质等的输入量由陆面部分控制,水面部分决定水、沙、营养物质及化学物质从河网向流域出口的输移过程(潘林艳,2023)。

在 SWAT 模型中,对水文过程的模拟计算遵循如下的水量平衡方程:

$$\mathrm{SW}_t = \mathrm{SW}_0 + \sum_{i=1}^{t} (R_{\mathrm{day}} - Q_{\mathrm{surf}} - E_{\mathrm{a}} - W_{\mathrm{seep}} - Q_{\mathrm{gw}}) \tag{4-1}$$

式中：SW_t 为 t 时刻的土壤含水量，mm；SW_0 为上一个步长的土壤含水量，mm；R_{day} 为 t 时刻降水量，mm；Q_{surf} 为 t 时刻的地表径流量，mm；E_a 为 t 时刻的蒸发量，mm；W_{seep} 为离开土壤剖面底部的渗透量和测流量，mm；Q_{gw} 为 t 时刻补给地下水量，mm；t 为计算的时间步长，d。

1）地表径流

大气降水初到干燥土壤地表时，其降水下渗到土壤的速率很快，随着土壤水分的不断补充，降水下渗速率逐渐减缓。之后随着降水强度的增强，直至大于降水入渗速率便开始填洼，当地表填洼完成后便产生了地表径流。在 SWAT 模型中提供 SCS 曲线数法和 Green&Ampt 下渗法进行流域地表径流量的估算，具体公式如下：

（1）SCS 曲线数法：

$$Q_{surf} = \frac{(R_{day} - I_a)^2}{(R_{day} - I_a + S)} \tag{4-2}$$

式中：Q_{surf} 为地表径流积累量，mm；R_{day} 为某一日的降雨深度，mm；I_a 为降水初始损失量，mm；S 为滞留参数，其中 $S = 25.4\left(\frac{1\,000}{CN} - 10\right)$，CN 为径流曲线数。

（2）Green&Ampt 下渗法：

$$f_{inf,t} = K_e\left(1 + \frac{\Psi_{wf} \times \Delta\theta_v}{F_{inf,t}}\right) \tag{4-3}$$

式中：$f_{inf,t}$ 为时间 t 的水分下渗率，mm/h；K_e 为水分有效渗透系数，mm/h；Ψ_{wf} 为土壤达到湿润锋时的毛管势，mm；$\Delta\theta_v$ 为土壤含水量体积达到湿润锋时的变化量，mm/mm；$F_{inf,t}$ 为时间 t 的水分累计下渗量，mm。

2）蒸发模拟

SWAT 模型把流域所有地表水转化为水蒸气的过程定义为蒸发，从具体的水文过程来看，主要包括树冠截留的水分蒸发、蒸腾及土壤水的蒸发等 3 个部分。蒸发是流域水分转移出流域的重要途径，对于流域的水文过程具有重要的影响，能否准确地评价蒸发量是估算水资源量的关键。

SWAT 模型先是计算潜在蒸发量，再计算实际蒸发量。除此可以通过实测资料或已经计算好的逐日潜在蒸发资料来计算，模型提供了 Priestley-Taylor、Hargreaves、Penman-Monteith 等 3 种计算潜在蒸发的方法。Priestley-Taylor 法需要辐射和气温等气象资料，虽然考虑了太阳辐射对蒸发过程的影响，但忽略了空气运动对潜在蒸发的影响；Hargreaves 法所需资料较少，仅需要空气温度，计算方法较简单，但模拟的最大蒸发量往往比实际蒸发量高。Penman-Monteith 法考虑了空气流动对于蒸发过程的影响，同时也考虑了周围环境的湿润情况，目前应用相对广泛。下面对 3 种方法估算公式进行介绍：

（1）Penman-Monteith 法：

$$\lambda E = \frac{\Delta \times (H_{net} - G) + \rho_{air} \times C_p \times (e_z^0 - e_z)/r_a}{\Delta + \gamma \times (1 + r_c/r_a)} \tag{4-4}$$

式中：λ 为潜热通量密度，MJ/(m² · d)；E 为蒸散发率，mm/d；Δ 为饱和水曲线斜率的压力和温度之间关系的曲线斜率；H_{net} 为太阳净辐射率，MJ/(m² · d)；G 为抵达地表的太阳辐射热量密度,MJ/($m^2 \cdot d$);ρ_{air} 为空气密度,kg/m³;C_p 为恒定气压下的特定太阳辐射量,MJ/(kg·℃);e_z^0 为处于 z 高度处的饱和水气压,kPa;e_z 为处于 z 高度处的水气压,kPa;γ 为湿度常数,kPa/℃;r_c 为植物冠层截留量,s/m;r_a 为大气层的动力阻挡,s/m。

(2)Priestley-Taylor 法:

$$\lambda E_0 = \alpha_{pet} \frac{\Delta}{\Delta + \gamma}(H_{net} - G) \tag{4-5}$$

式中:λ 为蒸发潜在热量,MJ/kg;E_0 为潜在蒸发量,mm/d;α_{pet} 为蒸散发系数;Δ 为饱和水气压与温度关系的曲线斜率;γ 为湿度常数,kPa/℃;H_{net} 为太阳能辐射量,MJ/($m^2 \cdot d$);G 为抵达地表的太阳辐射热量密度,MJ/($m^2 \cdot d$)。

(3)Hargreaves 法:

$$\lambda E_0 = 0.002\,3 H_0 (T_{max} - T_{min})^{0.5} \times (\overline{T_{av}} + 17.8) \tag{4-6}$$

式中:λ 为蒸发潜在热量,MJ/kg;E_0 为潜在蒸发量,mm/d;H_0 为地外辐射量,MJ/($m^2 \cdot d$);T_{max} 为当天最高气温,℃;T_{min} 为当天最低气温,℃;$\overline{T_{av}}$ 为当天平均气温,℃。

3)土壤水

降水的一部分形成地表径流,另一部分会下渗到土壤中,成为土壤水。土壤水最终可能被植物吸收或蒸腾而耗损,或是渗漏到土壤底层最终补给地下水,以壤中流的形式补给地表径流。在 SWAT 模型中,考虑到水力传导度、坡度和土壤含水量的时空变化,当土壤含水量超过田间持水量时,就会产生铅直、侧向的壤中流。SWAT 模型中壤中流的计算公式为

$$Q_{lat} = 0.024 \cdot \left(\frac{2 \cdot SW_{ly.excess} \cdot K_{sat} \cdot slp}{\Phi_d \cdot L_{hill}}\right) \tag{4-7}$$

式中:Q_{lat} 为山坡出口断面的侧向流,即壤中流,mm;$SW_{ly.excess}$ 为土壤饱和区可以流出的水量,mm;K_{sat} 为土壤饱和导水率,mm/h;slp 为坡度,m/m;Φ_d 为土壤层可出流的总孔隙度;L_{hill} 为坡长,m。

4)地下水

地下水以基流的形式存在,是地表径流稳定的补给来源。SWAT 模型对地下水的模拟方程如下:

$$Q_{gw,i} = Q_{gw,i-1} \cdot e^{-\alpha_{gw} \cdot \Delta t} + W_{rchrg,i} \cdot (1 - e^{-\alpha_{gw} \cdot \Delta t}) \tag{4-8}$$

式中:$Q_{gw,i}$ 为第 i 天进入河道的地下水,mm;$Q_{gw,i-1}$ 为第 i-1 天进入河道的地下水,mm;Δt 为时间步长;$W_{rchrg,i}$ 为第 i 天蓄水层的补给量,mm;α_{gw} 为基流的退水系数。

$$W_{rchrg,i} = (1 - e^{-1/\delta_{gw}}) \cdot W_{seep} + e^{-1/\delta_{gw}} \cdot W_{rchrg,i} \tag{4-9}$$

式中:δ_{gw} 为补给滞后时间,d;W_{seep} 为第 i 天通过土壤剖面底部进入地下含水层的水量,mm。

2. 土壤侵蚀模拟

SWAT 模型采用修正的土壤流失方程 MUSLE(modified universal soil loss equation)方程来估算由降水和径流引起的土壤侵蚀。MUSLE 方程是通用土壤流失方程 USLE(universal soil loss equation)的修正形式。USLE 方程考虑了降水、土壤侵蚀、地形、土地利

用和管理措施共 5 个因子,其中 USLE 方程用降水作为一个侵蚀能量指标,而 MUSLE 方程则采用径流量来计算侵蚀和产沙量,修正后的 MUSLE 方程提高了产沙量的预测精度,不再需要输沙率,可以用于场次暴雨事件的模拟。修改后的通用土壤流失方程如下:

$$sed = 11.8(Q_{surf} \cdot q_{peak} \cdot area_{hru})^{0.56} K_{USLE} \cdot C_{USLE} \cdot P_{USLE} \cdot LS_{USLE} \cdot CFRG \quad (4\text{-}10)$$

式中:sed 为土壤侵蚀量,t;Q_{surf} 为地表径流深,mm;q_{peak} 为最大径流量,m^3/s;$area_{hru}$ 为水文响应单元的面积,hm^2;K_{USLE} 为土壤侵蚀因子,取 0.013(t · m^2 · hr)/(m^3 · t · cm);C_{USLE} 为植被覆盖和管理因子;P_{USLE} 为保持措施因子;LS_{USLE} 为地形因子;CFRG 为粗碎屑因子。

3. 污染负荷模拟

SWAT 模型对氮、磷营养盐的模拟包括两个方面:一是地表径流中氮、磷的迁移转化过程,二是河道中不同形态氮磷之间的转化过程。由于本次研究重点研究氮营养盐特征,故仅对氮循环和迁移机制进行阐述。

1)地表径流中的硝态氮迁移转化。

地表径流中的氮素流失主要包括溶解态氮和有机氮流失,在 SWAT 模型中,主要以硝态氮反映溶解态氮含量,地表径流中的硝态氮浓度计算方法如下:

$$NO_3^- = NO_{3\,ly}^- e^{\frac{-Q}{(1-\theta_e)SAT_{ly}}} / Q \quad (4\text{-}11)$$

式中:NO_3^- 为地表径流中该离子的浓度,kg/mm^3;$NO_{3\,ly}^-$ 为表层土壤中 NO_3^- 离子的含量,kg/hm^2;Q 为日地表径流量,mm;θ_e 为阴离子被排斥的孔隙所占百分比;SAT_{ly} 为土壤层饱和水容量,mm。

2)河道中的氮转化过程

SWAT 模型采用一维水质模型 QUAL2E 对河道中不同形态氮的转化过程进行模拟。水体在好氧条件下,藻类生物中的氮可以转化为有机氮,一部分有机氮又会随泥沙沉降,或通过矿化作用转化为氨氮;通过硝化作用,氨氮会转化为不稳定的亚硝氮,进一步转化为稳定的硝态氮。此外,氨氮和硝态氮也会被藻类吸收而有所减少。

4.2.3　SWAT 模型参数的率定与验证

本次研究采用 SWAT-CUP 软件,SWAT-CUP 软件基于 SWAT 模型水文分析得出的结果,对模型的参数进行敏感性分析、自动校准参数、不确定性分析以及结果的验证。管新建等(2021)基于 SUFI-2、ParaSol、GLUE、MCMC 4 种算法,同时提供手动率定与自动率定两种方法来进行参数率定。本书基于研究内容选择 SWAT-CUP 2012 版本自动率定方法中的 SUFI-2 算法来完成参数的率定与验证。运用 SWAT-CUP 工具进行率定与验证的过程主要分为选择 SWAT 模拟数据,选取 SUFI-2 算法新建 SWAT-CUP 工程,选取参数、参数范围和率定次数,实际径流数据输入和输出文件编辑、率定、结果分析、验证。运用 SWAT-CUP 中自动调参功能,该功能可以逐步对参数进行校准,运用自动调参不仅可以降低工作量、提高 SWAT 模型的运行效率,还能在敏感性分析后去除对模型模拟结果影响较小的参数,同时能够得出参数的最优取值范围及最优值,SWAT-CUP 软件操作界面见图 4-5。

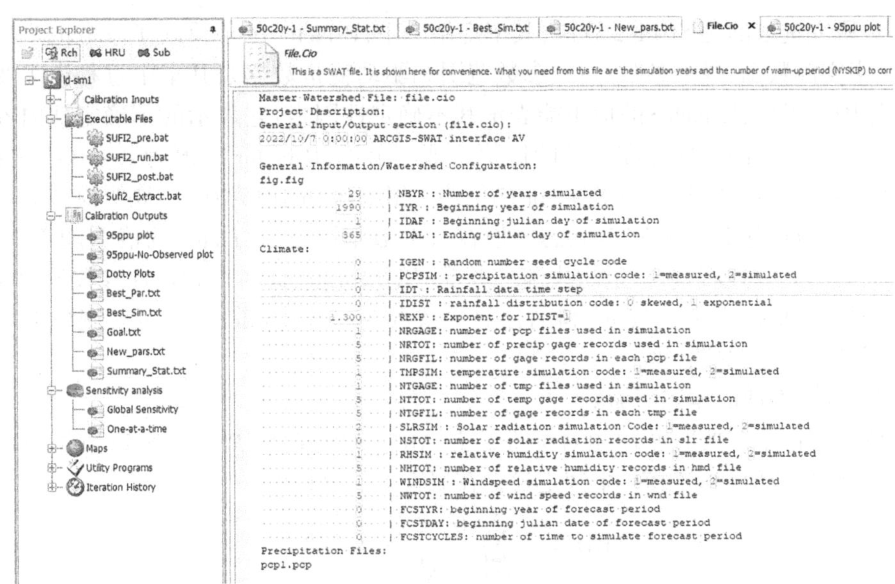

图 4-5　SWAT-CUP 软件操作界面

4.2.3.1　模型参数敏感性和不确定性分析

本书根据水文模型参数研究现状并结合相关论文资料(林炳青 等,2013)选取 16 个对径流模拟过程存在较大影响的参数,并确定其范围进行率定,参数及其范围见表 4-2。

表 4-2　SWAT-CUP 软件率定参数名称及其范围

参数	名称	文件后缀名	范围	
			最小值	最大值
CN2	SCS 径流曲线	mgt	-0.2	0.2
ALPHA_BF	基流消退系数	gw	0	1
GW_DELAY	地下水延迟时间	gw	0	450
GWQMN	浅层地下水回流阈值	gw	-0.5	0.5
GW_REVAP	地下水再蒸发系数	gw	-0.5	0.5
REVAPMN	潜水蒸发深度阈值	gw	0	500
CH_N2	主河道曼宁值	rte	-0.01	0.3
CH_K2	河道有效水力传导度	rte	-0.01	500
SOL_AWC	土壤可利用水量	sol	-0.5	0.5
SOL_K	土壤饱和水力传导系数	sol	-0.5	0.5
SFTMP	降雪气温阈值	bsn	-5	5
EPCO	植物蒸腾补偿系数	bsn	0	1
ESCO	土壤蒸发补偿系数	bsn	0	1
SURLAG	地表径流滞后系数	bsn	-0.5	0.5
SLSUBBSN	平均坡长	hru	-0.5	0.5
CANMX	冠层最大截留量	hru	-0.5	0.5

本次研究选取的是 SUFI-2 算法，其率定结果中，P-factor 的值反映了参数的不确定性程度，其中实测数据、模型参数选择、参数范围和驱动变量数据是其率定过程中主要的不确定性原因。另外，R-factor 的值也能表示其不确定性因素，它表示的不确定性内容为检测数据百分比与实测数据标准偏差的比值。理论上说，P-factor 的值为 0~100%之间，而 R-factor 的值在 0~∞ 之间。当 P-factor 的值为 1、R-factor 的值为 0 时，说明模拟数据与实测数据完全相符，达到一种完美状态。但在大多数情况下，R-factor 的值会随着 P-factor 值的增加而增大，通过不断率定能找到二者平衡的最佳值，此时得到最佳参数范围和最佳参数值。最后，根据决定系数 R^2 和纳什效率系数 Nash-Sutcliffe（NS）对实测数据与最佳模拟数据进一步量化拟合度。

4.2.3.2 模型参数的率定与验证

评价模型适用性选取平均相对标准偏差 ARD，相关系数 R^2 和 NS 系数作为评价指标，通过比较模拟值和实测值，来判定模型在研究区的适用性。

$$\mathrm{ARD} = \frac{1}{N}\sum_{i=1}^{N}\frac{Q_{\mathrm{p}} - Q_0}{Q_0} \times 100\% \tag{4-12}$$

$$R^2 = \left\{\frac{\sum_{i=1}^{N}(Q_0 - \overline{Q}_0)(Q_{\mathrm{p}} - \overline{Q}_{\mathrm{p}})}{\left[\sum_{i=1}^{N}(Q_0 - \overline{Q}_0)^2\right]^{0.5}\left[\sum_{i=1}^{N}(Q_{\mathrm{p}} - \overline{Q}_{\mathrm{p}})^2\right]^{0.5}}\right\}^2 \tag{4-13}$$

$$\mathrm{NS} = 1 - \frac{\sum_{i=1}^{N}(Q_0 - \overline{Q}_{\mathrm{p}})^2}{\sum_{i=1}^{N}(Q_0 - \overline{Q}_0)^2} \tag{4-14}$$

式中：Q_{p} 为模拟值；Q_0 为实测值；$\overline{Q}_0$ 为实测平均值；$\overline{Q}_{\mathrm{p}}$ 为模拟平均值；N 为样本个数。

根据 R^2 值可以得出实测值与模拟值间的相关程度。理论上来说，R^2 的取值范围在 0~1 之间，当 R^2 取值越接近 1 时，说明相关度越高；当 R^2 取值越接近于 0 时，说明相关度越小。根据相关研究资料及参考文献，可以认为当 $R^2>0.6$ 且 $\mathrm{NS}>0.5$ 时，模拟的结果可以满足基本要求（刘树锋 等，2019；林豪栋，2020）。

4.2.4 主要控制断面分析

基于 ArcSWAT 软件，建立 SWAT 模型，借助水文模型的可操控性，可以在流域河流添加主要控制断面，帮助解决主要问题。在划分后的流域内，结合实际水文站点资料添加已知水文站点，对已知水文站点进行模拟分析及参数率定、验证工作，主要目的是验证模型的适用性，同时获取主要水文参数数据。同时，在各行政区域的流域出口添加水文站点，作为该行政区域流域整体出口控制断面，其目的就是获取各行政单元流域出口断面所缺的径流资料。因此，经过分析可知，水文模型的合理应用能够帮助解决在缺资料地区进行流域生态补偿的问题。

4.2.5 水文模型的建立过程

本书根据 SWAT 需要统一投影坐标的要求，利用高斯克鲁格投影，采用空间参考坐标系(GCS_WGS_1984)作为统一投影的坐标系,采用 Beijing_1954_3Degree_GK_CM_114E 为投影坐标进行投影变换,将 DEM 数据、土地利用类型数据和土壤数据进行统一的投影变换。

4.2.5.1　数字高程数据库构建

数字高程模型(digital elevation model,DEM)是用来进行水文分析、流域划分、水系提取的一种基础地理信息数据,在水文模型模拟过程中承担重要的基础任务。本次研究 DEM 数据来自地理空间数据云网站,从网站中选择下载分辨率 30 m 的 DEM 数据,同时在 ArcGIS 软件中利用拼接、裁剪工具对 DEM 数据进行处理,提取出所需要的流域区域,再对流域 DEM 进行坐标的投影变化,得到统一坐标系和投影的处理后的 DEM 数据,根据获得的数字高程数据,构建数字高程模型数据库。

4.2.5.2　土地利用类型数据库构建

土地利用类型数据是 SWAT 模型数据库中重要数据,土地利用类型对降水数据产生一定的影响,对最终的模拟结果也存在重要的影响作用。本书土地利用类型数据来自于中国科学院资源环境科学与数据中心,选择 2015 年中国土地利用现状遥感监测数据,下载分辨率为 1 km 的栅格数据,在 ArcGIS 中对土地利用类型数据进行裁剪、坐标投影变换、重分类等工具对土地利用类型数据进行处理,最终分为耕地、林地、草地、水域、居民用地五大类,构建土地利用类型数据库。

4.2.5.3　土壤数据库构建

土壤数据主要内容包括土壤质地与结构特征,对降雨所产生的径流有直接的影响。本次研究土壤数据来自于寒区旱区科学数据中心网站内基于世界土壤数据库(HWSD)的中国土壤数据集(v1.1),该数据集数据源为第二次全国土地调查南阳土壤提供的 1∶100 万土壤数据。该数据为栅格数据,为便于在 ArcGIS 软件中应用,采用的土壤分类系统主要为 FAO-90。且该土壤数据对其土壤粒径的分类标准与 SWAT 模型数据库中所使用的标准是一致的,因此不需要对粒径进行重分类,可以直接用于 SWAT 土壤数据库的建立。在 ArcGIS 软件中,使用裁剪工具提取出研究区域,再用重分类工具对土壤的编号进行重新分类,使同一组的土壤划分为一类,减少土壤类型数量便于土壤编号,有利于实际操作,减少图例内容,由此可构建土壤数据库。

土壤数据库中需要建立各个土壤本身的基础数据,根据研究所需,只需要建立土壤基础物理数据即可,其主要数据包括:土壤名称、土壤基本分层数、土壤水文学分组、土壤剖面最大根系深度、阴离子交换孔隙度、土壤剖面潜在或最大裂隙体积、土壤层结构、表层到底层的深度、土壤湿密度、土壤湿容重、土层可利用的有效水、饱和水力传导系数、有机碳含量、黏土及直径<0.002 mm 的土壤颗粒组成、粉土、沙含量、砾石含量及直径>2.0 mm 的土壤颗粒组成、地表反射率、土壤可蚀性因子、电导率、酸碱度、碳酸钙、砾石。

有关土壤物理数据获取的方式主要有以下 3 种:

(1)通过查询中国土壤数据库资料来获取土壤名称、土壤基本分层数、土壤表层到底层的深度和根系深度。

(2)根据研究资料统计,选取其具有默认值的有:阴离子交换孔隙度、土壤剖面潜在或最大裂隙体积、地表反射率和电导率。

(3)需要通过计算求出的有:土壤的有机碳含量为土壤有机质的含量乘以 0.58 得到;土壤层结构、土壤湿密度、土壤湿容重、土层可利用的有效水和饱和水力传导系数则需要 SPAW 软件进行计算,SPAW 软件操作界面见图 4-6;土壤水文学分组和土壤可蚀性因子则由已知的公式进行计算求出。

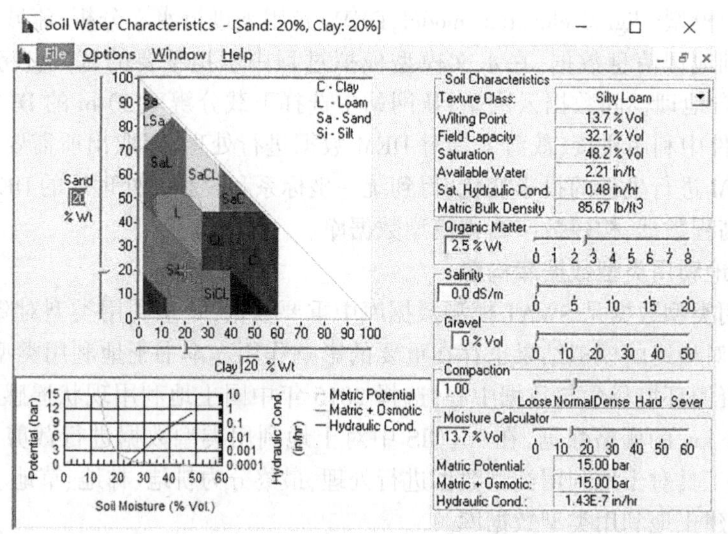

图 4-6 SPWA 软件操作界面

土壤可蚀性反映的是土壤能够抵抗水侵蚀能力的大小,一般用 K 来表示,K 的值越大,则表示土壤抗水蚀能力越弱;K 的值越小,则表示抗水蚀能力越强。K 的计算公式如下:

$$K_{\mathrm{USLE}} = f_{\mathrm{csand}} \cdot f_{\mathrm{cl\text{-}si}} \cdot f_{\mathrm{orgc}} \cdot f_{\mathrm{hisand}} \tag{4-15}$$

$$f_{\mathrm{csand}} = 0.2 + 0.3 \cdot e^{-0.0256 \cdot m_s \cdot \left(1 - \frac{m_l}{100}\right)} \tag{4-16}$$

$$f_{\mathrm{cl\text{-}si}} = \left(\frac{m_l}{m_c + m_l}\right)^{0.3} \tag{4-17}$$

$$f_{\mathrm{orgc}} = 1 - \frac{0.25 \cdot \rho_{\mathrm{orgc}}}{\rho_{\mathrm{orgc}} + e^{3.72 - 2.95 \cdot \rho_{\mathrm{orgc}}}} \tag{4-18}$$

$$f_{\mathrm{hisand}} = 1 - \frac{0.7 \cdot \left(1 - \frac{m_s}{100}\right)}{\left(1 - \frac{m_s}{100}\right) + e^{-5.51 + 22.9 \cdot \left(1 - \frac{m_s}{100}\right)}} \tag{4-19}$$

式中:K_{USLE} 为土壤可蚀性因子;f_{csand} 为粗糙沙土质的土壤侵蚀因子;$f_{\mathrm{cl\text{-}si}}$ 为黏土土壤侵蚀因子;f_{orgc} 为土壤有机质;f_{hisand} 为高沙质土壤侵蚀因子;m_l 为壤土含量百分数;m_c 为黏土含量百分数;ρ_{orgc} 为有机质含量百分数;m_s 为砂粒含量百分数。

根据表层土壤的渗透性对土壤进行水文学分组,主要分为 A、B、C、D 四类。该分类采用美国自然环保署(Natural Resource Conservation Service)根据土壤入渗率的特征来分类的(史晓亮,2013),土壤水文学分组分类标准见表 4-3。

表 4-3　土壤水文学分组分类标准

土壤类型	最小下渗率/(mm/h)	土壤渗透性	土壤
A	7.6~11.4	渗透性强	良好透水性能的砂土和砂砾石
B	3.8~7.6	渗透性较强	主要是砂壤土
C	1.3~3.8	渗透性中等	主要为壤土
D	0~1.3	渗透性很低	透水性微弱的壤土

土壤数据库参数建立时各个模型参数名称、定义以及数据来源见表 4-4。

表 4-4　土壤数据库参数

模型参数名称	参数中文定义	数据来源
OBJECTID	位于.sol 文件第一行,用于说明文件	
SNAM	土壤名称	土壤统计资料
NLAYERS	土壤基本分层数	土壤统计资料
HYDGRP	土壤水文学分组(根据最小渗透率定义)	人工计算
SOL_ZMX	土壤剖面最大根系深度	土壤统计资料
ANION_EXC	阴离子交换孔隙度	默认值 0.5
SOL_CRK	土壤剖面潜在或最大裂隙体积	默认值 0.5
TEXTURE(L1、L2)	土壤层结构	SPAW 软件计算
SOL_Z(L1、L2)	表层到底层的深度	中国土壤数据库
SOL_BD(L1、L2)	土壤湿密度	SPAW 软件计算
SOL_MBD(L1、L2)	土壤湿容重	SPAW 软件计算
SOL_AWC(L1、L2)	土层可利用的有效水	SPAW 软件计算
SOL_K(L1、L2)	饱和水力传导系数	SPAW 软件计算
SOL_CBN(L1、L2)	有机碳含量	中国土壤数据库
CLAY(L1、L2)	黏土及直径<0.002 mm 的土壤颗粒组成	中国土壤数据库
SILT(L1、L2)	粉土及直径在 0.002~0.05 mm 的土壤颗粒组成	中国土壤数据库
SAND(L1、L2)	沙及直径在 0.05~2.0 mm 的土壤颗粒组成	中国土壤数据库
ROCK(L1、L2)	砾石及直径>2.0 mm 的土壤颗粒组成	中国土壤数据库
SOL_ALB(L1、L2)	地表反射率	默认值 0.01
USLE_K(L1、L2)	土壤可蚀性因子	USLE 方程计算
SOL_EC(L1、L2)	电导率	默认值 0
T_PH_H2O(L1、L2)	酸碱度	中国土壤数据库
T_CACO3(L1、L2)	碳酸钙	中国土壤数据库
T_ESP	砾石	中国土壤数据库

注:L1 表示第一层土壤、L2 表示第二层土壤。

4.2.5.4　气象数据库构建

气象数据是 SWAT 模型数据库中最重要的数据,尤其是降雨数据对河道径流有直接的影响关系，本次研究中的气象数据选自寒区旱区科学数据中心中国同化驱动数据集 CMADS（the China meteorological assimilation driving datasets for SWAT model），运用 CMADS V1.0 版本进行 SWAT 模型模拟运算。CMADS V1.0 空间分辨率为 1/3°，时间步长为日，时间尺度为 2008—2016 年，提供日平均太阳辐射、日平均 10 m 风速、日相对湿度、日最高/最低 2 m 温度、日累计 24 h 降水量数据资料，并且收集 CFSR 数据集作为辅助气象资料，由收集的资料构建气象数据库。

4.2.5.5　模型参数的率定与验证

根据 4.2.3 小节的内容，确定其范围并进行率定，参数及其范围见表 4-2。根据决定系数 R^2 和纳什效率系数 NS 对实测数据与最佳模拟数据进一步量化拟合度。

4.3　天然径流还原计算

在进行河流水量生态补偿研究时，需要对河流生态流量进行计算，由于目前河流本身受到人为因素的影响较大，其实测径流量并不能准确反映出河流本身径流量情况，因此需要对河流实测径流量进行还原计算，把受到人类活动影响的实测径流量还原为近似天然状态下的径流量，保证径流序列具有一致性，便于对河流进行分析与统计，使计算结果更加科学、可靠。

河道水量还原的方法很多，其中基于水量平衡方法、降雨-径流模型法、投影寻踪法、人工神经网络等方法应用广泛（魏茹生，2011；乔云峰 等，2007；李芳 等，2021）。根据收集到的资料以及计算过程综合考虑，本次研究选取基于水量平衡的方法进行河道水量还原计算，水量平衡法原理是在一定流域范围内其总水量保持不变，将天然水量分为实际测到水量及需要进行还原的水量。对需要还原的水量进行细分，划分成多个单独的水量来计算河道的天然水量，基于以下水量平衡方程式进行水量还原计算：

$$W_{天然} = W_{实测} + W_{农业} + W_{工业} + W_{生活} \pm W_{引水} \pm W_{分洪} \pm W_{库蓄} \tag{4-20}$$

式中：$W_{天然}$ 为还原后天然河道流量；$W_{实测}$ 为水文站实测河道流量；$W_{农业}$ 为农业用水损耗量；$W_{工业}$ 为工业用水损耗量；$W_{生活}$ 为生活用水损耗量；$W_{引水}$ 为跨流域（跨区域）引水量，引出为正，引入为负；$W_{分洪}$ 为河道分洪决口水量，分出为正，分入为负；$W_{库蓄}$ 为大中型水库蓄水量变化量，蓄水为正，放水为负。

由还原后的总体天然流量，可以求出整体实测流量与天然流量之间的数量关系，按照等比例放缩原则对实测径流量进行还原修复，计算公式如下：

$$\eta_{流量} = \frac{W_{天然}}{W_{实测}} \tag{4-21}$$

式中：$\eta_{流量}$ 为整体实测流量与天然流量之间的数量关系。

$$Q_{天然(m,n)} = \eta_{流量} \times Q_{实测(m,n)} \tag{4-22}$$

式中：$Q_{天然(m,n)}$ 为天然径流量，m^3/s；$Q_{实测(m,n)}$ 为实测径流量，m^3/s；$m = 2008, 2009, \cdots, 2016$；$n = 1, 2, \cdots, 12$。

4.4　基于改进 MTMSHC 方法的河流生态需水计算

天然河流本身没有生态需水问题，由于生产生活等用水量增加，逐渐导致水资源短缺、河道流量萎缩，甚至断流的情况出现，河流生态系统受到严重扰动，人们逐渐意识到在开发河流的同时也要同样注意河流保护问题（王玉敏和周孝德，2002），这就需要通过维持一定的生态流量来实现，河道生态流量的研究渐渐进入不同研究者的视野（张倩，2018）。有关河道生态流量的定义及内涵也出现一定差异。生态流量定义出现差异的主要原因，一方面来源于不同区域，其水资源具有不同的特点；另一方面则是保护目标和功能的不同。根据研究及相关参考资料，生态流量一般又称为生态需水量，生态流量是指维持河道内鱼类生存繁殖需要的最小水量，在不断研究过程中慢慢演变为维持河流生态系统整体健康所需要的生态水量。我国有关生态流量的研究起步较晚，19 世纪 70 年代针对水环境污染的河流最小流量方法的研究是生态流量研究的开端，兴于 19 世纪 90 年代生态环境需水的研究（高爽，2022）。

本次研究采用《水文情报预报规范》（GB/T 22482—2008）中的距平百分率 P 作为划分标准的划分方法来划分丰、平、枯水年，划分标准见表 4-5。

$$P = \frac{p_i - \bar{p}}{\bar{p}} \times 100\% \tag{4-23}$$

式中：p_i 为某一年年均径流量，m^3/s，$i=1,2,\cdots,p$；$\bar{p}$ 为多年平均径流量，m^3/s。

表 4-5　距平百分率法划分特征年

丰、平、枯级别	划分标准
特丰水年	$P>20\%$
偏丰水年	$10\%<P\leqslant 20\%$
平水年	$-10\%<P\leqslant 10\%$
偏枯水年	$-20\%<P\leqslant -10\%$
特枯水年	$P\leqslant -20\%$

由于水文序列较短，为了保证系列的代表性以及能够反映出河流客观规律，需要对划分标准进行适当修改，重新划分后的标准及特征年见表 4-6。

表 4-6　重新划分后的距平百分率法划分特征年

丰、平、枯级别	划分标准	重新分类后级别
特丰水年	$P>20\%$	丰水年
偏丰水年	$10\%<P\leqslant 20\%$	
平水年	$-20\%<P\leqslant 10\%$	平水年
偏枯水年	$-30\%<P\leqslant -20\%$	枯水年
特枯水年	$P\leqslant -30\%$	

由特征年的划分，可以获取水文序列资料中的丰、平、枯各特征年，同时，采用针对

Tennant 法改进后，面对单一栖息条件下的 MTMSHC（modified tennant method based on single habitat condition）方法（李昌文，2016），并将该方法进一步改进，考虑特征年的划分，同时以月为时间尺度计算河流最小生态流量所占月均径流量的比例，由获得的比例来计算河流最小生态流量，由河流最小生态流量进量化计算得出河流生态需水，其中改进后方法见表 4-7。

表 4-7　改进后 MTMSHC 计算方法

类型	年均径流量/(m^3/s)	特征年	计算方法
大河	≥150	丰	$\mathrm{Max}\left\{\mathrm{mif}\left[\frac{100(7Q_{90(ij)}+Q_{\min(ij)})}{2\mathrm{AMF}_{(ij)}}\right],30\right\}$
		平	$\mathrm{Max}\left\{\mathrm{mif}\left[\frac{100(7Q_{90(ij)}+Q_{\min(ij)})}{2\mathrm{AMF}_{(ij)}}\right],20\right\}$
		枯	$\mathrm{Max}\left\{\mathrm{mif}\left[\frac{100(7Q_{90(ij)}+Q_{\min(ij)})}{2\mathrm{AMF}_{(ij)}}\right],15\right\}$
中河	30 ~ 150	丰	$\mathrm{Max}\left\{\mathrm{mif}\left[\frac{100(Q_{\min(ij)}+BF_{90(ij)})}{2\mathrm{AMF}_{(ij)}}\right],30\right\}$
		平	$\mathrm{Max}\left\{\mathrm{mif}\left[\frac{100(Q_{\min(ij)}+BF_{90(ij)})}{2\mathrm{AMF}_{(ij)}}\right],20\right\}$
		枯	$\mathrm{Max}\left\{\mathrm{mif}\left[\frac{100(Q_{\min(ij)}+BF_{90(ij)})}{2\mathrm{AMF}_{(ij)}}\right],15\right\}$
小河	< 30	丰	$\mathrm{Max}\left\{\mathrm{mif}\left[\frac{100(Q_{95(ij)}+Q_{\min 90(ij)})}{2\mathrm{AMF}_{(ij)}}\right],30\right\}$
		平	$\mathrm{Max}\left\{\mathrm{mif}\left[\frac{100(Q_{95(ij)}+Q_{\min 90(ij)})}{2\mathrm{AMF}_{(ij)}}\right],20\right\}$
		枯	$\mathrm{Max}\left\{\mathrm{mif}\left[\frac{100(Q_{95(ij)}+Q_{\min 90(ij)})}{2\mathrm{AMF}_{(ij)}}\right],15\right\}$

式中：mif 为最小取整函数；$\mathrm{AMF}_{(ij)}$ 为不同特征年年平均径流量，m^3/s，$i=1、2、3$，分别代表丰、平、枯水年，$j=1、2、3、\cdots、12$，分别代表 1~12 月；$7Q_{90(ij)}$ 为 90%保证率下最枯连续 7 d 径流量，m^3/s；$Q_{\min(ij)}$ 为逐月最小径流量，m^3/s；$\mathrm{BF}_{90(ij)}$ 为 90%保证率下逐月基流量，m^3/s；$Q_{95(ij)}$ 为 95%保证率下逐月径流量，m^3/s；$\mathrm{BF}_{\min 90(ij)}$ 为 90%保证率最枯月径流量，m^3/s。

由改进后的 MTMSHC 方法将计算序列进行特征年的划分，划分为丰、平、枯特征年，并且在计算式采用月为时间尺度计算最小生态流量与河流生态需水。同时运用 5 个低流量指标可以提高最小生态流量标准的空间移植性，计算方法中更好兼顾两种枯水指标的优缺点，比运用一种枯水流量指标计算出的河流最小生态流量结果更合适。

4.5　流域水量生态补偿量化

在基于水量的生态补偿研究中，以河流生态需水作为补偿的判别依据，往往需要观察流域出口断面的情况，将出口断面河流生态需水，作为该行政单元整体用水的依据。但在实际的研究中，往往流域出口断面不存在相关的水文观测站点，因此无法有效收集和获取出口断面的径流资料，在对水量进行量化补偿时存在一定局限性。因此，可以借助水文模型在流域出口断面添加控制站点，进行水文模拟获取流域出口断面的天然径流资料。由获取出口断面的天然径流资料，便可以依据天然径流资料对河流生态需水进行进一步的计算，由河流生态需水以及河流实际的水量对满足生态补偿条件的河流进行生态补偿的水量量化分析，便可获取需要补偿的水量，由补偿水量结合生态补偿标准可以获取最终生态补偿价值，能够帮助解决流域出口断面缺资料情况下的生态补偿问题。补偿量化公式如下：

$$V_c = W_c \times S_c \tag{4-24}$$

式中：V_c 为补偿价值；W_c 为补偿水量；S_c 为补偿标准。

4.6　南阳白河、唐河流域实例

4.6.1　南阳白河、唐河流域概况

4.6.1.1　地理概况

南阳市位于河南省西南部，北靠伏牛山，东扶桐柏山，西依秦岭，南临汉江。白河、唐河是南阳市内最重要的两条河，其中白河被誉为南阳市的“母亲河”。白河流域发源于河南省嵩县白河镇攻离山，其干流由西北向东南在鸭河口水文站急转向南方流去，主要流经南召县、南阳市区、新野县，唐河发源于河南方城县七峰山的北柳树沟，其干流自东北向西南主要流经方城县、社旗县和唐河县。其三面环山的特殊地理位置，在中部区域人口聚集区形成一个环形的南阳盆地，盆地内自南向北存在大约 1 000 m 的落差，并且由于右侧唐河的冲刷作用，盆地内大多为亚黏土岗地。

4.6.1.2　气候概况

白河、唐河流域年平均气温在 14.4～15.7 ℃，多年平均降水量为 826.7 mm，因地理位置及地形因素的影响，降水量在河南省内较为丰富，但降水时空分布不均，降水多集中在 6—9 月，约占全年降水量的 80%，夏、秋季节的径流量明显丰多春季和冬季。南阳市森林资源丰富，拥有 6 个国家和省级自然区，面积 1 475.8 km^2；国家和省级森林公园 8 个，面积 40 km^2，森林覆盖率达 40.51%，

4.6.1.3　社会经济概况

从社会经济来看，南阳市 2020 年生产总值 3 925.86 亿元，南阳市为河南省第二大人口城市，总面积 2.65 万 km^2，人口达 1 239 万人，城镇化率为 51.61%。此外还盛产天然中药材达 2 357 种，30 余种名优药材占河南省储量 25%以上。全市粮食作物种植面积 13 018 km^2，主要农作物为小麦、玉米、大豆、花生和油菜籽，全年粮食产量可达 719.71 万

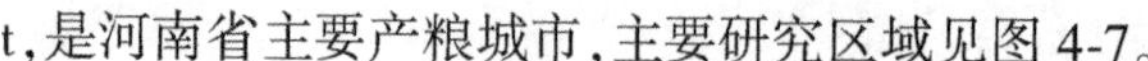

t,是河南省主要产粮城市,主要研究区域见图 4-7。

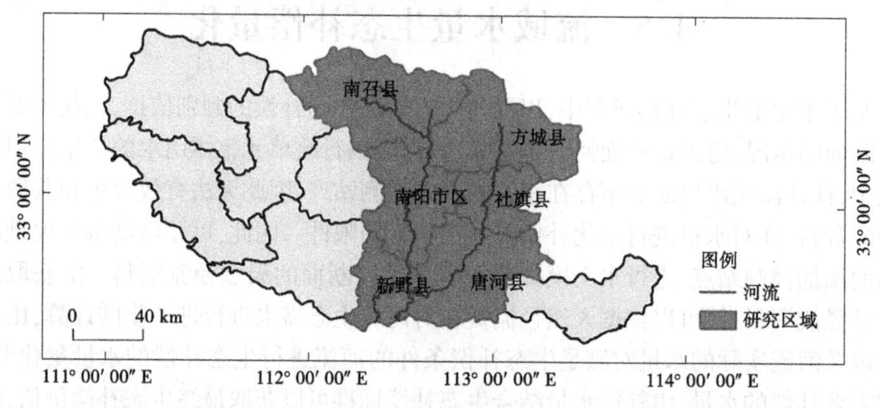

图 4-7 南阳市研究区域

4.6.1.4 水资源概况

南阳市内河流众多,分属于长江、淮河、黄河三大水系,地表水资源总量为 61.79 亿 m^3 左右,但径流空间分配不均,年际变化较大,且人均水资源量仅为 637 m^3,不到全国平均水平的 1/3,河流被过度开发利用,河道内外用水矛盾突出。

南阳市地理环境优越,水资源丰富,且拥有丰富的森林资源和珍贵中药材,此外南阳市也是河南省主要的产粮城市。但随着人口的逐渐增加,人们对水资源的需求量增加,进而导致地表水减少,河流出现部分断流情况。为保证流域与区域的可持续发展以及南水北调工程供水的连续性,有必要对南阳白河、唐河流域建立科学合理的生态补偿机制,促进区域社会、经济、生态效益不断提高,实现高质量发展。

4.6.2 SWAT 水文模拟计算

4.6.2.1 研究区水文模型建立

由研究区实际情况可知,白河和唐河在南阳市内并没有交汇,因此在实际研究中,为了满足白河、唐河流域的研究目标,将白河与唐河进行并列研究。根据收集到的南阳市流域数字高程资料,白河流域选择南召县、南阳市区、新野县和方城县 4 个行政单元为模板,唐河流域选择方城县、社旗县和唐河县 3 个行政单元为模板,分别对南阳市流域数字高程模型进行裁剪以及投影变换,获得白河、唐河流域主要数字高程模型,其中白河流域、唐河流域 DEM 如图 4-8、图 4-9 所示。

由高程数据可知,白河流域地势整体比较平缓,但在河流上游存在海拔较高的山地;唐河流域整体地势比较陡峭,在流域下游存在地势较为平缓的地区。

基于 ArcSWAT 软件,完成 SWAT 水文模型的构建,运行水文模型进行水文分析得到主要河流数据,并划分主要流域及其子流域,流域出口断面白河流域、唐河流域划分图如图 4-10、图 4-11 所示。

其中白河流域划分为 34 个子流域,各出口断面子流域序号分别为:南召县流域出口断面序号 17、南阳市区流域出口断面序号 30、新野县流域出口断面序号 33;唐河流域划分为 33 个子流域,各出口断面子流域序号分别为社旗县流域出口断面序号 13、唐河县流域出口断面序号 30。

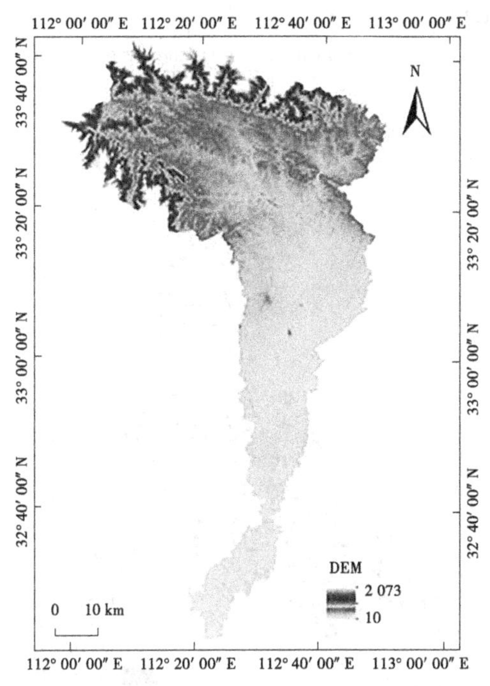

图 4-8　白河流域 DEM 图

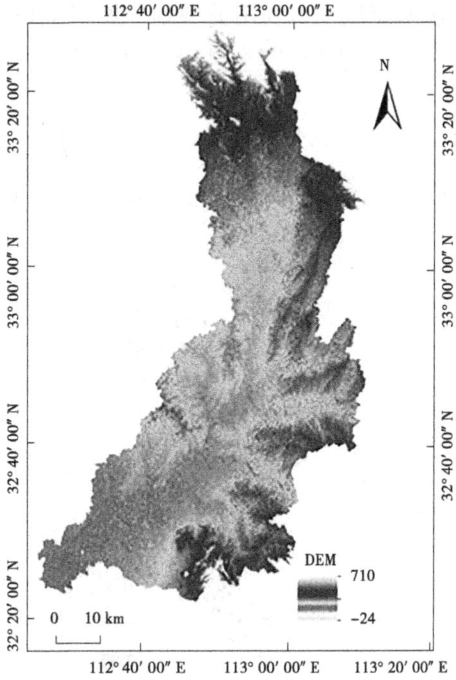

图 4-9　唐河流域 DEM 图

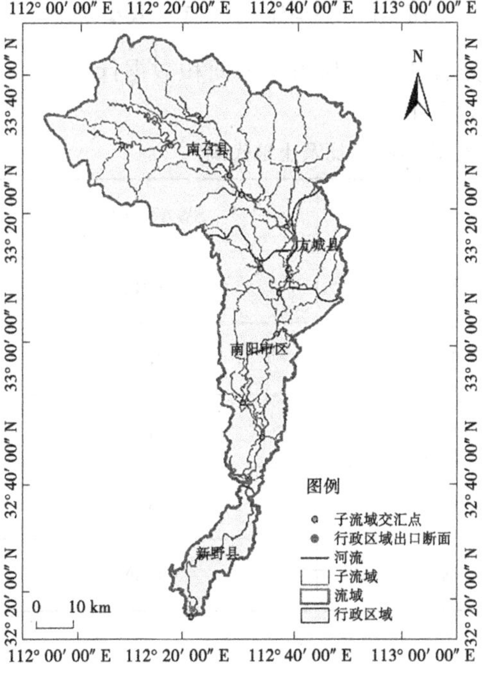

图 4-10　白河流域划分图

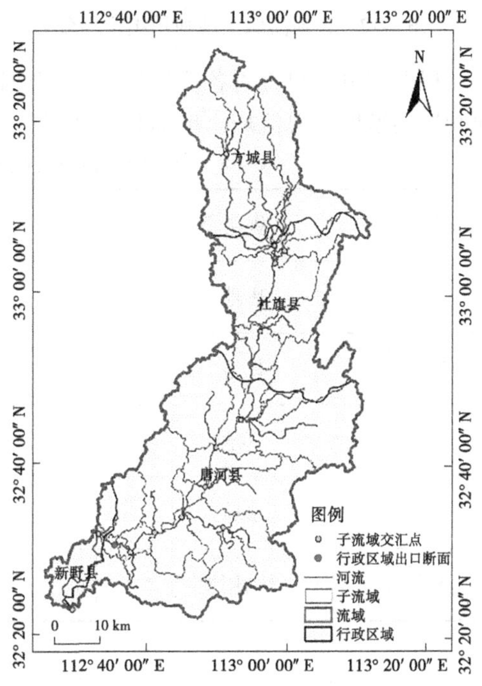

图 4-11　唐河流域划分图

添加流域土地利用类型,添加编辑好的土地利用类型 dbf 文件对土地类型重分类,白河、唐河流域土地利用类型划分见图 4-12、图 4-13。

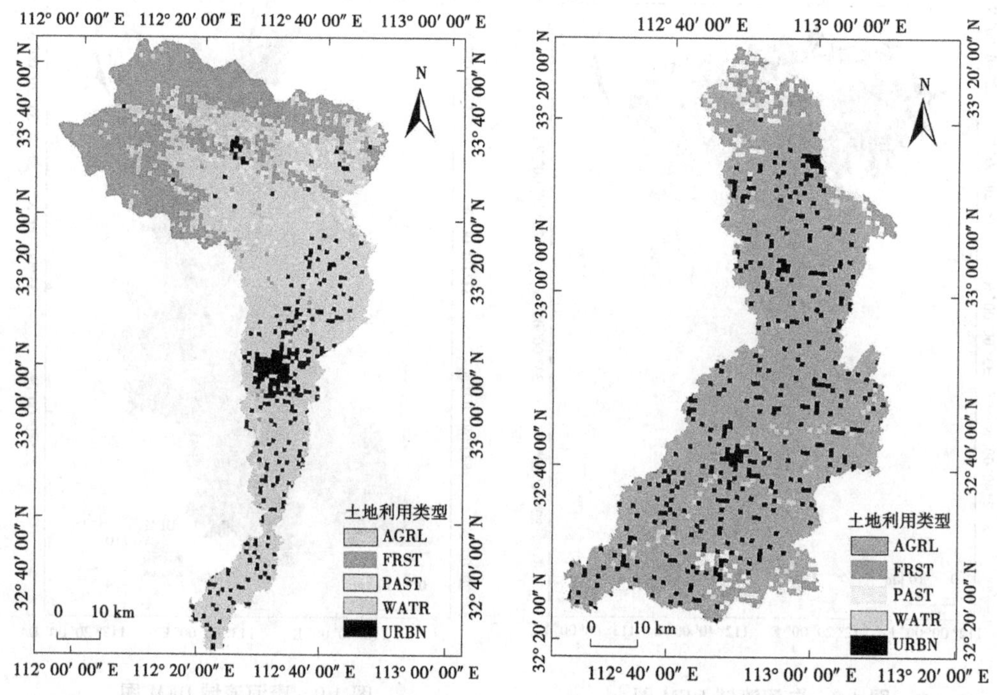

图 4-12 白河流域土地利用类型划分

图 4-13 唐河流域土地利用类型划分

根据划分结果查看各流域属性表,根据划分后各土地利用类型面积数据计算出各土地利用类型所占总流域土地面积比例,见表 4-8、表 4-9。

表 4-8 白河研究区域土地利用类型分类、占比及土地代码

编号	一级类型	占比/%	SWAT 代码
1	耕地	52.89	AGRL
2	林地	32.12	FRST
3	草地	3.93	PAST
4	水域	4.08	WATR
5	居民用地	6.98	URBN

表 4-9　唐河研究区域土地利用类型分类、占比及土地代码

编号	一级类型	占比/%	SWAT 代码
1	耕地	81.08	AGRL
2	林地	3.37	FRST
3	草地	3.64	PAST
4	水域	1.72	WATR
5	居民用地	10.19	URBN

由划分结果可知,白河流域耕地面积所占比例约为一半,其次为林地面积,这与白河流域地形有关,其整体流域从上游到下游坡度较大,因此坡度较高区域无法进行耕地种植,林地面积就比较多。由唐河流域土地利用划分结果可知,唐河流域地势较缓,耕地面积约占流域总面积的 4/5,并且适合人类居住,居民用地所占比例排在耕地面积之后。

添加土壤数据,添加编辑好的土壤数据 dbf 文件对土壤数据进行重分类,白河、唐河流域土壤数据分类结果见图 4-14、图 4-15。

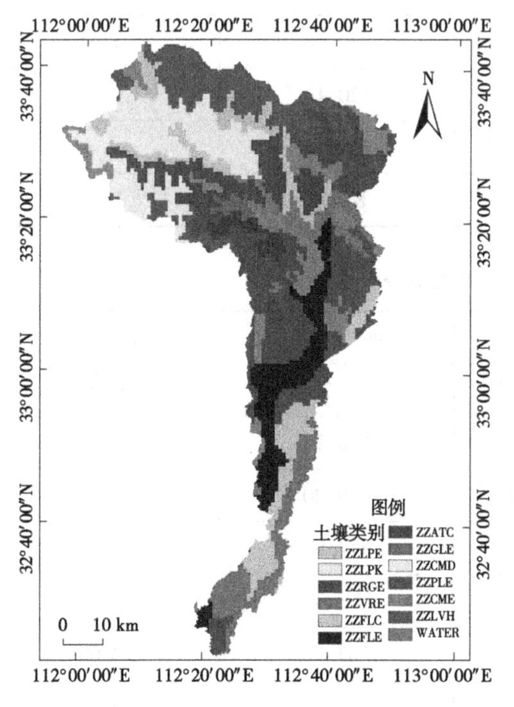

图 4-14　白河流域土壤类型划分

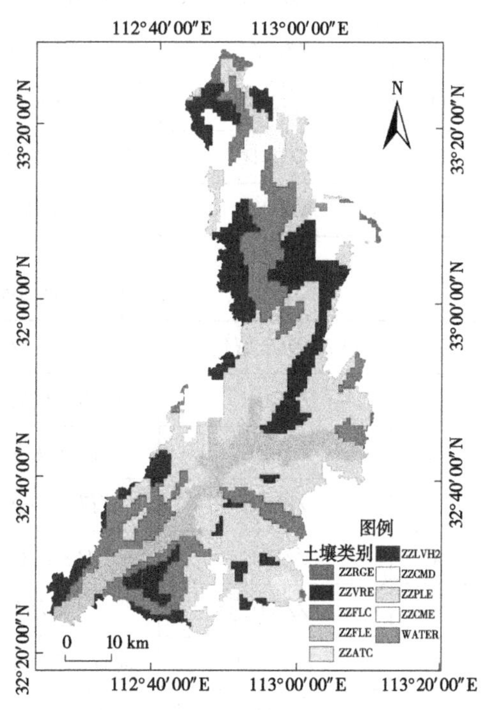

图 4-15　唐河流域土壤类型划分

根据土壤重分类以及划分结果,查看白河流域和唐河流域各个土壤属性表可以得到各类土壤所占比例,结果见表 4-10、表 4-11。

由划分结果可知,白河流域主要土壤类型为饱和黏磐土、不饱和雏形土、简育高活性

淋溶土和饱和疏松岩性土；唐河流域主要土壤类型为饱和黏磐土、石灰性冲积土、饱和变性土和饱和冲击土。

表 4-10　白河流域土壤数据分类结果

编号	SWAT 中土壤代码	土壤名称	面积/km²	占比/%
1	ZZLPE	饱和薄层土	121.74	2.75
2	ZZLPK	黑色石灰薄层土	29.66	0.67
3	ZZRGE	饱和疏松岩性土	530.80	11.99
4	ZZVRE	饱和变性土	331.14	7.48
5	ZZFLC	石灰性冲积土	394.44	8.91
6	ZZFLE	饱和冲积土	383.82	8.67
7	ZZATC	人为土	79.24	1.79
8	ZZGLE	饱和潜育土	38.96	0.88
9	ZZCMD	不饱和雏形土	622.88	14.07
10	ZZPLE	饱和黏磐土	832.28	18.80
11	ZZCME	饱和雏形土	420.12	9.49
12	ZZLVH	简育高活性淋溶土	560.46	12.66
13	WATER	水体	81.46	1.84

表 4-11　唐河流域土壤数据分类结果

编号	SWAT 中土壤代码	土壤名称	面积/km²	占比/%
1	ZZRGE	饱和疏松岩性土	36.20	0.96
2	ZZVRE	饱和变性土	610.74	15.88
3	ZZFLC	石灰性冲积土	689.20	17.92
4	ZZFLE	饱和冲积土	414.98	10.79
5	ZZATC	人为土	21.54	0.56
6	ZZLVH2	简育高活性淋溶土	103.46	2.69
7	ZZCMD	不饱和雏形土	124.22	3.23
8	ZZPLE	饱和黏磐土	1 453.79	37.80
9	ZZCME	饱和雏形土	387.29	10.07
10	WATER	水体	3.87	0.10

通过 ArcGIS 选取 CMADS 数据中相应研究区域的气象站点，白河流域和唐河流域 CAMDS 气象站点分布见图 4-16、图 4-17。

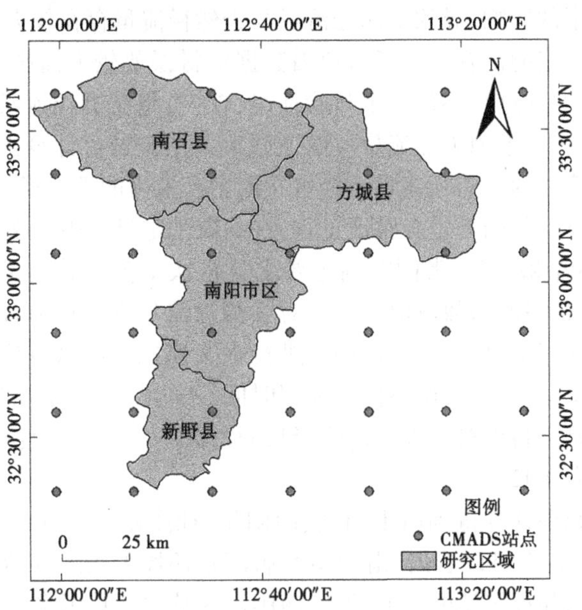

图 4-16　白河流域气象站点分布

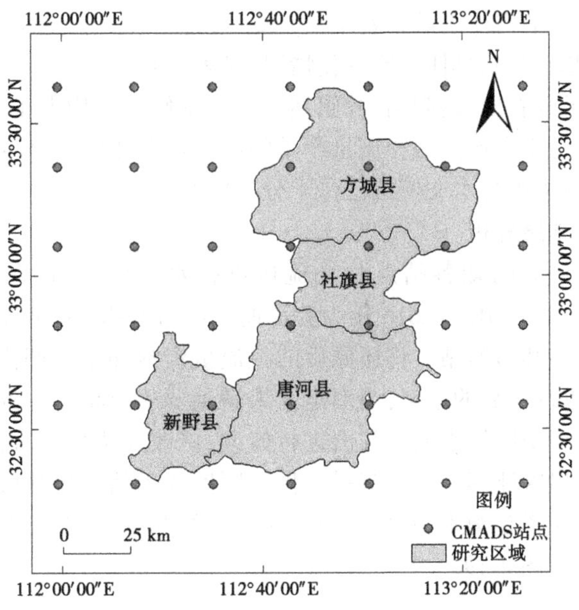

图 4-17　唐河流域气象站点分布

4.6.2.2　天然径流量还原计算

基于 ArcSWAT 软件进行 SWAT 水文模拟,模拟出的径流量为天然径流量,而实测径流资料经过人为因素的影响,导致实测径流量与天然径流量存在较大差距,当将二者进行率定比较时会存在一定的偏差。为了避免因数据资料误差较大而影响率定、验证结果以及水文参数的值,需要在进行参数率定与验证时,首先,将实测径流量基于水量平衡原理进行径流还原计算,得到近似天然流量。由还原后天然流量可计算出还原后的天然径流量资料。将还原计算后的天然径流量和经水文模型模拟出的天然径流量输入 SWAT-CUP 参数率定软件中进行参数的率定与验证过程,在参数率定过程中不断分析相关系数 R^2 和纳什效率系数 NS 的结果,当二者同时满足要求且再次率定时其结果不再增加或保持相对稳定时,即可得到最终的参数取值。经过对实测径流量进行还原计算能够使得到的水文参数更符合天然径流情况,使水文模型在进行水文模拟时能减少模拟天然径流资料的误差。将参数带入水文模型中,调整模型模拟时间,不再划分率定期与验证期等,经过水文模拟得到的径流量资料更符合天然径流资料的特征。各水文站实测径流量和还原后的天然径流量情况见表 4-12。

基于水量平衡原理计算得到白土岗站、南阳站、社旗站和唐河站 2009—2016 年各年的天然径流量,由表 4-12 可以看出,南阳站及唐河站还原的天然径流量与实测径流量的差值要大于白土岗站和社旗站的差值,说明南阳市区及唐河县用水量较大,表明天然径流量与实测径流量的差距较大,也从侧面体现出需要进行水量还原计算的必要性。

由还原后天然径流量,基于式(4-21)、式(4-22)计算白土岗站、南阳站、社旗站和唐河站 2009—2016 年各月平均径流量见表 4-13~表 4-16。

由径流还原可知水文站具体还原变化情况,见表 4-17。

由平均修正率可以看出,南阳站、社旗站和唐河站修正率均大于 30%,说明这 3 个研究区域用水量较大,对水资源天然径流量产生的影响较大,因此先对河流实测径流进行还原求出其天然径流再来进行水文模拟已是十分重要的。

4.6.2.3　水文模拟结果分析

根据收集的资料对已知各站点月径流量进行水文模拟,选取 2008 年为预热期、2009—2012 年为率定期、2013—2016 年为验证期。白河上选取已知站点白土岗站和南阳站;唐河上选取社旗站和唐河站。将还原后的径流量资料和率定期模拟出的径流量资料带入参数率定软件进行参数的率定,当率定结果满足要求时将获取的实际水文参数值带入水文模型中,将模型中原始水文参数值进行修改,修改完毕可再次进行水文模拟,此时选择验证期时间,求出验证期径流量资料。将还原后的天然径流量资料和模拟出验证期径流量资料带入参数率定软件进行验证,当验证结果满足要求即可,率定期结果见图 4-18,验证期结果见图 4-19。

表 4-12　水文站 2009—2016 年实测和天然流量

年份	白土岗站		南阳站		社旗站		唐河站	
	实测径流量/10^8 m^3	天然径流量/10^8 m^3	实测径流量/10^8 m^3	天然径流量/10^8 m^3	实测径流量/10^8 m^3	天然径流量/10^8 m^3	实测径流量/10^8 m^3	天然径流量/10^8 m^3
2009	4. 447	5. 067 6	9. 275	11. 524 2	2. 160 0	2. 728 3	5. 707	7. 368 2
2010	12. 490	13. 129 7	22. 700	24. 510 5	4. 163 0	4. 675 2	12. 770	14. 347 5
2011	5. 974	6. 482 6	6. 934	8. 952 4	1. 410 0	2. 013 7	3. 966	5. 659 5
2012	3. 739	4. 227 4	5. 369	7. 392 3	1. 760 0	2. 364 6	4. 345	5. 954 9
2013	1. 300	1. 879 7	2. 658	4. 584 6	0. 711 5	1. 319 5	1. 212	2. 763 1
2014	1. 417	2. 006 8	0. 939	2. 863 2	0. 514 6	1. 203 5	2. 524	3. 890 9
2015	1. 746	2. 376 4	1. 407	3. 353 1	0. 852 7	1. 515 2	1. 250	2. 557 8
2016	1. 178	1. 986 8	1. 779	3. 842 8	0. 651 3	1. 425 3	0. 960	2. 355 2

表 4-13　白土岗站 2009—2016 年实测和天然径流量

年份	径流类别/(m^3/s)	月份											
		1	2	3	4	5	6	7	8	9	10	11	12
2009	实测	1.02	1.06	1.52	3.02	14.60	32.80	30.60	36.90	20.10	7.45	11.80	7.42
	天然	1.18	1.23	1.76	3.50	16.94	38.05	35.50	42.80	23.32	8.64	13.69	8.61
2010	实测	2.59	2.34	4.51	25.50	22.70	18.80	170.00	150.00	61.50	7.41	2.90	1.95
	天然	2.77	2.50	4.83	27.29	24.29	20.12	181.90	160.50	65.81	7.93	3.10	2.09
2011	实测	1.56	1.43	1.3	1.01	3.47	0.23	23.30	38.00	108.00	11.70	23.20	14.40
	天然	1.70	1.56	1.42	1.10	3.78	0.25	25.40	41.42	117.72	12.75	25.29	15.70
2012	实测	4.57	2.83	2.94	3.58	2.23	0.85	50.90	34.30	33.30	2.33	1.68	1.55
	天然	5.26	3.25	3.38	4.12	2.56	0.98	58.54	39.45	38.30	2.68	1.93	1.78
2013	实测	0.99	0.81	0.72	0.91	13.80	2.52	20.90	4.47	1.24	0.69	0.96	0.79
	天然	1.47	1.19	1.06	1.35	20.42	3.73	30.93	6.62	1.84	1.02	1.42	1.17
2014	实测	0.48	0.70	1.35	3.86	1.75	0.29	2.97	1.21	28.30	6.82	3.57	2.79
	天然	0.68	1.00	1.93	5.52	2.50	0.42	4.25	1.73	40.47	9.75	5.11	3.99
2015	实测	1.13	1.00	1.69	18.9	14.50	5.61	6.60	4.15	5.14	1.20	4.65	1.75
	天然	1.56	1.37	2.33	26.08	20.01	7.74	9.11	5.73	7.09	1.66	6.42	2.42
2016	实测	0.70	0.72	0.55	1.03	1.77	3.08	12.70	8.39	1.39	7.89	4.34	1.81
	天然	1.20	1.24	0.94	1.77	3.04	5.30	21.84	14.43	2.39	13.57	7.46	3.11

表 4-14　南阳站 2009—2016 年实测和天然径流量

年份	径流类别/(m^3/s)	月份											
		1	2	3	4	5	6	7	8	9	10	11	12
2009	实测	3.88	0.30	0.30	0.46	0.87	92.30	65.20	44.50	40.80	33.80	37.40	32.10
	天然	4.89	0.37	0.38	0.58	1.10	116.30	82.15	56.07	51.41	42.59	47.12	40.45
2010	实测	9.12	3.92	3.30	1.79	24.30	31.90	326.00	288.00	133.00	19.90	5.93	5.71
	天然	10.03	4.31	3.63	1.97	26.73	35.09	358.60	316.80	146.30	21.89	6.52	6.28
2011	实测	5.59	8.68	7.16	4.52	10.10	8.49	1.46	7.46	125.00	49.80	18.40	18.20
	天然	7.27	11.28	9.31	5.88	13.13	11.04	1.90	9.70	162.50	64.74	23.92	23.66
2012	实测	16.50	16.20	15.80	15.60	16.00	15.00	17.40	19.60	20.90	24.50	19.10	7.15
	天然	23.10	22.68	22.12	21.84	22.40	21.00	24.36	27.44	29.26	34.30	26.74	10.01
2013	实测	2.59	2.95	3.05	3.98	3.48	15.20	25.30	20.40	15.40	4.37	1.87	2.14
	天然	4.53	5.16	5.34	6.97	6.09	26.60	44.28	35.70	26.95	7.65	3.27	3.75
2014	实测	2.24	2.08	1.80	1.37	1.25	1.22	2.88	7.77	4.81	3.61	3.35	3.22
	天然	6.94	6.45	5.58	4.25	3.88	3.78	8.93	24.09	14.91	11.19	10.39	9.98
2015	实测	3.12	2.98	2.90	2.94	5.02	4.48	6.33	6.83	6.33	4.87	4.29	3.32
	天然	7.55	7.21	7.02	7.11	12.15	10.84	15.32	16.53	15.32	11.79	10.38	8.03
2016	实测	3.07	3.32	3.61	3.70	3.36	3.41	10.30	8.94	8.73	7.52	6.10	5.29
	天然	6.75	7.30	7.94	8.14	7.39	7.50	22.66	19.67	19.21	16.54	13.42	11.64

表 4-15　杜旗站 2009—2016 年实测和天然径流量

年份	径流类别/（m^3/s）	月份											
		1	2	3	4	5	6	7	8	9	10	11	12
2009	实测	1.39	1.17	1.19	1.73	2.37	9.90	24.00	21.40	6.75	3.81	4.07	3.75
	天然	1.79	1.51	1.54	2.23	3.06	12.77	30.96	27.61	8.71	4.91	5.25	4.84
2010	实测	3.41	3.13	3.10	4.40	6.32	3.43	33.40	41.10	45.90	6.06	4.20	3.11
	天然	3.89	3.57	3.53	5.02	7.20	3.91	38.08	46.85	52.33	6.91	4.79	3.55
2011	实测	2.22	1.84	1.46	1.28	1.20	5.51	1.71	10.80	11.30	5.55	5.50	5.25
	天然	3.20	2.65	2.10	1.84	1.73	7.93	2.46	15.55	16.27	7.99	7.92	7.56
2012	实测	3.45	3.06	3.12	12.30	2.83	1.49	20.10	3.08	8.54	3.44	2.97	2.30
	天然	4.69	4.16	4.24	16.73	3.85	2.03	27.34	4.19	11.61	4.68	4.04	3.13
2013	实测	2.15	2.08	2.00	2.27	3.15	1.27	1.72	5.07	3.77	1.96	0.95	0.63
	天然	4.04	3.91	3.76	4.27	5.92	2.39	3.23	9.53	7.09	3.68	1.79	1.19
2014	实测	0.60	0.67	0.54	0.85	1.23	1.49	1.01	0.58	1.77	2.96	4.03	3.81
	天然	1.42	1.59	1.28	2.01	2.92	3.53	2.39	1.37	4.19	7.02	9.55	9.03
2015	实测	1.73	1.61	1.77	3.85	4.19	2.66	2.11	3.56	3.82	2.69	2.65	1.77
	天然	3.11	2.90	3.19	6.93	7.54	4.79	3.80	6.41	6.88	4.84	4.77	3.19
2016	实测	1.58	1.37	1.48	2.74	2.31	2.03	2.09	2.00	1.99	2.16	2.50	2.46
	天然	3.51	3.04	3.29	6.08	5.13	4.51	4.64	4.44	4.42	4.80	5.55	5.46

表 4-16　唐河站 2009—2016 年实测和天然径流量

年份	径流类别/(m^3/s)	月份											
		1	2	3	4	5	6	7	8	9	10	11	12
2009	实测	9.26	13.00	5.17	6.78	7.43	51.30	56.30	38.10	11.60	5.62	6.74	5.48
	天然	12.13	17.03	6.77	8.88	9.73	67.20	73.75	49.91	15.20	7.36	8.83	7.18
2010	实测	4.97	4.58	4.60	5.54	7.70	6.49	109.00	79.60	92.00	13.20	8.18	6.03
	天然	5.67	5.22	5.24	6.32	8.78	7.40	124.26	90.74	104.88	15.05	9.33	6.87
2011	实测	5.66	5.14	5.64	6.61	7.64	11.90	4.01	27.40	15.50	11.10	24.70	25.10
	天然	8.21	7.45	8.18	9.58	11.08	17.26	5.81	39.73	22.48	16.10	35.82	36.40
2012	实测	7.23	5.99	5.94	17.20	7.82	2.30	46.80	5.81	58.30	2.81	2.78	2.23
	天然	10.05	8.33	8.26	23.91	10.87	3.20	65.05	8.08	81.04	3.91	3.86	3.10
2013	实测	2.10	2.08	3.82	2.13	3.17	0.99	6.28	14.40	4.85	3.04	1.60	1.27
	天然	4.89	4.85	8.90	4.96	7.39	2.30	14.63	33.55	11.30	7.08	3.73	2.96
2014	实测	1.77	1.35	1.20	1.60	1.47	1.29	1.19	1.15	32.80	38.20	6.46	7.26
	天然	2.76	2.11	1.87	2.50	2.29	2.01	1.86	1.79	51.17	59.59	10.08	11.33
2015	实测	3.83	3.58	3.13	3.35	3.29	7.12	12.20	3.72	2.46	1.84	1.40	1.61
	天然	7.93	7.41	6.48	6.93	6.81	14.74	25.25	7.70	5.09	3.81	2.90	3.33
2016	实测	0.92	0.86	0.91	0.98	0.92	3.84	5.38	5.72	2.76	7.07	4.46	2.49
	天然	2.31	2.15	2.27	2.45	2.29	9.60	13.45	14.30	6.90	17.68	11.15	6.23

表 4-17　各水文站径流还原各指标统计

指标	水文站			
	白土岗站	南阳站	社旗站	唐河站
平均径流量差值/$10^8 m^3$	0.637 4	2.063 2	0.682 0	1.498 6
平均修正率/%	18.02	38.13	39.66	32.00
径流模数/[L/(s·km^2)]	4.53	12.68	6.40	7.93

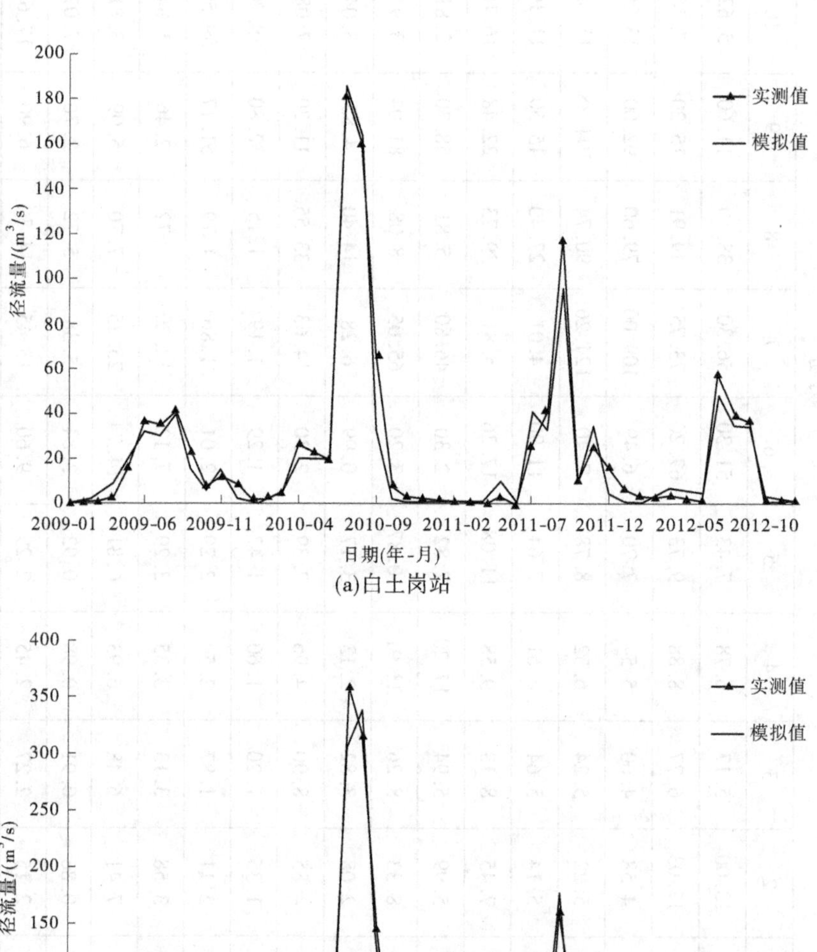

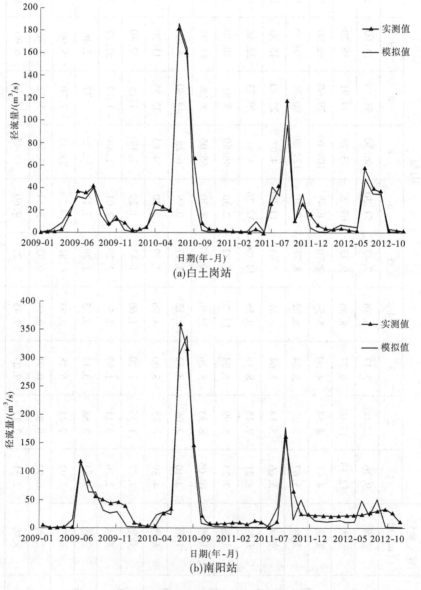

图 4-18　各站点 2009—2012 年率定图

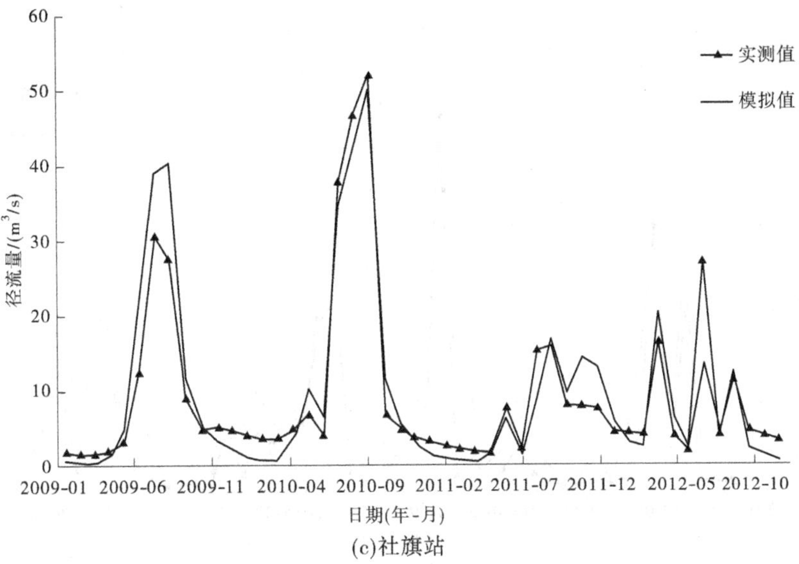

(c)社旗站

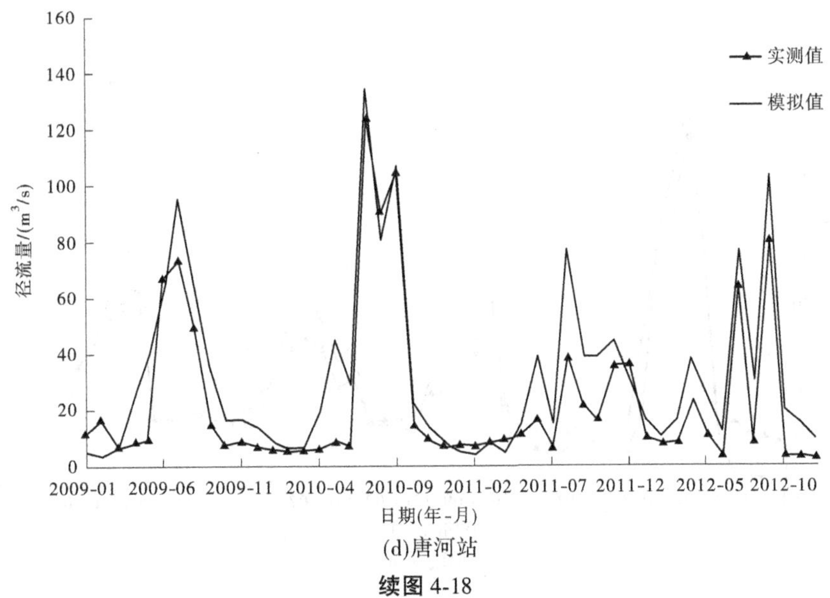

(d)唐河站

续图 4-18

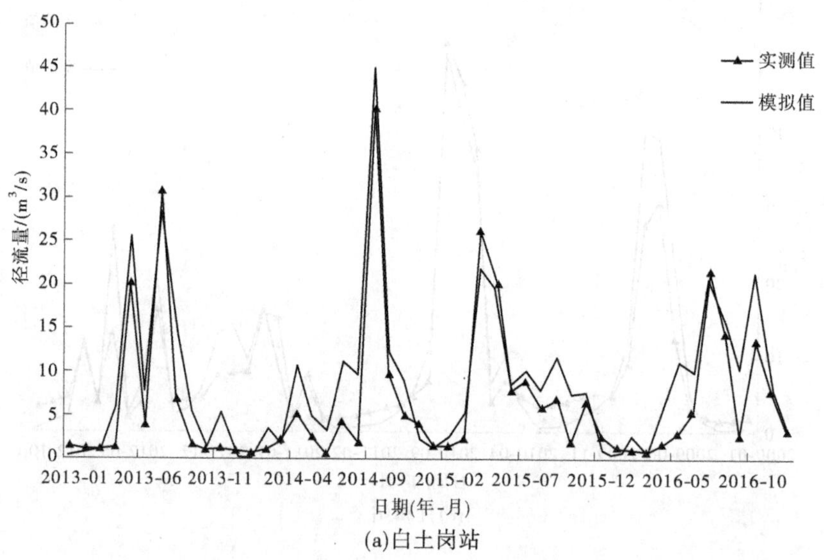

(a)白土岗站

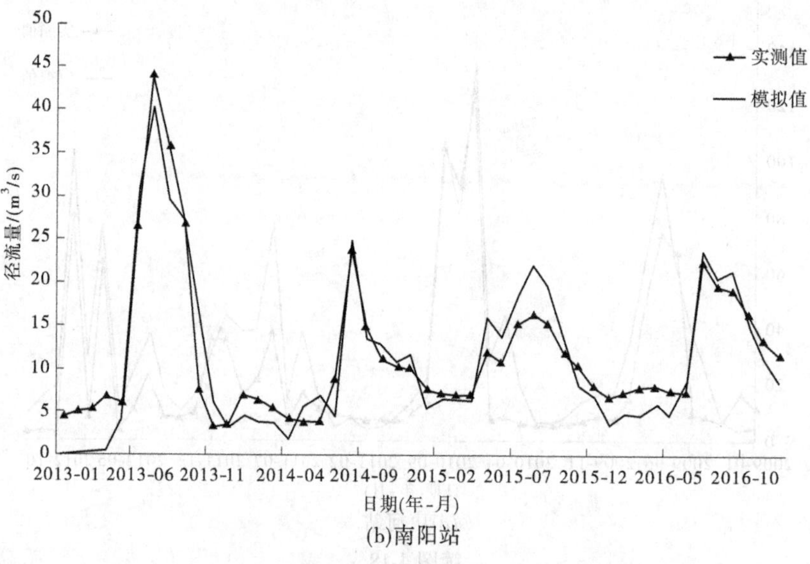

(b)南阳站

图 4-19　各站点 2013—2016 年验证图

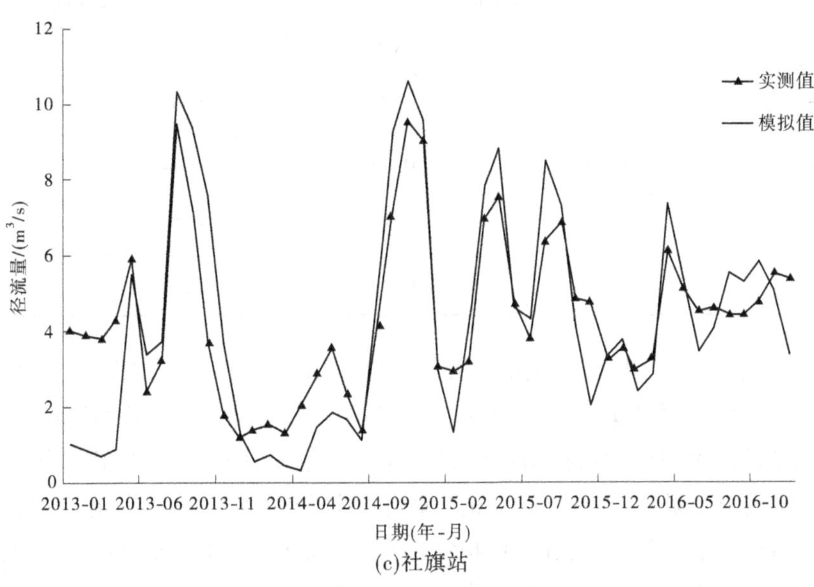

(c)社旗站

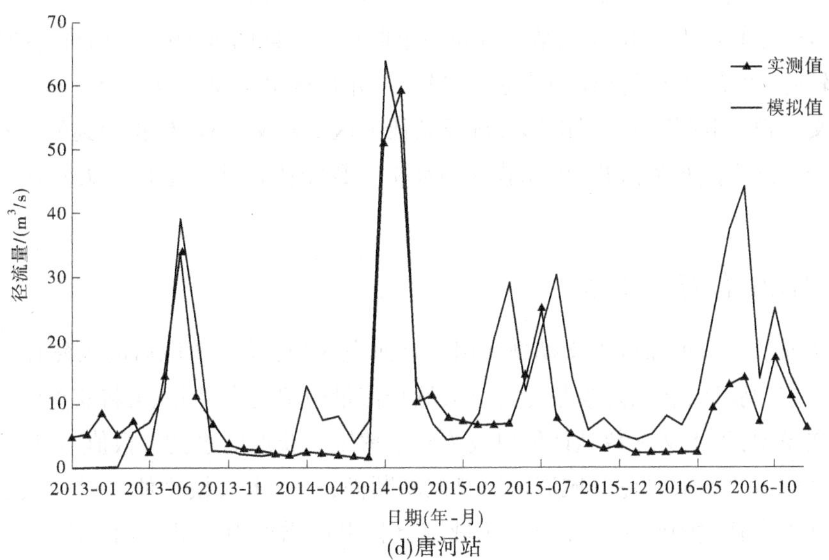

(d)唐河站

续图 4-19

根据率定和验证结果，得出相关系数 R^2 和纳什效率系数 NS，见表 4-18。

表 4-18 已知水文站率定、验证期模拟结果

水文站	率定期		验证期	
	R^2	NS	R^2	NS
白土岗站	0.85	0.74	0.84	0.71
南阳站	0.88	0.77	0.84	0.73
社旗站	0.85	0.81	0.78	0.71
唐河站	0.79	0.72	0.75	0.71

由模拟结果可以看出,在径流量较大的月份,模拟结果存在一定误差,主要原因在于:①模型本身因参数选取及取值范围存在一定误差;②在对部分数据进行降雨量替换时,所选取的降雨站与 CMADS 中模拟站点位置存在一定偏差,因此导致降雨数据存在一定误差,进而影响模拟结果;③当在年均径流量较小的社旗站进行模拟时,存在峰值分布不明显问题,年内径流量差距较小,导致模拟结果存在一定误差;④夏季降雨增多,导致径流量激增,影响模型模拟结果,降雨集中季存在一定误差。

根据大量研究及参考文献可以认为,当模型模拟中的相关系数 R^2 在 0.6 以上且纳什效率系数 NS 在 0.5 以上,由模拟结果可知率定期和验证期的 R^2 和 NS 均符合要求,说明模拟效果较好,可认为该水文模型建立效果较好,并且该水文模型也比较适用于该研究区域进行水文模拟,同时模拟结果能够准确反映研究区域水文过程,模拟得到的天然径流资料基本符合实际天然径流过程,由此获取的水文参数能比较准确地代表天然径流资料情况。

4.6.3 河流生态需水计算

由水文模拟结果可知该水文模型适用于该研究区域,并且还原后的天然径流量更适合参数的率定和验证,获取的参数更符合天然径流量模拟要求,因此可将获得的水文参数值带入水文模型,将水文参数默认值更改为经过率定后获取的水文参数值,并进行水文模拟。在此之前需要添加研究区域流量出口控制断面,借助水文模型便可以在缺资料的地区开展流域生态补偿的研究。在白河流域南召县出口添加南召县断面(NZDM),在南阳市区出口添加南阳市区断面(NYDM),在新野县出口添加新野县断面(XYDM),在唐河流域社旗县出口添加社旗县断面(SQDM),在唐河县出口添加唐河县断面(THDM)。结合水文模型以及水文参数取值进行水文模拟,获取添加的出口断面天然径流量,这里仅展示白河流域结果,见表 4-19。

表 4-19　2008—2016 年白河流域各出口断面月均径流量模拟结果

模拟站点	月份	2008—2016 年各断面月均径流量/(m^3/s)								
		2008	2009	2010	2011	2012	2013	2014	2015	2016
NZDM	1	0.05	0.72	1.50	1.55	2.27	0.97	0.47	1.15	0.92
	2	3.02	0.62	1.95	1.37	1.38	1.57	6.94	3.95	5.62
	3	0.34	4.38	9.57	4.09	9.97	0.54	3.44	9.64	4.08
	4	40.16	24.20	48.75	0.76	24.53	9.52	32.03	64.30	15.52
	5	17.83	52.15	63.11	13.49	23.48	72.92	17.90	64.89	21.26
	6	0.70	105.90	61.17	5.73	5.25	49.47	4.19	23.70	31.84
	7	126.80	109.80	303.80	74.01	166.20	62.88	8.05	51.47	69.58
	8	94.51	109.30	297.90	135.20	77.26	53.35	14.00	44.43	79.28
	9	57.99	71.42	156.50	211.10	134.10	30.38	121.60	38.31	7.46
	10	24.51	16.82	8.86	34.42	5.07	1.72	55.40	11.70	54.13
	11	6.67	35.19	3.14	52.40	5.51	14.35	19.46	38.83	47.78
	12	1.07	13.54	2.15	29.27	1.71	3.96	15.72	7.29	7.35
NYDM	1	0.01	1.62	3.78	3.28	6.89	2.33	1.47	3.87	2.69
	2	1.62	1.22	2.09	3.06	3.40	2.37	2.68	5.44	6.79
	3	0.93	3.97	6.62	8.73	10.51	1.32	8.55	11.16	15.76
	4	46.86	29.26	47.89	3.10	42.69	5.75	37.31	95.96	19.30
	5	44.12	71.72	110.90	12.89	51.37	56.27	42.81	101.00	26.89
	6	4.18	185.00	98.21	9.83	9.57	113.00	17.93	25.03	57.18
	7	113.60	151.30	313.60	58.53	226.20	90.66	7.09	95.17	81.97
	8	161.30	123.00	420.90	191.00	93.71	79.82	15.98	55.43	131.9
	9	79.65	124.40	318.20	201.90	206.00	62.33	123.00	56.86	14.25
	10	42.60	23.65	30.72	96.62	17.43	5.86	123.90	14.01	55.62
	11	20.90	36.42	6.41	79.47	12.80	14.24	34.71	49.93	89.43
	12	2.59	29.43	4.28	52.50	3.83	8.87	33.09	18.09	14.14

续表 4-19

模拟站点	月份	2008—2016 年各断面月均径流量/(m^3/s)								
		2008	2009	2010	2011	2012	2013	2014	2015	2016
XYDM	1	0. 01	1. 77	4. 42	3. 43	13. 64	2. 49	1. 59	5. 01	2. 85
	2	1. 17	1. 36	2. 10	2. 74	7. 85	2. 26	2. 18	5. 47	6. 66
	3	0. 85	4. 10	5. 65	8. 35	10. 24	1. 09	8. 51	10. 32	16. 37
	4	44. 11	30. 60	43. 61	2. 94	38. 75	4. 16	33. 87	96. 40	20. 40
	5	47. 96	73. 71	116. 20	11. 79	57. 96	46. 94	47. 05	106. 80	27. 04
	6	5. 74	192. 30	104. 50	9. 55	10. 37	122. 70	20. 48	25. 42	64. 45
	7	108. 40	157. 40	277. 50	53. 57	216. 60	88. 07	6. 96	99. 63	73. 48
	8	175. 70	122. 60	438. 00	194. 100	98. 08	79. 91	14. 88	56. 77	141. 1
	9	87. 50	136. 10	362. 10	190. 30	212. 80	71. 18	116. 90	58. 46	15. 80
	10	46. 63	25. 28	41. 71	112. 60	24. 11	8. 12	142. 90	14. 25	55. 54
	11	25. 11	34. 85	7. 27	88. 02	13. 49	14. 02	38. 99	48. 43	99. 84
	12	3. 14	33. 34	4. 65	60. 16	4. 34	9. 60	37. 65	20. 07	17. 32

由模拟结果可知，计算出各河流年平均径流量，结合表 4-7 判断河流类型，并且基于改进 MTMSHC 水文学法计算河流最小生态流量和河流生态需水，以南召县为例，各特征年内的河流最小生态流量及河流生态需水见表 4-20。

表 4-20　南召县出口断面各特征年内的河流最小生态流量及河流生态需水

月份	各特征年最小生态流量/(m^3/s)			各特征年河流生态需水/10^6 m^3		
	丰	平	枯	丰	平	枯
1	3. 63	3. 35	2. 18	9. 74	8. 96	5. 84
2	3. 57	3. 79	2. 73	9. 58	9. 16	7. 31
3	5. 29	3. 27	2. 21	14. 17	8. 75	5. 93
4	7. 37	15. 36	6. 70	19. 74	39. 82	17. 96
5	12. 88	12. 01	10. 89	34. 48	32. 17	29. 18
6	17. 28	3. 45	4. 28	46. 28	8. 93	11. 45
7	48. 76	28. 83	7. 03	130. 60	77. 22	18. 82
8	57. 86	25. 31	8. 94	154. 96	67. 79	23. 96
9	43. 90	22. 25	7. 97	117. 59	57. 67	21. 35
10	7. 61	5. 63	5. 56	20. 39	15. 08	14. 90
11	9. 07	5. 85	9. 12	24. 30	15. 17	24. 42
12	4. 50	3. 63	3. 92	12. 04	9. 73	10. 51

由计算结果可知,从整体来看能够得到各特征年最小生态流量为丰水年>平水年>枯水年,从特征年内分布情况来看,可以得到最小生态流量基本呈现倒 V 形,年内最大的河流最小生态流量基本都存在于汛期(5—9 月),且主要存在于 7、8 月,该月份降雨量最大,因此河流最小生态流量也会出现明显增加。河流生态需水与河流最小生态流量呈现正相关关系,河流生态需水为满足河流生态健康最基本要求,在接下来的生态补偿计算中以河流生态需水作为河流水量是否存在亏缺的依据。

4.6.4　水资源价值补偿标准计算

研究区域为唐河和白河,白河、唐河是南阳市主要的两条河流,其流域经济情况在南阳市内具有一定的代表性,因此选取南阳市整体水资源价值评价因子数值来计算南阳市水资源价值,将水资源价值应用于白河、唐河流域生态补偿计算。

4.6.4.1　水资源价值各属性客观评价矩阵

在计算 2008—2016 年南阳市水资源价值时,以 2012 年为例计算南阳市水资源价值,其余年份水资源价值同理可以计算出。

1. 水环境

南阳市水环境评价因子选取的数据为白河、唐河上监测断面数据平均值,得到水环境评价因子 COD、氨氮和总磷的值,同时根据南阳市水资源公报获取地表水功能区河长达标占比数据,水环境评价因子数据见表 4-21。

表 4-21　南阳市 2008—2016 年水环境评价因子数据

水环境评价因子	年份								
	2008	2009	2010	2011	2012	2013	2014	2015	2016
COD/(mg/L)	16.50	16.67	17.12	16.23	17.20	20.55	21.50	17.87	17.56
氨氮/(mg/L)	0.75	1.05	0.82	0.98	1.05	0.85	1.00	0.88	0.86
总磷/(mg/L)	0.31	0.28	0.25	0.24	0.20	0.30	0.25	0.22	0.21
地表水功能区河长达标占比/%	63.30	53.60	91.10	53.60	60.00	50.00	66.60	74.50	86.60

根据式(2-28)计算出水环境各评价因子 2012 年的隶属度矩阵:

$$\boldsymbol{R}_{水环境2012} = \begin{bmatrix} 0 & 0.56 & 0.44 & 0 \\ 0 & 0 & 0.9 & 0.1 \\ 0 & 0 & 1 & 0 \\ 0 & 0 & 0.5 & 0.5 \end{bmatrix}$$

由此计算出水环境各评价因子 2012 年的权重矩阵:

$$\boldsymbol{W}_{水环境2012} = [0.183 \quad 0.2603 \quad 0.2503 \quad 0.3064]$$

根据式(2-29)~式(2-31)计算出 2012 年水环境评价矩阵:

$$\boldsymbol{O}_{水环境2012} = [0 \quad 0.1025 \quad 0.7183 \quad 0.1792 \quad 0]$$

2. 水资源

根据南阳市水资源公报，选取水资源属性中的评价因子，主要有人均水资源量、水资源总量和供水工程总供水量，水资源评价因子数据见表4-22。

表4-22　南阳市2008—2016年水资源评价因子数据

水资源评价因子	年份								
	2008	2009	2010	2011	2012	2013	2014	2015	2016
人均水资源量/(m^3/人)	560.40	562.30	1 236.87	566.66	1 544.00	204.70	252.21	290.48	265.24
水资源总量/10^8 m^3	63.50	65.14	143.28	65.95	214.00	23.97	29.68	34.35	31.52
供水工程总供水量/10^8 m^3	21.36	25.22	19.94	20.73	55.31	18.15	17.38	16.23	17.80

根据式(2-28)计算出水资源各评价因子2012年的隶属度矩阵：

$$\boldsymbol{R}_{\text{水资源2012}}=\begin{bmatrix}0 & 0.467 & 0.533 & 0\\ 0 & 0.92 & 0.08 & 0\\ 0.373 & 0.627 & 0 & 0\end{bmatrix}$$

由此计算出水资源各评价因子2012年的权重矩阵：

$$\boldsymbol{W}_{\text{水资源2012}}=[0.318\,9\quad 0.268\,1\quad 0.413]$$

根据式(2-29)~式(2-31)计算出2012年水资源评价矩阵：

$$\boldsymbol{O}_{\text{水资源2012}}=[0.154\quad 0.654\,5\quad 0.191\,5\quad 0\quad 0]$$

3. 社会经济

根据《南阳统计年鉴》进行资料查找确定，选取人口密度、人均用水量、城镇化率和供水、污水处理设施固定资产投资额作为社会经济属性中评价因子，社会经济评价因子数据见表4-23。

表4-23　南阳市2008—2016年社会经济评价因子数据

社会经济评价因子	年份								
	2008	2009	2010	2011	2012	2013	2014	2015	2016
人口密度/(人/hm^2)	435	436	437	438	439	441	443	446	448
人均用水量/m^3	63.18	66.24	64.97	67.52	212.00	65.70	66.43	71.90	68.22
城镇化率/%	30.50	31.80	33.00	34.85	51.00	38.27	39.56	41.29	42.97
供水、污水处理设施固定资产投资额/亿元	3.02	2.79	3.68	2.98	7.60	3.26	5.25	2.82	4.90

根据式(2-28)计算出社会经济各评价因子2012年的隶属度矩阵：

$$\boldsymbol{R}_{社会经济2012}=\begin{bmatrix}0 & 0 & 0.797 & 0.203 & 0\\0 & 0 & 0 & 0.677 & 0.323\\0 & 0 & 0.272 & 0.728 & 0\\0 & 0.66 & 0.34 & 0 & 0\end{bmatrix}$$

由此计算出社会经济各评价因子 2012 年的权重矩阵：

$$\boldsymbol{W}_{社会经济2012}=[0.2505\quad 0.159\quad 0.3808\quad 0.2097]$$

根据式(2-29)~式(2-31)计算出 2012 年社会经济评价矩阵：

$$\boldsymbol{O}_{社会经济2012}=[0\quad 0.1384\quad 0.3745\quad 0.4357\quad 0.0514]$$

4. 用水效率

根据《南阳市水资源公报》，考虑用水效率属性，选取万元 GDP 用水量、人均 GDP 和平均用水消耗率作为该属性内评价因子，其数据见表 4-24。

表 4-24　南阳市 2008—2016 年用水效率评价因子数据

用水效率评价因子	年份								
	2008	2009	2010	2011	2012	2013	2014	2015	2016
万元 GDP 用水量/m^3	126.0	125.0	102.0	93.0	174.0	83.0	74.0	60.0	54.8
人均 GDP/元	16 497	17 739	19 074	21 519	38 600	24 693	26 650	28 828	30 748
平均用水消耗率/%	52.86	50.59	56.22	57.38	52.00	43.30	56.20	57.30	58.70

根据式(2-28)计算出用水效率各评价因子 2012 年的隶属度矩阵：

$$\boldsymbol{R}_{用水效率2012}=\begin{bmatrix}0 & 0.2 & 0.8 & 0 & 0\\0 & 0.102 & 0.898 & 0 & 0\\0 & 0.37 & 0.63 & 0 & 0\end{bmatrix}$$

由此计算出用水效率各评价因子 2012 年的权重矩阵：

$$\boldsymbol{W}_{用水效率2012}=[0.2332\quad 0.2692\quad 0.4976]$$

根据式(2-29)~式(2-31)计算出 2012 年用水效率评价矩阵：

$$\boldsymbol{O}_{用水效率2012}=[0\quad 0.2582\quad 0.7418\quad 0\quad 0]$$

由式(2-32)可以得出南阳市水资源价值客观评价矩阵：

$$\boldsymbol{O}_{2012}=\begin{bmatrix}\boldsymbol{O}_{水环境2012}\\\boldsymbol{O}_{水资源2012}\\\boldsymbol{O}_{社会经济2012}\\\boldsymbol{O}_{用水效率2012}\end{bmatrix}=\begin{bmatrix}0 & 0.1025 & 0.7183 & 0.1792 & 0\\0.154 & 0.6545 & 0.1915 & 0 & 0\\0 & 0.1384 & 0.3745 & 0.4357 & 0.0514\\0 & 0.2582 & 0.7418 & 0 & 0\end{bmatrix}$$

4.6.4.2　水资源价值各属性主观评价矩阵

水资源价值主观评价矩阵采取专家打分制度，根据多位水资源、生态补偿领域专家对水资源计算中 4 种属性的重要程度进行打分，最后取其平均值作为水资源价值计算过程中主观评价矩阵，各专家意见见表 4-25。

表 4-25 水资源价值各属性权重专家意见

专家	水环境	水资源	社会经济	用水效率	合计
专家甲	0.270	0.350	0.160	0.220	1
专家乙	0.280	0.330	0.160	0.230	1
专家丙	0.270	0.340	0.170	0.220	1
专家丁	0.290	0.330	0.160	0.220	1
专家戊	0.270	0.330	0.180	0.220	1
专家己	0.270	0.320	0.170	0.240	1
平均值	0.275	0.333	0.167	0.225	1

由主观评价意见可知，水资源的权重最大，水资源的基本数量直接决定其水资源价值高低，其次是水环境、用水效率和社会经济，根据表 4-25 得出水资源价格主观评价矩阵：

$$\boldsymbol{S} = [0.275 \quad 0.333 \quad 0.167 \quad 0.225]$$

4.6.4.3 水资源价值综合评价矩阵

水资源价值综合评价矩阵可对水资源价值整体高低进行评价分析，因将水资源价值评价指标体系分为 5 个评价等级，且 5 个评价等级按照由高到低的顺序排序，由计算出的水资源价值综合评价矩阵与 5 个评价等级呈对应的姿态，当矩阵中的数额最大的位置则可近似看成水资源价值的评价等级属于与其位置对应的等级。由上述主、客观水资源价值矩阵结果，结合式(2-34)、式(2-35)计算水资源价值综合评价矩阵 $\boldsymbol{V}$：

$$\boldsymbol{V}_{2012} = \boldsymbol{S} \circ \boldsymbol{O}_{2012}$$

$$= [0.275 \quad 0.333 \quad 0.167 \quad 0.225] \circ \begin{bmatrix} 0 & 0.1025 & 0.7183 & 0.1792 & 0 \\ 0.154 & 0.6545 & 0.1915 & 0 & 0 \\ 0 & 0.1384 & 0.3745 & 0.4357 & 0.0514 \\ 0 & 0.2582 & 0.7418 & 0 & 0 \end{bmatrix}$$

$$= [0.0513 \quad 0.3274 \quad 0.4906 \quad 0.1221 \quad 0.0086]$$

由水资源综合评价矩阵可知，矩阵中各列分别对应评价等级中高、较高、中等、较低、低 5 种评价等级，则 2012 年水资源价值更接近于中等水平，说明水资源价格目前处于一个相对居中的情况。

4.6.4.4 水资源价格计算

由水资源价格计算模型、《南阳统计年鉴》可知，2012 年人均可支配收入为 19 544 元，2012 年人均用水量为 63.87 m^3，供水成本为 1.2 元/m^3，则水资源价格上限 F_{up2012} 为

$$F_{up2012} = \frac{0.03 \times 19\,544}{63.87} - 1.2 = 7.98(元/m^3)$$

由水资源价格上限进行等差距划分得到水资源价格向量 $\boldsymbol{F}$：

$$\boldsymbol{F}_{2012} = [7.98 \quad 5.98 \quad 399 \quad 1.99 \quad 0]$$

根据式(2-36)～式(2-39)求出最终水资源价格：

$$\boldsymbol{P}_{2012} = \boldsymbol{V}_{2012} \circ \boldsymbol{F}_{2012}^{T}$$

$$= [0.0513 \quad 0.3274 \quad 0.4906 \quad 0.1221 \quad 0.0086] \circ [7.98 \quad 5.98 \quad 3.99 \quad 1.99 \quad 0]^{T}$$

= 4. 56(元 /m^3)

同理可求出 2008—2016 年其他年各水资源客观评价矩阵、水资源价值综合评价矩阵及水资源最终价格。

由以上计算过程可知,南阳市 2008—2016 年水资源价格结果见表 4-26。

表 4-26　南阳市 2008—2016 年水资源价格

指标	2008	2009	2010	2011	2012	2013	2014	2015	2016
居民人均年可支配收入/元	12 394	13 498	15 077	17 289	19 544	21 653	23 711	25 140	26 898
人均用水量/m^3	63. 18	66. 24	64. 97	67. 52	63. 87	65. 7	66. 4	71. 9	68. 2
水费承受指数/%	3	3	3	3	3	3	3	3	3
供水成本/(元/m^3)	1	1. 1	1. 1	1. 2	1. 2	1. 5	1. 5	1. 6	1. 6
水资源价格/(元/m^3)	2. 50	2. 56	2. 46	3. 6	4. 56	4. 98	5. 47	5. 35	6. 06

由计算出的水资源价格可知,水资源价格整体呈现前期平稳后期逐步上升的趋势,2008—2010 年水资源价格稳定在 2. 5 元/m^3 左右,在 2015 年水资源价格略低于 2014 年水资源价格。由评价因子中水资源数据可知,2015 年南阳市水资源量充沛,人均用水量也出现了小幅增长,进一步说明水资源量对水资源价格有直接影响作用,水资源价格与水资源量为负相关。

4. 6. 5　流域生态补偿水量及补偿价值

在流域生态补偿计算中,补偿价值主要是补偿标准和补偿水量的结合,由计算的河流生态需水得到水量补偿的判别依据,由模拟出的天然径流资料可以计算河流天然水量,根据《南阳市水资源公报》得到各行政单元的地表用水量,各行政单元内的河流天然水量除去地表用水量可得到河流实际水量。根据河流生态需水与河流实际水量判断是否需要进行补偿并获得需要补偿的水量,并结合流域河流生态水量亏缺损害补偿机制确定补偿关系,以南召县为例,补偿结果见表 4-27。

表 4-27　2008—2016 年南召县生态补偿情况

年份	月份	补偿关系	补偿水量/10^6 m^3	补偿价值/万元
2008	1、2、3、6、12	南召县各用水行业补偿河流生态需水	31. 38	7 845. 3
2009	1、2、3		17. 36	4 445. 1
2010	1、2、11、12		31. 29	7 697. 1
2011	1、2、3、4、6、		61. 18	22 024. 1
2012	1、2、10、11、12		16. 46	7 504. 3
2013	1、2、3、10		20. 81	10 360. 9
2014	1、6		4. 81	2 632. 9
2015	1		5. 89	3 152. 5
2016	1、9		4. 70	2 846. 2

将补偿结果进行文字图形转换便可达到更加直观的效果，白河、唐河流域生态补偿价值见图4-20～图4-23。

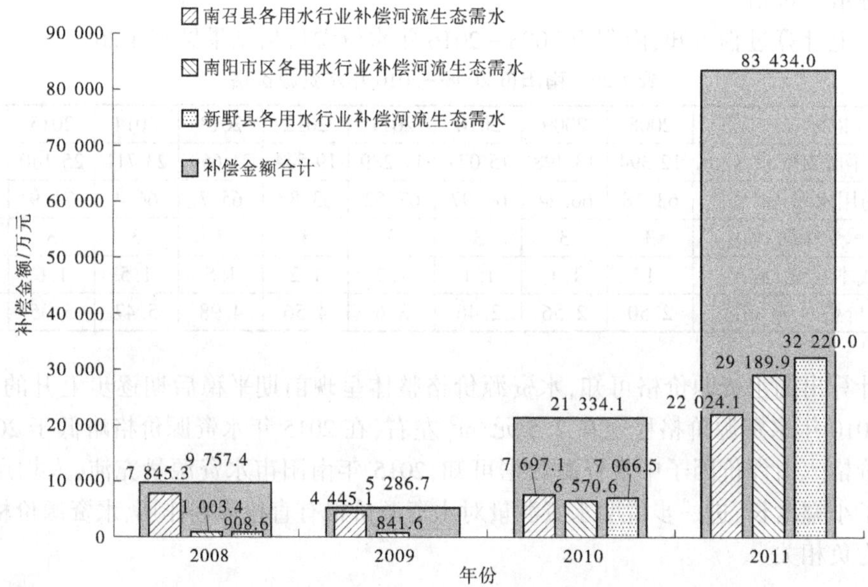

图4-20　2008—2011年白河流域生态补偿价值

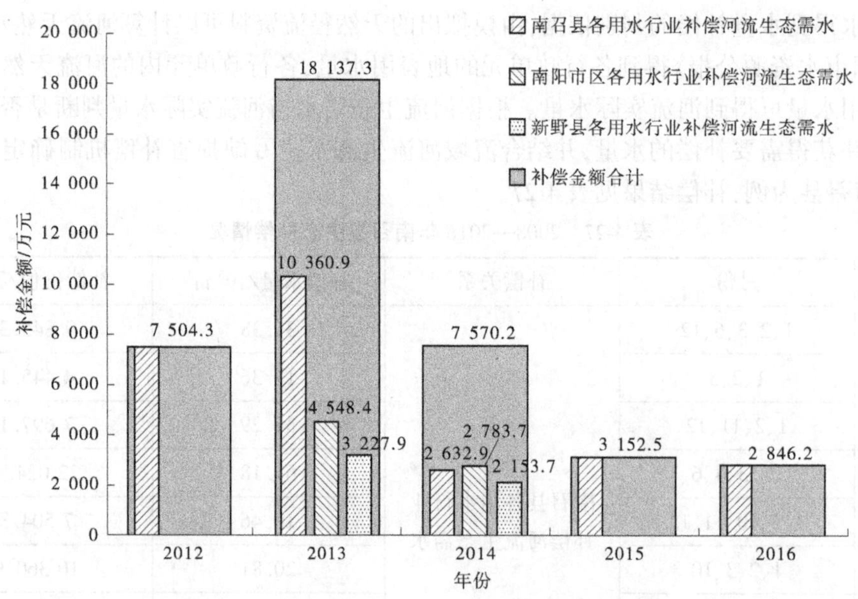

图4-21　2012—2016年白河流域生态补偿价值

由图4-20、图4-21可知，白河流域生态补偿价值在2011年补偿总量最多，达83 434万元，其中新野县各用水行业补偿河道32 220万元；南阳市区各用水行业补偿河道29 189.9万元；南召县各用水行业补偿河道22 024.1万元，该年补偿价值最少的南召县

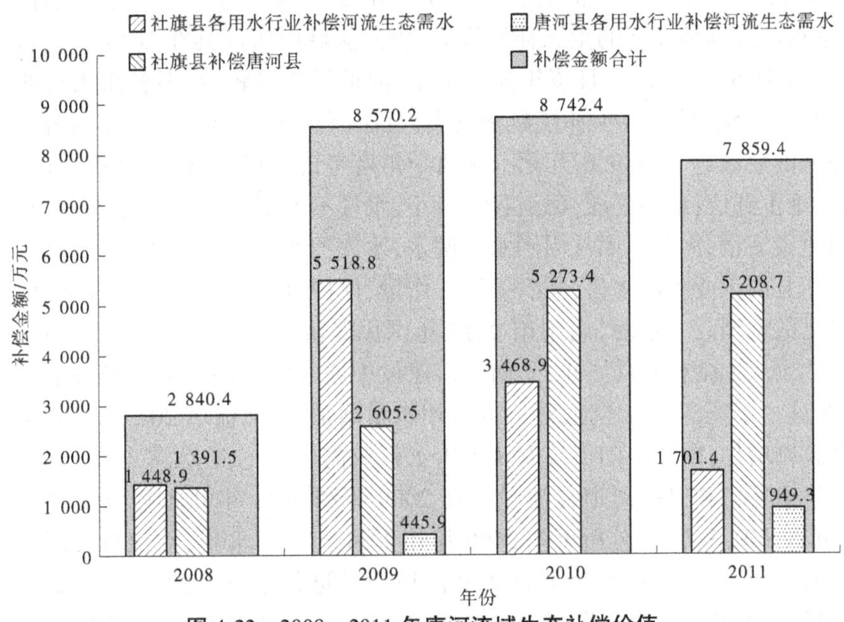

图 4-22　2008—2011 年唐河流域生态补偿价值

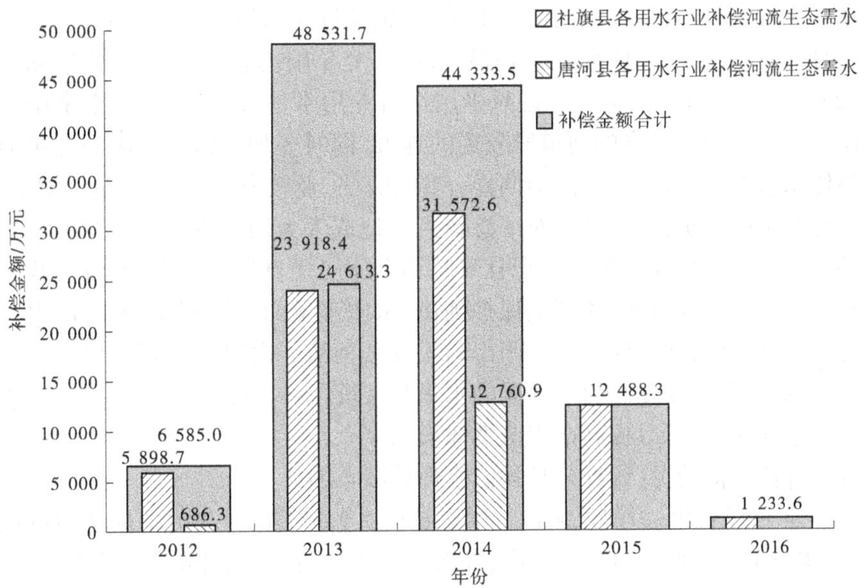

图 4-23　2012—2016 年唐河流域生态补偿价值

比另外 8 年任一年的补偿价值总和都要多，由此可以看出 2011 年河道水量被破坏最为严重，且 2011 也为丰水年，由此能得出并不是在丰水年就不需要进行生态补偿，丰水年虽然水量比较充沛，但也不能对河道水量进行大量的使用和浪费。从整体来看，生态补偿由 2011 年的激增回归到基本补偿情况，从 2013—2016 年来看，白河流域生态补偿价值出现逐渐减少的情况，说明南阳市政府重视白河流域河流水量的保护工作。

由图 4-22、图 4-23 可知，唐河流域 2013 年和 2014 年生态补偿价值分别位居第一和第二，且远远超过其他几年的生态补偿价值，唐河流域中唐河县在 2014 年进行生态补偿数额最大，达 31 572.6 万元，且该年为枯水年，河道径流量较少，但各用水行业用水量却没有进行相应调整，导致该年补偿数额巨大，且唐河县在 2008—2016 年内各用水行业需要进行补偿的数额达 52 539.6 万元。从两个角度考虑可以发现：一是耕地面积大，用水多，节水措施不到位；地势平缓，河道径流量小，水量不丰富。因此，当农忙时，或因自然原因影响河道径流量，需要考虑从周围水库调水、水库放水来缓解用水紧张问题，同样地可以减少唐河县内工业等用水量，减少工厂工作量，保护河道径流量，保护生态环境，同时也是保护自己的家园。二是由《南阳市 2013 年国民经济和社会发展计划》可知，在全面贯彻落实党的十八大精神开局之年，是南阳市建设中原经济区高效生态经济示范市关键之年，因此在这一年经济发展迅速，进而导致用水量增加，唐河流域 2013 年、2014 年生态补偿量出现急剧增加，因此南阳市政府及各用水行业需要牢记，在发展经济的同时，同样要注意保护生态环境和保护河道径流量。在 2009 年和 2011 年社旗县分别向唐河县补偿 445.9 万元和 949.3 万元，分析可知 2009 年和 2011 年为丰水年，且社旗县用水量增加导致下游唐河县河道水量减少，因此社旗县向唐河县进行生态补偿。从 2013—2016 年来看，唐河流域生态补偿出现逐渐减少的情况，2016 年生态补偿价值只有 1 233.6 万元，为研究年限中补偿金额最少的，说明南阳市政府保护河流水量效果明显。

从整体来看，南召县位于白河流域上游，社旗县位于唐河流域的上游，河道平均径流量较少，因此进行补偿的总体数额也是最多的，研究年限内总体数额分别为 68 508.4 万元和 87 249.6 万元。因此，需要考虑减少用水行业用水量，可以考虑将未来用水工厂等投资建设在距水量较为丰富的河道段较近的地方，同时要加大河道上游的保护力度。南阳市区整体来看对河道保护较好，但同样，南阳市区工业较为发达，用水量会增加，因此需要重视河道水量的保护，也要避免对下游新野县造成太大用水影响。新野县位于两条河流的下游，其任务艰巨，除了依靠新野县政府和全体居民自身的努力，上游行政区域也应给予新野县一定帮助，确保河流环境保护到位，水质水量的监测到位，上游取水过量应及时对新野县进行补偿，共同保护好南阳市内主要的河流。白河在新野县出界后会流入湖北省襄阳市内，因此需要提高河流出界的水量和质量，不仅可以减少跨区域流域生态补偿所面临的复杂问题，还可以提高南阳市整体形象。

由各年补偿价值情况，统计各月补偿次数见图 4-24。

由图 4-24 可以看出，白河流域进行生态补偿次数最多的月份为 1 月，1 月降雨少且温度低，河道水量最少，因此补偿了 12 次，其次是 2 月、3 月，分别补偿了 8 次和 7 次，补偿次数较少月份为 7—9 月，且 8 月不需要进行补偿。从整体来看，补偿次数较少的月份基本位于降雨充分的汛期，补偿次数较多的情况大多处于径流量较少月份，因此白河流域需要考虑在径流量较小情况时，可以增加一些方法来保护河流生态流量。如加大对河道保护力度，减少河道取水量；可以增加一些供水工程供水量；政府主导，在径流量较少季节宣传和鼓励减少非必要用水活动；政府和用水行业大力开展科技创新，发展节水设备，提高节水能力，提高循环用水能力，减少耗水量。

唐河流域进行生态补偿次数在 2—9 月每个月都比较接近，在 1 月、10—12 月 4 个月

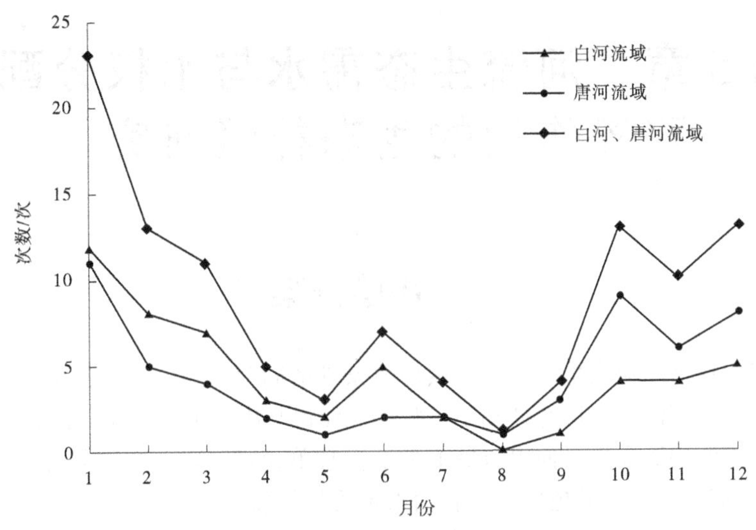

图 4-24　白河、唐河流域各月进行生态补偿次数

里进行补偿次数在一年 12 个月里比较多,唐河流域约 80%都是耕地面积,说明南阳市在秋收以及秋后播种用水量增加,从工厂等方面进行考虑可以发现,工厂为了增加效益,提高一年整体的营业额,会在年底增大工作量,因此也会导致用水量增加。从整体角度看,更需要在唐河流域进行流域生态补偿,改善河流生态环境和提高河道流量,因此需要加快在南阳市唐河流域进行生态补偿措施的实施,同时也要增加宣传节水力度,在耕地面积大、用水量多的时候,需要考虑增加从河道外取用水,增加供水工程供水量,同时实施节水灌溉措施,提高灌溉效率,减少灌溉水损耗量。

南阳市政府需要起好带头作用,带领各用水行业提高节水效率,增加节水措施,对浪费水、污染水的行为加大处罚力度,对居民增加节水宣传力度,提倡循环用水、一水多用的方式方法,加大水环境治理与改善,促进人与自然和谐共生,大力推进生态文明建设。

根据图 4-23,从补偿模式来看,河道外用水行业补偿河道内生态需水为南阳市白河、唐河流域主要的补偿模式,其次就是上游行政单元对下游行政单元的补偿,该补偿模式所占比例较少。因此,南阳白河、唐河流域各行政区政府及河道主管部门要加大对各用水行业的监管力度,确保其用水可调可控,保护河道径流量,各个用水行业也要从自身做起,建立完善的用水、节水制度,提高自身节水能力和措施,或研发、引进先进的节水技术和节水设备,提高用水效率,同时要注意排放的水要经过处理合格后再排放。保护环境人人有责,节约用水人人参与,在南阳市政府的带领下,一定能够保护好流域生态环境,建设美丽家园。

第 5 章　河流生态需水与水权分配双控作用的生态补偿研究

5.1　补偿框架

河流水资源在为河流水生态系统提供环境条件的同时，也在为人类的社会经济系统提供发展条件。水资源的多用途性和不可替代性使得其成为生物生存和社会发展的宝贵资源，同时，水资源的流动性又使得流域上下游行政单元紧密联系在一起，因此流域内各行政单元间、河道内外不可避免地存在着用水矛盾与争端。

以河流水资源为纽带，将流域与区域进行统筹分析，剖析流域内区域县级行政单元间、河道内外、县级行政单元内行业之间的生态利益关系，在"谁超量、谁补偿"的原则下，界定因河道内生态需水亏缺与河道外水权使用超标造成的生态补偿问题中的补偿主客体。综合考虑河流生态需水与区域初始水权分配阈值协同控制作用，以保障河流生境健康与生态安全为目标，基于水文模拟与水文分析技术获取河流生态需水量初控阈值，确定河流生态需水亏缺水量，作为河流生态补偿水量；以保障区域社会经济与生态环境协调可持续发展为目标，基于双层递阶决策下市-县-行业初始水权分配补偿控制阈值耦合模型，得到县及其内部各行业的初始水权分配二级控制阈值，确定河道外分行业水权超标使用量，细化补偿主客体之间的补偿关系及补偿客体的补偿水量分担比例；以基于能值分析理论核算的分行业水资源价值作为补偿标准，建立补偿主客体、补偿关系、协同控制阈值、补偿水量、补偿标准、补偿价值之间的响应关系，构建河流生态需水与水权分配双控制、超阈值判别的区域生态补偿机制。

河流生态需水与水权分配阈值协同控制作用的生态补偿总体框架如图 5-1 所示。

5.2　基于改进水文学法的河道内补偿控制阈值

流域与区域相关联的生态补偿总体框架以水量为补偿和研究对象，为保障河流生境健康与生态安全，在水量上应至少满足河道内河流生态需水量。因此，考虑将能够保证河流生态健康安全的生态需水量作为河道内控制阈值。

对于流域水生态健康而言，需要针对不同区域气候气象和河流径流特点，选择合适的生态需水量计算方法，分别将基本与适宜河流生态需水作为其对应水平年的河道内控制阈值，通过判别河流生态需水是否得到满足，分析是否存在河流生态亏缺水量，进而确定河道内外生态补偿关系。

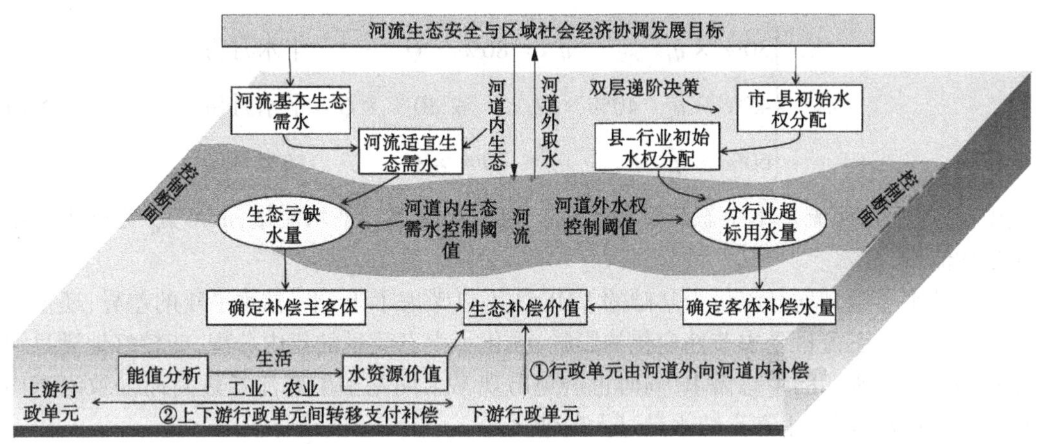

图5-1 河流生态需水与水权分配阈值协同控制作用的生态补偿框架

5.2.1 基本生态需水量

月流量变动法(VMF法)(Pastor et al., 2013)是由瓦赫宁根大学教授Pastor A V和Ludwig F共同提出的一种基于月均流量的生态流量计算方法。与Tennant法、最枯月平均流量法、Q95法等水文学法不同,VMF法在年内划分了丰、平、枯时期,针对不同时期分别考虑了不同的生态需水比例,这样既能保证生态流量计算不会因为季节性来水变化而产生较大的误差,也能使得在枯水期时具有较高的生态需水保证率。同时,考虑到河流基本生态需水自身的生态功能目标以及对生态补偿机制控制阈值的作用内涵,在年际上对水文序列划分丰、平、枯水平年,以枯水年组月均流量为基础应用VMF法计算河流基本生态需水量。

依照国家标准《水文基本术语和符号标准》(GB/T 50095—2014)中对河川径流丰、平、枯年的分类定义,根据P-Ⅲ型频率曲线,采用频率分析法,依据保证率确定统计参数作为划分径流量丰、平、枯水平年的标准。丰、平、枯水平年划分及划分标准如表5-1所示。

表5-1 河川径流丰、平、枯水平年划分标准

丰平枯级别	划分标准
特丰水年	$P \leq 12.5\%$
偏丰水年	$12.5\% < P \leq 37.5\%$
平水年	$37.5\% < P \leq 62.5\%$
偏枯水年	$62.5\% < P \leq 87.5\%$
特枯水年	$P > 87.5\%$

根据河流水文序列丰、平、枯水平年的划分,选取保证率$P>62.5\%$的年份作为枯水年组,计算枯水年组月均径流量($\overline{q}$)和年均径流量($\overline{Q}$)。在此基础上,采用VMF法在年内进行丰、平、枯时期的划分,对不同的时期选择不同的生态基流比例,具体计算公式如下:

$$q_i = \begin{cases} 30\% \times \bar{q}_i & \bar{q}_i > 80\% \times \bar{Q} & \text{丰水月份} \\ 45\% \times \bar{q}_i & 40\% \times \bar{Q} < \bar{q}_i \leq 80\% \times \bar{Q} & \text{平水月份} \\ 60\% \times \bar{q}_i & \bar{q}_i \leq 40\% \times \bar{Q} & \text{枯水月份} \end{cases} \tag{5-1}$$

式中:q_i 为逐月河流基本生态流量,m^3/s;$\overline{q_i}$ 为枯水年组月平均流量,m^3/s;$\bar{Q}$ 为枯水年组年平均流量,m^3/s。

以枯水年组月均径流量为基础的 VMF 法不仅考虑了丰、平、枯水平年的差异,还考虑了河流基本生态流量受季节性变化的影响,强化了生态流量的年内分配,能较好地满足河流在枯水年枯水期的生态需求,同时也避免出现丰水期基本生态流量过高而导致河道内控制阈值过高、河流生态亏缺水量过大的情况。

5.2.2 适宜生态需水量

为了维持河流生态健康可持续发展,在不同的区域和不同的时段,根据不同的河流生态保护目标需要确定不同的河流生态需水量。根据河流生态系统各项功能,满足河流不同时段、不同区域的生态功能目标一般可设置为:①保障河流不断流;②保障河流水生生物最低生存条件;③为河流水生生物产卵、繁殖提供适宜的生境条件。河流基本生态需水量的生态功能目标需要满足①和②,而适宜生态需水量则需要在①和②的基础上提供能保障河流水生生物全生命周期需求的流量过程,并能够促进河流生态系统营养与有机物的交换。

年内展布法是由潘扎荣、阮晓红等专家学者于 2013 年首先提出,并成功应用到了淮河流域(潘扎荣 等,2013)。最初的年内展布法通过计算多年平均径流量与最小年平均径流量来确定同期均值比,进而结合多年月平均径流量来计算河流生态流量。然而,传统的年内展布法虽然能够体现河流年内径流量的变化特征与分布特点,但在计算过程中仅考虑选取一个同期均值比进行计算,对于季节性变化强的河流,计算所得的生态流量过程误差就会比较大。同时,以最小年平均径流量来确定同期均值比所得的生态流量过程未必能很好地满足河流生态功能需水目标。

因此,考虑对年内展布法进行改进,主要包括两个方面:①在年内划分丰、平、枯时期,不同的时期计算不同的同期均值比;②以系列年月平均流量 50%保证率径流量为基础计算同期均值比。改进后的年内展布法不仅能够有效地适应河流季节性变化,还能较好地满足河流各项生态系统功能对径流的要求,同时还可以避免受到径流量极值的影响。

具体计算步骤如下:

(1)根据《河湖生态环境需水计算规范》(SL/T 712—2021),适宜(目标)生态流量设计保证率原则上不低于 50%。因此,根据河流长系列天然径流资料,采用 P-Ⅲ型曲线进行频率分析,计算 50%保证率下的月均径流量$\overline{Q_i^k}$ 和多年月均径流量$\overline{q_i^k}$:

$$\overline{q_i^k} = \frac{1}{n} \times \sum_{j=1}^{n} \overline{q_{ij}^k} \tag{5-2}$$

式中:$\overline{q_i^k}$ 为第 i 个月的多年月平均流量,m^3/s;$\overline{q_{ij}^k}$ 为第 j 年第 i 个月的月平均流量,m^3/s;n

为水文序列总年数；k 为年内丰、平、枯时期，$k=1$、2、3 分别代表丰、平、枯月份。

(2)计算年内不同丰平枯时期的同期均值比：

$$\eta_k = \frac{\sum_{k=1}^{3} \overline{Q_i^k}}{\sum_{k=1}^{3} \overline{q_i^k}} \tag{5-3}$$

式中：η_k 为第 k 个丰、平、枯时期的同期均值比。

(3)结合多年月平均径流过程计算各月适宜生态流量：

$$q_i = \eta_k \times \overline{q_i^k} \tag{5-4}$$

式中：q_i 为第 i 个月的河流适宜生态流量，m^3/s。

5.3　基于双层递阶决策水权分配模型的河道外补偿控制阈值

从空间分布上来看，流域内水资源主要分布在河道内和河道外，河道内水资源保障河流生态健康可持续发展，河道外水资源保障沿途行政单元社会经济用水需求，各区域无序、无节制地取用水资源势必会挤占河道内生态用水。因此，本节根据河流天然来水情况和区域社会经济发展状况，针对不同的丰、平、枯来水情况，在河道外对流域初始水权进行合理分配，建立综合考虑多方面用水需求的双层递阶水权分配模型（见图 5-2），将流域初始水权依次按层次分配到各行政单元各行业，以此来保障流域内各区域单元的可持续发展。

将初始水权分配值作为生态补偿框架的河道外控制阈值，在评估年河流生态需水不能得到满足时，结合当年实际用水情况，判断各县行政单元用水是否超标，如超标，则表明区域社会经济用水超量，引起河流生态水量受损，需要进行补偿，反之，则不需要补偿。同时，根据行业水权分配结果，判断需要承担补偿的行业和相应的补偿量。

5.3.1　一层模型：基于多要素协同控制与组合赋权的市－县初始水权分配模型

市－县初始水权分配在本质上是流域内各行政单元间的用水比例分配。本节以综合集成资源控制、发展控制、环控生保多要素协同控制指标体系的构建为基础，建立主客观组合赋权的一层市－县水权分配模型，采用层次分析法、混沌粒子群优化的投影寻踪模型分别计算水权分配指标的主客观权重；基于最小信息熵原理，采用拉格朗日乘子法对主客观权重进行组合赋权；结合各县行政单元标准化后的指标数据集，计算各县综合指数，确定分水比例，进而进行市－县初始水权分配，为后续进行县－行业水权层级分配提供基础。

5.3.1.1　多要素协同市县水权分配指标体系的构建

市－县初始水权的分配是一个复杂决策系统，需要兼顾区域自然资源、社会经济、环境污染等多方面因素。水权分配指标体系是由一系列相互联系而又互不影响的指标组成的全面的、科学客观的总体，应全面反映流域区域人口、经济、水资源的供给与利用条件、

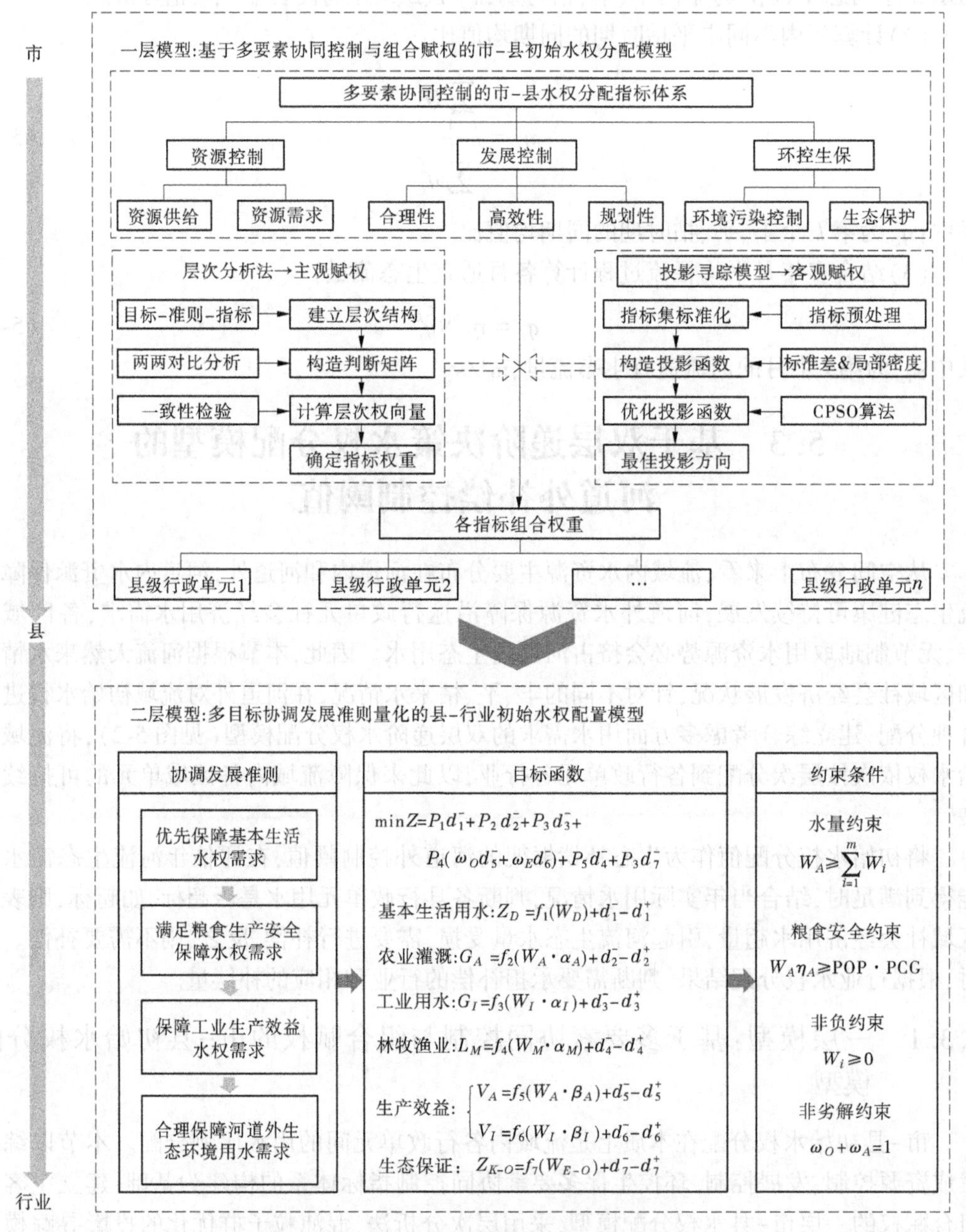

图 5-2　市-县-行业双层递阶水权分配模型

环境、生态等多方面的综合作用。总的来看,水资源的供给与利用条件(资源供给)、区域人口和社会经济的发展(发展控制)以及环境污染生态保护(环控生保)是水权分配需要考虑的主要核心问题。结合已有研究中公平性、全面性、效率性、可操作性、独立性等这些水权分配原则,考虑到县域尺度数据获取的实际情况,并综合考虑区域资源控制、发展控制、环控生保多方面对市-县水权分配的协同作用关系,从中选取代表性要素指标构建市-县水权分配指标体系。以市-县初始水权分配为目标层 A,资源控制 B1、发展控制

B2、环控生保 B3 为准则层,指标层 C 是对准则层 B 的具体刻画。通过查阅文献归纳总结和咨询专家意见对各准则层 B 选取分项指标如下:

(1)资源控制 B1。

资源控制主要包括区域资源供给和资源需求两方面,前者反映区域可供给的水资源量,后者反映区域对水资源的需求程度。

资源供给由区域水资源总量(C1)和供水综合生产能力(C2)反映,资源需求由区域总人口(C3)和地区生产总值(C4)反映。区域水资源总量(C1)反映了区域水资源的蓄存与河川径流情况;供水综合生产能力(C2)指行政单元供水设施取水、净化、输水等一系列环节设计能力计算的综合供水生产能力,在计算时,以供水环节中最薄弱的环节为主进行计算,反映了区域水资源的综合利用条件;区域总人口(C3)和地区生产总值(C4)则综合反映了行政单元对于水资源的需求程度。

(2)发展控制 B2。

发展控制遵循合理性、高效性、规划性原则。合理性原则即区域发展要考虑现状区域供用水现状和耗水情况,尊重历史现状,由现状用水量(C5)和耗水率(C6)反映;高效性原则通过对区域水资源各行业利用效率评估,选取能综合代表区域水资源利用效率的指标,由万元 GDP 用水量(C7)和人均综合用水量(C8)反映;规划性原则即要考虑到区域经济、水利投资方面的贡献,以区域供水设施建设投资(C9)反映。

(3)环控生保 B3。

环控生保包括环境污染控制和生态保护两个方面,用以明晰区域水环境污染和城市绿化环保状况。环境污染控制考虑现状区域污水排放处理情况和污染防治举措,以污水处理率(C10)和排污设施投资贡献率(C11)反映;生态保护考虑现状区域绿化率情况和园林绿化投资,由建成区绿化率(C12)和园林绿化投资(C13)反映。

基于此,构建符合区域资源、发展与生态环境保护定位的多要素协同控制下的市-县水权分配指标体系如图 5-3 所示。

5.3.1.2　基于层次分析法(AHP)的主观赋权

在多要素协同控制下的市-县初始水权分配指标体系的基础上,指标权重的科学确定是初始水权分配的关键,市级区域可分配的总水权量通过准则层 B 和指标层 C 依次递阶确权分配到方案层 D(各县级行政单元)。

层次分析法(Harker and Vargas, 1987)是指将一个复杂的多目标决策问题作为一个系统,将目标分解为多个目标或者准则,进而分解为多指标的若干层次,通过定性指标模糊量化方法算出层次单排序(权数)和总排序,以作为目标(多指标)、多方案优化决策的系统方法。2.2.3 小节详细地介绍了层次分析法的主要步骤,故此处不再列出。基于 5.3.1.1 小节的多要素协同控制下的市-县水权分配指标体系,并参考专家意见,构建准则层(Bi)-目标层(Ai)、指标层(Ci)-准则层(Bi)两两判断矩阵,计算层次权向量并对判断矩阵进行一致性检验,对通过一致性检验的判断矩阵的层次权向量进行标准化处理,按照重要性的传递法则,最终得到指标层对于目标层的权重。

5.3.1.3　基于 CPSO 投影寻踪模型的客观赋权

可以看出,基于层次分析法对指标体系的赋权更多的是依赖专家咨询评分,是一种主

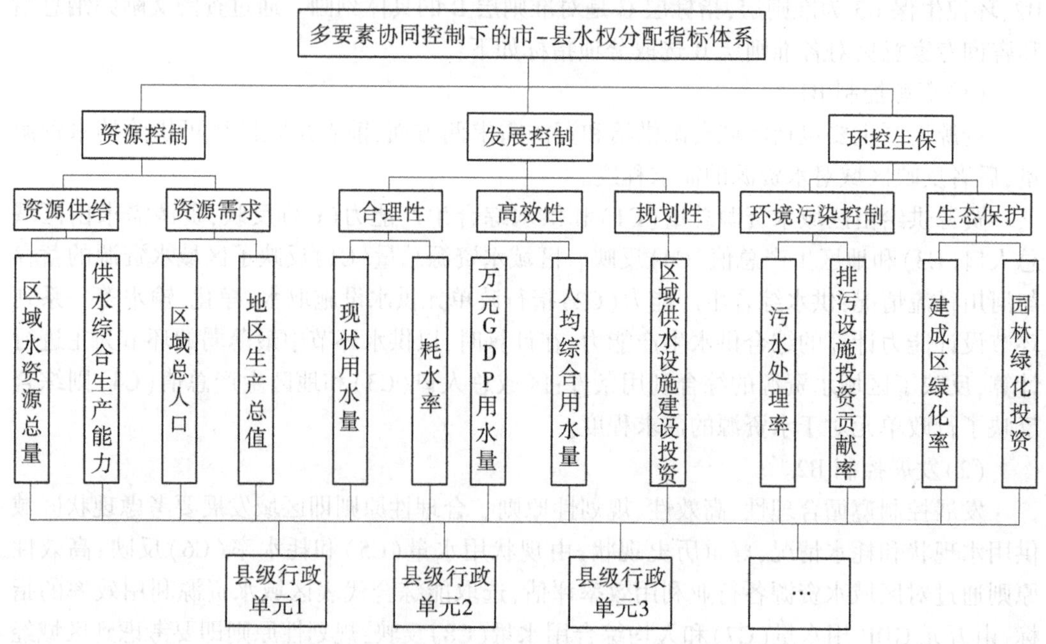

图 5-3 多要素协同下的市-县水权分配指标体系

观赋权法,可能会由于专家的主观判断而并不能很好地反映指标间的重要性权重关系。此外,层次分析法本质上是对指标在定性描述的基础上进行定量化计算权重,量化的准确性很大程度上取决于定性描述是否恰当合适,对于指标体系中客观指标数据所反映的显著性强的指标并不能很好地识别。因此,为了弥补层次分析法主观随意性强的不足,本节采用投影寻踪(projection pursuit,PP)模型对市-县水权分配指标进行客观赋权,在优化投影目标函数时采用混沌粒子群优化算法寻求最优投影方向,从客观数据驱动的角度分析计算各分水指标的权重。

1. 投影寻踪模型

在实际计算实践中,随着问题分析的不断全面与深入,计算数据的维度和所需要的数据样本点越来越多,数据处理的难度也随之不断增加。在高维数据计算时,一些传统的、稳健性强的低维空间分析方法,一方面并不能取得较好的效果,另一方面,数据样本点在高维空间分布时呈点云形状,在部分空间中样本点稀疏,可能会对空间数据结构的分析产生干扰,出现“维数祸根”的现象(孟钰, 2015)。因此,在高维非正态、非线性的数据统计分析中,需要一个稳定性好、准确性强、抗干扰能力好的高维数据分析方法。

投影寻踪是由美国数学家 Kruscal 在 1969 年首先提出的一种样本数据驱动算法,随后 1974 年 Friedman 和 Turkey 对其进行改进与推广,并正式命名为投影寻踪算法。投影寻踪算法一经提出,很快便得到了广泛的应用,突出表现在模式识别、图像处理、遥感分类、水质评价等方面。其基本思想是将高维数据投影到 1~3 维低维子空间上,通过投影指标函数的优化求解来寻求最能反映高维数据结构特征的最优投影方向,根据数据点投影在低维空间的数据结构特征来分析和处理高维数据。转化为数学模型语言,投影寻踪模型即是在构造投影指标函数的基础上,通过对投影指标函数的极大或极小化处理,获取最能反映高维数组空间结构和属性的最优投影方向，从而得到能表征高维数组的低维特征量。投影寻踪模型基本步骤如下：

1) 样本数据集的预处理

根据市-县初始水权分配指标体系，对指标体系中各样本的各项指标进行取值，形成水权分配样本数据集。各指标的样本集可以记作$\{x^*(i,j)|i=1,2,\cdots,n;j=1,2,\cdots,p|\}$，其中$x^*(i,j)$表示第$i$个样本的第$j$个指标值，$n,p$分别代表样本个数和指标个数。为了消除各指标值的量纲和统一指标值的变化范围，对指标样本集进行归一化处理。

对于越大越优型指标：

$$x(i,j)=\frac{x^*(i,j)-x_{\min}(j)}{x_{\max}(j)-x_{\min}(j)} \tag{5-5}$$

对于越小越优型指标：

$$x(i,j)=\frac{x_{\max}(j)-x^*(i,j)}{x_{\max}(j)-x_{\min}(j)} \tag{5-6}$$

式中：$x(i,j)$为指标$x^*(i,j)$的标准化值；$x_{\max}(j)$、$x_{\min}(j)$分别为第j个水权分配指标在n组样本中的最大值和最小值。

2) 构造投影指标函数

根据投影寻踪模型的原理思想可知，投影寻踪即是将多维数据集$\{x^*(i,j)|i=1,2,\cdots,n;j=1,2,\cdots,p|\}$按照一定的投影方向转化为一维空间投影值。设$a(j)$为投影方向向量，那么样本数据集在该方向上的投影值$z(i)$为

$$z(i)=\sum_{j=1}^{p}a(j)\times x(i,j)\quad i=1,2,\cdots,n;j=1,2,\cdots,p \tag{5-7}$$

可以看出，不同的投影方向$a(j)$会产生不同的投影值$z(j)$，因此需要构造一个投影指标函数$Q(a)$作为投影方向优化的依据，当投影指标函数值达到极大值时，即可看作是找到了最优投影方向。为使一维空间投影值$z(i)$能尽可能好地反映高维数据组的结构特征，投影值$z(i)$应尽可能地满足整体上分散、局部上集中的空间特征，这就要求投影点团在整体上尽可能散开，投影点团之内尽可能集中。因此，可以以投影值$z(i)$的标准差S_Z和局部密度D_Z来构造投影指标函数$Q(a)$：

$$Q(a)=S_Z\times D_Z \tag{5-8}$$

$$S_Z=\sqrt{\frac{\sum_{i=1}^{n}[Z(i)-E(z)]^2}{n-1}} \tag{5-9}$$

$$D_Z=\sum_{i=1}^{n}\sum_{j=1}^{p}[R-r(i,j)]\times u[R-r(i,j)] \tag{5-10}$$

式中：S_Z为类间散开度，也是$z(i)$的标准差；$E(z)$为类间距离函数，为序列$z(i)$的均值；D_Z为类内密集度；R为局部密度的窗口半径，它的选取既要使得投影点团内投影点的平均个数不是很少，避免滑动平均偏差太大，又不能随着n的增大而增加太高，一般取$0.1S_Z$；当$R\geq r(i,j)$时，$u(t)$表示样本之间的距离；$u[R-r(i,j)]$为单位跃迁函数，当$R\geq r(i,j)$时，函数值为1；当$R<r(i,j)$时，函数值为0。

3)优化投影指标函数

从式(5-8)~式(5-10)中可以看出,投影指标函数是一个以投影方向向量为自变量、以函数为因变量的函数,不同的投影方向的投影值反映不同的空间数据结构特征,最佳投影方向能够最大限度地反映高维数据空间结构特征。因此,通过求解投影目标函数最大化来寻求最优投影方向。

投影指标函数最大化:

$$\mathrm{Max}Q(a) = S_Z \times D_Z \tag{5-11}$$

约束条件:

$$\mathrm{s.t.} \sum_{j=1}^{p} a^2(j) = 1 \tag{5-12}$$

投影指标函数 $Q(a)$ 的最大化是一个以投影方向 $a(j)$ 为优化变量的复杂非线性优化问题,需要采用优化算法进行计算。本书将混沌优化算法与粒子群优化算法结合起来形成混沌粒子群优化算法(chaos particle swarm optimization,CPSO)来实现全局寻优,获取最优投影方向。

4)确定市-县初始水权分配指标权重

最优投影方向 $a(j)$ 反映了第 j 个水权分配指标对系统重要性的影响程度,指标的投影方向向量值越高,表明该指标的权重越大,对最优投影方向 $a(j)$ 进行归一化处理,即可得到各分水指标权重值。

2. 混沌粒子群优化算法

1)粒子群优化算法

粒子群优化算法(particle swarm optimization,PSO)(Venter et al.,2003)是1995年由美国科学家 Kennedy 和 Eberhart 提出的一种群体自适应智能全局搜索优化算法。该算法源于对鸟类群体捕食行为的研究,通过模拟鸟类寻找食物的过程来构造"粒子群",将每个优化问题的解当作搜索空间中的一只鸟,即"粒子",所有的粒子都有一个自己的速度决定自己的飞行方向和距离,在经过不同的位置时根据优化的函数都有一个适应度值,在每一次的迭代过程中,粒子通过追踪个体极值(P_{best})和全局极值(G_{best})来更新自己,不断地迭代更新产生最优解。PSO 优化算法流程如下:

(1)粒子群的初始化及速度和位置的更新。

假设粒子群的规模为 n,第 i 个粒子在第 j 维空间里的位置表示为 $x_{ij} = (x_{i1}, x_{i2}, \cdots, x_{ij})$,飞行速度为 $v_{ij} = (v_{i1}, v_{i2}, \cdots, v_{ij})$,当前位置的适应度值为 $f_{ij} = (f_{i1}, f_{i2}, \cdots, f_{ij})$。此外,粒子飞行过程中的最优位置(适应度最优值)记为 $P_{ij\,\mathrm{best}}$,粒子群体中的最优位置记为 $G_{j\,\mathrm{best}}$。个体极值反映了粒子自身的飞行经验,群体极值反映了粒子同伴的经验,在每一次的迭代过程中,粒子通过追踪自身和群体的最优位置来不断地更新,寻求全局最优解。粒子通过下式来更新自己的速度和位置:

$$v_{ij}(t+1) = wv_{ij}(t) + c_1 r_1(t)\left[P_{ij\,\mathrm{best}}(t) - x_{ij}(t)\right] + c_2 r_2(t)\left[G_{ij\,\mathrm{best}}(t) - x_{ij}(t)\right] \tag{5-13}$$

$$x_{ij}(t+1) = x_{ij}(t) + v_{ij}(t+1) \tag{5-14}$$

式中:t 为迭代进化次数;w 为惯性权重因子;c_1、c_2 为粒子个体和群体学习因子;r_1、r_2 为

(0,1)中产生的随机数。

(2)更新惯性权重因子。

惯性权重因子 w 关系到 PSO 算法的搜索能力，w 值较大时，粒子群的全局搜索能力强，局部搜索能力弱；w 值较小时，局部搜索能力强，全局搜索能力弱。在迭代过程中，动态变化的 w 比固定值能获得更好的寻优结果。因此，本次研究采用线性递减权值法(linearly decreasing weight)对 w 值进行动态调整(Dong et al. ,2015;Xiao et al. ,2015)，其基本理念是使惯性权重因子 w 从最大值线性递减到最小值，增加 PSO 算法的局部搜索能力，避免在迭代进化后期在全局最优解附近产生振荡，计算公式如下：

$$w(t) = w_{max} - \frac{w_{max} - w_{min}}{T} \times t \tag{5-15}$$

式中：w_{max}、w_{min} 分别为最大、最小权重值，本书中取 $w_{max} = 0.9$、$w_{min} = 0.2$；T 为最大迭代次数。

(3)更新个体极值和全局极值。

在迭代过程中，对每个粒子，将其本次迭代过程中的适应度值与之前的个体极值进行比较，如高于之前的个体极值，则将其更新为新的个体极值，同理，更新相应的全局极值。

$$P_{ij\,best}(t+1) = \begin{cases} f_{ij}(t+1) & f_{ij}(t+1) \geqslant P_{ij\,best}(t) \\ P_{ij\,best}(t) & f_{ij}(t+1) < P_{ij\,best}(t) \end{cases} \tag{5-16}$$

$$G_{j\,best}(t+1) = f_j(t+1) \tag{5-17}$$

式中：$f_{ij}(t+1)$ 表示第 i 个粒子在第 $t+1$ 次迭代中的适应度值。

2)混沌映射

混沌现象是无固定周期的循环行为，介于随机性与确定性之间，具有随机性、遍历性和规律性的特点。在搜索空间内，混沌运动能够不重复地经历空间里的所有状态，因此在迭代寻优过程中加入混沌扰动能够有效地提高空间搜索效率，避免陷入局部最优解。本书在 PSO 优化算法中加入 Logistic 混沌模型(杨芳 等,2014)进行个体混沌扰动，使得优化变量在搜索空间内处于混沌状态。在 PSO 优化算法中加入 Logistic 混沌映射的步骤如下：

(1)在迭代过程中，每进行一次迭代，将粒子群全局最优极值映射到 Logistic 方程的定义域[0,1]进行混沌优化：

$$h_j^1 = \frac{G_{j\,best} - G_{j\,min}}{G_{j\,max} - G_{j\,min}} \tag{5-18}$$

式中：$G_{j\,max}$、$G_{j\,min}$ 分别为第 j 维变量的取值上、下限。

(2)采用 Logistic 方程进行迭代，产生混沌序列：

$$h_j^{t+1} = \lambda \times h_j^t \times (1 - h_j^t) \tag{5-19}$$

式中：λ 为控制参数，$\lambda \in [0,4]$，当 $\lambda = 4$ 时，系统处于混沌状态。

(3)将混沌序列逆映射到原解空间：

$$G_{j\,best}^{t+1} = G_{j\,min} + h_j^{t+1} \times (G_{j\,max} - G_{j\,min}) \tag{5-20}$$

(4)根据新得到的全局最优解 $G_{j\,best}^{t+1}$ 与原解进行比较，若优于原解，则以新解取代原解空间中的解作为搜索结果，否则令 $t = t+1$ 继续进行迭代循环。

3)混沌粒子群优化算法

粒子群优化算法具有精度高、收敛快、通用性强的特点,但在迭代的过程中容易出现"粒子早熟"的现象,陷入局部最优解无法跳出,因此将粒子群优化算法与混沌映射结合起来构造混沌粒子群优化算法,将搜索过程与混沌扰动相结合,在迭代过程中对粒子加入 Logistic 扰动,增加算法的全局搜索能力,避免陷入局部极值。算法的具体步骤如下(见图 5-4):

(1)参数初始化。社会认知参数 c_1,自我认知参数 c_2,粒子飞行最大速度和最小速度 V_{max}、V_{min},粒子位置的最大值和最小值 ub、lb,惯性权重因子的最大值和最小值 w_{max}、w_{min},粒子群种群大小 N,最大迭代次数 T。

(2)随机生成初始粒子群的位置和速度,计算投影目标函数值,从中选出初代个体最优极值 $P_{ij\,best}(1)$ 和全局最优极值 $G_{ij\,best}(1)$。

(3)开始进行迭代更新,采用式(5-19)和式(5-20)对粒子群的速度和位置进行更新,对每一个粒子的适应度进行更新。

(4)执行混沌优化搜索,采用 Logistic 方程加入个体混沌扰动。

(5)更新个体最优极值和全局最优极值。

(6)满足迭代终止条件,结束运算,输出全局最优极值和每一次迭代过程粒子群的平均适应度值。

投影寻踪模型直接由数据样本驱动,通过分析高维数据在低维空间上的投影来探究高维数据的属性和结构特征,最优投影方向在最大程度反映高维数据空间结构的同时,也反映了各分水指标相对于目标层的重要性程度,归一化后即为指标体系各指标客观权重。在投影指标函数优化上,混沌粒子群优化算法(CPSO)具有收敛速度快、遍历性强的优势,能有效地避免陷入局部最优,提高了全局寻优能力。本节将混沌粒子群优化算法和投影寻踪模型结合起来,能够有效地确定市-县初始水权分配指标体系中各指标客观权重。

5.3.1.4 组合赋权确定分水比例

分水指标权重的合理确定是水权分配的关键,基于层次分析法的主观赋权充分考虑了专家的主观意愿和现实经验,基于 CPSO 的投影寻踪模型则从客观数据的角度科学合理地辨识了各分水指标相对于目标层的显著性水平,对两种方法计算所得的指标权重进行组合赋权,能够有效地消除单一赋权方法的片面性。本节采用最小相对信息熵原理进行组合赋权(金菊良 等, 2007),与热力学中表示系统内在混乱程度的"熵"不同,在信息熵中,"熵"则表示信息的量度,用来衡量指标间的离散程度,离散程度越大,所能体现的指标信息越多,指标权重也就越大(张夏 等,2021)。假设计算得到的各指标主观权重为 $\alpha_s^i=(\alpha_s^1,\alpha_s^2,\cdots,\alpha_s^n)$,客观权重为 $\beta_o^i=(\beta_o^1,\beta_o^2,\cdots,\beta_o^n)$,基于最小相对信息熵原理,构造目标函数和约束条件:

$$\min F=\sum_{i=1}^{n} w_k^i(\ln w_k^i-\ln\alpha_o^i)+\sum_{i=1}^{n} w_k^i(\ln w_k^i-\ln\beta_o^i) \tag{5-21}$$

$$\sum_{i=1}^{n} w_k^i=1, w_k^i>0 \quad i=1,2,\cdots,n \tag{5-22}$$

式中:w_i^k 为各分水指标组合权重值;i 为指标个数。

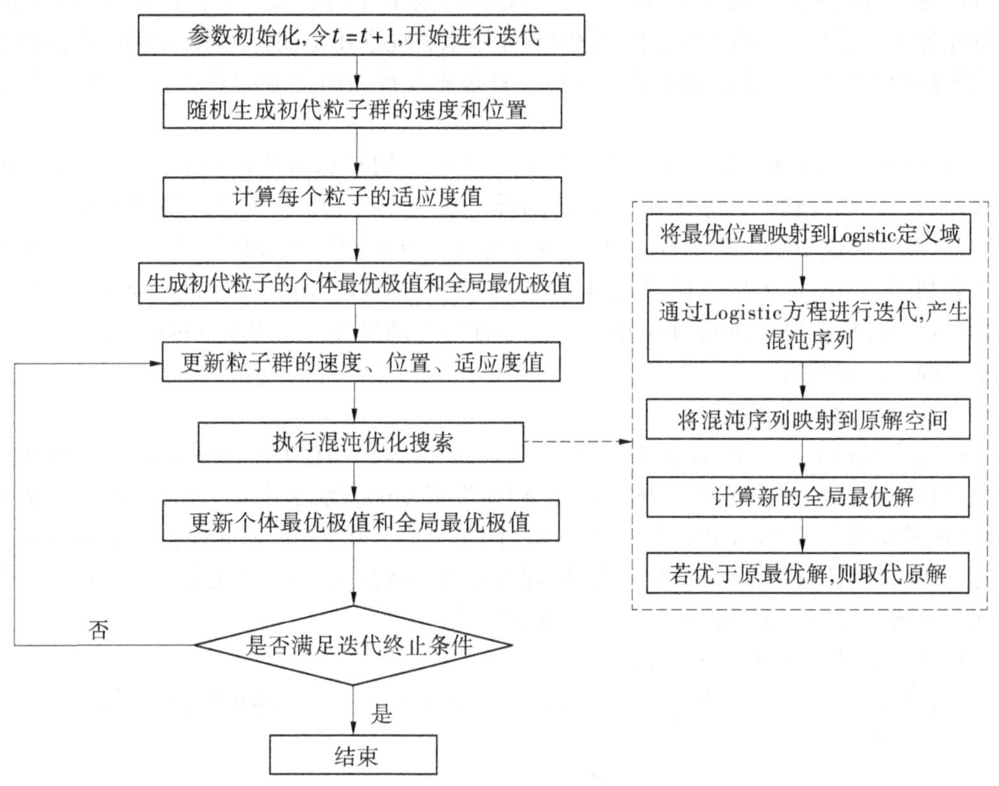

图 5-4　混沌粒子群优化算法流程

采用拉格朗日乘子法对上述优化问题进行求解,有

$$w_k^i = \frac{(\alpha_s^i \beta_o^i)^{0.5}}{\sum_{i=1}^{n} (\alpha_s^i \beta_o^i)^{0.5}} \tag{5-23}$$

根据各分水指标组合权重值,结合各指标归一化后的标准值,计算各县行政单元分水比例:

$$\eta_j = \sum_{i=1}^{n} w_k^i b_{ij} \tag{5-24}$$

式中:η_j 为第 j 个行政单元的分水比例;b_{ij} 为第 j 个行政单元第 i 个指标的归一化值。

结合市-县水权可分配量与各县行政单元分水比例即可得到各县初始水权可分配量:

$$\mathrm{WR}_j^{\mathrm{COU}} = \mathrm{WR}^{\mathrm{INI}} \times \eta_j \tag{5-25}$$

式中:$\mathrm{WR}_j^{\mathrm{COU}}$ 为第 j 个县行政单元初始水权分配量,万 m^3;$\mathrm{WR}^{\mathrm{INI}}$ 为流域初始水权量,万 m^3。

5.3.2　二层模型:多目标协调发展准则量化的县-行业水权分配模型

从具体的取水和用水关系上来看,流域初始水权的分配总体上可分为两个层级:①在省、市、县等行政单元上的分配为第一层级；②各行政单元的取水权在各行业各用水户间的分配为第二层级。归根结底，水资源的具体用水和耗水还是在各用水行业上，结合本节河道外初始水权分配控制阈值的具体内涵，有必要进行面向行业的县-行业初始水权分配。

县-行业的初始水权分配是指在相关法律法规和用水总量的控制下，充分考虑本区域人口、社会、经济和生态等各方面发展，结合生活、农业、工业和生态等各用水行业用水目标，避免各行业用水恶性竞争，对县行政单元内各行业初始水权进行分配，实现水资源可持续利用与效益最大化的过程。因此，本节拟建立多目标协调发展准则下的县-行业初始水权分配模型对行业间用水进行分配，以保障在满足各行业用水目标需求的同时，实现水资源的高效利用。

5.3.2.1　多目标规划模型

在现实规划类问题中，往往需要根据实际问题的需要和已有的数据资料去分析计算需要的目标值，对于求解单个目标，通常使用线性规划的方法去求解。然而，对于复杂系统，往往需要考虑多方面的需求，多个目标之间不仅有主次关系，有的还会有竞争关系或者相互矛盾，因此就需要考虑建立多目标规划模型，求解复杂多目标规划问题。这里首先对多目标规划模型相关理论和符号指标进行简单介绍。

1. 多目标规划模型的一般形式

多目标规划模型的目的是处理多目标、多层次的复杂规划决策问题，其模型的一般形式为

$$\min Z = \sum_{m=1}^{M} P_m \sum_{n=1}^{N} (w_{mn}^- d_n^- + w_{mn}^+ d_n^+) \tag{5-26}$$

$$\text{s.t.} = \begin{cases} \sum_{i=1}^{I} \alpha_{ij} \times x_i \leqslant (=, \geqslant) b_j \\ \sum_{i=1}^{N} \beta_{ni} \times x_i + d_n^- - d_n^+ = c_n \\ x_i \geqslant 0 \\ d_n^-, d_n^+ \geqslant 0 \\ m = 1,2,\cdots,M \\ n = 1,2,\cdots,N \\ i = 1,2,\cdots,I \\ j = 1,2,\cdots,J \end{cases} \tag{5-27}$$

式中：P_m 为第 m 个层级的优先级；d_n^+、d_n^- 为第 n 个目标约束函数的正、负偏差变量；w_{mn}^+、w_{mn}^- 为第 n 个目标约束函数正、负偏差变量的权系数；b_j 为第 j 个刚性约束的约束值；c_n 为第 n 个目标的目标值。

2. 关键参数概念及其含义

1) 多目标规划优先级

在处理多目标规划问题时，往往需要根据决策问题的实际情况对不同的目标进行等级划分，优先达成首要完成的目标。因此，对第一要完成的目标赋予 P_1 的优先级，第二要

完成的目标赋予 P_2 的优先级,依次类推,第 m 要完成的目标赋予 P_m 的优先级,在不同的优先级之间,满足 $P_{m-1}>P_m$,在计算时,优先计算优先级高的目标。

2) 正、负偏差变量

多目标规划问题是在多个目标之间寻求满足决策者意愿的最优解,因此需要在目标函数中引入偏差变量,以便在多个目标之间进行寻优,其中正偏差变量表示第 n 个目标函数超出目标值的部分,负偏差变量表示第 n 个目标函数少于目标值的部分。

3) 绝对约束和目标约束

绝对约束表示规划过程中必须要满足的约束条件,一般用等号、不等号表示,也叫作刚性约束;目标约束是针对所需要完成的目标建立的目标约束函数,允许有相应的偏差(正、负偏差变量),也叫作柔性约束。

4) 权系数

在同一个优先级之间,有可能需要同时满足两个或多个目标函数,这些目标函数之间重要性差别用权系数来表示,也叫作非劣解约束,满足 $w_{n1}+w_{n2}=1$。

5.3.2.2　县-行业初始水权多目标规划模型

1. 县-行业水权分配多目标协调发展准则

基于市-县初始水权分配结果,从行业水权配置类别与级别出发,综合考虑各方面用水需求,制定县-行业水权分配多目标协调发展准则如下:①优先保障人类基本生活水权需求;②满足粮食生产安全保障用水需求;③在优先分配基本生活用水和粮食安全用水的前提下,保障工业生产用水需求;④合理保障河道外生态环境用水需求。

2. 确定优先级

基于以上多目标协调发展准则,遵循基本生活用水、粮食安全用水、生产用水、林牧渔业用水、生态用水的优先级别,确定多目标规划模型优先级(见图 5-5)。

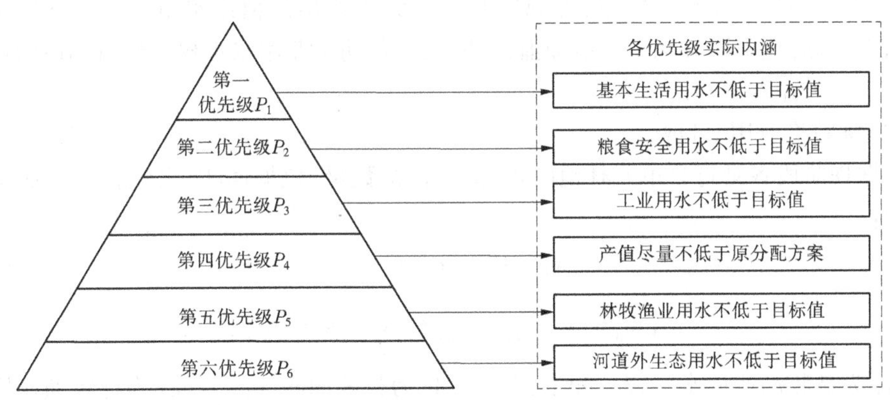

图 5-5　县-行业水权分配多目标规划模型层次优先级

3. 提出目标函数和约束条件

结合社会经济实际用水需求和多目标协调发展准则,提出基本生活用水、农业灌溉、工业用水、生产产值、林牧渔业用水、河道外生态用水保障目标函数,制定水量约束、粮食安全保障约束、非负约束、非劣解约束等。

1)目标函数

(1)基本生活用水目标。

基本生活用水是行政单元内居民生存的保障,基本生活用水目标是指分配给生活用水水权不应低于居民生活用水目标值,即

$$x_1 + d_1^- - d_1^+ = \mathrm{aim}_1 \tag{5-28}$$

$$\mathrm{aim}_1 = \frac{(\mathrm{POP_t} \times q_\mathrm{t} + \mathrm{POP_v} \times q_v) \times 365}{(1-\mu) \times 1\ 000} \tag{5-29}$$

式中:x_1 为生活用水水权,万 m^3;aim_1 为居民生活用水目标值,万 m^3;$\mathrm{POP_t}$、$\mathrm{POP_v}$ 分别为县行政单元内城镇、农村居民人口,万人;q_t、q_v 分别为城镇、农村人均生活用水定额,L/(人 · d);μ 为城市供水管网漏损率(%)。

(2)农业灌溉用水目标。

农田灌溉用水关系到农业粮食生产,为保障县行政单元内农田灌溉用水得到保障,农业用水水权分配量应不低于农田灌溉用水目标值:

$$x_2 + d_2^- - d_2^+ = \mathrm{aim}_2 \tag{5-30}$$

$$\mathrm{aim}_2 = A_\mathrm{r} \times q_\mathrm{g} \tag{5-31}$$

式中:x_2 为农业灌溉用水水权,万 m^3;aim_2 为农业灌溉用水目标值,万 m^3;A_r 为县行政单元内农田灌溉面积,亩;q_g 为主要农作物亩均灌溉用水定额,m^3/亩。

(3)工业用水目标。

万元工业增加值在一定程度上体现了区域内现阶段工业发展水平,结合万元工业增加值用水量,有:

$$B_\mathrm{s} \times x_3 + d_3^- - d_3^+ = \mathrm{aim}_3 \tag{5-32}$$

式中:x_3 为工业用水水权分配量,万 m^3;B_s 为万元工业增加值用水量,万元/ m^3;aim_3 为工业用水目标,这里以万元工业增加值代替,表示预期工业用水水权分配所创造的增加值不应低于原分配方案,万元。

(4)林牧渔业用水目标。

依据现阶段各县行政单元林地面积、畜牧牲畜数量、鱼塘面积,设置林牧渔业水权分配目标:

$$x_4 + d_4^- - d_4^+ = \mathrm{aim}_4 \tag{5-33}$$

$$\mathrm{aim}_4 = A_\mathrm{f} \times q_\mathrm{f} + \sum_{i=1}^{5} C_i \times q_i + A_\mathrm{p} \times q_\mathrm{p} \tag{5-34}$$

式中:x_4 为林牧渔业用水水权分配量,万 m^3;A_f 为林地面积,hm^2;aim_4 为林牧渔业用水目标;q_f 为林地用水定额,$\mathrm{m}^3/\mathrm{hm}^2$;$C_i$ 为猪、牛、羊、兔、家禽的数量,万头;q_i 为各类牲畜标准用水定额,L/(头 · d);A_p 为鱼塘面积,亩;$i = 1, 2, \cdots, 5$,分别为猪、牛、羊、兔、家禽;q_p 为单位鱼塘面积用水定额,$\mathrm{m}^3/\mathrm{hm}^2$。

(5)生产产值用水目标。

农业、林牧渔业、工业等行业产值应尽量不低于现状用水情况下产值,设立生产产值用水目标:

$$(x_2 + x_4) \times \beta_A + d_5^- - d_5^+ = V_A \tag{5-35}$$

$$x_3 \times \beta_I + d_6^- - d_6^+ = V_I \tag{5-36}$$

式中：β_A、β_I 分别为单方农业、工业水产值，万元/亿 m^3；V_A、V_I 分别为农业、工业产值效益，亿元。

(6)河道外生态用水目标。

设置河道外生态用水目标，主要考虑保障城市绿地绿化用水和道路、场地卫生清扫用水，各行政单元环境用水水权分配量应不低于相应目标值：

$$x_5 + d_7^- - d_7^+ = \text{aim}_5 \tag{5-37}$$

$$\text{aim}_5 = A_g \times q_g + A_r \times q_r \times d \tag{5-38}$$

式中：x_5 为河道外生态用水水权分配量，万 m^3；A_g、A_r 分别为城市公园绿地面积、道路/场地清扫保洁面积，万 m^2；aim_5 为河道外生态用水目标；q_g 为年绿地灌溉用水定额，$m^3/(m^2 \cdot 年)$；q_r 为道路卫生需水定额，$L/(m^2 \cdot d)$；d 为道路清扫洒水天数，$d=200$。

(7)目标函数。

结合实际情况，各行业水权分配量应尽可能满足各行业用水目标，即选择以上各行业用水目标函数中的负偏差变量最小的作为多目标规划目标函数。结合图 5-5 中各目标优先级，县-行业多目标水权分配模型目标函数为

$$\min Z_i = p_1 d_1^- + p_2 d_2^- + p_3 d_3^- + p_4(w_1 d_5^- + w_2 d_6^-) + p_5 d_4^- + p_6 d_7^- \tag{5-39}$$

2)约束条件

(1)水量约束。

各行业水权分配量之和不应超过上一层级县行政单元水权分配量，因此设置总水量约束：

$$W_R \geqslant \sum_{i=1}^{5} x_i \tag{5-40}$$

式中：W_R 为县行政单元水权分配量，万 m^3。

(2)粮食安全保障约束。

粮食是关系到国家经济安全和人民生存的重要战略物资，粮食安全是要确保生产足够多可供人类使用的粮食，确保行政区域内的居民的粮食得到保障。粮食安全是关系到社会稳定、经济发展的大事，因此设立粮食安全保障约束：

$$x_2 \times \delta \geqslant (\text{POP}_t + \text{POP}_v) \times \text{PCG} \tag{5-41}$$

式中：δ 为该县主要农作物单方水粮食产量，kg/m^3；PCG 为保障居民粮食需求的年人均粮食占有量，kg/人，取 386.6 kg/人(唐华俊和李哲敏，2012)。

(3)非负约束。

根据水权分配实际意义，各行业水权分配量满足非负条件，有：

$$x_i \geqslant 0 \tag{5-42}$$

4. 建立多目标规划模型

结合以上多目标规划优先级、目标函数和约束条件等，建立县-行业水权多目标规划模型：

$$\min Z_i = p_1 d_1^- + p_2 d_2^- + p_3 d_3^- + p_4(w_1 d_5^- + w_2 d_6^-) + p_5 d_4^- + p_6 d_7^- \tag{5-43}$$

$$\text{s.t.} = \begin{cases} x_1 + d_1^- - d_1^+ = \text{aim}_1 \\ x_2 + d_2^- - d_2^+ = \text{aim}_2 \\ B_s \times x_3 + d_3^- - d_3^+ = \text{aim}_3 \\ x_4 + d_4^- - d_4^+ = \text{aim}_4 \\ (x_2 + x_4) \times \beta_A + d_5^- - d_5^+ = V_A \\ x_3 \times \beta_I + d_6^- - d_6^+ = V_I \\ x_5 + d_7^- - d_7^+ = \text{aim}_5 \\ W_R \geqslant \sum_{i=1}^{5} x_i \quad i = 1,2,\cdots,5 \\ x_2 \times \delta \geqslant (\text{POP}_t + \text{POP}_v) \times \text{PCG} \\ x_i \geqslant 0 \quad i = 1,2,\cdots,5 \end{cases} \tag{5-44}$$

根据县-行业水权分配多目标规划模型,确定县行政单元内各行业水权分配量,作为本节所建立流域与区域相关联的生态补偿框架河道外控制阈值。

5. 模型求解

常用的多目标规划模型求解方法大致主要有 3 种:第一种是线性加权法,其基本思路是根据各个目标的重要程度,决策者对各个目标确定权重,将多目标转化为容易求解的单目标,权重越大则表示该目标在决策者心中重要程度越大;第二种是理想点法,以每个单目标的最优值为该目标的理想值,构造每个目标与最优质的差的平方和作为新的目标函数,通过对新的目标函数求解最小化进行求解;第三种则是分级序列法,也称为优先级法,基于对多目标优先级的划分,首先对第一优先级的目标进行求解,之后每次都在上一优先级的最优解集中求解下一目标的最优解,直到求出满足全部目标的最优解。

结合本节所构建的多目标规划模型中各用水行业需水目标的实际内涵,各行业用水目标之间并不是简单地通过权重等重要性指标进行比例划分,生活用水关系到居民生存需水,农业灌溉用水关系到粮食生产安全,必须要优先得到保障。因此,本节选用分级序列法对县-行业水权分配多目标规划模型进行求解,根据图 5-5 各用水目标层次优先级划分,在约束集内先求出第一优先级的目标的最优解集,将其作为约束,在上一目标最优解的基础上依次求解后续目标,直到最后一个目标。

5.4 多层级生态补偿判别准则与补偿价值量化

5.4.1 多层级生态补偿判别准则

针对县级行政单元,制定水文频率、河流生态需水保障、水权分配阈值判别三层级补偿判别准则。

5.4.1.1　水文频率判别准则

受大气洋流、降水、蒸发等气象因素的影响，流域河流的径流过程和水资源量是动态变化的，在年内和年际上都有丰、平、枯之分，不管是对于河流生态需水，还是区域社会经济用水，采用同一个阈值进行判别显然是不恰当的。因此，首先对评估年研究区水资源量进行水文频率分析，确定评估年所属的频率区间，选择相应的控制阈值，进行河流生态需水保障判别和水权分配阈值判别。

5.4.1.2　河流生态需水保障判别准则

当评估年水文频率 $P\geqslant 90\%$ 时，不进行补偿；当评估年水文频率 $P\geqslant 50\%$ 时，属于偏枯年份，选取基本河流生态需水量作为补偿判别阈值；当评估年水文频率 $P<50\%$ 时，属于偏丰年份，选取河流适宜生态需水量作为补偿判别阈值。基于此，针对上下游县级行政单元之间的控制断面，判断评估年各区域河道内水量是否能够保障其对应水文频率的河流生态需水量阈值，若超过，则表明不需补偿；若存在河流生态亏缺水量，则表明河道外区域用水可能超量，损害河流生态安全，需进一步判断上下游县级行政单元的河道外水权超标情况。

5.4.1.3　水权分配阈值判别准则

对研究区域的水资源量历史序列进行水文频率分析，获取枯水年（$P=75\%$）、平水年（$P=50\%$）、丰水年（$P=25\%$）的水资源总量，计算相应的水资源可利用量作为各典型年流域初始水权量。应用双层递阶决策下市–县–行业初始水权分配耦合模型，计算各典型年水资源禀赋条件下县级与分行业初始水权分配量。判别评估年水资源量所属的水文频率区间，选择其相对应的初始水权分配量作为河道外取用水控制标准，即：①$P\geqslant 90\%$，不补偿；②$50\%<P<75\%$，按枯水年初始水权分配；③$25\%<P<50\%$，按照平水年初始水权分配；④$P\leqslant 25\%$，按照丰水年初始水权分配。

因此，综合考虑河流生态需水控制阈值和水权分配控制阈值的多层级生态补偿判别准则示意如图 5-6 所示。

5.4.2　补偿水量的确定

对于补偿水量，从维护河流整体性生态健康安全的角度上来看，河流生态亏缺水量应为总补偿水量。然而，在确定上下游各区域所需分摊补偿水量时，河道内的水资源是流动的，根据图 5-1 可知，上下游行政单元间也存在着用水竞争关系，某一河段的河流生态流量亏缺无法确定是由哪个行政单元过度用水造成的，也无法客观合理地确定各行政单元所需承担的补偿水量。因此，如何确定某一行政单元对所在河段的生态补偿量和对上下游行政单元的补偿量是重点和难点。

综合以上考虑，本节以恢复河流整体性生态健康安全为目的，将流域上下游各行政单元看作一个整体，引入水资源超标利用率的概念，通过各区域的水资源超标利用率来判断各区域对河流的损害程度，进而对河流水生态亏损量进行分摊，通过各区域协同补偿来实现河流上下游全河段的整体性修复与治理，计算公式如下：

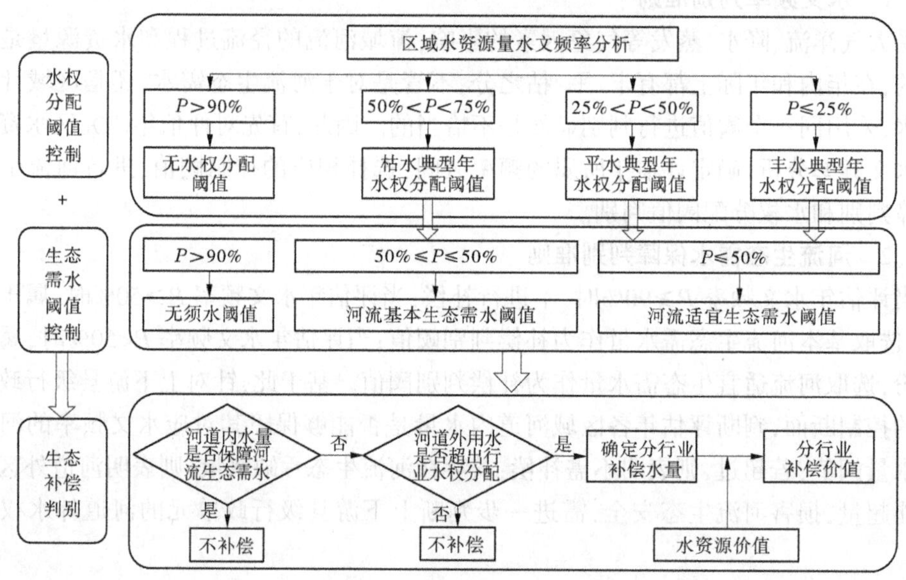

图 5-6 多层级生态补偿判别准则示意

$$\alpha_i = \frac{\Delta W_i}{\sum\limits_{i=1}^{n} \Delta W_i} \tag{5-45}$$

式中:α_i 为第 i 个行政单元的水资源超标利用率;ΔW_i 为第 i 个行政单元的超标用水量,m^3;n 为需要分水的县行政单元的个数,此处为 3。

根据河流生态亏缺水量,结合各行政单元水资源超标利用率,计算各行政单元所需要承担的补偿水量 W_i:

$$W_i = \alpha_i \times \Delta Q_i \tag{5-46}$$

根据河流生态亏缺水量和区域超标用水量,设置流域生态补偿情景(见表 5-2):

(1)M1:上下游各行政单元的 W_i 均小于河流生态亏缺水量 ΔQ_i 时,各行政单元补偿水量为 W_i,补偿方向为向河流生态需水补偿,无上下游行政单元间补偿。

(2)M2:上游行政单元的 W_i 小于河流生态亏缺水量 ΔQ_i,而下游行政单元的 W_i 大于河流生态亏缺水量 ΔQ_i 时,上游行政单元补偿水量为 W_i,补偿方向为向河流生态需水补偿,无上下游行政单元间补偿;下游行政单元需在补偿河流生态亏缺水量 ΔQ_i 的基础上,向上游补偿 $W_i-\Delta Q_i$。

(3)M3:上游行政单元的 W_i 大于河流生态亏缺水量 ΔQ_i,而下游行政单元的 W_i 小于河流生态亏缺水量 ΔQ_i 时,下游行政单元补偿水量为 W_i,补偿方向为向河流生态需水补偿,无上下游行政单元间补偿;上游行政单元需在补偿河流生态亏缺水量 ΔQ_i 的基础上,向下游补偿 $W_i-\Delta Q_i$。

表 5-2　河流生态补偿各情景模式

情景模式				图示
M1	判别准则	上游行政单元	$W_i<\Delta Q_i$	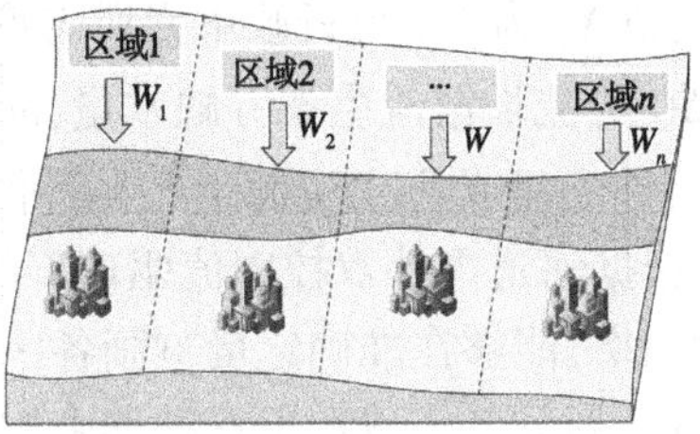
		下游行政单元	$W_i<\Delta Q_i$	
	补偿水量	向河道内补偿	W_i	
		上下游间补偿	0	
M2	判别准则	上游行政单元	$W_i<\Delta Q_i$	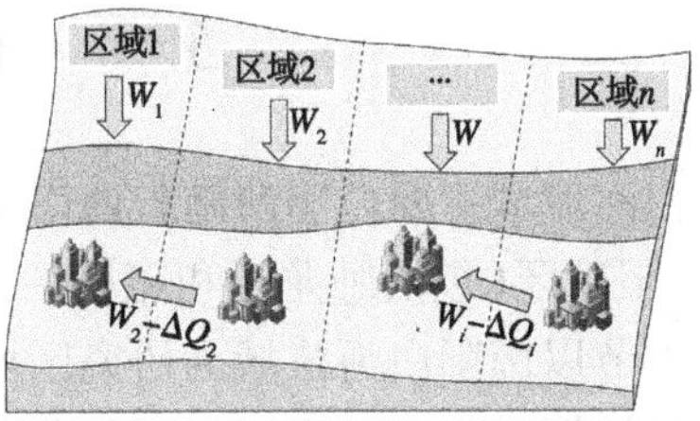
		下游行政单元	$W_i>\Delta Q_i$	
	补偿水量	向河道内补偿	W_i	
		向上游补偿	$W_i-\Delta Q_i$	
M3	判别准则	上游行政单元	$W_i<\Delta Q_i$	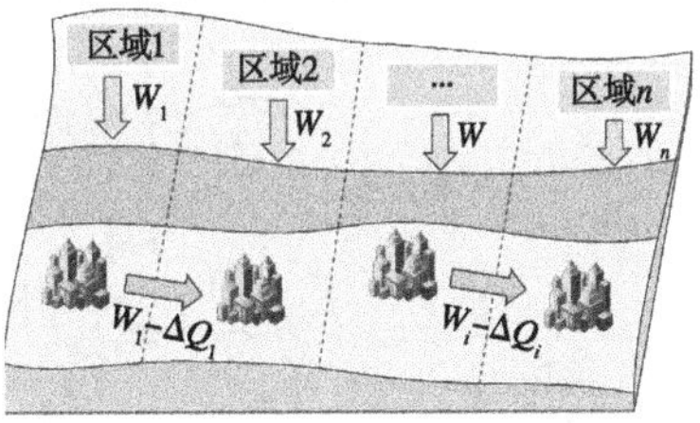
		下游行政单元	$W_i>\Delta Q_i$	
	补偿水量	向河道内补偿	W_i	
		向下游补偿	$W_i-\Delta Q_i$	

根据上述生态补偿情景模式，确定各县级行政单元所需承担的补偿水量和所对应的补偿方向，计算各县级行政单元分行业水资源利用超标率：

$$\beta_{ij}=\frac{\Delta W_{ij}}{\sum_{j=1}^{m}\Delta W_{ij}} \tag{5-47}$$

式中：β_{ij} 为第 i 个行政单元第 j 个行业的水资源超标用水率；ΔW_{ij} 为第 i 个行政单元第 j 个行业的超标用水量，m^3；m 为行业的个数，此处为 3。

根据各县补偿水量，结合各行业水资源超标用水率，计算各行业所需承担的生态补偿水量，将补偿水量分摊到各超量用水行业上，结合后续计算所得的各行业水资源价值，确定生态补偿价值。

5.4.3　补偿价值及责任分摊

根据 5.4.2 小节各评估年补偿水量计算结果，结合单方水资源生态经济价值（计算方法参考 3.2.2 小节提到的能值计算方法），即可得到各行政单元分行业所需承担的补偿价值：

$$\mathrm{ECV}_i = \sum_{i=3}^{j} \alpha_i \times \Delta Q \times \beta_{ij} \times \mathrm{WRV}_j \tag{5-48}$$

式中：ECV_i 为第 i 个行政单元所需承担的补偿价值，元；α_i 为第 i 个行政单元的超标用水率；ΔQ 为流域河流生态亏缺水量，m^3；β_{ij} 为第 i 个行政单元第 j 个行业超标用水率；WRV_j 为第 j 个行业单方水资源生态经济价值，元/m^3。

根据河道内外双控阈值驱动下的多层级生态补偿判别准则，结合县和行业水资源超标利用率，能够在准确定量刻画各区域各行业所需承担的补偿价值的同时，界定生态补偿主客体，划分各区域在生态补偿中权责，将补偿资金分摊到各区域、各行业中。

5.5　南阳白河流域实例

白河流域主要位于河南省西南部的南阳市，河流自北向南依次流经南阳市内的南召县、南阳市区（包括卧龙区和宛城区）和新野县。

本节以南阳白河流域为研究区域，分别选取丰、平、枯典型年，运用前文建立的河流生态流量计算模型和双层递阶水权分配模型，分别对河道内河流生态需水控制阈值和河道外区域水权分配控制阈值进行定量刻画。南阳白河流域地理位置概况如图 5-7 所示。

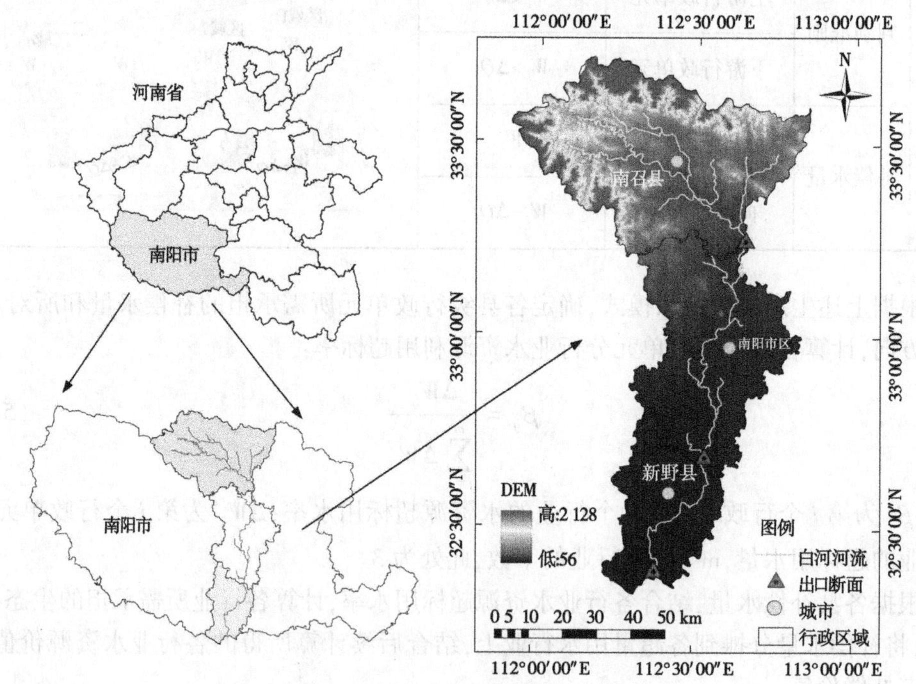

图 5-7　南阳白河流域地理位置概况

5.5.1　生态需水河道内补偿控制阈值

结合河流实际情况，考虑到河流水文监测断面的实测径流量并不能准确地反映河流天然径流过程,基于实测径流量计算所得的生态流量势必会偏小。此外,传统水文站点的布设往往主要考虑支流的分布以及对流域的控制面积较大等代表性好的位置,对行政区域的相对位置考虑较少。因此,本书在对白河流域 2008—2016 年 SWAT 径流模拟计算成果的基础上(高爽,2022),采用 5.2 节所述方法分别计算河流基本生态需水量和适宜生态需水量,作为流域生态补偿河道内控制阈值。

5.5.1.1　基本生态流量计算

根据前期对白河上下游南召县、南阳市区、新野县出口断面径流量模拟结果,结合表 5-1,采用 P-Ⅲ型曲线进行频率划分,确定 2013—2016 年作为枯水年组,分别计算各断面枯水年组月平均流量$\overline{q_i}$,计算结果如表 5-3 所示。

表 5-3　各断面枯水年组月平均流量$\overline{q_i}$　　单位:m^3/s

月份	南召断面	南阳市区断面	新野断面
1	0.88	2.59	2.99
2	4.52	4.32	4.14
3	4.43	9.20	9.07
4	30.34	39.58	38.71
5	44.24	56.74	56.96
6	27.30	53.29	58.26
7	48.00	68.72	67.04
8	47.77	70.78	73.17
9	49.44	64.11	65.59
10	30.74	49.85	55.20
11	30.11	47.08	50.32
12	8.58	18.55	21.16

根据枯水年组月平均流量$\overline{q_i}$和年均径流量$\overline{Q}$,采用 VMF 法进行年内丰、平、枯时期的划分,结合式(5-1)计算各断面基本生态流量,年内丰、平、枯时期划分及基本生态流量计算结果如表 5-4 所示。

5.5.1.2　适宜生态流量计算

根据 5.2.2 小节所述改进的年内展布法,首先采用 P-Ⅲ型频率曲线对白河 2008—2016 年各行政单元出口断面月均径流量进行频率分析,依次计算各控制断面 50%频率下各月月均径流量$\overline{Q_i^k}$和多年月均径流量$\overline{q_i^k}$,如表 5-5 所示。

表 5-4　各断面基本生态流量 q_i　单位：m^3/s

月份	时期	南召断面	南阳市区断面	新野断面
1	枯	0.53	1.55	1.79
2	枯	2.71	2.59	2.49
3	枯	2.66	5.52	5.44
4	平	13.65	17.81	17.42
5	丰	13.27	17.02	17.09
6	丰	8.19	15.99	17.48
7	丰	14.4	20.62	20.11
8	丰	14.33	21.23	21.95
9	丰	14.83	19.23	19.68
10	平	13.83	22.43	16.56
11	平	13.55	21.18	22.64
12	枯	5.15	11.13	12.7

表 5-5　各断面 50%频率下月均径流量 $\overline{Q_i^k}$ 和多年月均径流量 $\overline{q_i^k}$　单位：m^3/s

月份	时期	南召断面		南阳市区断面		新野断面	
		$\overline{Q_i^k}$	$\overline{q_i^k}$	$\overline{Q_i^k}$	$\overline{q_i^k}$	$\overline{Q_i^k}$	$\overline{q_i^k}$
1	枯	1.17	1.07	2.99	2.88	2.63	3.91
2	枯	2.53	2.94	2.97	3.19	3.06	3.53
3	枯	5.64	5.12	8.58	7.51	8.05	7.28
4	平	21.40	28.86	25.71	36.46	23.93	34.98
5	丰	24.56	38.56	37.89	57.55	38.76	59.49
6	丰	13.11	31.99	23.20	57.77	25.48	61.72
7	丰	56.16	108.07	71.87	126.46	72.84	120.18
8	丰	50.63	100.58	71.74	141.45	75.09	146.79
9	丰	58.32	92.10	78.85	131.84	77.98	139.02
10	平	14.91	23.63	24.54	45.60	24.93	52.35
11	平	18.16	24.81	24.25	38.26	24.96	41.11
12	枯	6.20	9.12	14.72	18.54	16.64	21.14

根据式(5-3)计算年内各时期同期均值比，如表 5-6 所示。

表 5-6　各出口断面丰、平、枯时期同期均值比

时期	新野断面			南阳市区断面			南召断面		
	$\sum \overline{Q^k}$	$\sum \overline{q^k}$	η_k	$\sum \overline{Q^k}$	$\sum \overline{q^k}$	η_k	$\sum \overline{Q^k}$	$\sum \overline{q^k}$	η_k
丰	40.56	74.26	0.55	56.71	103.01	0.55	52.51	96.59	0.54
平	18.16	25.77	0.70	24.83	40.11	0.62	24.44	38.05	0.64
枯	3.88	4.56	0.85	7.31	8.03	0.91	7.60	8.97	0.85

由表 5-6 可以看出，由改进的年内展布法计算所得的各时期同期均值比充分考虑了研究区域季节性变化强的特点（枯水期>平水期>丰水期），在避免各时期流量极值影响的同时，尽可能地使得各时期河流生态功能目标得到了满足。根据计算所得的同期均值比，结合式（5-4），计算各出口断面适宜生态流量如表 5-7 所示。

表 5-7　各出口断面适宜生态流量 q_i　　单位：m^3/s

月份	南召断面	南阳市区断面	新野断面
1	0.91	2.62	3.33
2	2.50	2.90	3.00
3	4.35	6.83	6.18
4	18.76	21.87	22.39
5	21.21	31.65	32.13
6	17.60	31.77	33.33
7	59.44	69.55	64.90
8	55.32	77.80	79.27
9	50.65	72.51	75.07
10	20.67	33.93	28.27
11	17.37	23.72	26.31
12	6.75	16.87	17.97

5.5.1.3　河道内生态需水控制阈值计算

将以上河流基本、适宜生态流量过程转化为生态水量，得到流域内各行政单元出口控制断面河道内生态需水控制阈值（见表 5-8、图 5-8～图 5-10）。

表 5-8　各出口断面河流生态需水控制阈值　　单位：亿 m^3

月份	时期	南召断面		南阳市区断面		新野断面	
		基本	适宜	基本	适宜	基本	适宜
1	枯	0.01	0.02	0.04	0.07	0.05	0.09
2	枯	0.07	0.06	0.07	0.08	0.06	0.08
3	枯	0.07	0.11	0.14	0.18	0.14	0.16
4	平	0.35	0.49	0.46	0.57	0.45	0.58
5	丰	0.34	0.55	0.44	0.82	0.44	0.83
6	丰	0.21	0.46	0.41	0.82	0.45	0.86
7	丰	0.37	1.54	0.53	1.80	0.52	1.68
8	丰	0.37	1.43	0.55	2.02	0.57	2.05
9	丰	0.38	1.31	0.50	1.88	0.51	1.95
10	平	0.36	0.54	0.58	0.88	0.43	0.73
11	平	0.35	0.45	0.55	0.61	0.59	0.68
12	枯	0.13	0.17	0.29	0.44	0.33	0.47

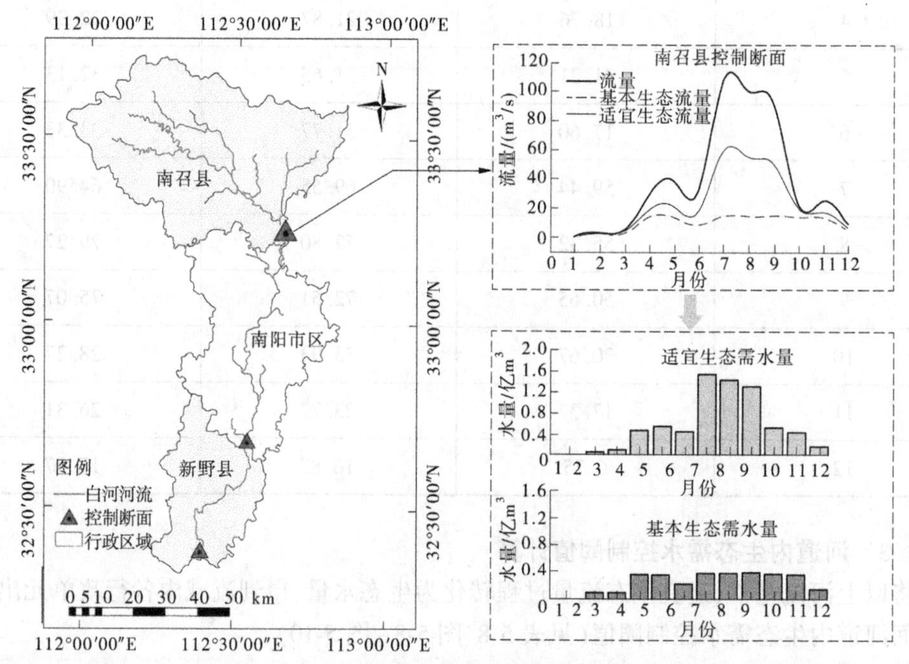

图 5-8　南召县控制断面河道外生态需水控制阈值

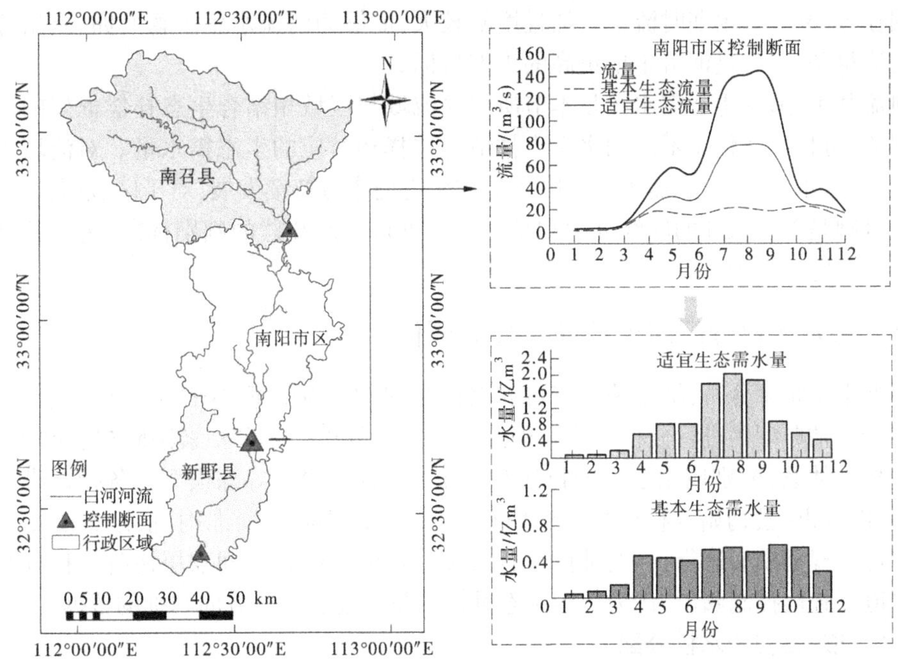

图 5-9　南阳市区控制断面河道外生态需水控制阈值

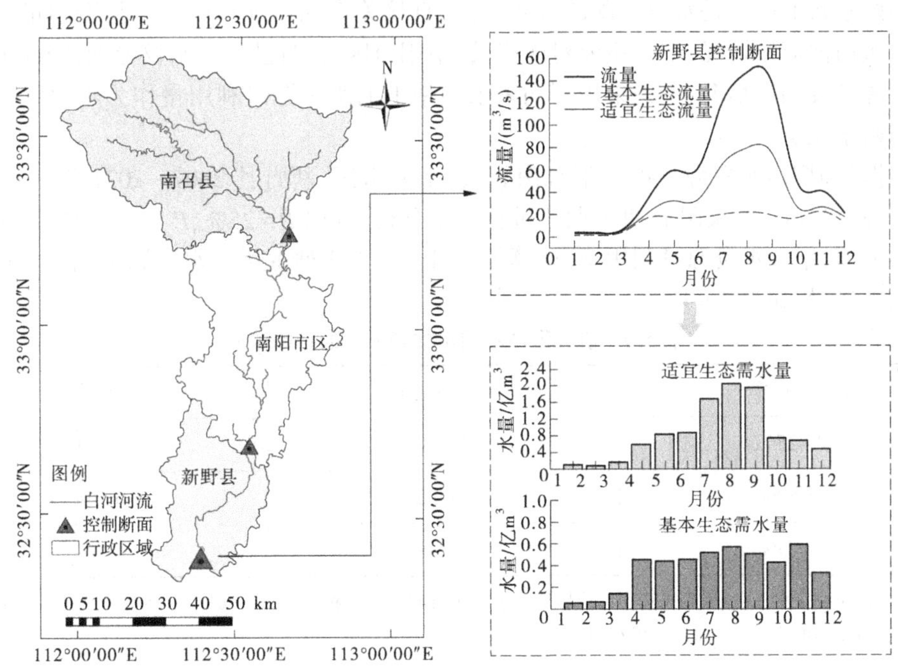

图 5-10　新野县控制断面河道外生态需水控制阈值

根据各控制断面流量过程线可以看出,基本生态流量在枯水期、平水期和丰水期时均能维持一定的生态基流,在保证河流不断流的同时维持河流生态系统的基本生态功能,各控制断面基本生态需水量从上游南召县到下游新野县依次有较小幅度的增大;适宜生态流量则在 6—9 月丰水期时流量增加且增幅较大,能够为河流水生生物产卵、繁殖等提供适宜的流量条件,满足河流生境更高的生态目标。

河流基本、适宜生态需水量是本节所建立流域与区域相结合生态补偿框架的河道内控制阈值,可根据评估年不同的水文丰枯情况选择相对应的生态需水量。对流域内河流而言,河流基本、适宜生态需水量保障了流域生态健康可持续发展,对于区域而言,河流生态需水量则是需要保证的底线准则和是否需要进行生态补偿的判别标准,为后续补偿水量的确定奠定了基础。

5.5.2　初始水权分配河道外补偿控制阈值

根据水文频率分析,结合统计资料的完整性,本节分别选取 2011 年、2012 年、2014 年作为丰、平、枯典型年进行分析计算。根据 5.3.1 小节建立的多要素协同控制的市-县水权分配指标体系,分别应用层次分析法和基于 CPSO 的投影寻踪模型对各指标进行主客观赋权,进行市-县初始水权分配;结合行业间多目标协调发展准则,根据 5.3.2 小节建立的多目标规划模型进行县-行业间水权分配。将市-县-行业间双层递阶水权分配结果作为河道外补偿控制阈值,作为后续生态补偿水量分配和补偿方向判别的依据。

5.5.2.1　市-县初始水权分配

1. 确定初始水权

初始水权的确定是水权分配的首要任务,直接关系到后续水权分配是否超量。结合研究区域白河流域情况,本节主要对南召县、南阳市区、新野县进行水权分配,因此根据当地水资源开发利用情况,考虑采用不同来水频率下的水资源可利用量作为丰、平、枯典型年的初始水权量。

根据《南阳市水资源公报》,汇总南召县、南阳市区、新野县 2007—2021 年间连续 15 年水资源总量(Q_T),采用 P-Ⅲ型曲线进行频率分析,选取 $P=25\%$、$P=50\%$、$P=75\%$频率下的频率值,结合水资源可利用率,计算得到各个频率下研究区的水资源可利用量(Q_K),即初始水权量,如表 5-9 所示。

表 5-9　研究区域不同水文频率下的初始水权　　单位:亿 m^3

水文频率	水资源总量	可利用量
$P=25\%$	21.40	10.91
$P=50\%$	13.32	6.79
$P=75\%$	8.56	4.37

注:水资源可利用率选自《南阳市唐白河流域地表水资源可利用量分析》(刘立, 2013)分析计算成果,采用倒算法计算所得白河流域地表水资源可利用率为 52.0%。

2. 市-县初始水权分配

根据 5.3.1 小节中所构建的多要素协同控制下的市-县水权分配指标体系,分别采用层次分析法和基于 CPSO 的投影寻踪模型进行主客观赋权。

1) 基于 AHP 的主观赋权计算

本节所建立的多要素协同控制下的市-县水权分配指标体系主要有两层:目标层

(Ai)—准则层(Bi)、准则层(Bi)—指标层(Ci),分别对两个层级采用层次分析法进行权重计算。

(1)目标层(Ai)—准则层(Bi)权重计算。

根据专家综合打分结果和城市用水实际情况,资源控制(B1)为行政单元间水权分配的首要考虑条件,其次为发展控制(B2),发展控制(B2)比环控生保(B3)略微重要,构造判断矩阵如下:

$$\boldsymbol{p}_{\mathrm{B}} = \begin{bmatrix} 1 & 2 & 3 \\ 0.5 & 1 & 2 \\ 0.33 & 0.5 & 1 \end{bmatrix}$$

采用 Matlab 编程进行计算,得到判断矩阵最大特征根 $\lambda_{\max}=3.0055$,CI=0.0028,CR=0.0053<0.1,通过一次性检验,即相应准则层资源控制(B1)、发展控制(B2)、环控生保(B3)对应的权重为 $\boldsymbol{W}_A=[0.5400, 0.2971, 0.1629]$。

(2)准则层(Bi)—指标层(Ci)权重计算。

相应地,计算各准则层下的分项指标权重,对各指标构造判断矩阵:

$$\boldsymbol{p}_{\mathrm{B1}} = \begin{bmatrix} 1 & 1 & 0.5 & 0.33 \\ 1 & 1 & 0.5 & 0.5 \\ 3 & 2 & 1 & 2 \\ 3 & 2 & 0.5 & 1 \end{bmatrix}$$

$$\boldsymbol{p}_{\mathrm{B2}} = \begin{bmatrix} 1 & 4 & 3 & 2 & 3 \\ 0.25 & 1 & 0.33 & 0.5 & 0.5 \\ 0.33 & 3 & 1 & 2 & 2 \\ 0.5 & 2 & 0.5 & 1 & 2 \\ 0.33 & 2 & 0.5 & 0.5 & 1 \end{bmatrix}$$

$$\boldsymbol{p}_{\mathrm{B3}} = \begin{bmatrix} 1 & 1 & 2 & 3 \\ 1 & 1 & 2 & 3 \\ 0.5 & 0.5 & 1 & 2 \\ 0.33 & 0.33 & 0.5 & 1 \end{bmatrix}$$

根据判断矩阵,计算相应的最大特征根、CI、CR 值,计算结果如表 5-10 所示。

表 5-10　各准则层判断矩阵相关参数计算

判断矩阵	最大特征根	CI	CR
$\boldsymbol{p}_{\mathrm{B1}}$	4.211 6	0.070 5	0.079 2
$\boldsymbol{p}_{\mathrm{B2}}$	5.153 4	0.037 9	0.033 8
$\boldsymbol{p}_{\mathrm{B3}}$	4.010 4	0.003 5	0.003 9

由表 5-10 计算结果可以看出,各准则层的判断矩阵 CR 值均小于 0.1,构造的判断矩阵有效,各指标相对准则层权重如下:

$$\begin{bmatrix} w_{B1} \\ w_{B2} \\ w_{B3} \end{bmatrix} = \begin{bmatrix} 0.1423 & 0.1539 & 0.4111 & 0.2928 & \\ 0.4065 & 0.0775 & 0.2276 & 0.1705 & 0.1179 \\ 0.3509 & 0.3509 & 0.1891 & 0.1091 & \end{bmatrix}$$

结合准则层权重,计算各指标相对于目标层权重 w_s,如表 5-11 所示。

表 5-11 相对目标层各指标权重计算

准则层	权重 w_A	指标层	权重 w_B	权重 w_s
资源控制	0.54	水资源总量	0.142 3	0.076 8
		供水综合生产能力	0.153 9	0.083 1
		总人口	0.411 1	0.222
		GDP	0.292 8	0.158 1
发展控制	0.297 1	现状用水量	0.406 5	0.120 8
		耗水率	0.077 5	0.023
		万元 GDP 用水量	0.227 6	0.067 6
		人均用水量	0.170 5	0.050 7
		供水设施建设投资	0.117 9	0.035
环控生保	0.162 9	污水处理率	0.350 9	0.057 2
		排污设施投资贡献率	0.350 9	0.057 2
		建成区绿化率	0.189 1	0.030 8
		园林绿化投资	0.109 1	0.017 8

2)基于 CPSO 投影寻踪模型的客观权重计算

结合《南阳统计年鉴》《南阳市水资源公报》等各类城市社会经济发展公报,收集 2011 年、2012 年和 2014 年典型年市-县水权分配指标体系的原始数据(见表 5-12)。结合式(5-11)和式(5-12)对原始数据进行标准化处理,根据投影值 $z(i)$ 的标准差 S_Z 和局部密度 D_Z 来构造投影指标函数,将各评估年数据带入 5.3.1 小节所构建的投影寻踪模型,采用混沌粒子群进行优化迭代,设置粒子群规模为 50,迭代次数为 500 次,编写程序,在 Matlab 中运行计算,各评估年最优适应度及寻优过程如图 5-11 所示。

表 5-12　2011—2014 年多要素协同控制市-县水权分配指标体系原始数据

指标	单位	2011 年			2012 年			2014 年		
		南召县	南阳市区	新野县	南召县	南阳市区	新野县	南召县	南阳市区	新野县
水资源总量	亿 m^3	11.76	5.66	3.00	8.52	4.77	2.49	2.88	2.87	0.10
供水综合生产能力	万 m^3/d	3.70	45.16	3.71	3.70	72.57	3.71	3.70	72.81	3.71
总人口	人	640 759	1 835 704	816 210	643 465	1 850 080	822 051	649 328	1 869 128	830 737
GDP	万元	1 072 003	5 130 584	1 959 103	1 132 996	5 471 434	1 974 735	955 741	4 671 746	2 151 295
现状用水量	亿 m^3	0.848 5	3.855 6	1.554 5	0.840 8	3.944 7	1.643 8	1.050 4	3.665 2	1.841 2
耗水率	%	59.94	52.35	60.14	58.09	51.29	62.07	56.15	52.49	62.14
万元 GDP 用水量	m^3	79	74	82	70	69	84	93	58	84
人均用水量	m^3	152	212	246	154	219	267	191	201	299
供水设施建设投资	万元	400	14 326	0	600	12 820	0	0	9 458	0
污水处理率	%	64.44	69.38	80.21	72.73	48.74	79.63	84.95	88.22	80.68
排污设施投资贡献率	%	10.04	12.55	10.81	4.36	11.22	0	0.72	19.42	0
建成区绿化率	%	4.92	27.56	4.49	3.51	25.14	4.11	3.76	25.39	6.27
园林绿化投资	万元	184	4 610	635	90	112 229	0	9 150	21 207	1 512

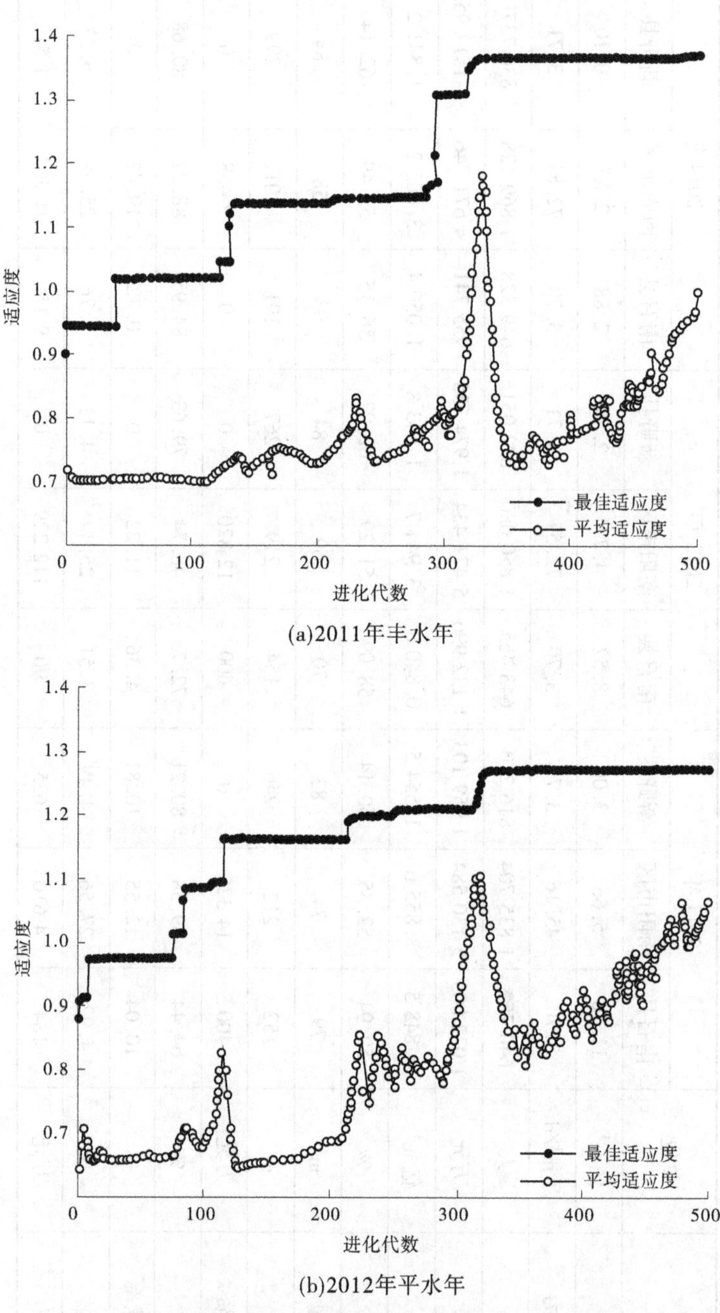

(a)2011年丰水年

(b)2012年平水年

图 5-11　各典型年投影寻踪模型最优适应度值及迭代寻优曲线

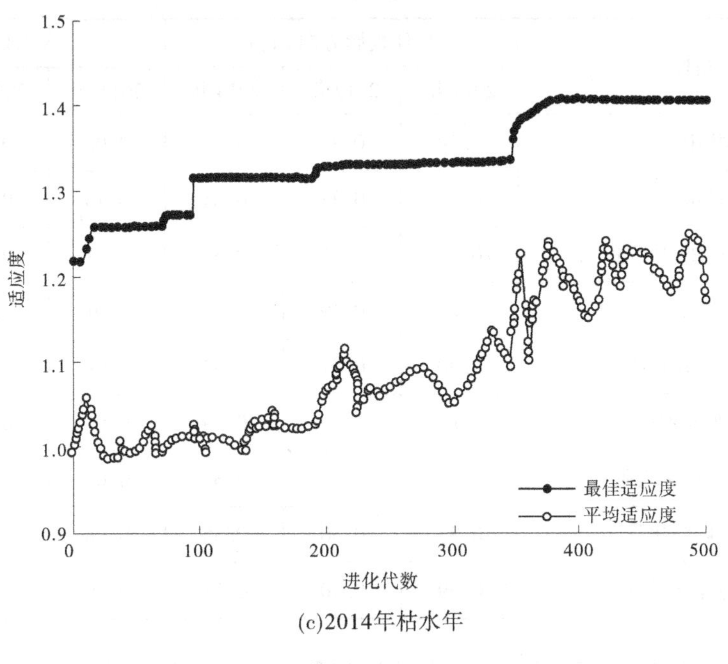

(c)2014年枯水年

续图 5-11

可以看出,在图 5-11 的迭代寻优图中存在两条曲线,上方的实心圆曲线表示粒子群每次迭代过程中的最优适应度,在迭代寻优过程中呈现阶梯式上升,最终达到最佳适应度。这些“阶梯”处即是粒子群在寻优过程中陷入了局部最优解,之后在所加入的 Logistic 混沌扰动下跳出局部最优,继而寻找达到全局最优解;下方一直在波动的空心圆曲线表示每次迭代过程中粒子群的平均适应度值,反映了粒子群的平均质量,如果不再波动变成一条直线,抑或与最优适应度曲线重合,则表明粒子群陷入了局部最优。如图 5-11 所示,在最后的迭代次数中,空心圆的平均适应度曲线仍在波动,而实心圆的最佳适应度曲线保持不变,则表明粒子群仍在不断进行迭代寻优过程,而最佳适应度保持不变,即达到了全局最优解。

根据投影寻踪模型的物理机制和实际含义,目标函数投影值达到最大时的投影方向即是最佳投影方向,在实际中,指标的投影方向向量越大,则表明该指标的显著性越突出,权重越大。将最佳投影方向进行归一化处理,即得到各指标客观权重值(见表 5-13)。

表 5-13　各典型年指标最佳投影方向及客观权重

指标	最佳投影方向 $a(j)$			客观权重 w_o		
	2011 年	2012 年	2014 年	2011 年	2012 年	2014 年
水资源总量	0.13	0	0.03	0.04	0.01	0.01
供水综合生产能力	0.36	0.37	0.32	0.11	0.11	0.10
总人口	0.31	0.30	0.34	0.09	0.09	0.10
GDP	0.33	0.37	0.37	0.10	0.11	0.11

续表 5-13

指标	最佳投影方向 $a(j)$			客观权重 w_o		
	2011 年	2012 年	2014 年	2011 年	2012 年	2014 年
现状用水量	0.28	0.29	0.23	0.08	0.09	0.07
耗水率	0.32	0.32	0.21	0.10	0.10	0.06
万元 GDP 用水量	0.36	0.16	0.35	0.11	0.05	0.11
人均用水量	0	0.19	0.01	0.01	0.06	0.01
供水设施建设投资	0.30	0.27	0.32	0.09	0.08	0.10
污水处理率	0	0	0.19	0.01	0.02	0.06
排污设施投资贡献率	0.25	0.27	0.33	0.08	0.08	0.10
建成区绿化率	0.33	0.30	0.35	0.08	0.09	0.10
园林绿化投资	0.29	0.40	0.23	0.09	0.09	0.07

根据各指标客观权重计算结果，绘制雷达图，如图 5-12 所示。

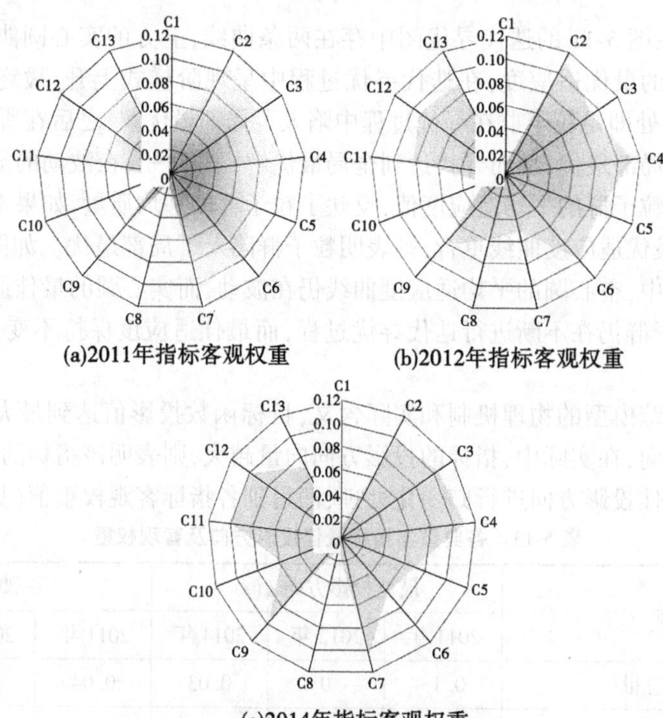

图 5-12　各典型年水权分配指标客观权重雷达图

从图 5-12 中可以直观地看出，供水综合生产能力（C2）、总人口（C3）、GDP（C4）、供水设施建设投资（C9）、排污设施投资贡献率（C11）和建成区绿化率（C12）在指标体系中为较为显著的指标，所占的权重较大，而水资源总量（C1）、人均用水量（C8）、污水处理率（C10）则所占权重较小，表明在纯数据样本驱动下供水生产能力、社会经济发展水平和水利投资等因素对市-县水权分配影响较大。然而，从水资源本身的角度出发，水量和水质是影响河流水生态健康最关键的因素，同时也是行政单元取用水的重要指标和考虑因素。因此，区域水资源量和污水排放等因素在进行水权分配时也不能忽视，所以有必要结合专家经验和实际情况所获取的主观权重进行组合赋权，科学合理地确定各指标权重，进而进行各区域分水比例的划分。

3）组合权重、水权量计算

基于最小信息熵原理，采用拉格朗日乘子法，根据 5. 3. 1 小节中的式（5-27）~式（5-29）对主观权重 w_s 和客观权重 w_o 进行组合赋权，得到市-县水权分配指标组合权重 w，结果如表 5-14 所示。

表 5-14　各典型年指标组合权重

指标		组合权重 w		
		2011 年	2012 年	2014 年
水资源总量	C1	0. 06	0. 01	0. 03
供水综合生产能力	C2	0. 11	0. 11	0. 10
总人口	C3	0. 16	0. 15	0. 17
GDP	C4	0. 14	0. 14	0. 15
现状用水量	C5	0. 11	0. 12	0. 10
耗水率	C6	0. 05	0. 06	0. 04
万元 GDP 用水量	C7	0. 09	0. 07	0. 09
人均用水量	C8	0. 01	0. 06	0. 01
供水设施建设投资	C9	0. 06	0. 06	0. 06
污水处理率	C10	0. 01	0. 01	0. 06
排污设施投资贡献率	C11	0. 08	0. 08	0. 08
建成区绿化率	C12	0. 06	0. 06	0. 06
园林绿化投资	C13	0. 05	0. 05	0. 04

根据图 5-13，在进行区域间分水比例划分时，无论来水量的多少，供水综合生产能力

(C2)、总人口(C3)、GDP(C4)、现状用水量(C5)都是给予考虑较多的因素,符合人口越多、经济越发达地区需要更多的水资源的客观现实;随后,所占权重较多的为万元 GDP 用水量(C7)和人均用水量(C8)等反映用水效率的指标,从高效性出发,用水效率越高,则应优先给予考虑,以避免更大的水资源浪费,同时也能激励促进用水效率低下的区域积极引进先进节水技术和设施,提高本区域用水效率;在环境保护方面,排污设施投资贡献率(C11)和建成区绿化率(C12)等因素也得到了一定考虑。

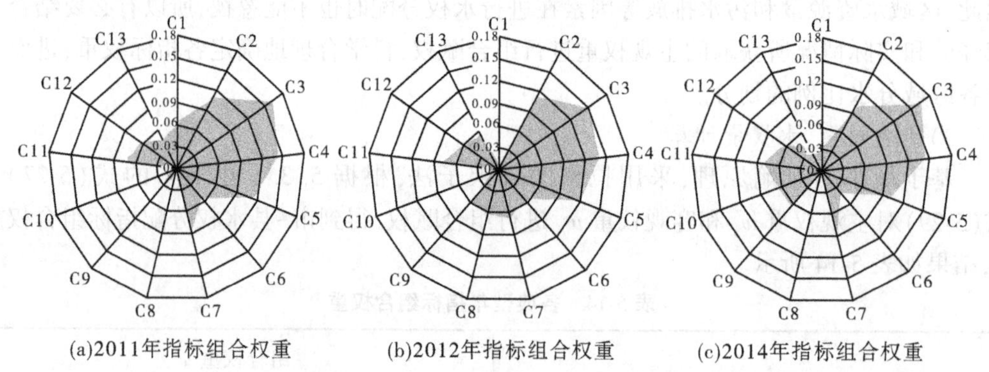

(a)2011年指标组合权重 (b)2012年指标组合权重 (c)2014年指标组合权重

图 5-13 各典型年指标组合权重雷达图

将图 5-13 与图 5-12 进行对比可以看出,基于 CPSO 优化算法的投影寻踪模型虽可以较好地根据指标原始数据识别出其中较为显著性的指标,但各年的指标数据并不完全一致(见图 5-12),直接用来当作依据去计算分水比例显然是不合适的,没有完全考虑到客观现实。而结合主客观组合赋权计算得到的各指标权重(见图 5-13)则较为统一,并没有随着来水量的变化而产生太大的波动,能较好地符合客观实际,并能对不同的指标根据其重要性给予不同程度的考虑。

对多要素协同控制指标体系原始数据进行归一化处理,得到各县行政单元综合指数,根据式(5-30)计算各县行政单元初始水权分水比例,并结合 5.5.2.1 小节中确定的各评估年初始水权,计算各县行政单元初始水权分配量(见表 5-15 和图 5-14)。

表 5-15 各县行政单元各典型年分水比例及水权量 单位:亿 m^3

行政单元	2011 年		2012 年		2014 年	
	分水比例	水权量	分水比例	水权量	分水比例	水权量
南召县	0.225	2.45	0.193	1.31	0.176	0.77
南阳市区	0.540	5.90	0.591	4.01	0.578	2.52
新野县	0.235	2.56	0.216	1.47	0.246	1.07
合计	1	10.91	1	6.79	1	4.37

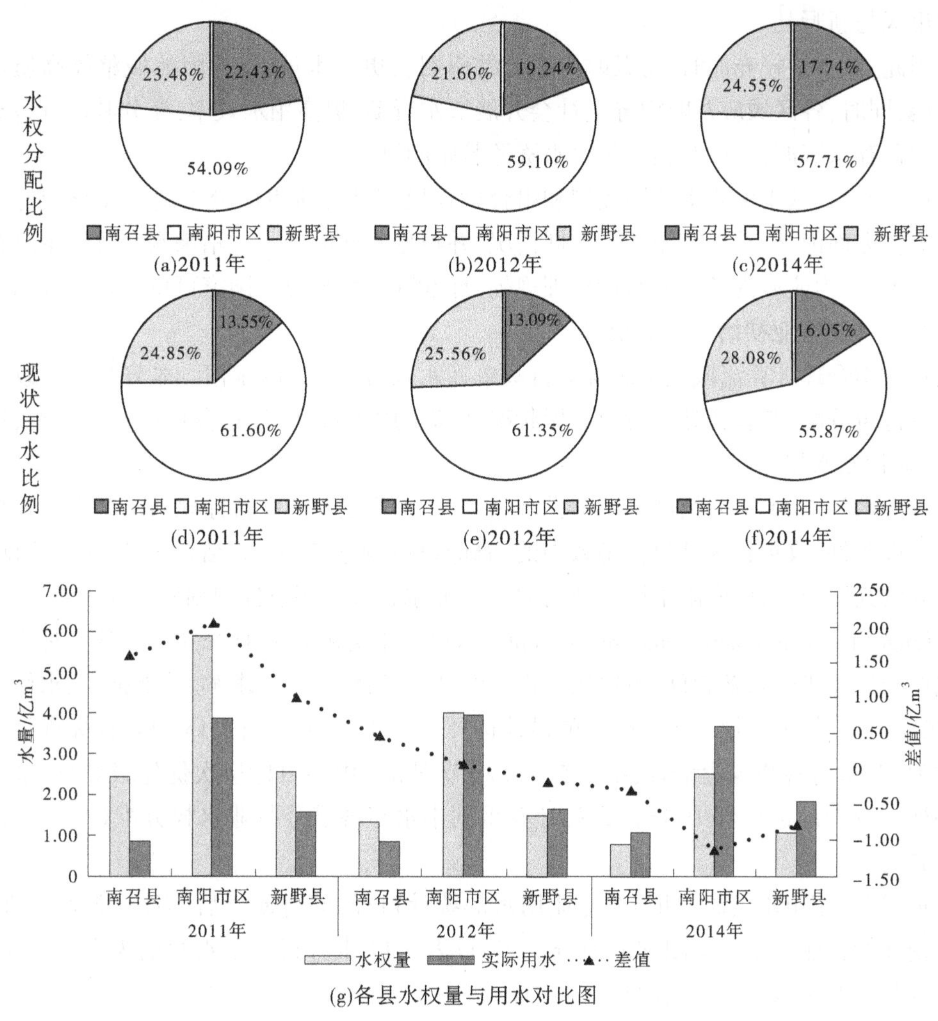

图 5-14　各县行政单元水权分配与现状用水对比图

由表 5-15 和图 5-14 可以看出，组合赋权模型计算得到的各县水权分配比例与实际用水比例在总体趋势上相差不大[见图 5-14(a)～(f)]，位于流域上游的南召县分水比例相较原分水比例有 8%左右的增幅，与之相对应南阳市区和新野县的用水比例有所下降，其中人口较多和社会经济较为发达的南阳市区下降较为显著，这也从一定程度上表明位于中下游的南阳市区和新野县可能挤占了上游部分用水机会；从水量分配上来看[见图 5-14(g)]，丰水年由于来水量较为充沛，因此南召县、南阳市区、新野县所分配的水量均大于原用水量；在平水年时，初始水权总量大致与用水总量相等，但由于南召县可能牺牲了部分用水机会，在水权分配中分水比例有所增加，因此新分配的水量大于原用水量，而位于下游的新野县则小于原用水量；枯水年时来水较少，3 个县所分配的水量均小于原用水量，但同样从差值曲线中也可以看出，南召县的水权分配量与用水量的差值明显小于南阳市区与新野县。

因此，在水量较充沛时，可及时给予上游南召县更多水量，以保障流域整体高质量均衡发展；同时，各区域应及时引导全社会开展节水行动，提高用水效率，充分利用好各类水利工程蓄存水资源，以应对枯水年时水资源紧张问题。

可以看出，基于多要素协同控制和组合赋权模型计算所得的分水结果能够较好地综合考虑各方面因素，符合区域实际发展情况，并根据不同的丰、平、枯来水变化情景进行了多种考虑，在为流域内各区域水量合理规划分配的同时，响应了国家可持续发展战略。

5.5.2.2 县-行业初始水权分配

在科学合理计算流域上下游各县行政单元水权分配量的基础上，本节对县行政单元水权进行再分配，结合各县各行业发展状况和需水用水目标，建立多目标规划模型，进行县-行业初始水权分配。

以丰水年 2011 年为例进行展示，根据 5.3.2 小节建立的多目标规划模型中各目标函数和约束条件，收集各区县目标函数中的指标数据（见表 5-16）。结合表 5-16 中数据，分别建立研究区南召县、南阳市区、新野县县-行业水权分配多目标规划模型如下：

Lingo（linear interactive and general optimizer）是由美国 LINDO 公司推出的一种交互式的线性和通用优化求解软件，可以用来进行线性、非线性问题的求解，功能强大、求解速度快、操作简单，是求解规划优化模型的最佳选择。因此，本书将图 5-15 中多目标规划模型转化为 Lingo 计算机编程语言，结合 5.3.2 小节图 5-5 中多目标层次优先级划分，采用分层序列法，在 Lingo 软件中进行求解，计算得到丰水年各县分行业水权分配计算结果（见表 5-17）。

根据《南阳市水资源公报》对行业用水的统计口径，同时便于后续计算补偿标准，建立系统性的行业能量流动图和能值分析表，将表 5-17 中各行业用水归纳为生活用水、农业用水和工业用水 3 个方面（见表 5-18）。

同样地，收集相关指标数据，建立 2012 年平水年和 2014 年丰水年各县单元行业水权分配多目标规划模型，运用 Lingo 软件进行求解，结果如表 5-19 所示。

汇总 2011 年、2012 年和 2014 年各县行政单元行业水权分配结果，与实际各行业用水比例进行对比，如图 5-16～图 5-18 所示。可以看出，在分行业水量上，受限于城市人口，各区县的生活用水不会有太大的变化，因此各区域生活用水量的水权分配量波动幅度较小，并没有随着来水情况变化而变化；对于农业用水，在 2011 年水量充沛时，水权分配量比实际用水量较大，而在 2014 年来水量较少时，也能保证基本粮食生产安全保障用水，水权分配量与实际用水量大致接近，整体来看农业水权分配量波动不大；而与生活和农业不同，在能为社会经济创造更大效益的工业上，各典型年工业水权分配量随着来水情况的变化波动较大，在来水较丰，基本生活用水和农业用水得到保障的情况下，工业水权分配量有较大幅度的增加，而在水量较少时，则优先满足了生活和农业用水，工业水权量被挤占，比实际工业用水量小，整体波动幅度也较大，从图 5-16（b）、图 5-17（b）、图 5-18（b）中各行业用水比例也能得出相应的结论。

表 5-16　2011 年丰水典型年各区县多目标规划模型指标数据

行业用水水权		指标		单位	南召县	卧龙区	宛城区	新野县
生活用水保障	x_1	城镇人均生活用水定额		L/(人·d)	108	150	150	108
		城镇人口		人	97 057	325 538	262 065	119 812
		农村人均生活用水定额		L/(人·d)	55	80	80	55
		农村人口		人	543 702	642 938	605 163	696 398
灌溉用水保障	x_2	亩均灌溉用水定额		m^3/亩	140	130	130	140
		农田灌溉面积		hm^2	12 130	31 480	41 710	50 110
工业用水保障	x_3	万元工业增加值用水量		m^3/万元	56	61	41	43
		工业增加值		万元	339 363	435 524	430 934	1 079 653
林牧渔业用水保障	x_4	标准牲畜用水定额	猪	L/(头·d)	18	22	22	18
			牛	L/(头·d)	45	55	55	45
			羊	L/(只·d)	9	11	11	9
			兔	L/(只·d)	1	1	1	1
			家禽	L/(只·d)	3	3	3	3
		牲畜数量	猪	万头	18.26	20.83	27.45	27.37
			牛	万头	6.43	2.32	3.18	13.61
			羊	万只	11.05	4.69	4.81	22.35
			兔	万只	0.49	2.37	23.06	49.88
			家禽	万只	212.19	338.85	238.92	523.44
		林地用水定额		m^3/hm^2	3 000	3 000	3 000	3 000
		林地面积		hm^2	3 067	538	856	1 611

续表 5-16

行业用水水权		指标	单位	南召县	卧龙区	宛城区	新野县
林牧渔业用水保障	x_4	鱼塘用水定额	m^3/亩	528	587	587	528
		鱼塘面积	亩	33 978	12 300	12 740	11 120
河道外生态用水保障	x_5	绿地灌溉定额	$m^3/(m^2 \cdot 年)$	1	0.9		1
		公园绿地面积	hm^2	61	1 127		117
		道路卫生需水定额	$L/(m^2 \cdot d)$	2	1.8		2
		道路/场地清扫保洁面积	万 m^2	91.92	1 033.24		187.39
产值保障	x_2	工业总产值	万元	805 564	733 446	887 825	3 149 711
		种植业总产值	万元	148 339	195 829	305 859	373 918
	x_4	林业总产值	万元	24 541	7 133	3 123	5 893
		牧业总产值	万元	64 454	83 522	78 478	232 786
		渔业总产值	万元	11 370	3 921	4 321	3 520
粮食生产安全保障	x_2	总人口	人	640 759	1 835 704		816 210
		粮食产量	t	186 442	705 106		505 929

注：居民、粮食、牲畜、林地、鱼塘、绿地、道路卫生等用水定额数据均来自当年现行河南省地方标准《工业与城镇生活用水定额》(DB41/T 385—2014)、《农业用水定额》(DB41/T 958—2014)，其中灌溉用水定额按照河南省灌溉分区表选择研究区域南阳市所在的 V1 南阳盆地区；道路清扫按照每年 200 d 计算；人口、灌溉面积、工业增加值、各类牲畜数量、林地、鱼塘、绿地、道路面积、各行业产值、粮食产量数据均来自《南阳统计年鉴》。

$$\min Z_i=p_1d_1^-+p_2d_2^-+p_3d_3^-+p_4\times 0.2\times d_5^-+0.8\times d_6^-)+p_5d_4^-+p_6d_7^-$$

$$s.t.=\begin{cases}x_1+d_1^--d_1^+=1\ 797.66\\ x_2+d_2^--d_2^+=2\ 547.30\\ x_{56}\times x_3+d_3^--d_3^+=339\ 63\\ x_4+d_4^--d_4^+=3\ 208.55\\ (x_2+x_4)\times 58.48+d_5^--d_5^+=248\ 704\\ x_3\times 326.67+d_6^--d_6^+=805\ 564\\ x_5+d_7^--d_7^+=97.77\\ \sum_{i=1}^{5}x_i\leqslant 19\ 786\\ x_2\times 4.38\geqslant 64.08\times 386.60\\ x_1\geqslant 0\end{cases}$$

(a)南召县

$$\min Z_i=p_1d_1^-+p_2d_2^-+p_3d_3^-+p_4\times(0.3\times d_5^-+0.7\times d_6^-)+p_5d_4^-+p_6d_7^-$$

$$s.t.=\begin{cases}x_1+d_1^--d_1^+=8\ 367.78\\ x_2+d_2^--d_2^+=14\ 272.05\\ 56\times x_3+d_3^--d_3^+=4\ 423.53\\ x_4+d_4^--d_4^+=3\ 066.23\\ (x_2+x_4)\times 42.20+d_5^--d_5^+=682\ 186\\ x_3\times 143.92+d_6^--d_6^+=1\ 621\ 271\\ x_5+d_7^--d_7^+=1\ 386.27\\ \sum_{i=1}^{5}x_i\leqslant 47\ 674\\ x_2\times 4.26\geqslant 183.57\times 386.60\\ x_1\geqslant 0\end{cases}$$

(b)南阳市区

$$\min Z_i=p_1d_1^-+p_2d_2^-+p_3d_3^-+p_4\times 0.2\times d_5^-+0.8\times d_6^-)+p_5d_4^-+p_6d_7^-$$

$$s.t.=\begin{cases}x_1+d_1^--d_1^+=2\ 2807.88\\ x_2+d_2^--d_2^+=10\ 523.10\\ 43\times x_3+d_3^--d_3^+=1\ 079\ 63\\ x_4+d_4^--d_4^+=2\ 138.59\\ (x_2+x_4)\times 70.64+d_5^--d_5^+=616\ 117\\ x_3\times 702.75+d_6^--d_6^+=3\ 149\ 771\\ x_5+d_7^--d_7^+=191.96\\ \sum_{i=1}^{5}x_i\leqslant 20\ 710\\ x_2\times 5.80\geqslant 81.62\times 386.60\\ x_1\geqslant 0\end{cases}$$

(c)新野县

图 5-15　丰水年各县行政单元县-行业水权多目标规划模型

表 5-17　丰水年各县行政单元各行业用水水权分配结果　单位：万 m^3

行业用水水权		南召县	南阳市区	新野县
生活用水	x_1	1 797. 66	8 367. 78	2 280. 88
粮食用水	x_2	5 655. 65	16 659. 19	10 523. 10
工业用水	x_3	9 026. 37	18 194. 53	4 642. 51
林牧渔业	x_4	3 208. 55	3 066. 23	2 138. 59
市政用水	x_5	97. 77	1 386. 27	1 124. 92

表 5-18　丰水年各县行政单元行业水权分配量　单位：万 m^3

行业	南召县	南阳市区	新野县
农业	8 864. 20	19 725. 42	12 661. 69
工业	9 026. 37	18 194. 53	4 642. 51
生活	1 895. 43	9 754. 05	3 405. 80

表 5-19　平水年和枯水年各县行政单元行业水权分配量　单位：万 m^3

行业	2012 年			2014 年		
	南召县	南阳市区	新野县	南召县	南阳市区	新野县
农业	7 195. 27	15 105. 34	5 962. 20	5 398. 27	10 801. 11	7 200. 64
工业	1 570. 57	6 589. 00	3 898. 03	549. 48	3 846. 54	1 464. 90
生活	1 788. 17	10 494. 83	2 036. 78	1 787. 27	10 560. 35	2 046. 46

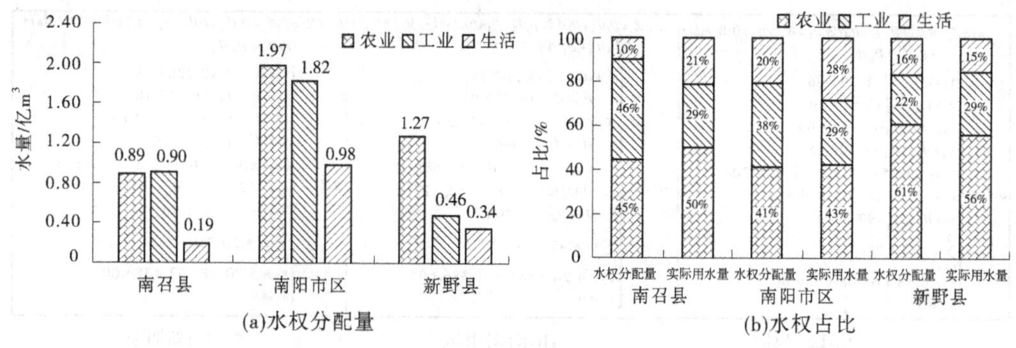

图 5-16 各县行政单元丰水年分行业水权分配结果

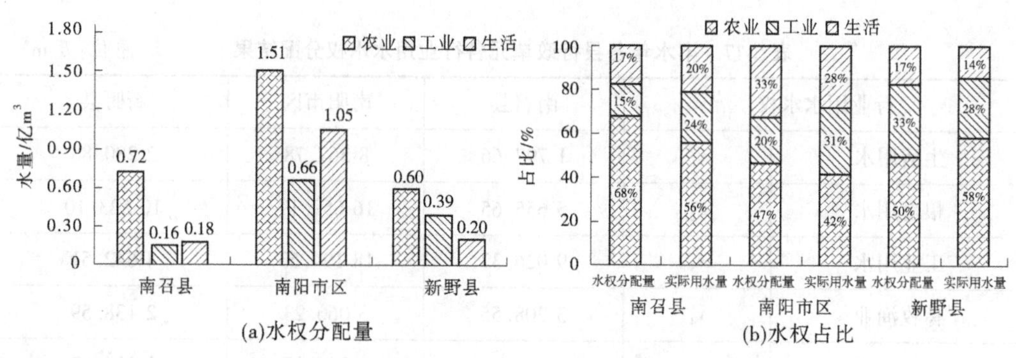

图 5-17 各县行政单元平水年分行业水权分配结果

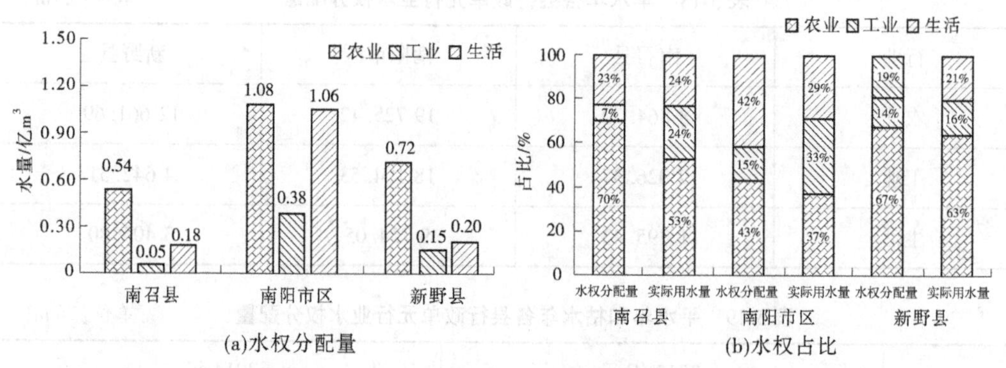

图 5-18 各县行政单元枯水年分行业水权分配结果

5.5.3 基于多层级判别准则的补偿水量计算

5.5.3.1 多层级生态补偿准则判别

根据 5.5.2 小节计算得到的河道内生态需水控制阈值和河道外双层递阶水权分配控制阈值，结合 5.4.1 小节，对各评估年依次进行水文频率、河流生态需水控制阈值、河道外水权分配阈值多层级生态补偿判别。

1. 水文频率判别

根据从《南阳市水资源公报》中汇总的南召县、南阳市区、新野县 2007—2021 年间连续 15 年的水资源总量(Q_T)，采用 P-Ⅲ型曲线进行频率分析，得到 2011—2016 年各评估年水资源总量所对应的水文频率(见表 5-20)，以便后续选择各评估年相应的河流生态需水控制阈值和水权分配控制阈值。

表 5-20　2011—2016 年各评估年水文频率

评估年	水资源量/亿 m^3	水文频率/%
2011	20.42	24.69
2012	15.78	40.51
2013	6.64	88.17
2014	7.90	79.31
2015	9.30	70.44
2016	9.03	72.06

2. 河流生态需水控制阈值判别

根据表 5-20 中各评估年水文频率，2011 年、2012 年水文频率小于 50%，属于偏丰年份，应选择河流适宜生态需水量作为河道内补偿控制阈值；2013—2016 年水文频率大于 50%，为偏枯年份，应选择河流基本生态需水量作为河道内补偿控制阈值。各评估年河道内控制阈值判别与选择如表 5-21 所示。

表 5-21　2011—2016 年各评估年河道内控制阈值判别与选择

评估年	水文频率/%	河道内阈值判别/%	生态需水阈值选择
2011	24.69	<50	适宜生态需水
2012	40.51	<50	适宜生态需水
2013	88.17	>50	基本生态需水
2014	79.31	>50	基本生态需水
2015	70.44	>50	基本生态需水
2016	72.06	>50	基本生态需水

因此，结合河道内河流生态需水控制阈值作用内涵，各评估年各行政单元出口断面天然径流量减去其用水量得到河道内剩余水量，与对应的河道内生态需水控制阈值进行对比，小于河流生态需水量则表明河流生态健康受损。结合图 5-6，判断存在河流生态亏缺

的月份并计算相应的生态亏缺水量,如表5-22~表5-27和图5-19所示。

表5-22 2011年各区域存在河流生态亏缺月份及亏缺水量 单位:亿 m^3

评估年	补偿月份	南召县	南阳市区	新野县
2011	2	0.03	—	0.01
	3	0.01	—	—
	4	0.47	0.49	0.51
	5	0.21	0.51	0.53
	6	0.31	0.59	—
	7	—	—	0.32
	合计	1.03	1.59	1.37

表5-23 2012年各区域存在河流生态亏缺月份及亏缺水量 单位:亿 m^3

评估年	补偿月份	南召县	南阳市区	新野县
2012	2	0.03	—	—
	10	0.41	0.47	0.12
	11	0.31	0.31	0.34
	12	0.13	0.35	0.36
	合计	0.88	1.13	0.82

表5-24 2013年各区域存在河流生态亏缺月份及亏缺水量 单位:亿 m^3

评估年	补偿月份	南召县	南阳市区	新野县
2013	2	0.03	0.01	0.01
	3	0.06	0.12	0.12
	4	0.13	0.33	0.35
	10	0.33	0.46	0.23
	11	0.01	0.21	0.24
	12	0.04	0.08	0.09
	合计	0.60	1.21	1.04

表 5-25　2014 年各区域存在河流生态亏缺月份及亏缺水量　单位:亿 m^3

评估年	补偿月份	南召县	南阳市区	新野县
2014	1	0.01	0.01	—
	2	—	0.01	0.01
	6	0.11	—	—
	7	0.18	0.36	0.35
	8	0.04	0.17	0.20
	合计	0.34	0.55	0.56

表 5-26　2015 年各区域存在河流生态亏缺月份及亏缺水量　单位:亿 m^3

评估年	补偿月份	南召县	南阳市区	新野县
2015	10	0.07	0.25	0.07
	合计	0.07	0.25	0.07

表 5-27　2016 年各区域存在河流生态亏缺月份及亏缺水量　单位:亿 m^3

评估年	补偿月份	南召县	南阳市区	新野县
2016	4	—	0.01	—
	9	0.20	0.17	0.11
	合计	0.20	0.18	0.11

结合图 5-19,从年内河流生态亏缺月份上来看[见图 5-19(a)~(e)],存在河流生态亏缺水量的月份大多为 1—4 月和 10—12 月等枯水期,这些月份降水量较少,再加上区域社会经济用水的消耗,河道内剩余水量少于维持河流生态健康可持续发展的生态需水阈值,这也从侧面反映了白河流域年内季节性丰枯变化大的特点。同时,5、6 月是粮食作物生长发育的关键期,关系到秋收粮食的产量,灌溉用水量增大,此外,在适宜生态需水量的功能内涵中考虑到了鱼类产卵、繁殖场条件、生物信号等生态功能,需要在 5—9 月提供一定数量和流速的洪水脉冲,因此在来水量较丰的 2011 年的 5、6 月也存在着较大的生态亏缺水量。

从各评估年河流生态亏损总量上来看[见图 5-19(f)],整体上各评估年河流生态亏缺水量呈下降趋势,分析其原因,一方面由于 2011 年和 2012 年来水量较丰,采用适宜生态需水量作为河道内阈值,另一方面此时社会节水控水意识还较为淡薄,加之缺乏节水高新技术和设备,社会经济用水仍较为粗犷,因此河流生态亏缺水量较大;2013—2016 年均为枯水年,然而,2013 年水文频率为 88.17%,为较枯年份,来水量匮乏,同时社会经济用水形势仍在转变之中,所以生态亏损量仍较大,但在 2014 年,生态亏缺水量已经大幅下降,到 2015 年和 2016 年,生态亏缺水量已经能够维持在一个较低的水平。此外,结合图 5-19(e),2015 年和 2016 年不仅在生态亏缺总量上较小,而且当年都仅有 1 个月存在

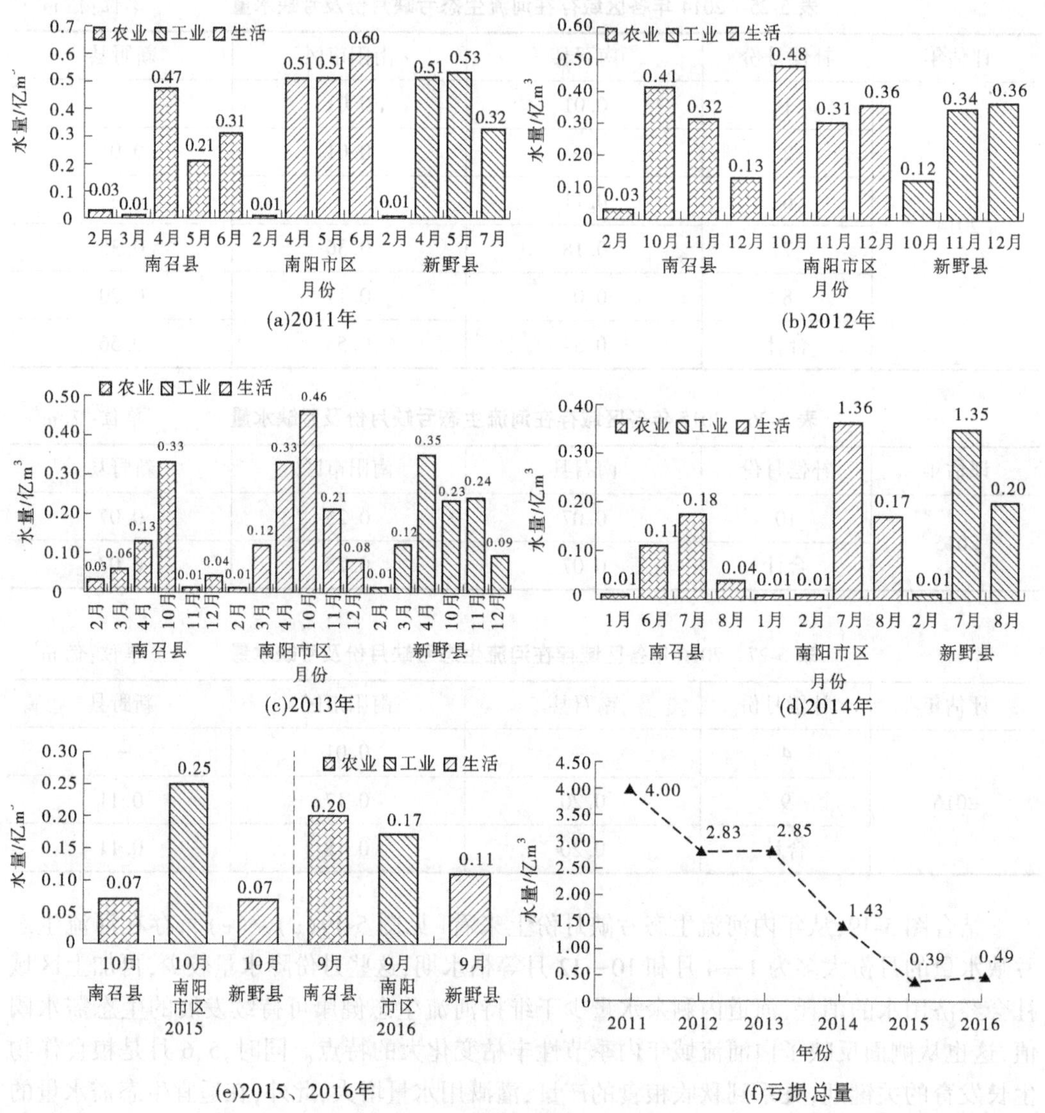

图 5-19　各评估年河流生态亏缺水量

河流生态亏缺，表明南阳市各单元河流生态治理已经开始逐见成效，对河流生态水量的保护作出了一定的贡献。

同时，对各评估年区域河流生态亏缺水量进行汇总分析（见图 5-20），可以明显看出，各评估年 3 个行政单元中南阳市区的河流生态亏缺水量明显高于南召县和新野县，这也侧面表明社会经济较为发达和集中的地区对河流生态的影响也越大，引起的河流生态亏缺水量较大。

因此，为保障河流生态健康和维持区域社会经济发展用水，有必要针对河流水量进行科学合理的生态补偿，同时，修建并充分科学运行相应的水利设施，改善河流季节性丰枯情况。此外，在区域行政单元上（见图 5-20），各评估年中，位于流域中游的南阳市区的河

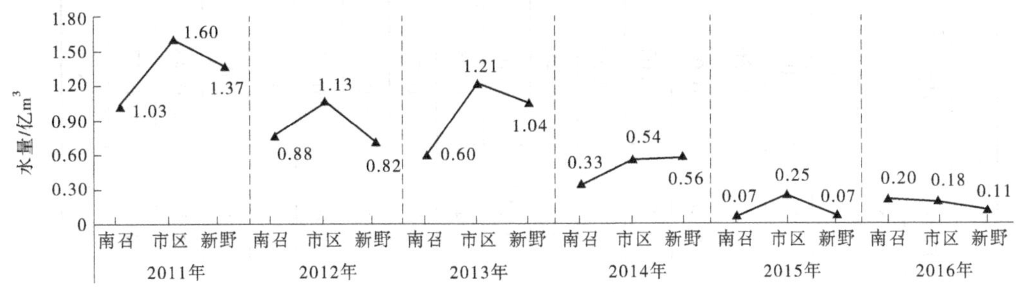

图 5-20　各评估年区域河流生态亏缺水量

流生态亏缺水量最多,表明在人口聚集区和社会经济发展相对发达地区的用水量较大,所需要承担的补偿水量也较大。因此,在流域水资源规划管理上,应当从整体出发,对流域水资源进行合理调配,尽量减少区域发展不协调性,同时社会经济用水量较大的区域也应及时积极采取相应的节水措施,避免由于本区域的发展而对河流生态造成较大的负担。

3. 河道外水权分配阈值判别

结合表 5-20 中各评估年水文频率,进行河道外取用水控制阈值判别。根据丰、平、枯各典型年市-县-行业双层递阶水权分配阈值计算结果,与各行政单元用水行业实际用水量进行对比,计算各评估年行业超标用水量,如表 5-28 所示。对各评估年各区域分行业河道外超标用水量进行聚类显示以便分析(见图 5-21)。

从各区域单元上来看,2011 年丰水年水量较为充沛,除南阳市生活用水外,基本没有行业存在超标用水量[见图 5-21(a)];在 2012 年平水年以及 2013—2016 年枯水年时[见图 5-21(b)~(f)],中下游的南阳市区和新野县有较大的超标用水量,并且南阳市区要明显大于新野县和南召县。出现这样的原因:一方面是因为平水年和枯水年时河道内水量较少,另一方面,以 2012 年为例,根据《南阳统计年鉴》,南召县、南阳市区和新野县 2012 年生产总值分别为 113. 30 亿元、547. 14 亿元和 197. 47 亿元,位于下游的南阳市区和新野县的经济明显高于南召县,表明社会经济发展与用水量之间存在较大的相关性,下游南阳市区和新野县的社会经济发展水平较高,则相应的超标用水量也越大。因此,流域与区域在进行水量分配时,应以水资源总量为红线,统筹考虑各区域发展情况,在避免区域发展不均衡的同时减少因河道外超标用水而引起河流生态受损的可能。

从行业上来看,各评估年超标用水量多集中在农业和工业上,其中南阳市区的工业超标用水量明显较大,而新野县的农业超标用水量则较为显著,这主要是和社会经济发展水平和当地的实际情况有关,南阳市社会经济发展水平较高,工业企业聚集,相应的工业用水需求量大;而新野县农业粮食产量大,人均粮食产量常年维持在 0. 62 t/人,是南阳市区(0. 38 t/人)的两倍左右,因此农业超标用水量较大。针对这一现象,当地政府可结合本区域实际情况有针对性地对高耗水行业进行改进,南阳市区可着重引进先进工业节水技术和设备,督促高耗水工业企业加快节水技术升级,在保证生产效益的同时,尽量减少工业超标用水;新野县则可对农田灌溉进行统筹规划管理,以干、支、斗、农各级渠系为引线,结合农作物生长特性,尽量做到农田灌溉用水自上而下全过程管理与把控,实现科学灌溉,同时鼓励农户发展先进节水灌溉技术,避免大水漫灌,以减少农田灌溉过度耗水。

表 5-28 各评估年区域分行业超标用水量

单位：亿 m^3

评估年	行业	南召县			南阳市区			新野县		
		水权阈值	实际用水	超标用水	水权阈值	实际用水	超标用水	水权阈值	实际用水	超标用水
2011	农业	0.89	0.43	0	1.97	1.66	0	1.27	0.87	0
	工业	0.90	0.25	0	1.82	1.13	0	0.46	0.45	0
	生活	0.19	0.18	0	0.98	1.07	0.10	0.34	0.23	0
2012	农业	0.72	0.47	0	1.51	1.64	0.13	0.60	0.96	0.36
	工业	0.16	0.20	0.05	0.66	1.21	0.56	0.39	0.46	0.07
	生活	0.18	0.17	0	1.05	1.09	0.04	0.20	0.23	0.02
2013	农业	0.54	0.69	0.15	1.08	1.59	0.51	0.72	1.28	0.56
	工业	0.05	0.18	0.13	0.38	1.07	0.68	0.15	0.43	0.29
	生活	0.18	0.19	0.01	1.06	1.08	0.02	0.20	0.24	0.03
2014	农业	0.54	1.08	0.54	1.08	1.28	0.20	0.72	1.47	0.75
	工业	0.05	0.48	0.43	0.38	1.15	0.76	0.15	0.37	0.23
	生活	0.18	0.48	0.30	1.06	1.00	0	0.20	0.48	0.27
2015	农业	0.54	0.69	0.15	1.08	1.70	0.62	0.72	1.03	0.31
	工业	0.05	0.20	0.14	0.38	0.84	0.46	0.15	0.41	0.27
	生活	0.18	0.15	0	1.06	1.07	0.02	0.20	0.18	0
2016	农业	0.54	0.72	0.18	1.08	2.07	0.99	0.72	1.16	0.44
	工业	0.05	0.25	0.19	0.38	0.69	0.31	0.15	0.41	0.27
	生活	0.18	0.16	0	1.06	1.10	0.04	0.20	0.20	0

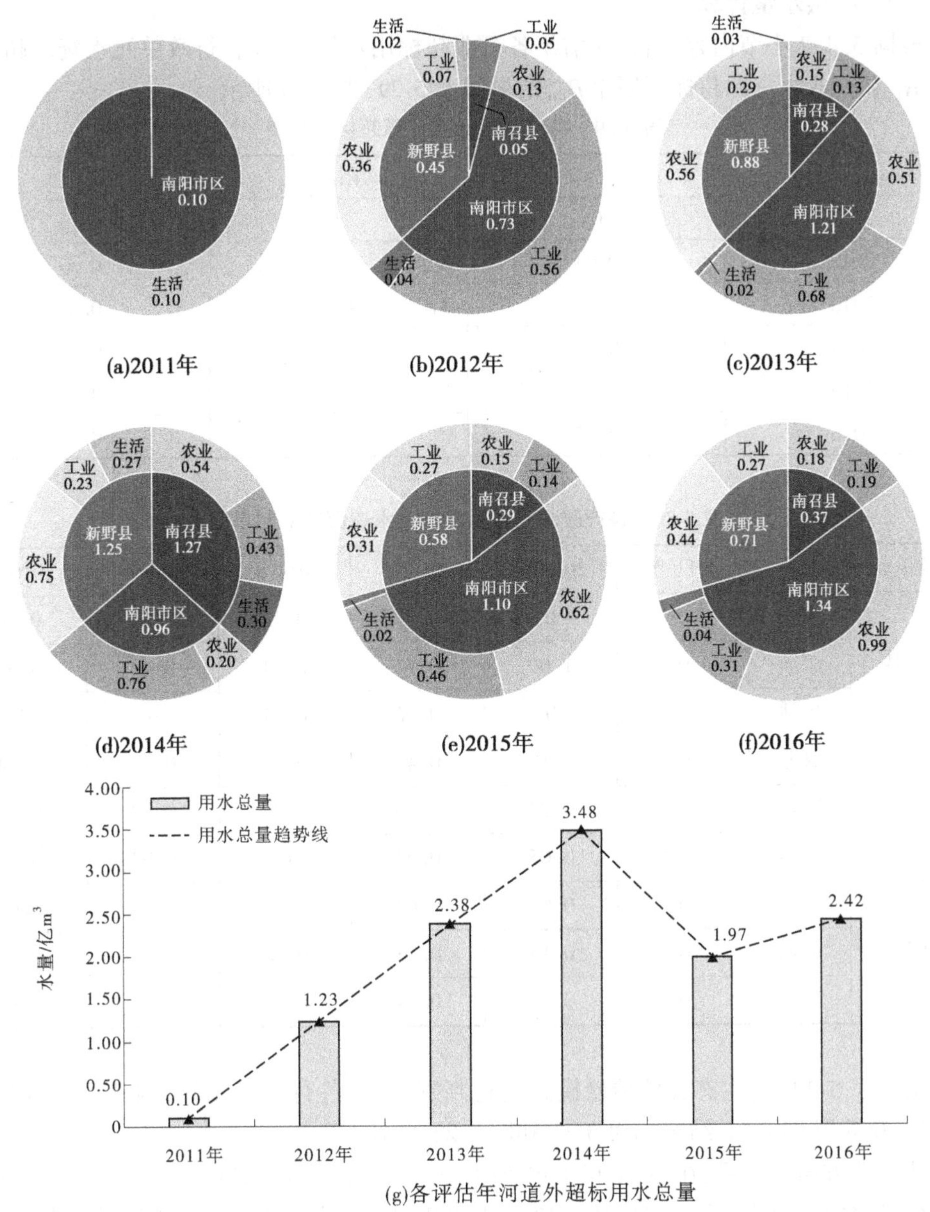

图 5-21　各评估年区域分行业河道外超标用水量　（单位：亿 m^3）

从评估年上来看[见图 5-21(g)]，2011 年和 2012 年分别为丰水年和平水年，来水较多，因此河道外区域超标用水量较少；2013—2016 年为枯水年，来水较少，河道外区域超标用水量相应也较多。在整体趋势上，系列年河道外超标用水量先是稳定升高，然后在 2015 年时有一定幅度的下降，除与相应评估年对应的水文频率有关外，结合图 5-19 各评估年中 2015 年和 2016 年河道内生态水量亏缺量也大幅下降的现象，可以侧面看出 2015 年和 2016 年研究区在河流生态保护和区域用水节水控制上都取得了一定的成效，响应了十八大以来党和国家提出的加快生态文明建设政策。

5.5.3.2　补偿水量计算

根据5.4.2小节内容，结合评估年各行业超标用水量，计算各行政单元水资源超标利用率 α_1 和行业水资源超标利用率 β_{ij}，结果如表5-29、表5-30所示。

表5-29　各行政单元水资源超标利用率

评估年	南召县	南阳市区	新野县
2011	0	1	0
2012	0.04	0.59	0.37
2013	0.12	0.51	0.37
2014	0.36	0.28	0.36
2015	0.15	0.56	0.29
2016	0.15	0.55	0.29

表5-30　各行政单元各用水行业水资源超标利用率

行政单元	行业	2011年	2012年	2013年	2014年	2015年	2016年
南召县	农业	0	0	0.53	0.42	0.51	0.49
	工业	0	1.00	0.44	0.34	0.49	0.51
	生活	0	0	0.02	0.24	0	0
南阳市区	农业	0	0.18	0.42	0.21	0.57	0.74
	工业	0	0.77	0.56	0.79	0.42	0.23
	生活	1.00	0.05	0.02	0	0.02	0.03
新野县	农业	0	0.80	0.64	0.60	0.54	0.62
	工业	0	0.15	0.33	0.18	0.46	0.38
	生活	0	0.05	0.04	0.22	0	0

结合表5-2中各生态补偿情景模式进行判别，计算各行政单元各行业所需承担的补偿水量，确定补偿方向，结果如表5-31和图5-22所示。

从补偿方向上来看，在2011年丰水年时[见图5-22(a)]，水量比较充沛，仅有南阳市区有少量水向河道内进行补偿；而2012年平水年时[见图5-22(b)]中下游的南阳市区和新野县河道外各行业超标用水量较大，占用了较多的发展机会，需要承担的生态补偿水量相应较多，除需要对本区域内河流生态需水进行补偿外，还需要向上游的南召县进行补偿；与2012年平水年不同，2014年属于枯水年，位于下游的南阳市区和新野县获得的水量较少，在满足自身社会经济发展需求的同时挤占了较多的河道内生态水量，因此在补偿河流生态用水上，南阳市区和新野县均需承担较多的河道内生态补偿水量，同时，上游南召县的河道外超标用水量较大，在对河流生态水量进行补偿的同时，还需要向下游的南阳市区和新野县进行补偿；2013年、2015年和2016年枯水年各区域则在向河流进行补偿的基础上，下游南阳市区和新野县需要向上游南召县进行补偿。

表 5-31　各行政单元各行业补偿水量　　单位：亿 m³

行政单元	行业	2011 年	2012 年	2013 年	2014 年	2015 年	2016 年
南召县	农业	0	0	0.19	0.22	0.03	0.03
	工业	0	0.11	0.15	0.18	0.03	0.04
	生活	0	0	0.01	0.12	0	0
	合计	0	0.11	0.35	0.52	0.06	0.07
南阳市区	农业	0	0.31	0.62	0.08	0.12	0.20
	工业	0	1.29	0.82	0.32	0.09	0.06
	生活	0.10	0.09	0.02	0	0	0.01
	合计	0.10	1.68	1.46	0.40	0.22	0.27
新野县	农业	0	0.84	0.67	0.31	0.06	0.09
	工业	0	0.15	0.34	0.09	0.05	0.05
	生活	0	0.05	0.04	0.11	0	0
	合计	0	1.05	1.05	0.51	0.11	0.14

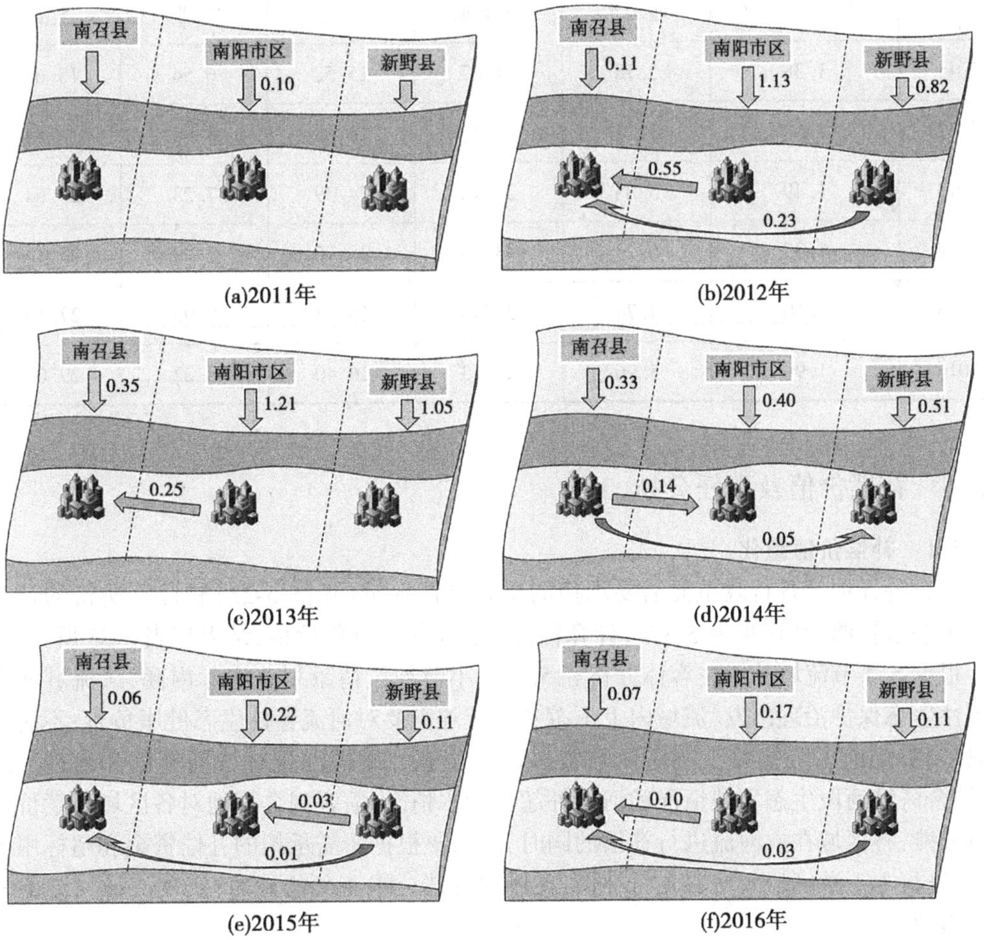

(a)2011年　(b)2012年

(c)2013年　(d)2014年

(e)2015年　(f)2016年

图 5-22　各评估年行政单元补偿水量及补偿方向　（单位：亿 m³）

从补偿水量上来看,由于生态补偿主要以恢复河流水生态健康为目标,因此各单元需向本区域河流生态进行补偿的水量仍占多数,用于河流上下游整体协同治理的区域单元间转移补偿量较少。此外,各区域中南阳市区需承担的补偿水量明显较大,这也与图 5-20 中南阳市区河流生态亏缺水量较大和图 5-21 中南阳市区超标用水量较多相对应。

5.5.4 水资源价值

收集南阳市各评估年社会经济、供用水等数据,根据 5.4.3 小节,基于能值分析理论分析各行业系统内能量流动关系,建立能值分析表,核算各行业单方水资源价值。鉴于课题组前期在能值分析计算上有较为丰富的成果(Guan et al.,2022;Lv et al.,2020),在此不再赘述详细的计算过程,读者可详阅相关文章了解详细计算过程(管新建 等,2023)。计算所得各评估年南阳市各行业单方水资源生态经济价值如表 5-32 所示。

表 5-32 各评估年南阳市各行业单方水资源生态经济价值

评估年	能值货币比率/(10^{11} sej/元)	能值转化率/(10^{11} sej/m^3)		单方水资源价值/(元/m^3)		
		地表水	地下水	工业	农业	生活
2011	1.38	2.78	21.67	15.52	6.54	18.65
2012	1.58	3.11	22.12	16.88	4.98	19.84
2013	1.49	5.88	27.10	24.39	7.23	27.64
2014	1.35	6.24	33.65	25.96	7.99	25.16
2015	2.10	4.74	22.96	16.23	6.95	27.10
2016	1.98	5.96	24.43	16.40	8.22	29.09

5.5.5 补偿价值及责任分摊

5.5.5.1 补偿价值量化。

结合各评估年各行政单元需要承担的生态补偿水量(见图 5-22)和计算所得的行业单方生态水资源价值(见表 5-32),计算各行业需承担的补偿价值,结果如表 5-33 所示。

根据 5.4 节流域补偿主客体分析和 5.4.2 小节补偿情景划分实际内涵,从流域河流整体性生态保护治理出发,流域内上下游各区域均需要对河流整体生态健康负责,不能仅仅只"自扫门前雪",需要上下游区域根据河流生态亏缺情况进行协同补偿和治理。因此,结合区域河段生态亏缺情况和河道外超标用水情况,需客观合理地对各区域补偿价值进行分摊,各区域在向河流进行补偿的同时,还需要根据所需承担的补偿资金和超标用水程度,进行上下游区域间转移支付补偿,在体现补偿公平正义的同时,实现流域河流的整体性治理。

表 5-33　各行政单元各行业补偿价值　单位:亿元

行政单元	行业	2011 年	2012 年	2013 年	2014 年	2015 年	2016 年
南召县	农业	0	0	1.35	1.76	0.21	0.28
	工业	0	1.80	3.77	4.57	0.47	0.59
	生活	0	0	0.23	3.12	0	0
	合计	0	1.80	5.35	9.45	0.68	0.87
南阳市区	农业	0	1.53	4.45	0.67	0.86	1.64
	工业	0	21.72	20.02	8.21	1.49	1.01
	生活	1.83	1.70	0.65	0	0.10	0.24
	合计	1.83	24.95	25.12	8.88	2.45	2.89
新野县	农业	0	4.19	4.83	2.44	0.41	0.71
	工业	0	2.60	8.41	2.40	0.82	0.87
	生活	0	1.09	1.04	2.81	0	0
	合计	0	7.88	14.28	7.65	1.23	1.58

结合表 5-2 补偿情景确定各区域补偿方向,各评估年中,2011 年仅有南阳市区需要向河流补偿 1.83 亿元,补偿方式简单,而 2012—2016 年补偿均涉及政府间转移支付补偿,模式较为复杂,为清晰明了地展示各区域间分各行业间补偿关系,绘制 2011—2016 年生态补偿价值和方向如图 5-23 所示。

整体上来看,各评估年中除 2011 年和 2014 年外,其余年份位于中下游的南阳市区和新野县均需要承担较多的补偿资金,并需要向上游的南召县进行补偿,尤其是社会经济较发达的南阳市区,总补偿资金最多,每年都需承担总补偿资金的 50%以上,尤其是 2012 年[见图 5-23(b)],需承担总补偿资金的 72.06%,达到 24.95 亿元,其中有近 1/3 的补偿资金 8.17 亿元需要向南召县转移支付;位于上游的南召县每年需承担的补偿资金最少,并在区域间主要作为补偿客体接受下游南阳市区和新野县的转移支付补偿,用于本区域河段河流生态修复;而在 2014 年枯水年时[见图 5-23(d)],位于上游的南召县则需要承担较多的补偿资金并向下游进行转移支付补偿。可以看出,不同充沛程度的来水量可能会影响到补偿的方向。然而,从保护河流生态健康和社会经济可持续发展的目标上来看,区域行政单元需要进行补偿的深层原因是河流生态水量缺损和区域社会经济用水超标。因此,出现平水年下游补、部分枯水年上游补现象的主要原因还是流域内行政区域间不考虑水资源的丰枯情况,更多地仅考虑自身发展,没有进行取用水的统筹规划和统一调配,在水量多时,下游无节制增大取用水,造成河流生态水量缺损,而在水量较少时,上下游区域都只能满足自身需求,各区域河道外超标用水量均较大,导致需要区域间转移支付补偿,以实现上下游的协同治理。

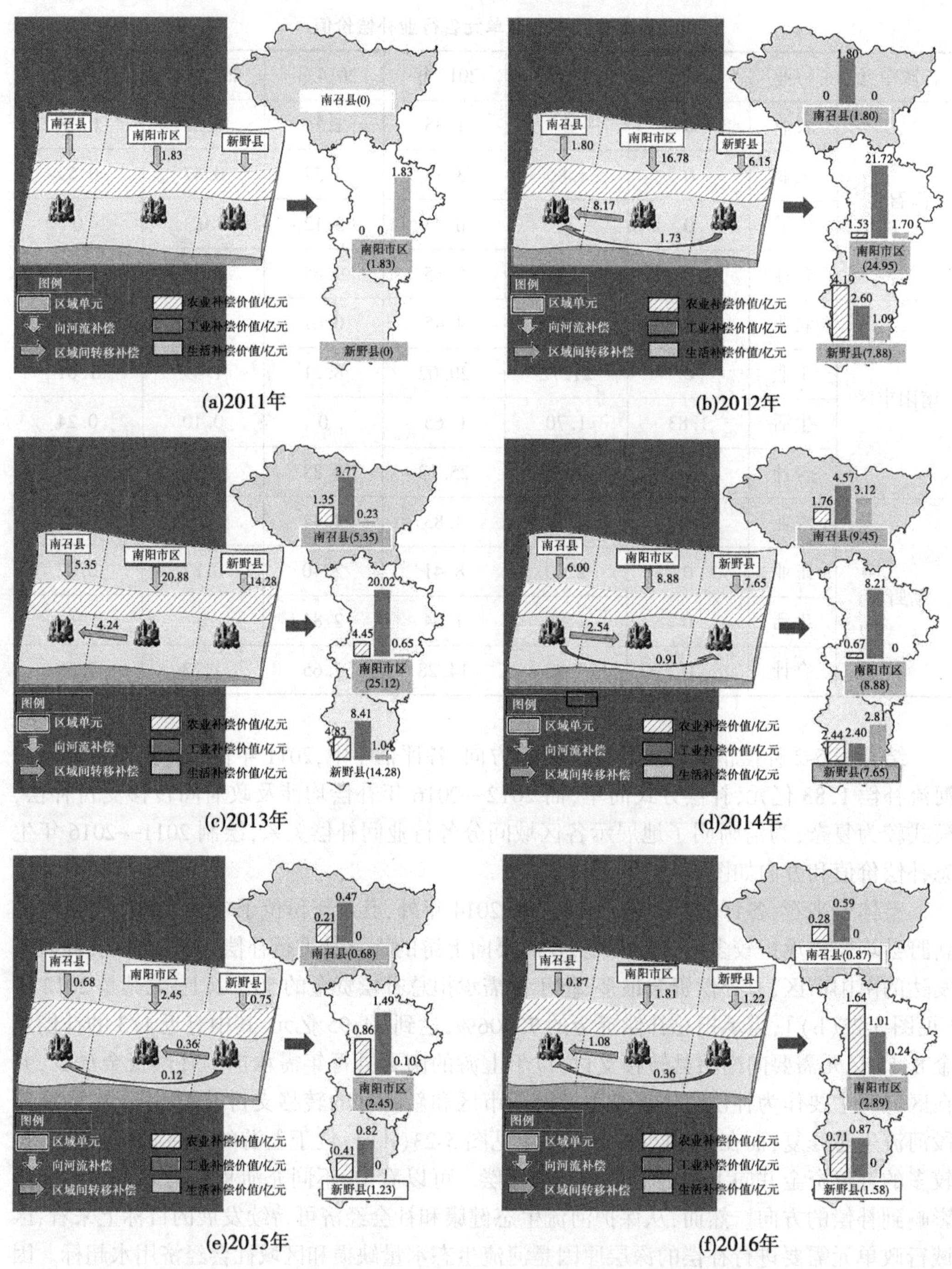

图 5-23　各评估年白河流域水生态补偿价值及补偿方向

从行业上来看，对于南召县和南阳市区而言，各行业中工业需承担的补偿资金较多，尤其是工业较为发达的南阳市区，工业补偿资金占总补偿资金的 80%以上，表明该区域工业超标用水量较大，按比例分摊所需承担的补偿资金也就越多。而下游粮食产量较大的新野县则需在农业上承担较多的补偿资金，并在部分年份(2012 年、2014 年)中农业补偿资金超过了工业。在生活上，各评估年中生活所需承担的补偿资金都非常小，并在许多评估年中部分区域生活补偿资金为 0。因此，区域行政单元应当注重优化产业布局，根据实际情况因地制宜地推动产业经济结构调整，实现协调可持续发展。同时，对于高用水、高耗水的企业应积极引导节水技术改进，并鼓励其进行工业节水技术创新，推广具有高科技含量的工业节水设施及设备。

5.5.5.2　权责分摊及建议

结合图 5-23，按照流域-县-行业的层次依次对补偿资金进行分摊，从保护河流水生态安全的目的出发，河流水生态为补偿客体，各区域单元为补偿主体，各评估年需要补偿河流水生态经济价值分别为 1.83 亿元、24.73 亿元、40.50 亿元、22.54 亿元、3.90 亿元和 3.90 亿元，其中，平水年 2012 年和枯水年 2013 年、2014 年补偿最多，2011 年丰水年补偿水量最少，且主要为南阳市区向河流进行补偿，由市区的生活用水行业承担。在各行政单元间，从损害河流水生态的程度和保护者受益者的角度出发，除 2014 年外，其余评估年中位于下游的南阳市区和新野县为补偿主体，需向上游南召县进行转移支付补偿，用于南召县所在河段水生态治理，其中南阳市转移支付补偿较多，2012 年、2013 年和 2016 年分别向南召县转移支付补偿 8.17 亿元、4.24 亿元和 1.08 亿元。

在分行业补偿资金上(见图 5-24)，各区域需承担的补偿资金则由各超标用水行业根据超标用水率进行分摊。各行业中工业所需分摊补偿资金最多，2012—2016 年分别需分摊 26.12 亿元、32.20 亿元、15.18 亿元、2.78 亿元和 2.47 亿元，均占到当年总补偿资金 50%以上，其中 2012 年和 2013 年达到了 75.43%和 71.96%。而粮食产量较大的新野县则除工业外还需要在农业上分摊较多的补偿资金，在评估年 2012 年、2013 年、2014 年需要分摊 4.19 亿元、4.83 亿元和 2.44 亿元，在 3 个行政区域中最多。同时，从图 5-24 也可以看出，各区域除丰水年 2011 年外，2012 年、2013 年和 2014 年补偿价值较高，从 2014 年开始，2015 年和 2016 年虽为枯水年，但补偿价值仍降到一个较低的水平，表明党的十八大以来党和国家提出加快生态文明建设后，南阳白河流域水生态治理取得了一定的成效。

结合行政单元间的补偿模式和各行业承担补偿资金情况，对于南阳市而言，应该统筹规划，根据当年水资源丰枯情况及时动态调配水资源，水量较充沛时，量需而取、量取而用，避免粗犷式、无节制式用水；水库等蓄水工程在调蓄过程中，除避免发生洪涝灾害外，还应着重蓄存多余的水资源，在冬季枯水期时及时放水补充河流径流量，同时，在河道径流量较少或农作物浇灌等用水量较大的特殊时期时，应及时考虑从水库调水以缓解用水紧张，避免河道生态功能受损；当枯水年时，发挥政府主导作用，科学统一协调流域上下游行政单元用水关系，在保障河流基本生态需水量的基础上，合理开发利用水资源，同时，增加外调水源，积极筹措基金兴建调水工程，储蓄备用水源，增加区域抗风险能力。

各用水行业应当提高用水效率，优先保障生活和粮食安全用水需求，在工业上，从优化产业结构的角度严格落实国家“以水定产”重要原则，以企业为主体，深化工业绿色发展和产业转型升级，加快推进工业内外部结构调整优化，在调整优化产业结构的基础上做到有多少水办多少事，严格限制高耗水、高排放、低效率工业企业盲目发展。在农业上，在充分考虑粮食生产安全需水的基础上，做到“以水定地”，结合当地气候、土壤、地理条件，因水因地制宜优化农作物种植结构，大力发展并普及节水节灌技术，提高灌溉效率。

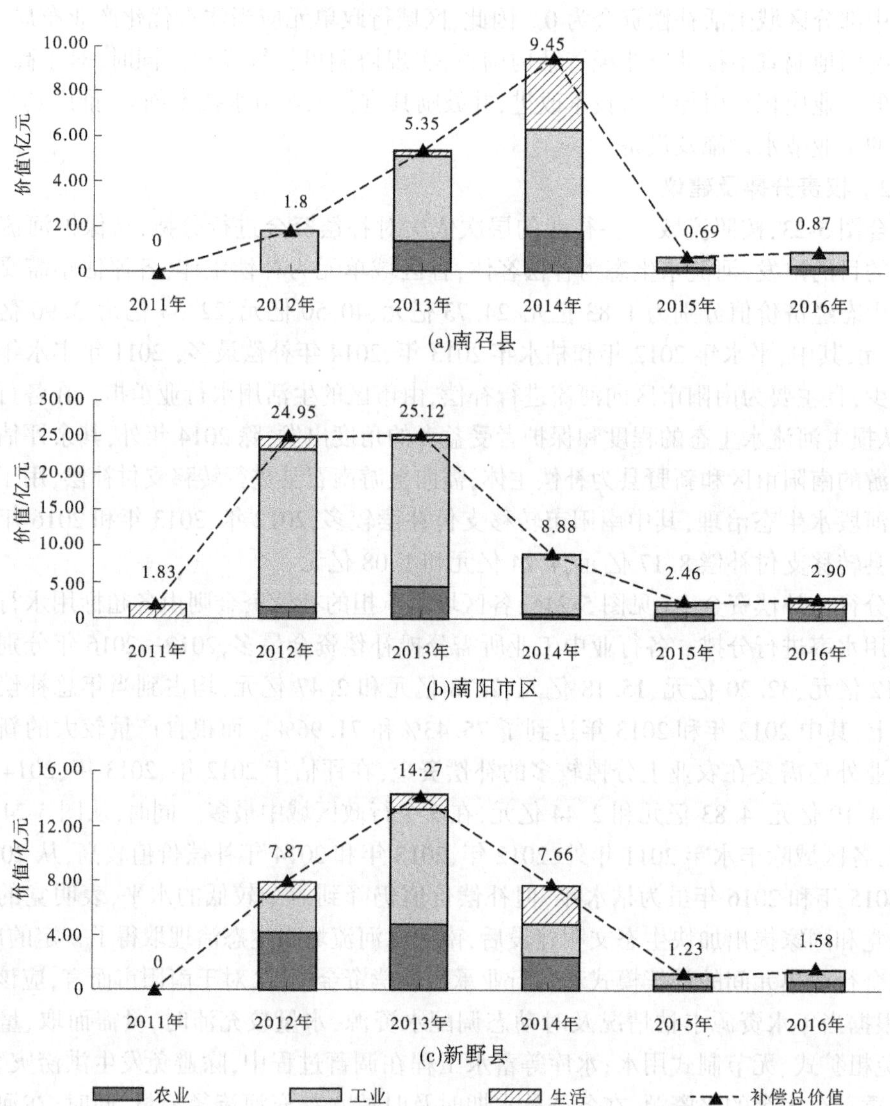

图 5-24　各评估年各区域分行业补偿价值分摊

5.6　小　结

本章以河流生态健康安全与区域社会经济发展为目标，针对流域与区域相关联的生态补偿问题中河流生态需水保障与河道内外用水矛盾，建立了河流生态需水与水权分配双控制、超阈值判别的流域生态补偿框架。以南阳白河流域为研究区进行实例研究，对研究区河道内河流生态需水控制阈值和河道外双层递阶市-县-行业水权分配控制阈值进行了定量刻画,并选择 2011—2016 年为评估年对补偿水量、补偿标准和补偿价值进行了量化计算,为补充流域生态补偿机制理论研究和流域水资源合理规划配置提供了一定的参考。主要研究成果如下:

(1)河流生态需水与水权分配双控作用的生态补偿框架构建。

在分析区域行政单元间与河道内外的生态利益关系的基础上,提出了流域与区域相关联生态补偿总体框架,剖析了河道内外协同控制阈值作用内涵和双控阈值驱动下的补偿水量、补偿标准和权责分摊响应关系;结合河道内外双控阈值实际作用内涵,提出相应的阈值定量刻画方法;提出了多层级生态补偿判别准则,依据河流生态缺损量和河道外用水超标量划分补偿情景,明确各行政单元分行业所需承担的补偿水量及补偿方向,建立了河流生态需水与水权分配双控制、超阈值判别下流域与区域相关联的生态补偿框架。

(2)河道内生态需水补偿控制阈值量化。

本章基于河流天然径流过程,采用月流量变动法计算河流基本生态需水量,针对传统年内展布法的局限性,对同期均值比进行改进,采用改进的年内展布法计算河流适宜生态需水量,作为河道内生态需水控制阈值,结果表明,白河流域年内 12 月至翌年 3 月为枯水期,4 月、10 月、11 月为平水期,5—9 月为丰水期,计算所得的基本生态流量在枯水期、平水期和丰水期时均能维持一定的生态基流,在保障河流不断流的同时能维持河流生态系统的基本生态功能;适宜生态流量在 7—9 月丰水期时流量增加且增幅较大,能够为河流水生生物产卵、繁殖等提供适宜的流量条件,其中由改进的年内展布法计算所得的各时期同期均值比为枯水期>平水期>丰水期,能够在避免各时期流量极值影响的同时,尽可能地使得各时期河流生态功能目标得到满足。

(3)河道外水权分配补偿控制阈值计算。

本章构建了双层递阶决策下市-县-行业水权分配模型,一层模型综合考虑多要素协同控制下指标体系和组合赋权模型进行市-县间水权分配,二层模型构建县-行业水权分配多目标规划模型,获取各行业初始水权分配量,作为河道外水权分配控制阈值。分别选取丰、平、枯典型年计算研究区各县分行业水权量,各典型年来水频率下流域初始水权量分别为 10.91 亿 m^3、6.79 亿 m^3、4.31 亿 m^3,各县水权分配比例与实际用水比例在总体趋势上相差不大,位于上游的南召县分水比例明显升高,而中下游的南阳市区和新野县分水比例下降;各区域分行业水权分配结果与行业用水保障率和优先级相关,生活、农业水权量均能得到保障且较为稳定,而工业水权量则随天然来水情况变化波动较大。

(4)多层级补偿判别准则下的补偿价值量化。

基于河道内外协同控制阈值,结合多层级生态补偿准则进行判别,确定各评估年补偿水量、补偿价值、补偿方向。结果显示,2011—2016 年补偿总水量分别为 0.10 亿 m^3、2.83 亿 m^3、2.85 亿 m^3、1.43 亿 m^3、0.39 亿 m^3 和 0.48 亿 m^3,其中南阳市区承担总补偿水量最多,南召县承担总补偿水量最少,各单元在补偿河流生态需水的同时,还需进行上下游间补偿,用于流域河流整体性协同治理,除 2011 年和 2014 年外,其余评估年均为位于中下游的南阳市区和新野县向上游南召县补偿;采用能值分析理论计算南阳市分行业水资源生态经济价值,在数值上,生活>工业>农业;结合补偿水量,各评估年总补偿价值分别为 1.83 亿元、34.63 亿元、44.74 亿元、25.98 亿元、4.38 亿元和 5.35 亿元,各行业中工业所需承担的补偿资金最多,其中以南阳市区为主;农业分摊补偿资金中,新野县需承担的较多。补偿结果表明流域内各单元应根据来水情况进行统一动态合理规划水量分配,在保障河流生态健康安全的同时做到区域间的协调发展,区域行政单元内应当注重优化产业布局,根据实际情况因地制宜地推动产业经济结构调整,实现流域生态安全和区域社会经济的协调可持续发展。

第 6 章　水质水量协同控制下的流域生态补偿研究

6.1　补偿框架

明晰流域上下游县级行政单元间的生态与社会经济相关的利益关系，针对流域供-用-耗-排水户之间的生态利益关系，依据上下游县级行政单元间“谁污染、谁超量、谁付费、谁补偿”的生态补偿原则，根据上下游污水排放污染损害、河道内外用水矛盾，界定因污染损失与生态需水亏缺造成的损害者和受益者补偿主客体。综合考虑水质水量双控作用，以保障社会经济与生态环境协调发展为目标，基于污染物总量分配、污染物混合叠加、污染损失率理论，核算关键控制断面多种污染物浓度综合影响的水污染损失率与水环境补偿水量。基于生态-生境-流量时空分组模块化模拟模型与双层次超阈值判别的流域市-县水权分配方法，制定生态流量与水权分配阈值协同准则，核算水生态补偿水量。以水环境质量达标状况对应的污染损失率为水环境补偿判别条件，以河流生态流量与水权双阈值判别下的河流生态亏缺水量为水生态补偿判别条件，创建了“水质达标-水量盈余、水质达标-水量亏缺、水质超标-水量盈余、水质超标-水量亏缺”的补偿情景，结合流域上下游行政单元之间及河道内外的补偿关系，对水环境与水生态补偿价值进行客体分配，构建水质水量协同控制的流域水生态环境多情景补偿模式，形成了双控制因素协同、多情景模式判别、多保护目标综合的流域水生态环境补偿途径。水质水量协同控制下的流域水生态环境补偿框架如图 6-1 所示。

6.2　基于生态-生境-流量时空分组模型的生态流量确定方法

生态水量是水生态系统为维持自身基本的稳定性与功能性所需的预留在河道内的水量值。科学确定生态流量，并有效评估其保证率，能够明确水生态系统健康的保证程度。本章基于栖息地模拟理论，建立基于生态-生境-流量时空分组模块化模拟模型，推求适宜生态流量组合；提出基于频率分析与满足率法的中长期与短期生态流量保证率评估方法，评判水生态系统的健康程度。基于此，结合准则量化的区域初始水权配置研究及河流生境补偿水量量化方法，若河道内实际流量未满足生态流量需求，且超出区域水权分配份额，结合两者双层阈值控制的关系分析表，对河流生境补偿水量进行确定。

6.2.1　生态-生境-流量分组响应机制

6.2.1.1　生态-生境-流量时空分组响应机制

由于生态演变过程对生境时空的需求差异，生态流量应该呈现多阶段、多特性的组合

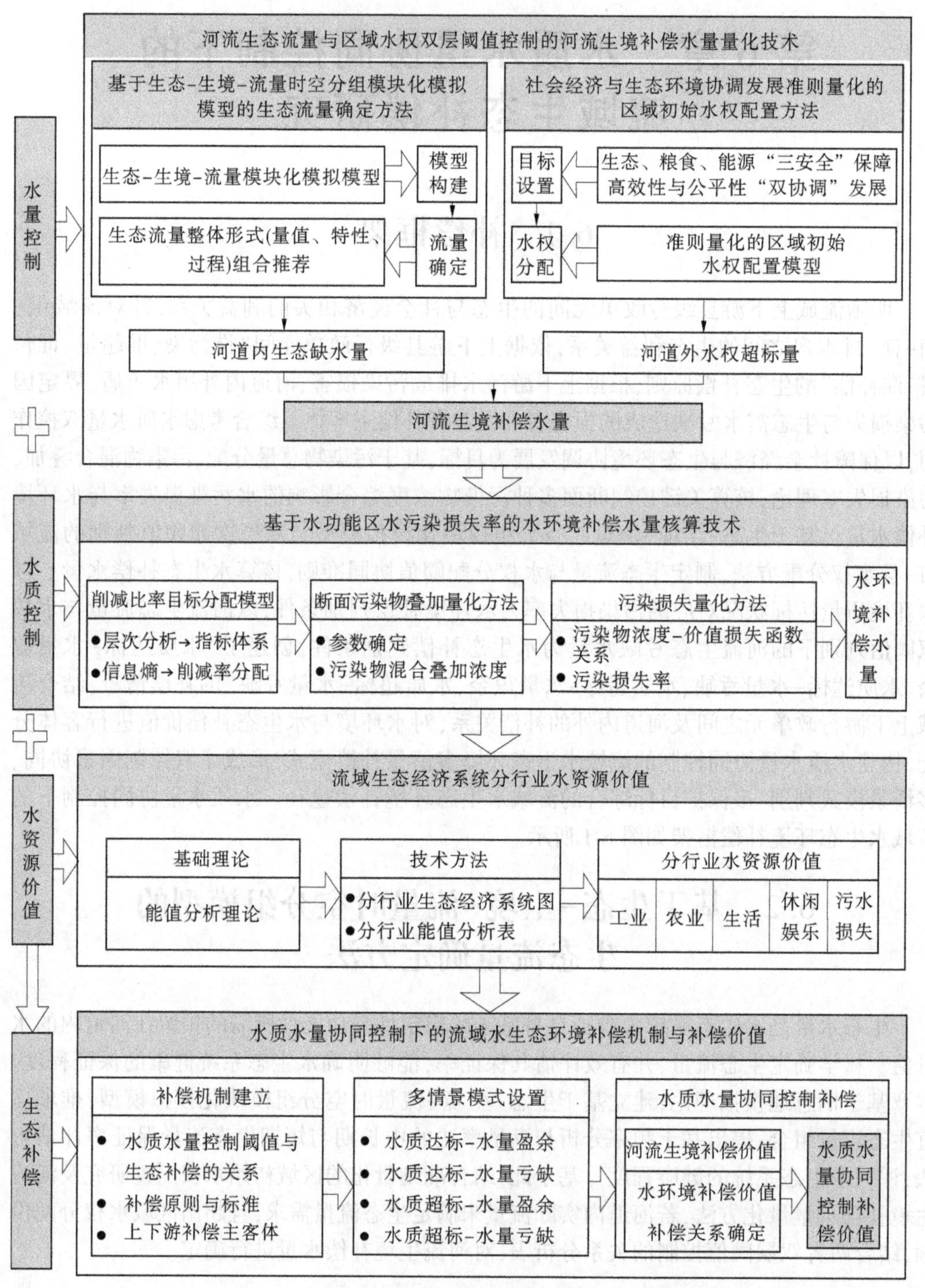

图 6-1　水质水量协同控制下的流域水生态环境补偿框架

形式,为合理估算生态流量,对河流生态-生境-流量时空分组响应机制展开研究。本章以鱼类作为保护目标,分析鱼类生态过程对栖息地与流量整体性需求的响应机制,将鱼类年内生活史阶段划分为上溯期、产卵繁殖期、幼鱼索饵期、越冬期。生态-生境-流量时空分组响应机制概念性模型如图 6-2 所示。

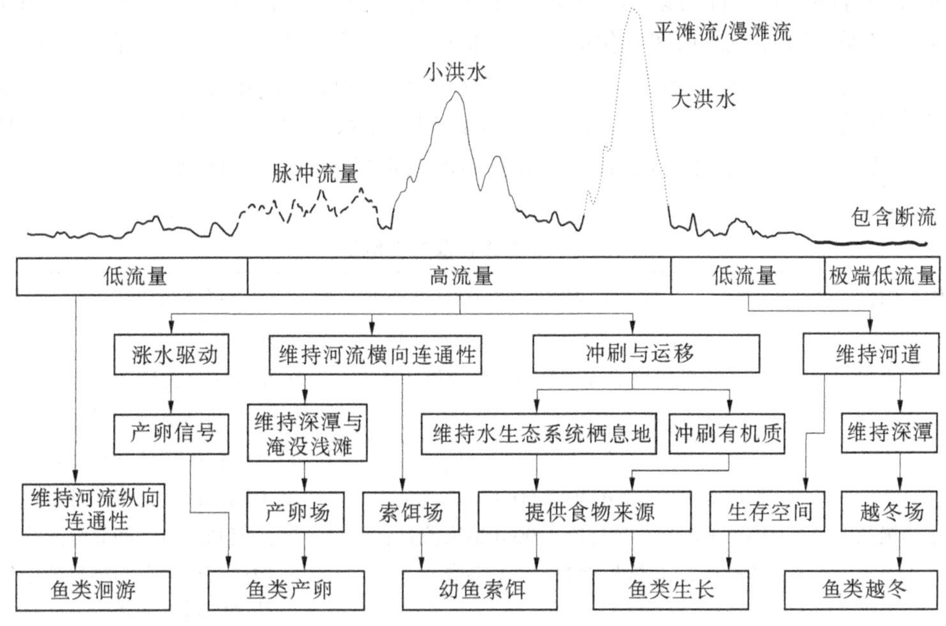

图 6-2　生态-生境-流量时空分组响应机制概念性模型

其中,低流量可以维持河流纵向连通性,维持深潭与淹没浅滩,为鱼类提供越冬环境与洄游条件;高流量带来的涨水过程可以作为产卵信号,促使鱼类产卵,而且可以维持河流横向连通性,冲刷河道,为鱼类的繁殖生长提供丰富的营养物质。在小洪水与大洪水中又包含了平滩流与漫滩流。小洪水期间,河流的流量与含沙量较高脉冲流量更大,河流淹没范围更广,为水生生物提供更加广泛的觅食场与提供更丰富的营养资源。大洪水事件可以重塑河流与洪泛平原的物理结构,并重排河流水生态系统的生物群落结构,对于选择优势物种以及水生态系统的演变具有重要意义。

流量是河流生态系统的关键驱动力,而且是最重要的水文参数之一。河流通过流量的变化影响栖息地生境,从而作用于水生生物生态过程。生态流量是河流水生态系统生命繁衍与功能保障的基本条件,根据河流水生态系统的需求而定,与河流水文情势、地理条件、水力特征、水环境质量等河流生境情况息息相关。水文情势年内周期性的动态变化过程会引起鱼类生活史分阶段不同的生态效应;鱼类生活史不同阶段的生态需求,以及水文情势变化对河槽、河漫滩的影响决定了适宜栖息地的动态模式;水力条件与水环境质量能够直观描述鱼类生长繁殖不同时期对栖息地的适宜性需求。

6.2.1.2　栖息地生境因子对鱼类生态过程的影响效应

在鱼类生态过程中,鱼类对栖息地的需求会随着鱼类生活史的周期性而发生变化。多类生境因子综合影响鱼类栖息地在时间与空间上的分布与质量,生境因子之间也相互作用与影响,共同决定鱼类生态过程的时空分组与流量需求。因此,如何分析鱼类生态过程与栖息地多类生境因子之间的相互作用关系,确定栖息地生境因子对鱼类生态过程的影响效应，是生态流量计算的前提与必须解决的关键科学问题。

(1)水文-生态影响效应。

水文情势的变化特征可以用5类水文要素(IHA指标)进行描述与量化(见表6-1)。IHA是用以评估河流生态水文变化的一系列指标体系，它以表征河流水文情势的基本特征(量、时间、频率、延时和变化率)为基础，将水文序列统计参数分为5组、32个与河流生态系统相互关联的指标。在后来的研究中，考虑到河流水资源开发利用程度的显著增强，断流现象逐渐增多，在结合实际情况的同时，对所选取的IHA有所增减，最终成为现在常用的33个指标。

表6-1　IHA指标及生态响应

IHA指标	参数	对生态的影响
月均水量	各月流量的均值或中值(12个参数)	1. 水生生物的栖息要求； 2. 植物土壤湿度的有效性； 3. 食肉动物筑巢的通道
年均极值	年均1 d、3 d、7 d、30 d、90 d最小流量； 年均1 d、3 d、7 d、30 d、90 d最大流量； 基流指数，0流量天数(12个参数)	1. 生物抗极端条件平衡； 2. 不同水体植物群落分布； 3. 河流和漫滩之间养分交换； 4. 构造河道地形与栖息地条件； 5. 处理河道沉积物
年极值出现时间	年最大流量出现时间； 年最小流量出现时间(2个参数)	1. 生物繁衍； 2. 物种进化需要； 3. 繁衍期的栖息地环境
高、低流量频率与历时	每年低流量谷底数； 每年低流量平均持续时间； 每年高流量洪峰数； 每年高流量平均持续时间(4个参数)	1. 满足洪泛区与河流的需要； 2. 鱼类栖息地； 3. 土壤水的频率与尺度
流量变化率与频率	流量变化率与流量平均增加率； 流量平均减少率； 每年流量频率逆转次数(3个参数)	1. 植物干旱胁迫； 2. 河滩低速生物的干旱胁迫

(2)地理-生态影响效应。

河流地形地貌的塑造是水流长期作用的过程。河道在水流尤其是高流量的作用下，形成了各种各样的地理形态，为水生物种尤其是鱼类的生存繁殖提供大量的营养物质及适宜的栖息地条件。由于河道地形特征是水流的边界条件，因此河道的地形特征决定了断面尺度内河流的水力参数，如水位、流速等。此外，河流地理形态也直接或间接地作用于与水生物种相关联的水文效应。

河流形态的多样性决定了栖息地的有效性、总量及栖息地的复杂性。河流的生物群落多样性对于栖息地异质性存在着正相关效应。这种关系反映了生命系统与非生命系统之间的依存与耦合关系。某一群落的栖息地空间异质性和复杂程度越高，就表明着产生了多种小生境，在一定程度上可以容纳更多的生物栖息繁衍。此外，栖息地生境在一定程度上决定了鱼类的丰度、数量及其水域食物网。

(3)水力-生态影响效应。

水力条件能够直观反映鱼类生长时期对栖息地生境的适宜需求,如流速、水深、水温等。鱼类的生长时期可以分为多个不同的生长阶段,包括上溯期、产卵繁殖期、幼鱼索饵期、越冬期。各生长阶段在外形特征、生活习性及与栖息地生境的联系方面均有所不同。

在产卵繁殖期,鱼类最易受到水温的影响,如果水温适宜且能满足鱼类达到性成熟所需热量,鱼类就可以进行产卵繁殖及洄游等生命活动。水温决定了鱼类的代谢反应速率,从而成为影响鱼类活动和生长的重要环境变量。在急流中,水体含氧量几乎饱和。在不同的水流条件下,鱼类的数量、丰度的变化较为显著。此外,水位的消涨对于鱼类的产卵繁殖和迁移具有很大作用,水位上涨可以刺激鱼类产卵并可以把鱼类和它们的卵及幼体远距离传送。

(4)水质-生态影响效应。

水是水生生物赖以生存的最主要生境环境,水环境破坏对水生生物产生最直接影响,严重时会导致物种大量死亡,水质优劣直接影响着鱼类物种多样性的维持与河流生境的保护。鱼类成功产卵后,需要适宜的水环境状态用以支持其健康发育和生长,水体溶解氧浓度、水体的 pH、重金属等水环境要素,均能够对鱼类的胚胎发育产生影响。

从生物代谢角度而言,溶解氧通过鱼鳃经血液循环运送到鱼体各个组织,保证鱼类的正常生理活动。高溶解氧水平可提高鱼类的生长速度、调节鱼类的生理平衡。在弱酸性水质中,鱼类的载氧功能会显著降低。因此,在各种鱼类产卵繁殖后,鱼卵的发育期间应该严格控制水体水质达标,保证鱼类健康生长。

6.2.2　生态-生境-流量模块化模拟模型

生态流量应当依据鱼类生态过程随时间与空间的变化而制定不同的适宜值,在鱼类生态过程与流量过程的连接中还要综合考虑栖息地多类生境因子的影响效应。基于前文生态-生境-流量时空分组响应机制与栖息地生境因子对鱼类生态过程的影响效应研究,建立生态-生境-流量模型支撑模块,从而构建生态-生境-流量模块化模拟模型。

生态-生境-流量模块化模拟模型由主体结构与水文-生态、地理-生态、水力-生态、水质-生态 4 个支撑模块构成。首先,选取研究河段并进行生态调查,通过实地调查、监测与资料收集,确定鱼类保护目标,并研究其生态过程各阶段的生物学特性,划分时空组份。其次,启动水文-生态与地理-生态模块。前者用于分割环境流量组分,并选定鱼类生活史分阶段的支撑环境流量序列;后者用于选定鱼类生活史分时期对应的最佳栖息地。然后,分析不同环境流量组分对鱼类生活史各阶段内可能产生的影响,应用水力-生态模块,结合鱼类生态学特性,依次确定每个时空分组内保护目标的适宜性水力参数要求。此外,通过水质-生态模块,添加每个时空分组的水质约束范围。最后,针对各个时空分组,分别选取组分内的支撑环境流量的典型过程,采用水质水动力数值模拟技术模拟流量与栖息地生境之间的变化过程,建立鱼类生态过程-生境因子-流量之间的连接关系,推求各时空分组内的生态流量整体形式。模型的总体框架如图 6-3 所示。

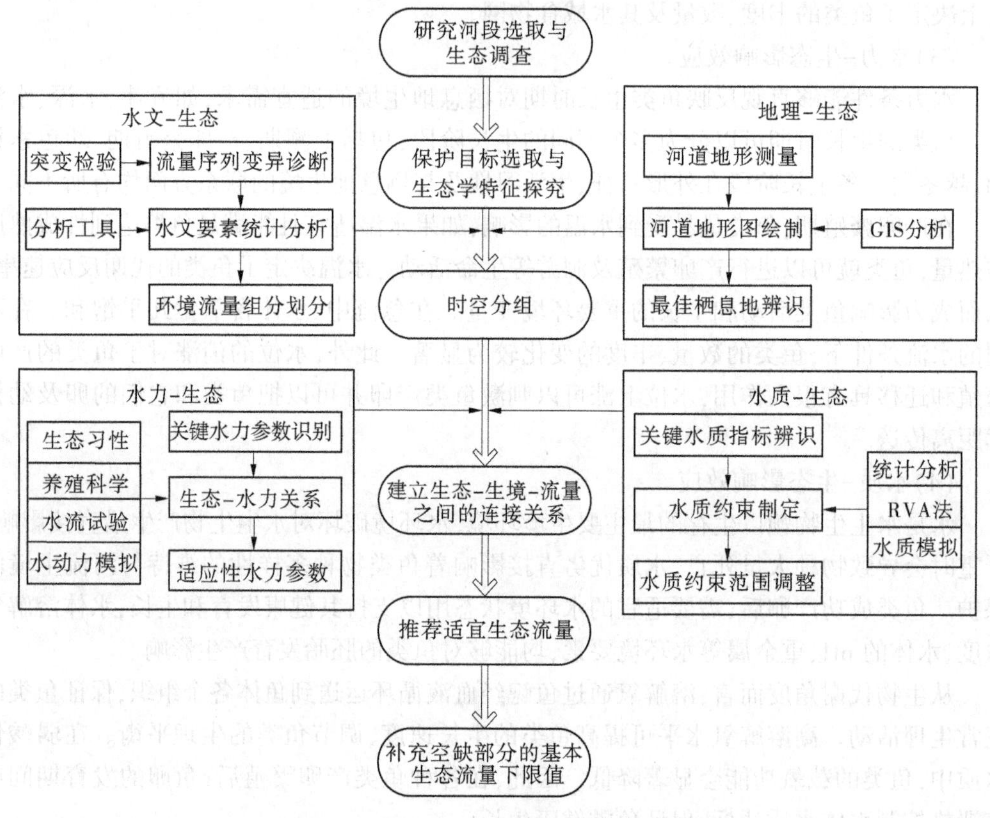

图 6-3 生态-生境-流量模块化模拟模型

6.2.2.1 水文-生态模块

水文情势年内周期性的动态变化过程会引起鱼类生活史分阶段不同的生态效应。采用水文变异诊断技术，将水文序列分为两个变动水文序列；基于 IHA 指标，分析水文变异下环境流量组成，为推求生态流量整体形式提供水文分析基础。

1. 水文变异诊断技术

(1) M-K 法：是一种非参数检验方法，能够确定水文序列的变异时间，建立序列如下：

$$U_k = \sum_{i=1}^{n} S_i \tag{6-1}$$

式中：
$$S_i = \begin{cases} 1 & X_i > X_j \\ 0 & X_i < X_j \end{cases} \quad (X_i、X_j \text{ 分别为 } X \text{ 序列中的第 } i、j \text{ 个值}, i<j) \tag{6-2}$$

定义统计量：
$$\mathrm{UF}_k = \frac{U_k - E(U_k)}{\sqrt{\mathrm{var}(U_k)}} \tag{6-3}$$

式中：
$$E(U_k) = \frac{k(k-1)}{4}, \mathrm{var}(U_k) = \frac{k(k-1)(2k+5)}{72} \tag{6-4}$$

将时间序列 X 逆序排列，并按照以上流程得到序列 UB_k。若曲线 UF 和 UB 有交点，则交点对应时刻即为水文变异出现的时间。

(2) Pettitt 法：在 t 时刻，若时间序列遵循式(6-5)的条件，则该点为水文变异点。

$$K_t = \max|C_k| \quad (k = 2,3,\cdots,n) \tag{6-5}$$

式中：C_k 为 i 时刻数值大于或小于 j 时刻数值个数的累计数，$j=1, 2, \cdots, i$。

2. 环境流量指标

水生物种的生长繁殖与流量事件的发生时间、频率、量、持续时间及其变化率密切相关，包含 5 组 34 个指标，称为环境流量指标。这些指标代表了河流的水文状态，反映了河流水文情势在日间、季节间及年际间的变化。5 种流量事件如下：

(1) 低流量（low flows）：在枯水期，地下水对这些枯水流量进行补给，低流量决定着年内水生生境的变化，其季节性的变化严重影响河流的水生群落。

(2) 极端低流（extreme low flows）：极端低流下水中的溶解氧浓度降低，水体受到破坏，会对一些物种的生存及栖息环境产生不利影响，从而影响整个生态系统的正常运转。

(3) 高脉冲流量（high flow pluses）：低流量和极端低流这两种流量事件往往会给生态环境带来压力，高脉冲流量形式下的河流流量会大于低流量水平，对于缓解生态压力和水资源分配具有积极作用。

(4) 小洪水（small floods）：包括鱼类在内的多种水生生物在汛期寻找合适的栖息地环境，小洪水事件有利于鱼类的产卵，为鱼类和其他水生生物的生存和健康发展提供有利的条件。

(5) 大洪水（large floods）：大洪水往往有巨大的冲击力，可以塑造河床形态，改变水生生物的栖息地环境，同时也能改变生态系统内的物种分布，对维持生态环境循环具有重要意义。

6.2.2.2　地理-生态模块

宏观来看，河流的地理环境和鱼类群落的分布在纵向上具有显著的梯度。对洄游鱼类而言，河流的纵向是到达产卵地的基本途径，如鲟形目和鲑、鳟科的鱼类。在微观尺度上，20 世纪 80 年代各国学者就着手对河流生物栖息地的微观尺度进行研究。Kemp 等提出以生态学定义的功能性栖息地和以水力学定义的水力栖息地的基本概念。

鱼类生活史不同阶段的生态需求，以及水文情势变化对河槽、河漫滩的影响决定了适宜栖息地的动态模式。在研究河段内进行河道测量，获取每个河道断面若干点的起点距和高程数据，并结合 GIS 技术分析河道纵向和垂向地形变化特征。鱼类较喜欢在弯曲、分汊的断面中生长繁衍，以及在河床较深处进行越冬洄游。根据鱼类生活史各阶段对栖息地形态的生态需求，划分鱼类产卵场、越冬场、洄游河段、幼鱼索饵场等区域，从而获取适宜生态流量组合所对应的最佳动态栖息地。

6.2.2.3　水力-生态模块

水力条件能够直观描述鱼类生长繁殖不同时期对栖息地的适宜性需求。在栖息地生境模拟中，需要构建研究目标生态需求对应的水力参数和流量之间的关系，本书采用一维水动力学模型实现这一过程，选用 MIKE11 软件进行模拟，以流速、水位等指标度量水力条件。在急流中，水体含氧量几乎饱和，在不同的水流条件下，鱼类的丰度、数量等会出现显著变化。水位的消涨对于鱼类的产卵繁殖和迁移具有很大作用，水位上涨可以刺激鱼类产卵并可以把鱼类和它们的卵及幼体远距离传送。

MIKE11 中的一维水动力模块是一款以圣维南（Saint-Venant）方程组作为理论基础的

水动力学软件，可用于模拟一维河道河网水流，从而建立流量与其他水力参数之间的联系。其控制方程如下：

连续方程：

$$\frac{\partial A}{\partial t} + \frac{\partial Q}{\partial x} = q \tag{6-6}$$

动量方程：

$$\frac{\partial Q}{\partial t} + \frac{\partial}{\partial x}\left(\alpha \frac{Q^2}{A}\right) + gA\frac{\partial h}{\partial x} + g\frac{Q|Q|}{C^2 AR} = 0 \tag{6-7}$$

式中：A 为过水断面面积，m^2；Q 为径流量，m^3/s；t 为时间，s；x 为沿水流方向的距离，m；q 为单位河长的旁侧入流量，m^3/s；g 为重力加速度，m^3/s；h 为水位，m；R 为水力半径，m；C 为动量分布系数。

6.2.2.4 水质-生态模块

根据鱼类对水质的生态需求以及国家与地区相关的水质标准，选取水质浓度指标，结合水质浓度监测数据，对各约束指标进行数据统计分析。借鉴变动范围法（RVA），确定水质约束的上下限值。缺乏实测资料的河段，选用 MIKE11 软件进行模拟。

MIKE11 水质计算采用对流扩散模块，它能够模拟在水体运动和水体污染物作用下，物质迁移扩散运动中的分布状况。一维对流-扩散方程如下：

$$\frac{\partial AC}{\partial t} + \frac{\partial QC}{\partial x} - \frac{\partial}{\partial x}\left(AD\frac{\partial C}{\partial x}\right) = -AKC + C_2 q \tag{6-8}$$

式中：C 为物质浓度，mg/L；D 为河道纵向扩散系数，m/s；K 为污染物线性衰减系数，L/d；C_2 为污染物浓度，mg/L。

6.2.2.5 基于水文学法的空缺部分基本生态流量补充

基于生态-生境-流量模块化模拟模型推荐的生态流量为一组时空组合值，对应鱼类生态过程不同时空组分内对生境与流量整体形式的需求。但是，不同时空组分内对生境要求的严格程度不一，因此会出现在某个时空组分内历史流量序列均能满足鱼类生态过程的情况，出现生态流量上、下限值的空缺。为了保证河流水生态系统的健康，防止河道萎缩与栖息地不可逆的破坏，以长系列历史流量数据为基础，采用年内展布法和 RVA 法补充生态流量组合中的空缺值。

1. 年内展布法

（1）首先根据断面长系列月径流资料，分别计算多年平均径流量和最小年平均径流量，计算公式如下：

$$\overline{Q}\frac{1}{12}\sum_{i=1}^{12} q_i \quad \overline{q_i} = \frac{1}{n}\sum_{j=1}^{n} q_{ij} \tag{6-9}$$

$$\left.\begin{aligned} \overline{Q}_{\min} &= \frac{1}{12}\sum_{i=1}^{12} q_{\min(i)} \\ q_{\min(i)} &= \min q_{ij} \quad j = 1,2,\cdots,n \end{aligned}\right\} \tag{6-10}$$

式中：$\overline{q_i}$ 为第 i 月的多年月均径流量；$q_{\min(i)}$ 为第 i 月的多年最小月均径流量；q_{ij} 为第 j 年第 i 月的月均径流量；n 为统计数。

(2)同期均值比：

$$\eta = \frac{\overline{Q}_{\min}}{\overline{Q}} \tag{6-11}$$

(3)结合多年月平均流量的年内过程,计算各月的河道生态流量 ,即

$$Q_i = \overline{q}_i \times \eta \tag{6-12}$$

2. RVA 法

RVA 阈值即为自然河流生态系统能够承受的浮动上下限,在生态流量计算过程中可以借鉴其变动范围。参考现有生态流量计算方法,本书以 RVA 阈值下限流量作为适宜生态流量。计算如下：

$$Q_L = \begin{cases} (1-a)Q_{\mathrm{med}} \\ Q_{\mathrm{mean}} - Q_{\mathrm{sd}} \end{cases} \tag{6-13}$$

式中：Q_L 为 RVA 阈值下限,若 $Q_L<Q_{\min}$,则 $Q_L=Q_{75\%}$($Q_{75\%}$ 为指标发生概率为 75%时的值)；Q_{med} 为多年月平均流量；Q_{sd} 为方差；a 为可支配系数,取 17%；$Q_{\min}$ 为各月流量多年最小值。

6.3　多目标准则量化市-县初始水权分配模型

区域初始水权配置是由国家初次界定的流域、河段断面或水域可开发利用水资源量的初次分配给各行政区开发利用的权限。科学确定区域水权分配,可以判断流域取用水标准及准则,缓解河道内外用水矛盾。本节从水权配置类别和级别出发,提出了生态安全保障、农业安全保障、能源安全保障、高效性和公平性的 5 项原则满意度函数和原则权重,以河道外生态环境、粮食、能源(工业+城市生产)和区域公平性、分配高效性满意度最大为目标函数,量化区域水权配置及河道外取水标准,与河道外实际取用水对比,判断水权超标量。

6.3.1　社会经济-生态环境协调关系及约束机制

本节主要研究生态-能源-粮食复合系统协调关系的内涵、判别原则、表征指标,以及对水权配置的约束机制,为区域水权分级配置奠定理论基础,又进一步研究水资源-生态-能源-粮食协调发展与水权交易的关联机制。

6.3.1.1　社会经济-生态环境复合系统协调机制

下面将从人口、城镇化、经济发展、土地利用、产业结构、生态环境保护与建设方面分析社会经济与生态环境协同发展的驱动机制。

(1)人口。

水是一切生物生存与发展的物质基础,也是生态环境的重要组成部分。水关系到千家万户,是人人都需要的和每天都不可或缺的生活和生产资料。人口的变化,必定影响水需求的变化。因此,人口是水资源需求变化的重要驱动因素之一。

(2)城镇化。

城镇化(也称城市化)是指乡村人口向城市人口转化,生产方式与生活方式由乡村型向城市型转化的一个社会历史进程。城镇化进程也改变着一个国家和地区的水资源需求

变化。这种改变主要体现在两个方面:一是通过土地利用集中化与规模化以及人口的集中流动,驱动第二、三产业生产用水需求的增加或集中;二是通过城镇人口收入的提高、居住环境的改善、基础设施的完备驱动生活水需求增加。

(3)土地利用。

土地利用包括居民点用地、交通用地、耕地、水利工程用地、园地、林地、牧草用地、水产用地等几个方面。土地利用的根本目的是满足人类需求的发展,直接目的是经济效益和生态效益。在追求各种效益的同时,无论利用方式如何都离不开水资源的需求,发展耕地、满足粮食生产离不开水,发展牧草、园地满足生态需求同样离不开水。可以说,土地利用方式的改变无时无刻不在影响着水需求的变化,而且也是今后促进水资源需求增长的重要因子。

(4)产业结构。

从各国产业结构的形成过程来说,一个国家国所拥有的自然资源状况,往往是形成该国产业结构的立足点之一。而从一个国家产业结构的演进过程来看,本国所拥有的自然资源条件也是决定该国产业结构转化方向的重要因素之一。一个国家若较多地拥有某种自然资源,就决定了在该国的产业结构中,与该类资源相关的产业比例就比较大。

(5)生态环境保护与建设。

水是生态环境的限制性要素,是生态环境系统结构与功能的重要组成部分,水资源具有生态效用,其在生态环境系统中的地位和作用是任何其他要素无法替代的。但在我国传统水资源分配中,优先将水资源的使用权赋予灌溉农业、居民生活和工业,生态环境系统用水通常位于水资源使用列表中的底层。人们对生态环境保护的意识淡薄,致使许多与水有关的生态环境问题不断出现,生态环境问题已经成为制约局部区域发展的主要问题。

6.3.1.2 社会经济-生态环境复合系统协调关系

1. 社会经济-生态环境复合系统协调状态判别原则及表征指标

社会经济-生态环境复合系统协调状态,有3个层面的含义:一是社会经济-生态环境复合系统社会功能用水优先全部满足;二是就社会经济-生态环境复合系统生态、能源、粮食子系统本身的功能而言,基本功能用水需求得到满足,同时不超过规划目标功能;三是就社会经济-生态环境复合系统所具有的完整的多维功能而言,在生态和能源、粮食生产基本功能满足的同时,兼顾河道内的社会、经济、生态的协调发展,实现复合系统全面功能的协同。这3个层面的含义完整的数学表达如下。

(1)就社会经济-生态环境复合系统第一层协调状态而言,本次研究选取城镇居民生活和农村居民生活用水量两个指标,写成数学表达式如下:

$$H_s = L_s = D_s \tag{6-14}$$

式中:H_s、L_s 分别为城镇生活用水/农村生活用水的上、下限;D_s 为规划水平年城镇生活用水量/农村生活用水量。

(2)就社会经济-生态环境复合系统第二层协调状态而言,本次研究选取生态需水量、工业需水量、农业需水量3个指标,数学表达式如下。

①能源化工行业:

$$\left.\begin{aligned} H_g &= D_g \\ L_g &= k_g \times D_g \end{aligned}\right\} \tag{6-15}$$

式中：H_g、D_g 分别为能源化工工业用水/一般工业用水的上、下限；D_g 为能源化工行业需水量；k_g 为能源化工行业基本功能用水系数。

②粮食行业：

$$\left.\begin{aligned} H_l &= S_{yx} \times G_l \\ L_l &= S_{bz} \times G_l \end{aligned}\right\} \tag{6-16}$$

式中：H_l、L_l 分别为粮食行业用水量上、下限；S_{yx}、S_{bz} 分别为有效灌溉面积和保证灌溉面积；G_l 为粮食行业综合灌溉定额。

③生态环境：

$$\left.\begin{aligned} H_e &= D_e \\ L_e &= K_e \times D_e \end{aligned}\right\} \tag{6-17}$$

式中：H_e、L_e 分别为生态环境用水的上、下限；K_e 为生态环境基本功能用水系数；D_e 为规划水平年生态环境需水量。

(3)就社会经济-生态环境复合系统第三层协调状态而言，本次研究选取复合系统耦合协调度指标，数学表达式如下：

$$f = 1 - \sum_{i=1}^{3}\left[w_i\left(\frac{S_i^* - S_i}{S_i^*}\right)\right] \tag{6-18}$$

式中：f 为复合系统耦合协调度指标；i 为生态、工业、农业需水量三个指标的编号；ω_i 为第 i 个指标的权重。

2. 社会经济-生态环境复合系统对水权配置的约束机制

水权配置的直接对象为可利用的水资源，它是生态环境、社会经济的基本要素，是水资源生态经济复合系统结构与功能的组成部分。因此，区域水权配置必须立足于一个经济-社会-生态环境复合系统，即区域水资源生态经济系统。

(1)完整性对水权配置的约束。

社会经济-生态环境复合系统的完整性是由经济-社会-生态环境复合系统的完整性决定的。系统完整性表现在：水权配置活动既受自然规律的约束，也受经济与社会体制的限制。因此，区域水权配置活动应遵循经济子系统、社会子系统与生态环境子系统之间公平、合理、顺畅的运行机制，才能使三者在相互依存、相互制约、相互促进中向前发展。

(2)差异性对水权配置的约束。

由于用水对象和用水效益的不同，社会经济-生态环境复合系统内产生了行业差异。此外，各子系统经历了一定时间的生态环境、经济与社会的协同发展与进化，各子系统结构与功能逐步完善，达到其特有的动态平衡，与其他子系统之间产生时间差异。差异性要求针对区域水权配置的研究应因地制宜，尊重各子系统独有的特性与规律。

(3)协调性对水权配置的约束。

根据“生态经济协调”的概念，可将“区域水资源生态经济系统的协调性”界定为：各子系统通过协调过程所呈现的结构有序、功能有效的状态。水资源子系统的供给阈值是一定的，经济、社会子系统的需求会受到水资源子系统供给的制约。过多强调水资源的经济属性与社会属性，而降低水资源的生态环境属性，导致区域水资源生态经济系统的失调，是当前产生各种生态环境、经济、社会问题的根源。因此，区域水权配置活动应注重水资源生态经济系统的协调性，不仅要协调发挥水资源的经济功能与社会功能，也要协调发挥水资源的各项生态环境功能。

(4)价值性对水权配置的约束。

水资源自然生态环境系统的产生与发展无任何价值目的，不依附于人类的需要而更新演替。水资源生态经济系统的产生与发展，则依托于人类为满足自身需要对水资源系统进行的开发利用、保护与改造活动，这种活动的目的是使水资源充分发挥其在经济子系统、社会子系统，以及生态环境子系统中的价值。因此，水权配置活动应在保证经济、社会、生态环境子系统协调发展的同时，实现价值最优。

6.3.1.3　经济社会-生态环境协调发展与水权交易的关联机制

1. 水权交易的前提——水资源总量控制的刚性约束

水资源总量控制的刚性约束有两种：一种是用水总量的约束，一种是河流水量分配的约束。

用水总量红线控制指标的向下逐级分解和落实，形成了区域取用水总量的刚性约束。在用水总量控制的刚性约束下，即使水资源丰富地区，经济社会发展也将受制于用水总量的控制指标，这将从制度上倒逼一些区域和取用水户通过水权交易来满足新增用水需求。

(2)水权交易的动力——能源化工行业用水需求增长强劲。

在北方缺水地区，如内蒙古和淮南的炎黄地区、甘肃省疏勒河流域等，水资源紧缺已经成为经济社会发展的瓶颈，一批煤化工、磷化工、新能源等项目正在规划建设之中。这些项目亟须用水指标，而且其附加值高，对获得取水权有承受出让金的意愿和能力。在用水指标紧缺的情况下，不少企业迫切希望通过市场机制有偿获得取水权。

(3)水权交易的基础——农业用水比例大且效率不高。

在历史上重视农业灌溉的水资源配置的背景下，农业灌溉配置的初始水权比较大。在由农业经济占主要地位的农业省(区)，向工业经济逐渐向主导地位转变的过程中，必然使得初始水权分配与国民经济发展的布局严重不适应。如何调整现状用水结构，使之与经济社会发展相协调也成为政府和水行政主管部门探讨的热点领域。

(4)水权交易的保证——生态安全用水不受影响。

水权交易的实施，加大了灌区节水改造的力度，灌区灌溉过程中的渗漏量大大减少，使灌区对地下水的补给水量减少，会造成地下水位下降。地下水位降低过多，就有可能会对植被、湖泊、湿地等对生态环境带来不利的影响。为了保护灌区绿洲生态，应对水权交易进行核算，不引发负面的生态环境影响。

(5)水权交易的目标——水资源-生态-能源-粮食协调发展。

水权交易对水资源匮乏地区的工业发展和实现工农共同发展，起到积极的引导和示范作用。蕴含的巨大的经济效益、社会效益和生态效益是不容忽视的。正如原水利部部长汪恕诚部长在淮南、内蒙古考察时概括总结指出的，灌区和火电企业之间这种有偿转让水权的方式，改变了以往无偿剥夺农民用水权益的做法，充分体现了市场的调节作用，产生了巨大的经济社会效益，实现了“五赢”：一是通过水权转让，为企业提供了生产用水，赢得了区域经济快速发展；二是企业用水的保障，突破了瓶颈，赢得了发展的空间；三是拓展了水利融资渠道，灌区工程状况得到改善，水资源的利用效率和效益得到提高，赢得了水资源的优化配置；四是保护了农民合法用水权益，输水损失减少，水费支出下降，为农民赢得了经济效益；五是保障了经济社会发展用水，没有超采地下水资源，赢得了良好的生态效益。

6.3.2　市-县区域水权分配

各市拥有了一定总量的水资源使用权，在分至市后，还应层层分配下去，本次章将研究市内各县(区)水权分配。

6.3.2.1　市-县水权分配的主要原则

水量分配原则是水权分配的依据和约束，是分配中最为关键和重要的环节。本次研究通过文献和实践研究，收集了 60 余项相关原则，经统计、合并和分类，形成了 5 大类基本原则。基于水资源初始使用权分配原则的理论和实践，采用以下原则。

1. 基本用水保障原则

该原则包括基本生活用水保障与基本生态用水保障。其中，基本生活用水主要是指城市的家庭生活用水、农村的家庭生活用水和牲畜用水，相对于生产性用水具有更高级别的优先权，需要首先满足。在水量分配中，维持现状生态状况是最基本的要求，基本生态用水也具有较高的优先级别。

2. 粮食安全用水保障原则

中国人口多、粮食消费量大，粮食安全对社会稳定与发展非常重要。稳定的农业灌溉用水是保障粮食安全的必要手段之一。因此，在水量分配中，应根据地区实际情况考虑地区粮食安全保障，优先保障基本粮食生产用水。

3. 基本能源生产用水保障原则

能源是国民经济发展的重要支撑，能源安全直接影响到国家安全、可持续发展以及社会稳定，低限的能源生产用水是保障能源安全的前提。根据地区能源生产指标，能源种类数及用水定额指标，计算基本能源生产保障用水总量，并予以保障。

4. 公平原则

公平原则包括 4 项子原则：占用优先原则、人口优先原则、面积优先原则、水源地优先原则。占用优先原则指基于现状实际用水比例进行水量分配，是被广泛认可并使用的一项最基本也是最重要的水量分配原则。人口数量也是公平地进行水量分配应当考虑的因素之一。我国面积广阔，水资源空间分布不均，依据地区面积进行水量分配，尤其是农业水量分配是可采用的原则之一。水源地或流域上游具有天然的取水优势，一般占用较高比例用水量。水源地优先原则符合流域现状用水秩序，是公平原则所考虑的内容之一。

5. 效率原则

效率原则主要考虑水资源利用的经济效益，一般按照单方水 GDP 产值进行水量分配。在多数情况下，公平性往往会和高效性发生矛盾，从法律和伦理的角度来，在水量分配过程中，公平性原则应该在一定程度上优先于效率原则。在实践中，效率原则在很大程度上可以通过分配使用权后的市场交易得到弥补。

6.3.2.2　市-县水量分配多准则模型构建

由于水资源的多用途性及利用形式的多样性，水量分配过程要实现保障基本用水、确保公平以及促进高效利用等目标，属于多目标的决策问题。采用多目标优化的方法，建立水量分配的多准则模型，为全面、综合地进行初始水权分配提供数学模型平台。以满意度函数的形式量化分配原则，求解各原则综合满意度最大的水量分配方案，作为最优的初始水权分配方案。分配数学模型主要由目标函数和约束条件两部分组成。

1. 目标函数

采用加权法将多目标问题变成单目标问题，并在约束条件中设置权重系数均大于 0，保证加权后的单目标问题的最优解就是多目标问题的非劣解。加权后以综合满意度最大为初始水权分配数学模型目标函数：

$$\max S = \omega_1 \mathrm{RES} + \omega_2 \mathrm{RBS} + \omega_3 \mathrm{RTS} + \omega_4 \mathrm{RFS} + \omega_5 \mathrm{RHS} \tag{6-19}$$

式中：RES 为基本生态用水保障原则满意度；RBS 为粮食安全用水保障原则满意度；RTS 为基本能源生产用水保障原则满意度；RFS 为公平原则满意度；RHS 为效率原则满意度；$\omega_j(j=1,2,\cdots,5)$为不同原则满意度权重系数。

（1）基本生活用水保障原则满意度函数。

$$\mathrm{RES} = \begin{cases} \dfrac{W'_{\mathrm{ED}}}{W_{\mathrm{ED}}} & W'_{\mathrm{ED}} < W_{\mathrm{ED}} \\ 1 & W'_{\mathrm{ED}} \geqslant W_{\mathrm{ED}} \end{cases} \tag{6-20}$$

式中：RES 为基本生活用水保障原则满意度；W_{ED} 为流域适宜生活需水总量；W'_{ED}为分配的流域适宜生活水权量。

（2）粮食安全用水保障原则满意度函数。

$$\mathrm{RBS}_i = \begin{cases} \dfrac{\mathrm{WR}_i}{\mathrm{W}_{\mathrm{AB}i}} & \mathrm{WR}_i \leqslant \mathrm{W}_{\mathrm{AB}i} \\ 1 & \mathrm{WR}_i > \mathrm{W}_{\mathrm{AB}i} \end{cases} \tag{6-21}$$

$$\mathrm{RBS} = \begin{cases} 1 & \min \mathrm{RBS}_i = 1 \\ \dfrac{\min(\mathrm{RBS}_i - 0.95)}{1 - 0.95} & 0.95 < \min \mathrm{RBS}_i < 1 \\ 0 & \min \mathrm{RBS}_i \leqslant 0.95 \end{cases} \tag{6-22}$$

式中：RBS、RBS_i 为粮食安全用水保障原则的满意度，如某分区分配水量小于其粮食安全需水的 95%，则此原则不获满足；WR_i 为第 i 分区分配的社会经济水权量（不包括基本生活、生态水权）；$\mathrm{W}_{\mathrm{AB}i}$ 为第 i 区基本粮食生产需水量。

（3）基本能源生产用水保障原则满意度函数。

$$\mathrm{RTS} = \begin{cases} \dfrac{\mathrm{W}'_{\mathrm{TE}}}{\mathrm{W}'_{\mathrm{TE}}} & \mathrm{W}'_{\mathrm{TE}} < \mathrm{W}_{\mathrm{TE}} \\ 1 & \mathrm{W}'_{\mathrm{TE}} \geqslant \mathrm{W}_{\mathrm{TE}} \end{cases} \tag{6-23}$$

式中：RTS 为基本能源生产用水保障原则满意度；W_{TE} 为流域基本能源生产需水总量；$\mathrm{W}'_{\mathrm{TE}}$ 为分配的流域基本能源生产水权量。

（4）公平原则满意度函数。

采用加权平均的方式，综合考虑现状、人口、面积、产水量因素，建立公平原则满意度函数，进行公平性原则内部子原则的协调。

$$\mathrm{RFS} = \beta_1 \cdot \mathrm{RF}_1 + \beta_2 \cdot \mathrm{RF}_2 + \beta_3 \cdot \mathrm{RF}_3 + \beta_4 \cdot \mathrm{RF}_4 \tag{6-24}$$

式中：RFS 为公平原则满意度；RF_1、RF_2、RF_3、RF_4 分别为占用优先、人口优先、面积优先以及水源地优先的原则满意度；$\beta_j(j=1,2,3,4)$ 为各种公平原则下子原则满意度权重系数。

①占用优先原则满意度函数：

$$RF_1 = \frac{\min\left(\frac{WR_i}{WO_i}\right)}{\max\left(\frac{WR_i}{WO_i}\right)} \quad i = 1,2,\cdots n \tag{6-25}$$

式中：RF_1 为占用优先原则满意度，如完全按照各地区现状用水量比例进行分配，则该原则满意度最大；WR_i 为第 i 分区分配的社会经济水权量，不包括基本生活、生态水权；WO_i 为第 i 分区的现状用水量。

②人口优先原则满意度函数：

$$RF_2 = \frac{\min\left(\frac{WR_i}{PoP_i}\right)}{\max\left(\frac{WR_i}{PoP_i}\right)} \quad i = 1,2,\cdots n \tag{6-26}$$

式中：RF_2 为人口优先原则满意度，如完全按照各区人口比例进行分配，即各地区人均水量一致，则该原则满意度最大；PoP_i 为第 i 分区的现状人口。

③面积优先原则满意度函数：

$$RF_3 = \frac{\min\left(\frac{WR_i}{Area_i}\right)}{\max\left(\frac{WR_i}{Area_i}\right)} \quad i = 1,2,\cdots n \tag{6-27}$$

式中：RF_3 为面积优先原则满意度，如完全按照各区面积比例进行分配，即各地区亩均水量均一致，则该原则满意度最大；$Area_i$ 为第 i 分区的面积。

④水源地优先原则满意度函数：

$$RF_4 = \frac{\min\left(\frac{WSR_i}{WC_i}\right)}{\max\left(\frac{WSR_i}{WC_i}\right)} \quad i = 1,2,\cdots n \tag{6-28}$$

式中：RF_4 为水源地优先原则满意度，如完全按照各区产水量比例进行分配，即各地区分配水量与其产水量的比例均一致，则该原则满意度最大；WSR_i 为第 i 分区的地表水权量；WC_i 为第 i 分区的产水量。

(5)效率原则满意度函数：

$$RHS = \frac{\sum_{i=1}^{n}\left(WR_i \cdot \frac{GDP_i}{WO_i}\right) - \sum_{i=1}^{n}\left[WR_i \cdot \min\left(\frac{GDP_i}{WO_i}\right)\right]}{\sum_{i=1}^{n} WR_i \cdot \max\left(\frac{GDP_i}{WO_i}\right) - \sum_{i=1}^{n}\left[WR_i \cdot \min\left(\frac{GDP_i}{WO_i}\right)\right]} \tag{6-29}$$

式中：RHS 为效率原则满意度，如将水量全部分配给单方水产值最大的区域，则该原则满意度最大。

2. 约束条件

(1)水量平衡约束。

$$W'_{LB} = W_{LB} = \sum_{i=1}^{n} W_{LB_i} \tag{6-30}$$

$$W'_{EB} = W_{EB} = \sum_{i=1}^{n} W_{EB_i} \tag{6-31}$$

$$W_T \geqslant W'_{LB} + W'_{EB} + \sum_{i=1}^{n} \mathrm{WR}_i \tag{6-32}$$

式中:W_{LB}、W'_{LB}为流域基本生活需水量及分配的水权量;W_{EB}、W'_{EB}为流域基本生态需水量及分配的水权量;W_T 为流域水资源总量。

(2)非负约束。

$$\mathrm{WR}_i \geqslant 0 \quad i = 1,2,\cdots,n \tag{6-33}$$

式中:WR_i 为社会经济水权变量。

3. 多准则模型中水权分配要素表达

结合提出的初始水权分配要素及其辨析,通过变量代换改变多准则分配模型的部分变量含义以及约束条件,在模型中实现对初始水权分配要素的表达,从而针对特定要素进行水量分配。

(1)现状及未来水量分配。

在分配情景方面,流域的现状用水情况和未来用水规划是初始水权分配的关键要素和重要依据。模型可根据各种用水情景进行流域水量分配,以对比分析水资源规划对初始水权分配的影响。将式(6-25)替换成式(6-26),可实现不同用水水平下的水量分配。

$$\mathrm{RF}_1 = \frac{\min\left[\dfrac{\mathrm{WR}_i}{\mathrm{WO}_i(t)}\right]}{\max\left[\dfrac{\mathrm{WR}_i}{\mathrm{WO}_i(t)}\right]} \quad i = 1,2,\cdots n \tag{6-34}$$

式中:$\mathrm{WO}_i(t)$ 为时间的函数,代表不同用水水平年的社会经济需水量;当 t 为现状水平年时,$\mathrm{WO}_i(t)$ 代表现状的社会经济用水量。

(2)地表及地下水量分配。

在分配范围方面,模型主要对地表水进行分配,通过增加地下水变量可分配地下水权。

$$\mathrm{WR}_i = \mathrm{WSR}_i + \mathrm{WGR}_i \tag{6-35}$$
$$\mathrm{WO}_i = \mathrm{WSO}_i + \mathrm{WGO}_i \tag{6-36}$$

式中:WO_i 为社会经济需水变量;WSR_i 为第 i 分区的地表水权量;WGR_i 为地下社会经济水权量;WSO_i 为第 i 分区基准年社会经济地表需水量;WGO_i 为社会经济地下需水量。

(3)取水量及耗水量分配。

在分配形式方面,模型主要以耗水形式分配水权,通过除以利用率系数可以计算各区域取水指标。将式(6-36)替换成式(6-37)和式(6-38),则通过模型可分配各区取水指标。

$$W_T \geqslant W'_{\alpha LB} + W'_{\alpha EB} + \sum_{i=1}^{n} \mathrm{WR}_{\alpha i} + \mathrm{Loss}W_R + \mathrm{Loss}W_{RI} \tag{6-37}$$

$$W'_{\alpha\mathrm{LB}} = \frac{W'_{\mathrm{LB}}}{K_{\mathrm{LB}}};WR_{\alpha i} = \frac{\mathrm{WR}_i}{K_i};W'_{\alpha\mathrm{EB}} = W'_{\mathrm{EB}} \tag{6-38}$$

式中：K_i 为第 i 分区社会经济水用水利用系数；K_{LB} 为流域生活用水利用系数；$W'_{\alpha\mathrm{LB}}$ 为流域基本生活取水水权量；$\mathrm{WR}_{\alpha\mathrm{EB}}$ 为流域基本生态取水水权量；$\mathrm{WR}_{\alpha i}$ 为第 i 分区社会经济取水水权量；$\mathrm{Loss}W_{\mathrm{R}}$ 为流域内所有水库的多年平均蒸发渗漏损失；$\mathrm{Loss}W_{\mathrm{RI}}$ 为水库到用水端损失。

4）多准则模型求解算法

本次研究所建立的水量分配多准则模型形式较为简单，需要算法以较快的速度给出近似最优解。通过对上述非线性优化算法的比较，综合考虑模型对算法精度、收敛速度以及通用性的要求，选择目前应用较广且寻优速度较快的遗传算法进行模型求解。

6.3.2.3　市-县水权方案计算流程

（1）确定研究对象并进行分区。研究对象是指已经取得确定使用权，需要继续向下分配的较高级别的行政区；分区是指在研究对象空间范围之内的行政区。

（2）确定研究对象水资源量（W_{T}）。这里的水资源量可以是地表水资源量或地下水资源量。

（3）确定原则权重系数 ω_j 和 β_j。采用专家调查法（Delphi）和层次分析法（AHP）确定原则权重系数。通过过半数、几何平均值、算术平均值和不满意度最小几种准则确定原则指标重要性判断矩阵；采用特征向量法或对数最小二乘法，计算权重系数。

（4）求解模型得到初始水权分配方案。根据建立的模型，采用遗传算法进行求解，得到确定的计算结果，即可作为研究对象的初始水权分配方案。

初始水权分配方案计算流程见图 6-4。

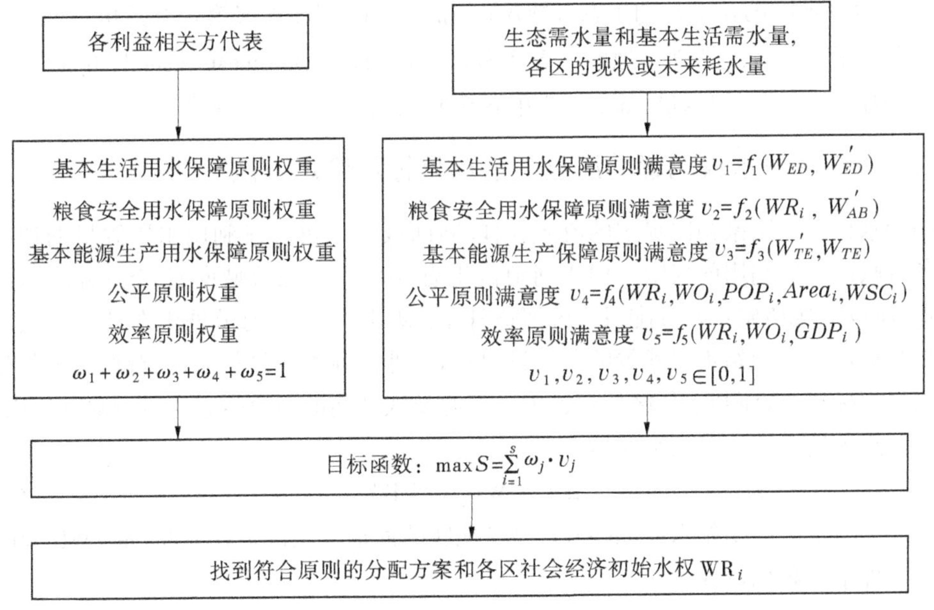

图 6-4　初始水权分配方案计算流程

6.4 生态流量与水权双层阈值控制的河流生境补偿水量量化方法

6.4.1 基于生态流量的河道内生态缺水量确定方法

生态水量是指维持河流水生态系统正常的生态结构和功能所必须保持的河道内的水量。生态水量能满足河流水生态系统需求,实现在来水量较小时保证河流流量需求,从而促进河流生态完整性及修复枯水年份造成的河流生态破坏。区域间、区域内竞争性用水矛盾尖锐。充足的水量是进行涉水经济活动的基础。为了维持河道水生态系统的健康,水量的分配应兼顾社会公平,流域上下游共享水资源开发利用的效益,缓解流域上下游之间的竞争性用水矛盾。

生态水量阈值是以河流鱼类为保护目标,根据生态-生境-流量模块化模拟出来的鱼类生活史各阶段对应于最佳栖息地的时空动态性适宜生态流量,分析动态最佳栖息地与行政分区的空间关系,获取各行政区的鱼类所需生态流量作为河道维持生物正常功能的基本水量,将河道的实际来水量与生态流量对比,获取河道内盈缺水量,再根据研究期时长,将生态流量转化为行政分区内的生态水量,获取各行政区内的生态缺水量:

$$\mathrm{DF}_{j\alpha} = \mathrm{EF}_{j\alpha} - E_{j\alpha}^{\mathrm{MMF}} (\mathrm{ES}_j > E_{j\alpha}^{\mathrm{MMF}}) \tag{6-39}$$

$$\Delta E_j = \sum_{\alpha=1}^{12} \mathrm{DF}_{j\alpha} \times \lambda_\alpha \times 24 \times 3\,600 \tag{6-40}$$

式中:$\mathrm{DF}_{j\alpha}$ 为 j 地区第 α 个月的生态亏缺流量,m^3/s;$\mathrm{EF}_{j\alpha}$ 为 j 地区第 α 个月鱼类栖息地生境的生态流量,m^3/s;$E_{j\alpha}^{\mathrm{MMF}}$ 为 j 地区第 α 个月的实际月均流量(mean monthly flow),m^3/s;ΔE_j 为 j 地区的生态亏缺水量,m^3;λ_α 为第 α 个月的天数;λ_α 为第 α 个月的天数。

6.4.2 基于区域水权配置的河道外水权超标量确定方法

初始水权是由国家初次界定的流域、河段断面或水域可开发利用水资源量的初次分配给各行政区开发利用的权限。由于河道内生态环境水权在流域向省(区)分配时已经被考虑,所以区域初始水权分配只考虑河道外生态环境水权。河道外生态环境水权超标量主要是根据区域初始水权配置的分水量,与河道外实际用水量作对比,获取河道外生态环境水权超标量,从而判定各区域河道内上下游及区域间的河道生态流量亏缺的原因,从而判定河道生境补偿水量大小及情景。

$$\Delta R_j = \mathrm{WU}_j - \mathrm{WR}_j \tag{6-41}$$

式中:ΔR_j 为 j 地区的初始水权,m^3;WU_j 为 j 地区的河道外实际取用水量,m^3;WR_j 为 j 地区的河道外水权超标量,m^3。

6.4.3 生态流量与水权双层阈值控制的关系分析及生境补偿水量确定方法

生境补偿水量是以河道内生态流量作为水生态系统的初始控制阈值,以河道外水权配置为二级控制阈值，分析不同情景下行政区间、河道内外用水关系，明确河道内亏缺水量及河道外水权超标量，建立以生态流量与水权双层阈值控制的生态亏缺水量量化分析表（见表 6-2）。通过对比河道断面实际来水量与生态流量，分析河道内生态亏缺水量；通过区域各行业的实际用水与水权分配量，获取河道外水权超标量，结合双层阈值控制关系分析表，确定各区域生境补偿水量 Q_j^{RH}，从而保证河流水生态系统健康可持续发展。

表 6-2　生态流量与水权双层阈值控制的生态亏缺水量量化分析

情景	补偿判定	原因分析	补偿量
①$\Delta E_i \leqslant 0$	不补偿	区域 i 满足河流生态需求	0
②$\Delta E_i > 0$ 且 $\Delta R_i \leqslant 0, \Delta R_{i-1} \leqslant 0$	不补偿	由于该年份降水减少导致的河道内缺水	0
③ΔE_i 与 $\Delta R_i > 0$ 且 $\Delta E_i \leqslant \Delta R_i$	区域 i 内部补偿	区域 i 河道外用水超标，导致河道内缺水	ΔE_i
④ΔE_i 与 $\Delta R_{i-1} > 0$ 而 $\Delta R_i \leqslant 0$	区域 $i-1$ 向区域 i 进行补偿	区域 $i-1$ 河道外用水超标，导致区域 i 河道内缺水	$\min\{\Delta E_i, \Delta R_{i-1} - \Delta E_{i-1}\}$
⑤ΔE_i、ΔR_i 与 $\Delta R_{i-1} > 0$ 且 $\Delta E_i \geqslant \Delta R_i$	区域 $i-1$ 与区域 i 协调向区域 i 进行补偿	区域 $i-1$ 与区域 i 河道外用水超标，导致区域 i 河道内缺水	区域 i 内部补偿：ΔR_i；区域 $i-1$ 向区域 i 补偿：$\min\{\Delta R_{i-1} - \Delta E_{i-1}, \Delta E_i - \triangle R_i\}$

注：ΔE_i 代表生态亏缺水量，ΔR_i 与 ΔR_{i-1} 分别为第 i 个行政区及其上游行政区（$i-1$）水权超标量。

6.5　污染物削减目标与水功能区目标控制的流域水环境补偿水量量化方法

水环境污染损失补偿水量核算能科学量化由于水体受到污染导致的水环境质量下降、水资源价值损失。针对缺水质实测资料的研究流域，为获取流域内上下游各行政单元间关键控制断面的水污染程度，本次研究基于污染物总量分配、污染物混合叠加、水污染损失率理论，提出缺水质实测资料流域的水环境补偿水量核算方法。首先，构建综合考虑孕灾环境、致灾条件、治灾建设的污染物总量削减比率分配全属性指标体系，以"三条红线"中水体纳污能力、环境目标可达性及污染物减排为约束，基于信息熵理论，建立符合区域环境功能定位的污染物削减比率分配模型。将流域整体需承担的污染物总量削减目标分配至流域内各行政单元上。其次，识别流域污染物多源入河排污点，结合流域污染物总量削减比率要求、区域发展水平、水功能区目标之间的关联,明晰了污染物多源汇集、时域传递、空域混合的入河过程与迁移转化规律,基于水体污染物一级衰减反应方程与跨河段多源污染叠加分解原理,提出了流域污染物浓度全时域传递、全空域混合的叠加分解量化方法。最后,基于 Logistic 分布原理,以水功能区目标为背景浓度下限控制值,以严重污染临界浓度为上限控制值,建立水质浓度与水污染损失率之间的函数关系式,结合条件概率分析原理,核算关键控制断面多种污染物浓度综合影响的水污染损失率与水环境补偿水量相关理论关系,如图 6-5 所示。

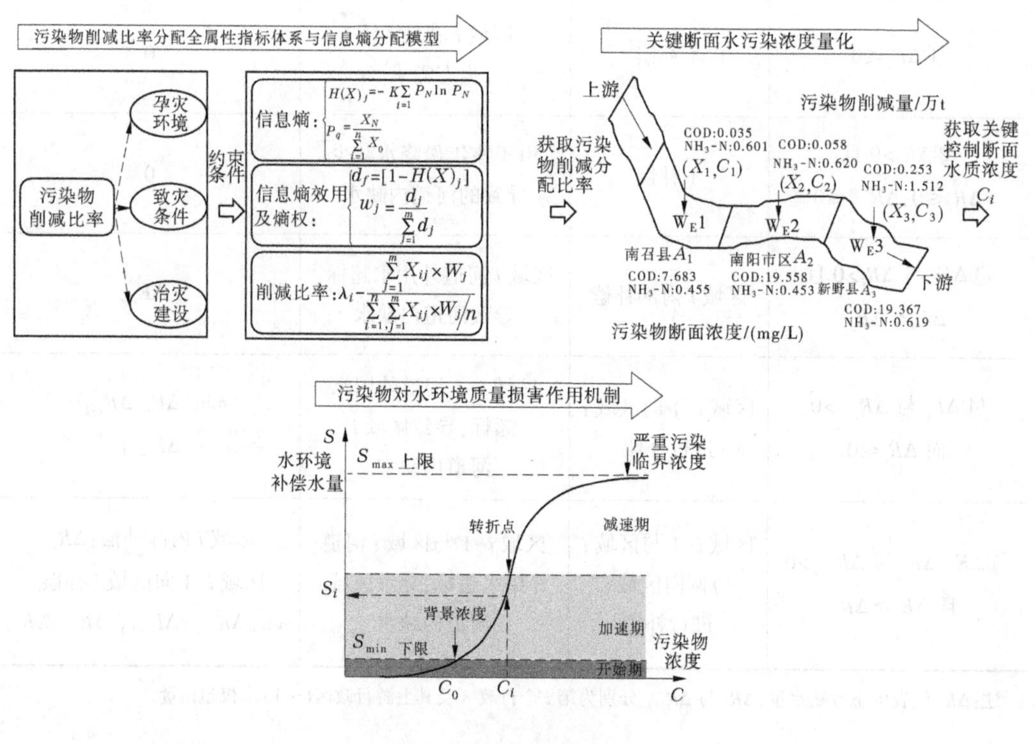

图 6-5 相关理论关系

污染物削减比率分配部分的理论与方法在本书 2. 2 节进行了详述,基于水功能区水污染损失率的流域水环境补偿水量核算方法在本书 3. 2 节与 3. 3 节进行了详述。在此,补充缺实测资料断面的污染物混合叠加浓度量化方法。

6.5.1 污染物削减量与一维均匀水质模型的耦合

客观地讲,上游地区排放的污水、废水会对下游地区的水质达标率造成一定的影响。为此,上游地区应该对污染物的排放进行限制(流域天然污染除外),即控制污染排放总量,依靠水体的自净能力达到对污染物的削减。依据污染物总量控制原则,即对于具体的功能区或者污染源,规定了污染物的最大排放量(水环境容量或者控制入河量),一般下游河段的水质超标来源于上游及本地超过本地容许排放量的部分(简称超标排放量),如果上游河段内污染物排放量小于或等于容许排放量,就不会对下游河段产生具有损失的污染(水污染损失是河流水质超标造成的,当河流水质超标时就会产生经济损失,当达标时也有一定的污染,但是污染损失量比较小,可忽略不计)。

污染物进入水体之后,随着水的迁移运动、污染物的分散运动以及污染物质的衰减转化运动,使污染物在水体中得到稀释和扩散,降低了污染物在水体中的浓度,从而起着一种重要的自净作用。污染物在河流中物理迁移的过程包括:污染物随河流的推移,污染物与河水的混合,与泥沙悬浮颗粒的吸附和解析、沉淀和再悬浮,污染物的传热与蒸发以及底泥中污染物以泥沙为载体的输送等。

COD、氨氮和总磷等污染因子在河流中迁移的同时发生衰减变化。衰减变化根据外部条件的不同,有两种过程:一是在河流溶解氧充足的条件下发生好氧分解;二是在河流溶解氧缺乏时发生缺氧或厌氧分解。

本节假设污染物在横向和垂直方向上的混合相当快,且认为断面中的污染物浓度是均匀的。污染物削减比率目标区域分配模型从促进污染物减排和维护区域水环境安全出发,以环境目标可达性及污染物减排为约束,制定出符合区域特点的水污染总量削减目标,量化区域污染物削减量(超标排放量),实现流域可持续发展。超标污染物排放入河流中,超过了目标水质断面,经过水体稀释扩散,自净作用后,到达下游断面的水体浓度可以选用一维均匀流水质模型的基本方程,假定污染物符合一级衰减反应:

$$\frac{\partial^2 C}{\partial x^2} - \frac{u}{D_x}\frac{\partial C}{\partial x} - \frac{K}{D_x}C = 0 \tag{6-42}$$

式中:K 为污染物综合衰减系数;D_x 为距排污口 x 距离外的河道扩散系数,m^2/s;x 为计算断面到排污口距离,m;C 为污染物的浓度,mg/L;u 为断面平均流速,m/s。

式(6-42)可以求得解析式:

$$C = \frac{W_E}{(Q_0 + Q_E)m} e^{\frac{u}{2D_x}(1-m)x} \tag{6-43}$$

其中

$$m = \sqrt{1 + 4KD_x/u^2} \tag{6-44}$$

式中:Q_0 为上游来水量,m^3/s;Q_E 为污水排放量,m^3/s;W_E 为单位时间污染物超标排放量(削减量),g/s;t 为时间,s。

6.5.2　污染物混合叠加浓度量化方法

由于功能区规定了污染物的最大排放量,因此可以采用输入响应模型来计算超过允许最大排放的部分。该模型满足叠加原理,可以将不同位置的污染负荷进行叠加,也可以对同一位置上不同污染源的作用进行叠加,从而得到跨区域污染物浓度。

跨区域污染物浓度 C 可以表示为

$$C = C_0 e^{kx} \tag{6-45}$$

式中:k 为反映对流、扩散和衰减作用的综合系数;C_0 为污染源排放处的混合浓度,可由式(6-46)、式(6-47)决定:

$$C_0 = W_E/(Q_0 + Q_E)m \tag{6-46}$$

$$k = u(1-m)/2D_x \tag{6-47}$$

按照水功能区划把河流分为若干河段 A_0、A_1、A_2、…、A_n，相应的污染物浓度分别为 C_0、C_1、C_2、…、C_n（见图 6-6）。以功能区的起始断面作为水质控制断面，某个污染源 i 与下游河段控制面的距离分别为 $x_{i,i+1}, x_{i,i+2}, \cdots, x_{i,n}$。运用上述的数学模型，对超过允许最大排放量的部分（削减量）W_0、W_1、W_2、…、W_n 进行计算。对于某个水功能区，水质的变化包括上游和本地区排放两部分。上游各个水功能区对水质的影响可以采用上述的数学模型计算得到，本地排放的影响用排放混合浓度来代表。据此可以得到各个河段受超量排放影响水质的水质浓度，见表 6-3。

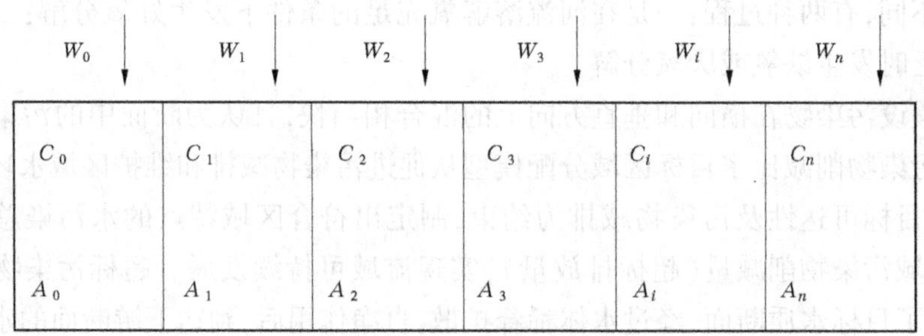

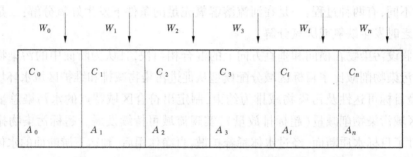

图 6-6　河流超标排放混合浓度的河流分段概化图

表 6-3　上游水功能区超量排放部分对下游水质的影响关系

	A_0	A_1	A_2	A_i	A_n
A_0	C_0				
A_1	$C_0 e^{k_0 x_{0,1}}$	C_1	0	0	0
A_2	$C_0 e^{k_1 x_{0,2}}$	$C_1 e^{k_1 x_{1,2}}$	C_2	0	0
A_i	$C_0 e^{k_{i-1} x_{0,i}}$	$C_1 e^{k_{i-1} x_{1,i}}$	$C_2 e^{k_{i-1} x_{2,i}}$	C_i	0
A_n	$C_0 e^{k_{n-1} x_{0,n}}$	$C_1 e^{k_{n-1} x_{1,n}}$	$C_2 e^{k_{n-1} x_{2,n}}$	$C_i e^{k_{n-1} x_{i,n}}$	C_n

表 6-3 中某一列中的各项代表了某个河段超量排放对下游各个水功能区的影响，某一行上的各项表示某个河段受到上游和本地超量排放的影响，将表 6-3 中的数据转换为矩阵 $\boldsymbol{C}$，矩阵 $\boldsymbol{C}$ 表示水功能区河段超排量对应的超标混合浓度，某一列上的各项代表了某个水功能区超量排放对下游各个水功能区的影响，某一行上的各项表示某个功能区受到上游和本地超量排放的影响。

$$\boldsymbol{C}_i = \begin{bmatrix} C_{01} & C_{11} & 0 & \cdots & 0 & 0 \\ C_{02} & C_{12} & C_{22} & \cdots & 0 & 0 \\ \vdots & \vdots & \vdots & & \vdots & \vdots \\ C_{0i} & C_{1i} & C_{2i} & \cdots & C_{ii} & 0 \\ C_{0n} & C_{1n} & C_{2n} & \cdots & C_{in} & C_{nn} \end{bmatrix} \tag{6-48}$$

6.6　水质水量双控作用下的多情景模式划分及补偿价值量化

6.6.1　河流生境水量和水质双控制准则的流域生态补偿模式划分

本节从保护生态环境、维护水域生态平衡的角度出发，为使河流生境水量和水质满足生态系统和环境健康发展的需要，以区域的流域河道生态流量及污染物削减量（超标排放量）作为界定依据，判别水质达标与水量盈缺状况，划分水质水量协同控制作用下的 4 种情景：水质达标-水量盈余、水质达标-水量亏缺、水质超标-水量盈余、水质超标-水量亏缺。

在水质达标-水量盈余情景下，上游可为下游提供足够水量及水质达标的水体，上下游之间利益关系和谐，不进行补偿；在水质达标-水量亏缺情景下，上游为下游提供的水量不能满足下游的生态水量需求，在“谁超量、谁补偿”的原则下，上游应对下游进行水量补偿，此时补偿的主体是工企业、农业、城镇生活及政府等上游行政区用水部门，补偿的客体是工企业、农业、城镇生活及政府等下游行政区缺水部门，建立水量主控生态补偿模式；在水质超标-水量盈余情景下，上游虽为下游提供了足够的水量，但提供的水质超标严重造成了下游的损失，在“谁污染、谁补偿”的原则下，上游应该对下游进行水质补偿，此时，补偿的主体是工企业、农业、城镇生活等上游行政区主要排污部门，补偿的客体是工业、农业、城镇生活、政府等下游污染受损部门，建立水质主控生态补偿模式；在水质超标-水量亏缺情景下，上游为下游提供的水质和水量均不能达到下游用水需求，在“谁污染、谁超量、谁付费、谁补偿”的原则下，上游应该对下游进行水质及水量双重补偿，此时，补偿的主体是上游工业、农业、城镇生活和政府等用水部门，补偿的客体是下游工业、农业、城镇生活和政府等用水部门，建立水质水量协同控制生态补偿模式（见图 6-7）。

6.6.2　水质水量协同控制下的补偿价值量化

在对不同生态补偿模式分析的基础上，分别研究水量主控、水质主控、水质水量协同控制 3 种模式下的生态补偿量化方法。在水质超标-水量盈余情景下，实施水质主控的补偿模式，根据水功能区水污染损失量化模型计算出各行政区的水环境补偿水量，结合区域水资源价值，估算上游排污对下游造成的水环境补偿水量价值；在水质达标-水量亏缺情景下，实施水量主控的补偿模式，根据生态流量与区域水权双层阈值控制核算出流域生态亏缺水量，结合水资源价值，计算河道内外双层控制阈值的生态亏缺水量价值；在水质超标-水量亏缺情景下，实施水质水量协同控制的补偿模式，将水环境补偿水量与河流生境补偿水量分别结合水资源价值，量化水环境补偿水量价值和河流生境补偿水量价值，获取各行政区各补偿模式下的水生态环境补偿价值，见式（6-49）。其中，水资源价值（M_i，i =农业生产、工业生产、生活、休闲娱乐、污水损失）采用本书 3.3 节中的能值分析法进行核算。

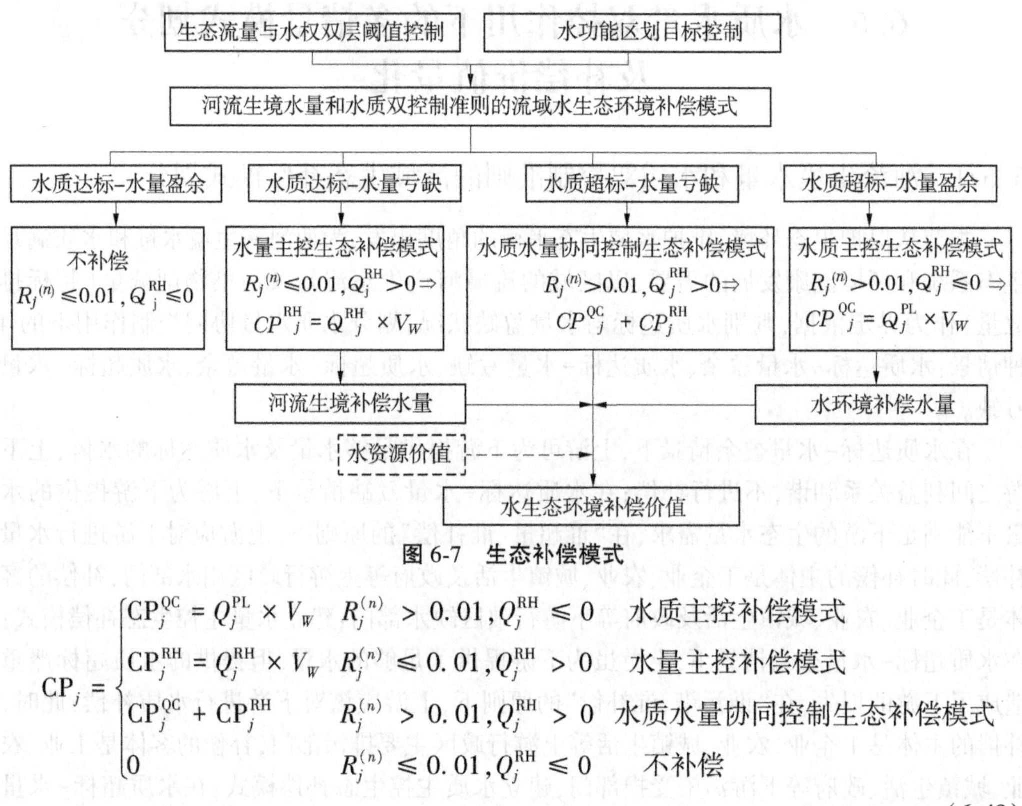

图 6-7 生态补偿模式

$$
\mathrm{CP}_j=\begin{cases}\mathrm{CP}_j^{QC}=Q_j^{PL}\times V_W & R_j^{(n)}>0.01, Q_j^{RH}\leqslant 0 \quad \text{水质主控补偿模式}\\ \mathrm{CP}_j^{RH}=Q_j^{RH}\times V_W & R_j^{(n)}\leqslant 0.01, Q_j^{RH}>0 \quad \text{水量主控补偿模式}\\ \mathrm{CP}_j^{QC}+\mathrm{CP}_j^{RH} & R_j^{(n)}>0.01, Q_j^{RH}>0 \quad \text{水质水量协同控制生态补偿模式}\\ 0 & R_j^{(n)}\leqslant 0.01, Q_j^{RH}\leqslant 0 \quad \text{不补偿}\end{cases} \tag{6-49}
$$

式中：CP_j 为 j 地区的各模式下的水生态补偿价值，元；CP_j^{QC} 为 j 地区的水环境补偿价值，元；Q_j^{PL} 为水环境污染损害水量，m^3；CP_j^{RH} 为 j 地区的河流生境补偿价值，元；Q_j^{RH} 为河流生态亏缺水量，m^3。

6.7 淮河干流淮南段实例

6.7.1 淮河干流淮南段概况

淮河流域（30°55′~36°36′N，111°55′~121°25′E）面积约为 270 000 km^2，干流总长度约为 1 000 km。淮河是中国南北方之间的分界线。淮河以北属暖温带半湿润气候区，以南属亚热带湿润性季风气候区。淮河流域人口占中国人口总数的 13%，其 GDP 占全国 GDP 的 15%，是我国重要的食品产区和能源基地，具有重要的战略地位。淮河流域的年平均径流量为 621 亿 m^3，但是该地区的径流分布不均匀，特别是在 6—9 月（汛期）。

淮河流域超过 50%的水资源被开发利用，成为水资源高度开发利用的流域。流域生产生活用水严重占用河道内生态用水，致使河道断流、生态失衡。闸坝封闭导致水体流动性差，影响水体净化与生物流量信号等多方面河流生态服务功能。生态环境状况趋于恶化,生态系统的稳定性面临着各种各样的挑战。因此,评估淮河流域的生态流量及其保证率对河流生态健康具有重要意义。淮河干流淮南段是淮河流域的重点研究区域,目前已经开展了大量关于该研究区域内的各方面水问题研究,淮河干流淮南段研究区简图如图 6-8 所示。

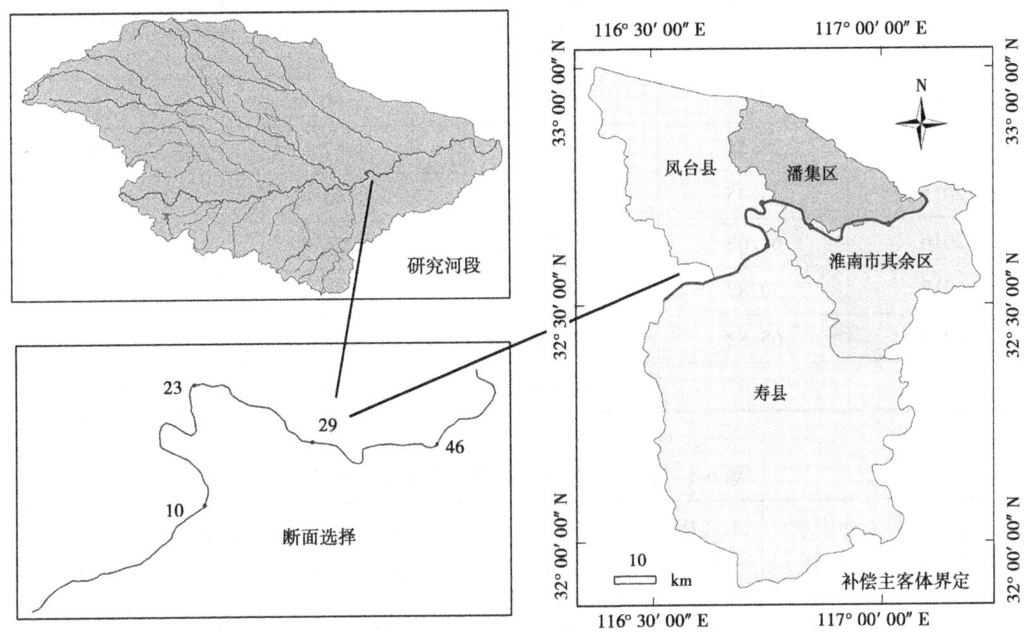

图 6-8　淮河干流淮南段研究区简图

6.7.1.1　淮南市水域及社会经济概况

1. 基本情况

淮南市地处淮河中游,安徽省中部偏北,全市总面积 2 585 km^2,市区面积 1 555 km^2,建成区面积 97. 45 km^2。淮南市雨水主要集中在每年的 6—8 月,夏季多雨,秋冬晴燥。多年平均降水量为 617. 49 mm,多集中于夏秋两季,冬春两季降水偏少,降水分布不均的特点使得淮南市易发生旱涝灾害。

2. 水资源概况

通过 2010—2018 年《淮南市水资源公报》数据,统计淮南市 2010—2018 年水资源情况如表 6-4 所示,统计淮南市 2010—2018 年水资源利用情况如表 6-5 所示。淮南市年降水量有增加的趋势,地表水资源量与水资源总量也随之增加,2018 年降水量最大为 65. 82 亿 m^3,合计 1 179. 1 mm。除 2018 年外,其余各年水资源总量均不足以满足生产、生活、生态以及城镇公共用水的需求,尤其以 2010 年缺水最为明显,缺水率达 200%。从淮南市水资源利用情况来看,工业用水量有下降的趋势,城镇公共用水和生态用水逐年增加,表明淮南市生态文明建设逐渐加强。但仍需进一步保证生态用水需求以维持生态系统健康运行。

表 6-4　淮南市 2010—2018 水资源情况

年份	年降水量/亿 m^3	地表水资源量/亿 m^3	地下水不重复计算量/亿 m^3	水资源总量/亿 m^3
2010	21.72	5.14	1.81	6.93
2011	21.54	5.14	1.76	6.90
2012	20.80	4.44	1.68	6.12
2013	20.71	4.50	1.60	6.10
2014	23.31	5.88	1.82	7.70
2015	42.35	12.21	1.93	13.38
2016	61.08	19.23	2.46	20.97
2017	59.89	18.84	2.72	21.15
2018	65.82	22.75	2.26	25.01
多年平均	37.47	10.90	2.00	12.70

表 6-5　淮南市 2010—2018 水资源利用情况

年份	农业用水/亿 m^3	工业用水/亿 m^3	生活用水/亿 m^3	城镇公共用水/亿 m^3	生态用水/亿 m^3	总用水量/亿 m^3
2010	6.51	11.96	1.01	0.34	0.16	21.02
2011	6.57	10.79	1.04	0.35	0.16	18.91
2012	6.60	9.77	1.13	0.47	0.18	18.15
2013	6.37	9.24	1.12	0.48	0.18	17.39
2014	5.67	7.99	1.13	0.48	0.18	15.45
2015	7.68	6.67	1.18	0.52	0.25	16.30
2016	12.43	7.67	1.45	0.59	0.31	22.56
2017	12.47	7.68	1.54	0.59	0.58	22.87
2018	11.39	7.70	1.55	0.61	0.59	21.84
多年平均	8.41	8.83	1.24	0.49	0.29	19.39

3. 社会经济概况

2018 年淮南市生产总值 1 133.3 亿元，按可比价格计算，比 2010 年增长 87.6%，尤其以工业产值和第三产业产值增加最为明显。截至 2018 年底，淮南市常住人口为 349.0 万人，较 2010 年增加 43.9%，常住人口城镇化率 64.11%。2018 年城镇常住居民人均可支配收入 32 852 元，较 2010 年增加 113.6%。淮南市 2010—2018 年社会发展水平如表 6-6 所示。

表 6-6　淮南市 2010—2018 年社会发展水平

年份	人口/万人	农业产值/亿元	工业产值/亿元	第三产业产值/亿元	总产值/亿元
2010	242. 5	47. 6	388. 8	167. 8	604. 2
2011	244. 0	55. 9	461. 4	192. 2	709. 5
2012	245. 6	60. 6	501. 0	220. 1	781. 8
2013	243. 8	66. 2	508. 5	244. 7	819. 4
2014	243. 3	67. 1	442. 7	281. 5	791. 3
2015	343. 1	69. 2	398. 0	303. 4	770. 61
2016	345. 6	118. 4	454. 6	390. 8	963. 8
2017	348. 7	121. 2	553. 0	437. 3	1 111. 5
2018	349. 0	122. 4	527. 8	482. 1	1 133. 3

6. 7. 1. 2　淮南市水生态环境概况

1. 淮南市水环境状况

2018 年全年监测了淮南市境内 11 个河流、4 个湖泊的水质断面。全年河流类水质监测断面水质类别符合Ⅰ～Ⅲ类的比例占 100%；全年湖泊类水质监测断面水质类别符合Ⅰ～Ⅲ类的占 50%。按高锰酸盐指数、氨氮两项指标年平均浓度评价，全年河流类断面水质Ⅱ类占 82%、Ⅰ类占 18%，全年湖泊类断面水质Ⅲ类占 100%。通过监测数据，2018 年经过入河排污口排入淮南市境内河流的污水量为 3. 22 亿 m^3，排放化学需氧量 1. 02 万 t、氨氮 0. 27 万 t。全市参与考核的 11 个省级以上水功能区，达标率为 91%。

2. 淮南市水生态状况

对淮南境市境内的淮河干流段分别进行了水生态信息调查，主要调查对象为底栖动物和鱼类，调查时间分别为：2017 年 8 月、11 月和 2018 年 1 月、4 月。淮南市底栖动物和鱼类状况如表 6-7 所示。

表 6-7　淮南市底栖动物和鱼类状况

物种类别	种属	数目/种
底栖动物（22 种）	软体动物门	12
	节肢动物门	5
	环节动物门	4
	扁形动物门	1
鱼类（4 目 19 种）	鲤形目	12
	鲇形目	4
	鲱形目	2
	鲑形目	1

在生态流量研究中,鱼类和底栖动物是考察的一个重点。2017—2018 年经过 4 次生态调查,淮南市境内淮河干流段采集到 22 种底栖动物,隶属 4 门 7 目 12 科 17 属,软体动物、节肢动物、环节动物和扁形动物分别为 12 种、5 种、4 种、1 种。淮河水系的鱼类区系组成介于黄河与长江之间,但更多的近似于长江中下游鱼类区系。淮河干流淮南段采集到的鱼类有 4 目 19 种,其中鲤科鱼类为主,主要有青鱼、草鱼、鲢鱼、鳙鱼、鲤鱼、鲫鱼、鳊鱼、鲶鱼、黄鳝、泥鳅、青虾、白虾等。由于水体污染、过度捕捞,淮南市淮河干流段的鱼类数量与种类都大量减少。

6.7.2 淮河干流淮南段适宜生态流量整体形式推求

6.7.2.1 生态-生境-流量模块化模拟模型建立

1. 研究目标选取及其生态需求

1) 四大家鱼概况

四大家鱼是青鱼、草鱼、鲢鱼及鳙鱼的总称,隶属鲤形目鲤科。四大家鱼分布于长江、黄河、淮河等流域,天然分布区主要在中国东部平原地区,北纬 22°~40°、东经 104°~122°。4 种鱼类均可产漂流卵,产出的鱼卵随着水流漂流并孵化发育。青鱼在水域底层栖息,主食螺蛳、蚌等软体动物和水生昆虫;草鱼喜在水域边缘地带活动,以水草为食;鲢鱼栖息于水中上层,主食浮游植物。鳙鱼喜在水中上层活动,以浮游动物为主食。淮河流域是中国主要的淡水鱼区,青鱼、草鱼、鲢鱼、鳙鱼是淮河重要的经济鱼类。本节选取四大家鱼为研究目标,针对其生态需求,研究其在不同生长繁殖时期的适宜生态流量组合。

2) 四大家鱼生态需求

查阅以往对四大家鱼产卵、越冬、养殖等研究成果,统计四大家鱼年内不同时期的生态需求,如表 6-8 所示。产卵繁殖期对于水温、涨水过程、溶解氧浓度均要求较高。

表 6-8 四大家鱼年内不同时期的生态需求

时期	生态需求
上溯期(3—4 月)	四大家鱼属于典型的淡水洄游鱼类,每年 3—4 月开始上溯,需有一定的低流量保持河流的连通性,流量不宜长时期大于极限克流游速
产卵期(4 月底至 7 月初)	①如果水温持续上升,卵巢发育成熟的亲鱼在 4 月就可进入早期繁殖,5—6 月达到产卵繁殖的高峰期; ②涨水过程也是促进家鱼产卵的一个必要条件,在 5 月初至 6 月中旬家鱼繁殖盛期,产卵规模与涨水幅度成正比; ③四大家鱼性腺的发育需要足够的溶解氧,流速大的地方较流速小的地方渗气效果好,水中溶解氧也相对较高,但流速过大也会影响其游泳能力; ④连续 24 h 内,16 h 以上溶解氧浓度必须大于 5 mg/L,其余任何时候不得低于 3 mg/L
幼鱼索饵期(6—9 月)	6—9 月的汛期内,最好能出现至少 1 次的高脉冲流量或小洪水过程,提高河流横纵向的连通性,且能从浅滩中冲刷有机质,为幼鱼提供广阔的索饵场
越冬期(12 月至翌年 2 月)	淮河干流淮南段冬季寒冷,四大家鱼于秋末冬初进入漫长的越冬期,栖息于河底深潭直至翌年 2 月,少吃少动。在越冬期内,需要有一定的低流量来淹没深潭

2. 水文情势分析

1) 突变检验与生态水文特征分析

河流生态水文特征是河流生态水文响应机制的外在表现，是分析河流水文情势进而确定维持生态系统正常运行所需水量的关键。对历史流量数据进行突变检验，确定突变年份；基于IHA指标，以RVA阈值作为河流生态系统所需的生态环境需水阈值，分析突变前后水文变化指标的改变情况。

选取淮南市淮河干流河段控制断面鲁台子作为研究断面，首先，对鲁台子站1956—2018年的年平均径流系列进行突变检验，突变检验结果如图6-9所示。

图6-9　鲁台子站径流系列突变检验图

从图6-9中可以看出两条曲线在1957年、1973年、1983年、1991年、1998年出现交点，突变时间不明确。因此，采用Pettitt法进一步检验突变点，根据相关计算理论获取序列C_k的极值，对应时刻即为水文突变发生的年份。计算分析表明：由鲁台子断面年径流量构造的序列C_k在1983年取得极值，与M-K法突变检验的结果相同。因此，可以认为鲁台子断面历史流量序列的水文变异年份为1983年。

由于生态流量是为了维护河流生态系统所应保持的最小流量，能够为维持河流生态系统健康运行和良性循环提供保证。在对鲁台子断面进行突变检验的基础上，若水文序列统计参数未落入RVA阈值内，则意味着生态水文特征变化较大，将对河流河道地貌和水生生物栖息地的构建、鱼类的洄游产卵等产生影响。突变前后鲁台子水文变化情况如表6-9所示。

计算结果表明，突变之前的水文变化指标全部落入RVA阈值范围内，径流序列更贴近于天然径流状态，突变之后的5月平均水量、最小流量出现时间、最大流量出现时间、流量频率逆转次数4个指标未落入RVA阈值范围内，直接或间接地会影响河流生态系统的健康运行以及水生物种的产卵繁殖。

表 6-9 鲁台子站水文变化情况

水文变化指标		突变前	突变后	RVA 阈值		变化率
				下限	上限	
月均流量	1 月平均流量	157	160	139.1	199.5	0.43
	2 月平均流量	144.8	153.5	118.6	229.8	0.94
	3 月平均流量	205.5	263	163.3	319.7	0.96
	4 月平均流量	287.8	199.5	181.2	394.2	1.18
	5 月平均流量	412	217	308.5	838	1.72
	6 月平均流量	356.5	292.5	171.2	680.2	2.97
	7 月平均流量	1 360	1 120	822.8	2 078	1.53
	8 月平均流量	986.5	1 110	528	1 316	1.49
	9 月平均流量	542	588.5	351.1	784.6	1.23
	10 月平均流量	365	276	218.4	683	2.13
	11 月平均流量	297.8	217.5	198.8	376.1	0.89
	12 月平均流量	220.5	200	169.5	246.5	0.45
年均极值	最小 1 d 流量	58.6	51.5	46.9	81.6	0.74
	最小 3 d 流量	59.83	53.93	48.6	84.6	0.74
	最小 7 d 流量	64.5	63.14	53.1	87.3	0.64
	最小 30 d 流量	89.84	92.48	75.9	124.2	0.64
	最小 90 d 流量	164.5	140	118	205	0.74
	最大 1 d 流量	3 480	4 010	2 517	4 685	0.86
	最大 3 d 流量	3 430	3 943	2 481	4 570	0.84
	最大 7 d 流量	3 313	3 819	2 368	4 320	0.82
	最大 30 d 流量	2 374	2 483	1 519	3 100	1.04
	最大 90 d 流量	1 344	1 580	1 018	1 659	0.63
	基流指数	0.115 2	0.115 5	0.080 2	0.135 8	0.69
极值出现时间	最小流量出现时间	73	176	58.6	141.8	1.42
	最大流量出现时间	196.5	211	188.2	205.1	0.09
频率与历时	低流量次数	3	6	2.59	6	1.32
	低流量持续时间	7.5	7.75	4.59	13.23	1.88
	高流量次数	4.5	4	3	5.41	0.8
	高流量持续时间	11	9.75	9.13	16.61	0.82
变化率	流量平均增加率	18.53	19.05	13.12	24	0.83
	流量平均减少率	−23.75	−30	−31.94	−15.06	−0.53
	流量频率逆转次数	57	75	53.59	60.64	0.13

注：流量，m^3/s；持续时间，d；出现时间，d；次数，次；变化率，%。

2）环境流量组成分析

统计鲁台子断面突变前后环境流量指标参数如表 6-10 所示。通过鲁台子站突变后流量资料 P-Ⅲ型曲线，确定丰水年、平水年、枯水年分别为 1998 年、2008 年、2009 年，绘制典型年的环境流量组分如图 6-10 所示。突变后逐月低流量变化较为明显，除 3 月和 6 月流量值略有增加外，其余各月流量有明显的下降趋势，且高脉冲流量、小洪水、大洪水的极值均有不同程度的下降。除高脉冲流量事件外，极端低流、小洪水、大洪水事件的出现时间均有延时。突变前后受影响较大的环境流量指标包括 5 月流量、极端低流持续时间、高脉冲流量持续时间、小洪水上升率 4 个指标。离散系数突变前后数据表明，突变后各流量形式的中值较为集中，以极端低流和小洪水事件变化最为明显，其相关环境流量变化将对河流生态环境及水生生物产生显著影响。

表 6-10　突变前后环境流量主要参数统计

环境流量组分	环境流量指标	中值		离散系数	
		突变前	突变后	突变前	突变后
逐月低流量	1 月	169.300	162.000	0.478	0.654
	2 月	157.000	158.500	1.268	0.706
	3 月	226.000	231.000	0.901	1.117
	4 月	289.000	221.000	0.759	0.894
	5 月	331.500	221.000	1.056	1.081
	6 月	208.300	226.000	1.097	0.820
	7 月	394.000	366.000	0.828	1.014
	8 月	448.000	386.000	0.846	0.788
	9 月	413.500	399.300	0.563	0.856
	10 月	295.500	262.000	1.042	0.998
	11 月	316.000	227.800	0.723	1.166
	12 月	225.000	200.000	0.751	0.647
极端低流	极小值	59.900	64.850	0.409	0.408
	持续时间	8.500	5.000	0.941	0.800
	极小值出现时间	75.000	148.000	0.219	0.401
	极小值出现频率	1.500	3.000	2.667	1.333
高脉冲流量	极大值	1 255.000	1 181.000	0.571	0.359
	持续时间	11.000	7.000	1.159	0.911
	极大值出现时间	188.500	184.000	0.347	0.250
	极大值出现频率	3.000	3.000	1.083	1.001
	上升率	149.500	212.500	0.608	0.580
	下降率	−72.320	−113.000	−0.461	−0.582

续表 6-10

环境流量组分	环境流量指标	中值		离散系数	
		突变前	突变后	突变前	突变后
小洪水	极大值	4 805.000	4 570.000	0.342	0.484
	持续时间	55.000	63.500	0.904	0.701
	极大值出现时间	189.000	228.500	0.161	0.134
	极大值出现频率	0	0	0	0
	上升率	305.100	180.900	0.517	1.646
	下降率	−92.120	−132.700	−0.560	−0.634
大洪水	极大值	7 965.000	7 420.000	0.172	0.051
	持续时间	111.500	107.500	0.672	0.479
	极大值出现时间	185.500	193.000	0.106	0.104
	极大值出现频率	0	0	0	0
	上升率	312.600	345.800	0.328	1.323
	下降率	−100.500	−93.470	−0.963	−0.652

注：流量，m^3/s；持续时间，d；出现时间，d；次数，次；变化率，%。

3. 典型断面选取与适宜性栖息地确定

鱼类生活史不同阶段的生态需求以及水文情势变化对河槽、河漫滩的影响决定了适宜性栖息地的动态模式。在研究河段内进行河道测量，分析河道地形变化特征，研究鱼类生活史各阶段对栖息地形态的生态需求，选取鱼类生活史各阶段的最佳栖息地。本节选取的河段为淮南市鲁台子至淮南断面间的淮河干流河段，研究河段全长 67 km，以鲁台子为起始断面，淮南为结束断面，其间共不等间距测量了 50 个断面的断面地形，其具体位置如图 6-11 所示。

基于四大家鱼产卵繁殖的场地和河道的地形特征，通常可以分为顺直型、弯曲型、分汊型和矶头型 4 种。这些河段的流向和流速多变，流态较为紊乱，有回流、缓流和急流，易于形成家鱼产卵所需的流速变化刺激。宏观尺度上，四大家鱼更偏爱在弯曲、分汊和矶头等具有特殊形态的河道水流环境中产卵繁殖。弯曲型河段左岸和右岸的水流条件比较复杂，河道的右岸一般会有深槽，在水位上涨时，便成为四大家鱼的产卵繁殖提供场地。综合考虑河段地形、水流条件以及四大家鱼产卵繁殖的生态需求，最终选择断面 18 作为四大家鱼产卵繁殖的最佳栖息地。在每年秋末冬初河流流量减小时，成熟的四大家鱼开始从河床浅处游到水位较深处进行越冬洄游，在四大家鱼的产卵繁殖期，下游断面的四大家鱼又通过洄游到产卵场进行产卵繁殖。最终选择位于四大家鱼适宜产卵场之后且河道较深的断面 40 作为四大家鱼越冬的最佳栖息地。研究河段 4 个关键断面形态如图 6-12 所示。

4. 适宜性水力参数选取

鱼道是恢复鱼类洄游通道的一种过鱼建筑物，而鱼道过鱼孔口适宜流速值的选定是

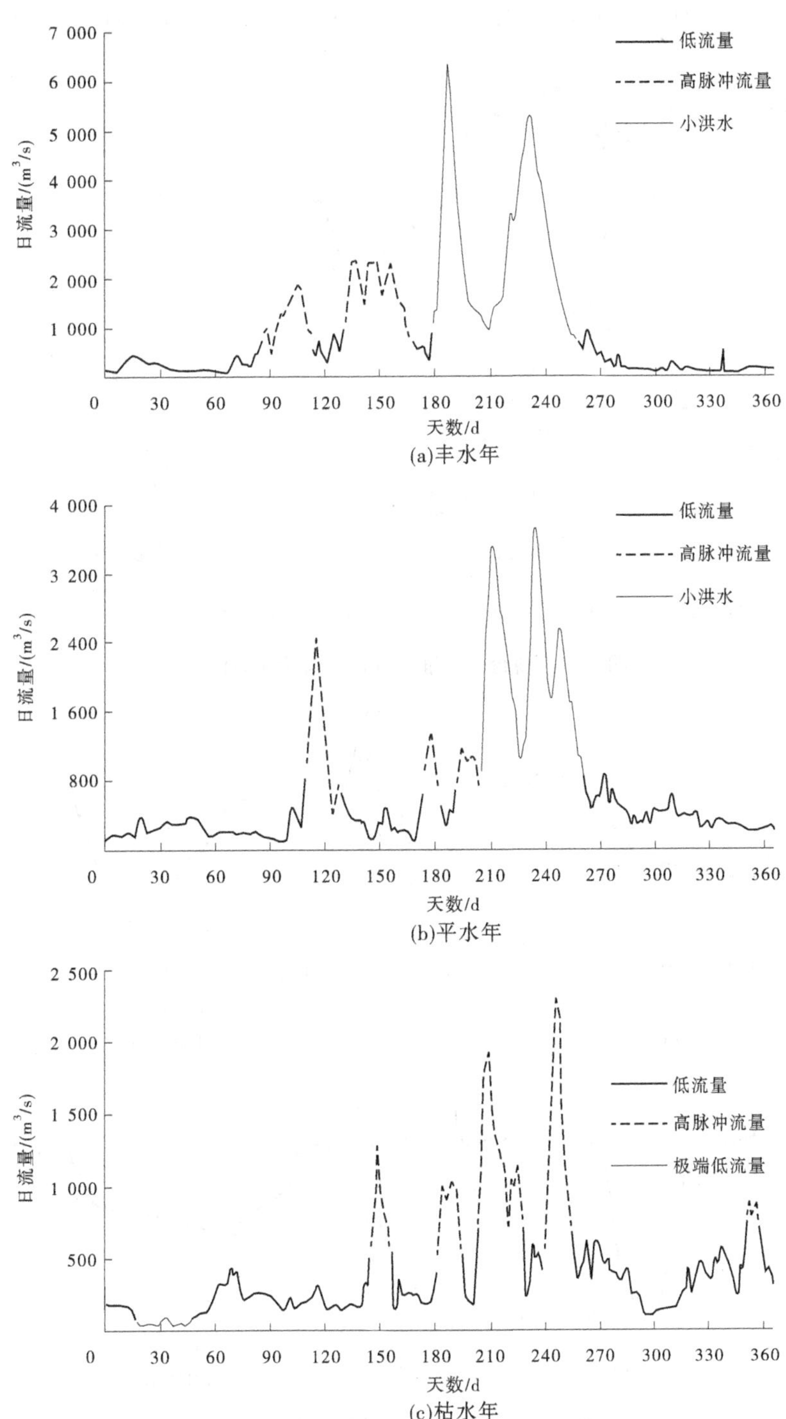

图6-10　丰、平、枯水年内环境流量组分划分

建筑鱼道成败的关键。鱼类克服流速能力的相关试验表明，草鱼和鲢鱼的适应流速在

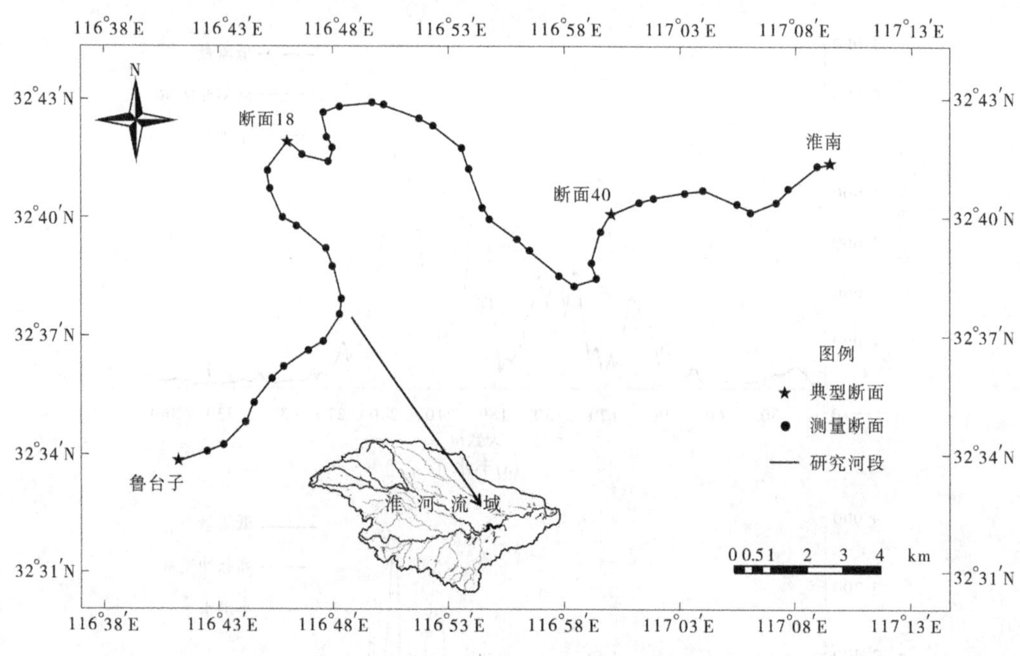

图 6-11　鲁台子至淮南淮河干流段示意图

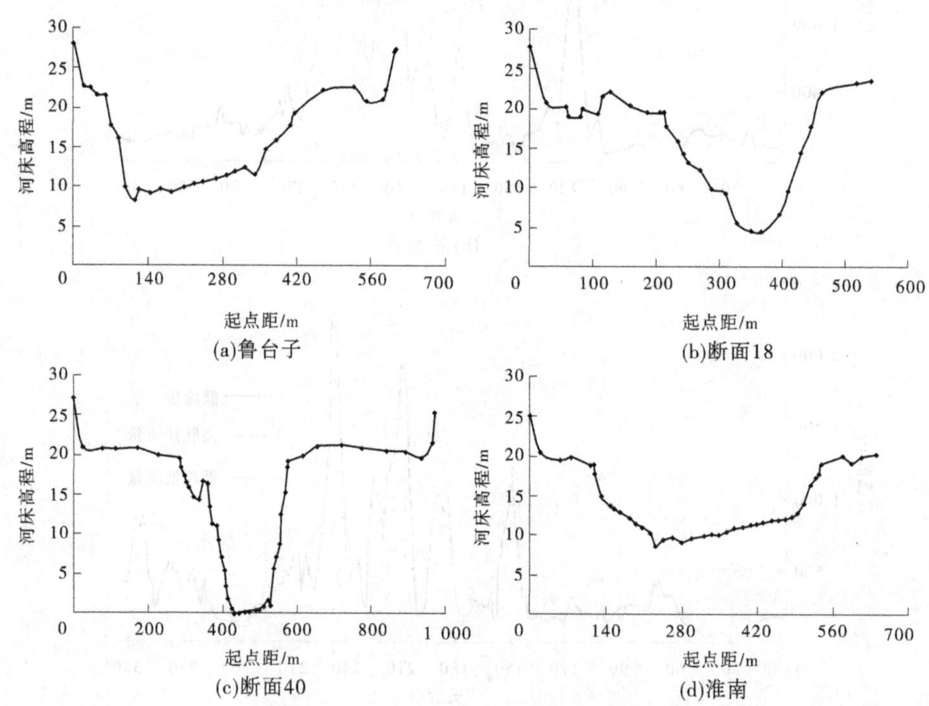

图 6-12　研究河段关键断面形态图

0.3~0.6 m/s。体长 18~20 cm 的草鱼和体长 23~25 cm 的鲢鱼极限克游流速分别为 0.8 m/s、0.9 m/s。四大家鱼大多在水位上涨时产卵繁殖，在产卵繁殖期，当产卵场能够满足四大家鱼产卵所需的水温条件时，一定的涨水过程刺激就可能使四大家鱼进行产卵。对于涨水持续多久才能刺激四大家鱼产卵的问题,易伯鲁等通过调查认为,四大家鱼会在河水起涨后大约0.5~2 d开始产卵,当水位下降、流速减小,产卵即行停止。此外,四大家鱼产卵还需要一定的流速刺激,相关研究表明,四大家鱼产卵时的流速范围较大,一般认为在0.33~1.50 m/s。

高脉冲流量和小洪水具有相似的生态作用,都可以作为鱼类的生命指示信号。在幼鱼生长期,高脉冲流量或小洪水事件的发生会使水面淹没范围扩大,为幼鱼和其他生物带来有机物质,提供更加广泛的觅食场与提供更丰富的营养资源。每年秋季,河流水温逐渐下降,河道内水量也减少,水位随之下降,在水文、气候等因素的作用下,四大家鱼开始洄游至水位较深处活动。越冬场深水区水温较表层高而恒定,一般底层温度较表层高0.5~1 ℃,较好的越冬场水深都在10 m以上。

水力参数能够直观描述鱼类生长繁殖不同时期对栖息地的适宜性需求。参考鱼类生态学特性、养殖科学技术、克流试验、模拟计算等相关研究成果,量化鱼类生态过程各阶段对应的适宜性水力参数。统计四大家鱼年内生长时期的水力条件需求如表6-11所示。

表6-11　四大家鱼年内生长时期水力条件需求

时期	环境流量组分需求	说明
上溯期(3—4月)	低流量	$v_s \leqslant 0.9$ m/s
产卵繁殖期(4月底至7月)	高脉冲流量或高流量	0.33 m/s $\leqslant v_c \leqslant$ 1.5 m/s; $t_c \geqslant 2$ d
幼鱼索饵期(6—9月)	高脉冲流量或小洪水	至少一次
越冬期(11月至翌年2月)	低流量	$h \geqslant 10$ m

5. 水环境控制目标确定

根据鱼类对水环境质量的生态需求以及国家与地区相关的水环境质量标准,选取水质浓度指标,结合水质浓度监测数据,对各约束指标进行数据统计分析。借鉴变动范围法(RVA),确定水环境质量约束的上下限值。

我国制定的涉及河流水体质量以及鱼类需求相关标准主要有《地表水环境质量标准》(GB 3838—2002)、《渔业水质标准》(GB 11607—1989)。《地表水环境质量标准》(GB 3838—2002)根据地表水的环境功能及保护目标,从高到低分为Ⅰ~Ⅴ 5个类别,按照不同类别给定了水质指标的标准限值。其中,Ⅰ~Ⅲ类均适宜于鱼类的生活。《渔业水质标准》(GB 11607—1989)适用鱼虾类的产卵场、索饵、越冬场、洄游通道和水产增养殖区等海、淡水的渔业水域。由于生态调查数据有限,考虑鱼类生态需求,统计鱼类保护区水环境质量相关指标标准限值如表6-12所示。

根据淮河流域水资源保护局水质监测数据,绘制2006—2010年鲁台子和淮南断面相关水质指标如图6-13所示。结合地表水环境质量标准限值,可知鲁台子断面水质明显优于淮南断面。鲁台子断面溶解氧平均浓度为7.6 mg/L,pH为7.71,均达到地表Ⅰ类水质标准,氨氮、化学需氧量符合Ⅲ类、Ⅴ类水质标准;淮南断面4项水质指标则符合Ⅱ类、Ⅰ类、Ⅴ类、Ⅲ类水质标准。为此,以RVA法作为借鉴,将4项对鱼类影响较明显的水质项目均值±标准差看作适宜的水环境范围值,计算结果见表6-13。由表6-13可知溶解氧和

pH 的适宜范围均满足《渔业水质标准》(GB 11607—1989),且适宜鱼类生存;氨氮和化学需氧量的适宜范围也达到地表Ⅲ类水质标准,能够满足鱼类的生态需求。

表 6-12　鱼类保护区水环境质量标准限值

水质指标	《地表水环境质量标准》(GB 3838—2022)					《渔业水质标准》(GB 11607—1989)
	Ⅰ类	Ⅱ类	Ⅲ类	Ⅳ类	Ⅴ类	
溶解氧/(mg/L),≥	7.5	6	5	3	2	大于 3,连续 24 h 中 16 h 以上大于 5
pH			6~9			6.5~8.5
氨氮/(mg/L),≤	0.15	0.5	1.0	1.5	2.0	—
化学需氧量/(mg/L),≤	15	15	20	30	40	—

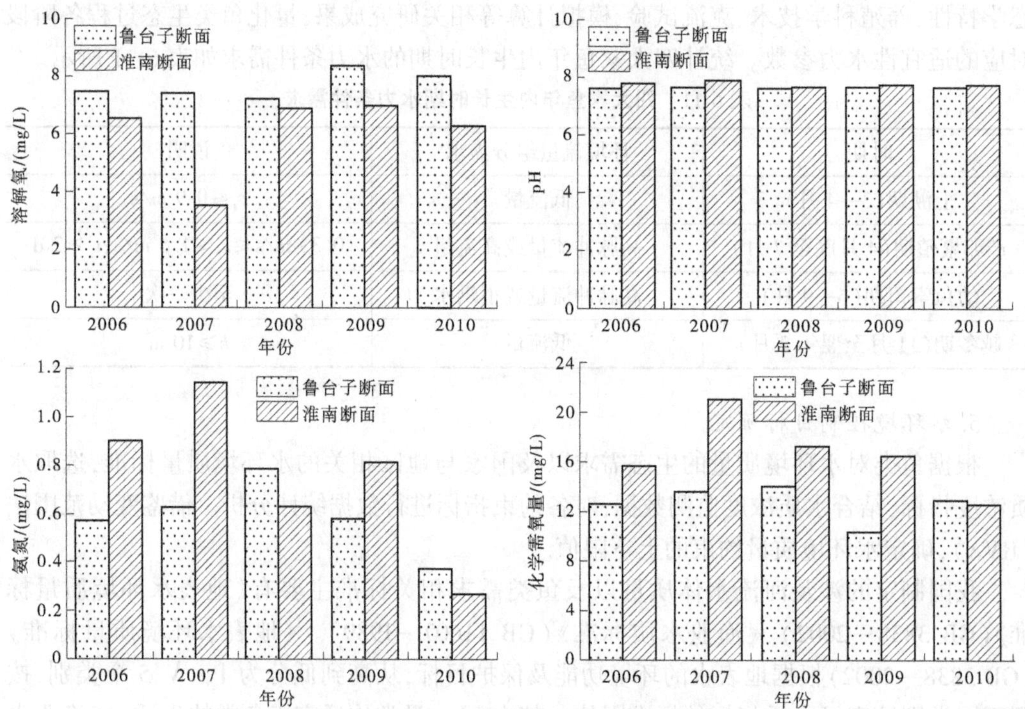

图 6-13　鲁台子与淮南断面相关水质指标统计图

表 6-13　鲁台子与淮南断面适宜水环境范围

水质指标	鲁台子断面		淮南断面	
	均值	适宜范围	均值	适宜范围
溶解氧/(mg/L)	7.6	6.54~8.73	6.1	3.91~8.36
pH	7.71	6.61~8.81	7.74	6.64~8.84
氨氮/(mg/L)	0.57	0.38~0.77	0.77	0.48~1.05
化学需氧量/(mg/L)	12.5	5.85~19.18	16.9	10.01~23.82

6.7.2.2　基于生态-生境-流量模型的生态流量组合推求

(1)水动力模拟

建立河段水动力模型是建立水质模型的基础。采用 MIKE11 中的一维水动力模块求取鲁台子至淮南断面淮河干流河段的流量过程,获取典型断面的流量、水位过程,从而建立流量与其他水力参数之间的关系。建立一维水动力模拟模型包含以下数据文件:模拟文件(.sim11)、河网文件(.nwk11)、断面文件(.xns11)、边界条件(.bnd11)、水动力参数(糙率)文件(.hd11)。其中,边界条件包括上下边界水位、流量等时间序列文件(.dfs0)。

1)河网概化与断面设定

河网水系复杂,河道数量多,若将大小不一的所有河道作为单一河道参与计算,工作量会很大,甚至无法满足计算机硬件及运算时间的要求。本次模拟中淮南市内淮河干流河段主要以上游干流来水为主,由于缺乏支流来水情况,且支流流量较干流偏小很多,故不考虑区间来水。因此,模型概化为1条干流,上下边界分别为鲁台子和淮南断面。截取淮河干流鲁台子-淮南段的 GIS 数值地图并结合实地调查,确定研究河段长为 67km。断面形状文件采用实测断面数据资料,起始断面为鲁台子断面,结束断面为淮南断面,具体如图 6-14 所示。

2)初始条件与边界条件

水动力模型计算的初始条件包括各计算断面水位和流量初始条件。本文水动力模拟时间序列选取偏枯年份汛期的流量水位资料,鲁台子断面作为上边界,采用 2009-2010 年实测流量资料作为流量边界;淮南断面作为下边界,采用 2009-2010 年实测水位资料作为水位边界,分时期进行一维水动力模拟。考虑模型计算稳定性与计算时间的要求,模型计算的时间步长越小,则模型后期计算成果的精度值越高,但考虑到输入的流量与水位序列的是时间单位为每天,故模型模拟时设置的时间步长为 10 分钟。

3)参数文件建立

参数文件主要是定义模拟的初始条件和河床糙率。初始条件设定的一个重要目的是让模型平稳启动,在实践中,初始流量往往可以设定为接近于 0 的值,而初始水位的设定必须不能高于或低于河床,否则可能导致模型不能顺利起算。因此将初始流量设定为 $5m^3/s$,初始水位根据研究河段河床高度设定为 28.2m。河床糙率 n 是衡量河床边壁粗糙程度对水流运动影响并进行相应水文分析的一个重要系数,其取值是河道一维数值模拟的关键。根据淮河流域的实际情况,该河段相对顺直、水流通畅,初始河床糙率设定为 0.02。

4)模拟结果验证

由于实测资料不足,以鲁台子断面的水位数据对水动力模拟结果进行验证,鲁台子断面水位模拟值与实测值对比结果如图 6-17 所示。由图可以看出,鲁台子断面水位条件验证中大部分水位实测点与模拟水位曲线吻合,最大误差为 10.56%,平均误差在 2%以内。汛期闸坝泄水时,由于下泄径流受到上溯潮水的顶托作用,水情变化大,导致模型计算精度略有降低。整体来看,采用 Mike11 一维水动力模型模拟结果较好,大部分水位模拟值与实测点较为吻合。验证结果表明所建水动力模型具有良好的重现性,基本能复演淮河干流鲁台子至淮南段的水流运动情况,可用于实际分析。

6.7.2.2　基于生态-生境-流量模型的生态流量组合推求

1. 水动力模拟

建立河段水动力模型是建立水质模型的基础。采用 MIKE11 中的一维水动力模块求取鲁台子—淮南断面淮河干流河段的流量过程，获取典型断面的流量、水位过程，从而建立流量与其他水力参数之间的关系。建立一维水动力模拟模型包含以下数据文件：模拟文件(. sim11)、河网文件(. nwk11)、断面文件(. xns11)、边界条件(. bnd11)、水动力参数(糙率)文件(. hd11)。其中，边界条件包括上下边界水位、流量等时间序列文件(. dfs0)。

1) 河网概化与断面设定

河网水系复杂，河道数量多，若将大小不一的所有河道作为单一河道参与计算，工作量会很大，甚至无法满足计算机硬件及运算时间的要求。本次模拟中淮南市内淮河干流河段主要以上游干流来水为主，由于缺乏支流来水情况，且支流流量较干流偏小很多，故不考虑区间来水。因此，模型概化为 1 条干流，上下边界分别为鲁台子和淮南断面。截取淮河干流鲁台子—淮南段的 GIS 数值地图并结合实地调查，确定研究河段长为 67 km。断面形状文件采用实测断面数据资料，起始断面为鲁台子断面，结束断面为淮南断面。

2) 初始条件与边界条件

水动力模型计算的初始条件包括各计算断面水位和流量初始条件。本书水动力模拟时间序列选取偏枯年份汛期的流量水位资料，鲁台子断面作为上边界，采用 2009—2010 年实测流量资料作为流量边界；淮南断面作为下边界，采用 2009—2010 年实测水位资料作为水位边界，分时期进行一维水动力模拟。考虑模型计算稳定性与计算时间的要求，模型计算的时间步长越小，则模型后期计算成果的精度值越高，但考虑到输入的流量与水位序列的是时间单位为 d，故模型模拟时设置的时间步长为 10 min。

3) 参数文件建立

参数文件主要是定义模拟的初始条件和河床糙率。初始条件设定的一个重要目的是让模型平稳启动，在实践中，初始流量往往可以设定为接近于 0 的值，而初始水位的设定必须不能高于或低于河床，否则可能导致模型不能顺利起算。因此，将初始流量设定为 5 m^3/s，初始水位根据研究河段河床高度设定为 28.2 m。河床糙率 n 是衡量河床边壁粗糙程度对水流运动影响并进行相应水文分析的一个重要系数，其取值是河道一维数值模拟的关键。根据淮河流域的实际情况，该河段相对顺直、水流通畅，初始河床糙率设定为 0.02。

4) 模拟结果验证

由于实测资料不足，以鲁台子断面的水位数据对水动力模拟结果进行验证，鲁台子断面水位模拟值与实测值对比结果如图 6-14 所示。由图 6-14 可以看出，鲁台子断面水位条件验证中大部分水位实测点与模拟水位曲线吻合，最大误差为 10.56%，平均误差在 2% 以内。汛期闸坝泄水时，由于下泄径流受到上溯潮水的顶托作用，水情变化大，导致模型计算精度略有降低。从整体来看，采用 MIKE11 一维水动力模型模拟结果较好，大部分水位模拟值与实测点较为吻合。验证结果表明所建水动力模型具有良好的重现性，基本能复演淮河干流鲁台子—淮南段的水流运动情况，可用于实际分析。

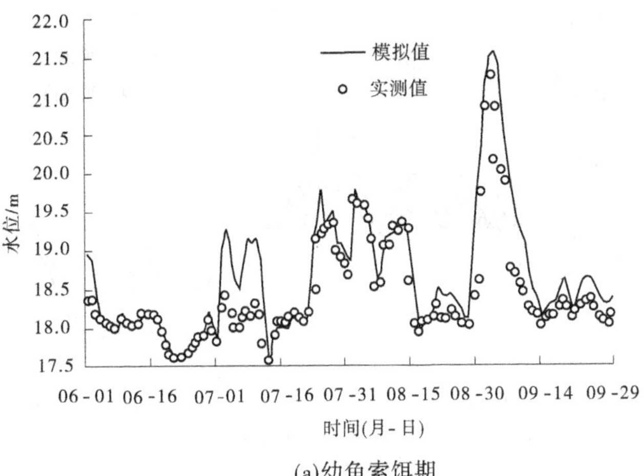

(a)幼鱼索饵期

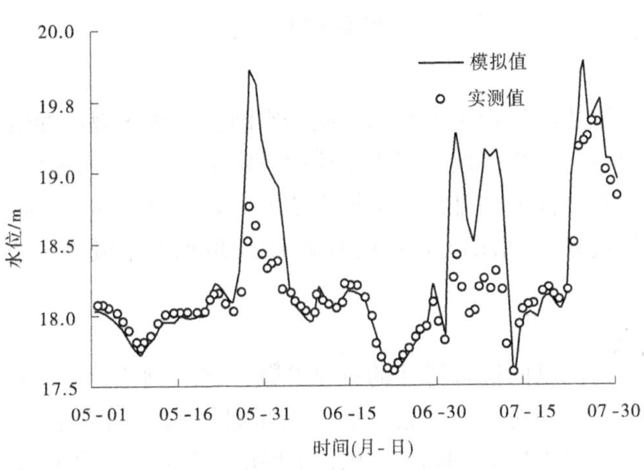

(b)产卵繁殖期

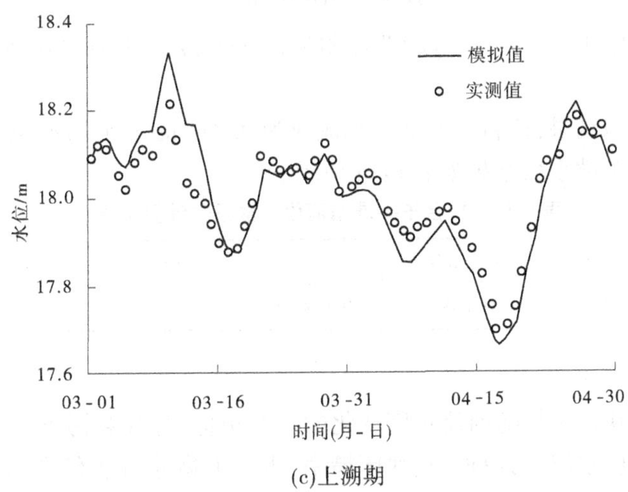

(c)上溯期

图6-14　鲁台子断面水位模拟值与实测值对比结果

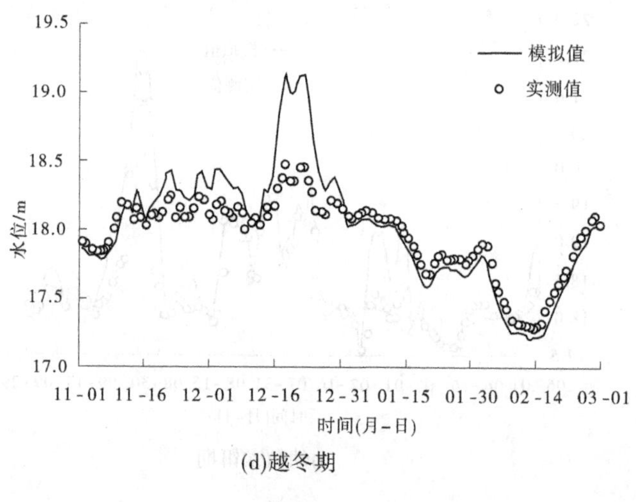

(d)越冬期

续图 6-14

2. 水质模拟

河流水质模型是描述河流中污染物随时间和空间迁移转化规律的数学方法。水质模型的建立可以为河流中污染物排放与河水水质提供定量关系,从而为评价、预测和选择污染控制方案以及制定水质标准和排污规定提供依据。采用 MIKE11 水质模块模拟物质在水体中的对流和扩散过程,在水动力模拟的基础上,求取淮河干流鲁台子—淮南段相关水质指标浓度值。

1)扩散系数的确定

扩散系数是反映河流纵向混合特性的重要参数,主要受水流条件、断面特征及河道形态等因素的影响。科学家们对扩散系数 D 行了大量研究,提出了不同的估算扩散系数 D 的方法和经验公式。本节采用 Fischer 于 1975 年提出的公式来近似估算 D 值。

$$D = 0.01u^2b^2/hv \tag{6-50}$$

式中:u 为断面平均流速,m/s;$v=\sqrt{ghJ}$ 为摩阻流速,m/s;J 为水力坡降;b 为河流宽度,m;h 为平均水深,m。

根据水动力模拟结果,鲁台子断面平均流速为 0.263 m/s,平均水深为 6.29 m。计算鲁台子—淮南河段扩散系数结果如表 6-14 所示。

表 6-14　鲁台子—淮南河段扩散系数计算结果

河段	u/(m/s)	v/(m/s)	J	b/m	h/m	D/(m²/s)
鲁台子—淮南	0.263	0.049 7	0.000 04	350	6.29	271

2)衰减系数的确定

衰减系数是反映污染物随河流长度变化的综合指标,是计算污染负荷的一项重要参数,与水质污染程度、水温、河流地质、河床糙率、水生生物等因素有关,不同河段、不同流速、不同季节,甚至是不同的污染物浓度,其降解系数值都是不同的。基于一维稳态水质模型,建立综合衰减系数与流量(流速)之间的关系,是研究污染负荷并进行动态纳污能

力评价的关键。淮河干流鲁台子—淮南河段衰减系数 K 值(d^{-1})与断面流速 u 的关系可以描述为

$$K = au + b \tag{6-51}$$

式中:a、b 分别为对应不同河段取不同常数值,a 的取值范围为 0.4~0.8,b 的取值范围为 0.04~0.08。《淮河流域纳污能力及限值排污总量意见》采用淮河流域 50 个河段的实测结果,通过相关分析得到淮河流域污染物衰减系数,氨氮值的计算式为 $K=0.551u+0.061$;化学需氧量的计算式为 $K=0.68u+0.05$。根据《安徽省地市水环境容量验收技术要求与说明》,溶解氧的衰减系数为 0.1 d^{-1}。

3)模型验证

在确定扩散系数和衰减系数的基础上,采用鲁台子 2008—2010 年实测水质数据(溶解氧、pH、氨氮、化学需氧量 4 项指标的逐月实测资料),计算研究河段的污染物浓度。以淮南断面的溶解氧模拟结果作为对比,对比结果如图 6-15 所示。可知研究河段实测值与模拟值较为接近,最大误差在 25%以内,平均误差为 11.5%。总体而言,通过实测及计算结果比较,可认为模拟值与实测值拟合较好,模型基本能够描述研究河段的水质时空演变规律,可用于后续基于生态-生境-流量模块化模拟模型的生态流量组合推求。

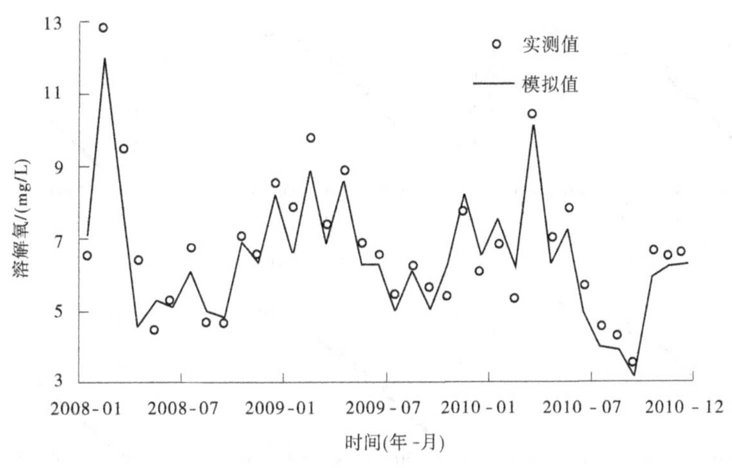

图 6-15　淮南断面溶解氧模拟值与实测值对比

3. 生态流量组合推求

根据一维水动力及水质模拟结果,并考虑鱼类生态过程不同时空模块下的环境流量组分、动态最佳栖息地、适宜性水力参数、水环境质量约束,推求四大家鱼不同生长时期对生态流量的需求。

1)上溯期

通过鱼类克服流速能力的相关试验,确定四大家鱼的极限克游流速为 0.9 m/s,当河流流速超过极限克游流速时,四大家鱼无法逆流游动。分析一维水动力模拟结果得知断面 24~38 出现过流速大于 0.9 m/s 的情况,绘制断面 24~38 的流速-流量关系曲线,如图 6-16 所示。由图 6-16 可知,断面 24 是 0.9 m/s 流速对应流量最低的断面,为保证四大家鱼能够顺利洄游,选取该断面对应的流量值为上溯期最高流量要求,根据其流速-流量

关系曲线，四大家鱼上溯期的流量需小于 893 m^3/s。

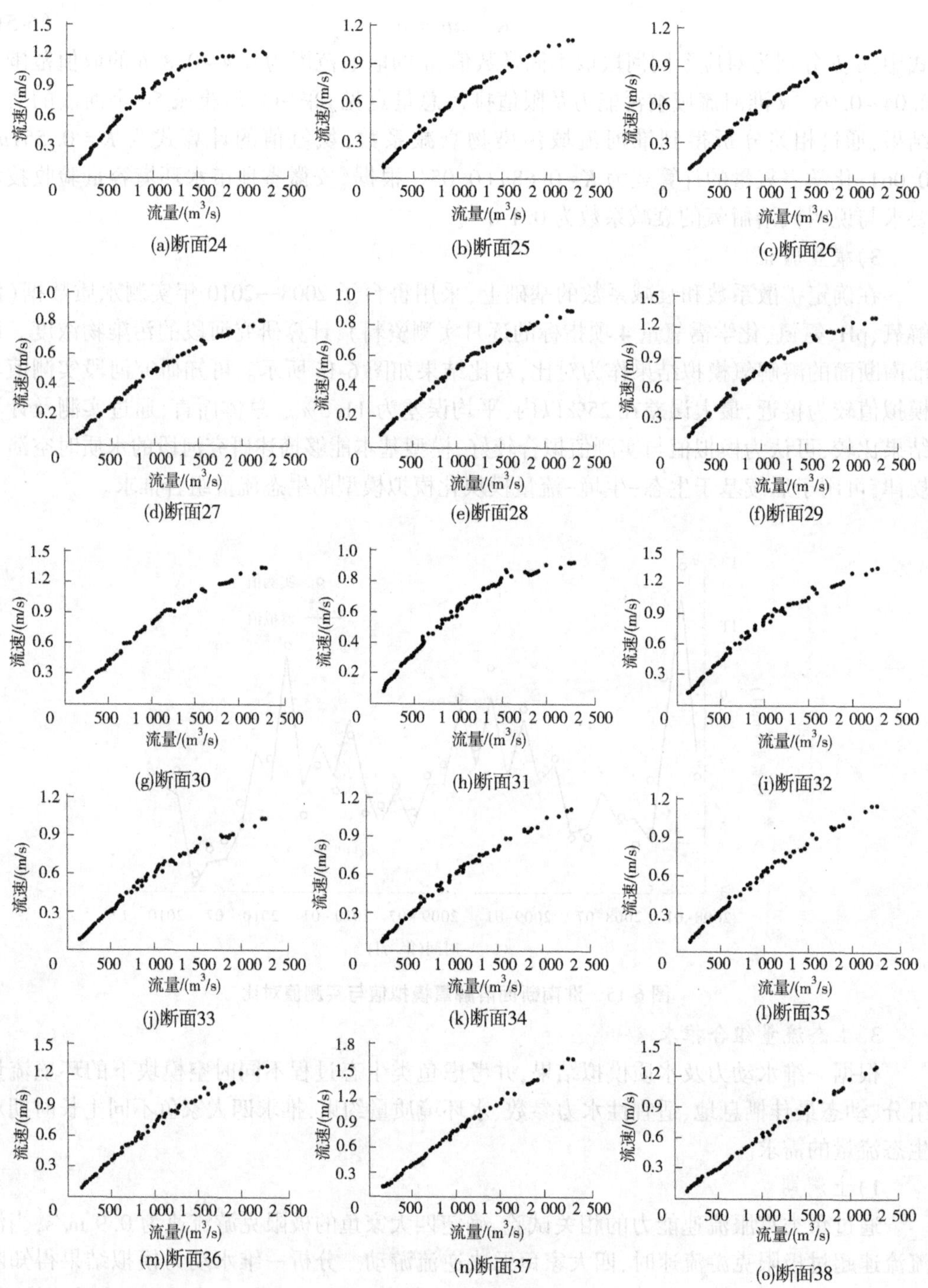

(a)断面24　(b)断面25　(c)断面26
(d)断面27　(e)断面28　(f)断面29
(g)断面30　(h)断面31　(i)断面32
(j)断面33　(k)断面34　(l)断面35
(m)断面36　(n)断面37　(o)断面38

图 6-16　部分断面流速–流量关系曲线

2)产卵繁殖期

根据四大家鱼产卵繁殖期生态需求,四大家鱼产卵需要超过2 d的涨水过程刺激,其产卵适宜流速一般认为在0.33~1.50 m/s。从典型断面选取来看,在研究河段内,最适宜四大家鱼产卵繁殖的断面为断面18,绘制断面18的流速-流量关系曲线(见图6-17)。由流速-流量关系曲线可知,当流速为0.31 m/s时对应的流量为617 m^3/s,当流速为0.35 m/s时对应的流量为691 m^3/s,通过插值确定0.33 m/s流速对应的流量为654 m^3/s。由于断面18未出现1.50 m/s流速过程,因此以0.33 m/s流速对应的流量作为家鱼产卵繁殖期的生态流量,且其持续时间应大于2 d。

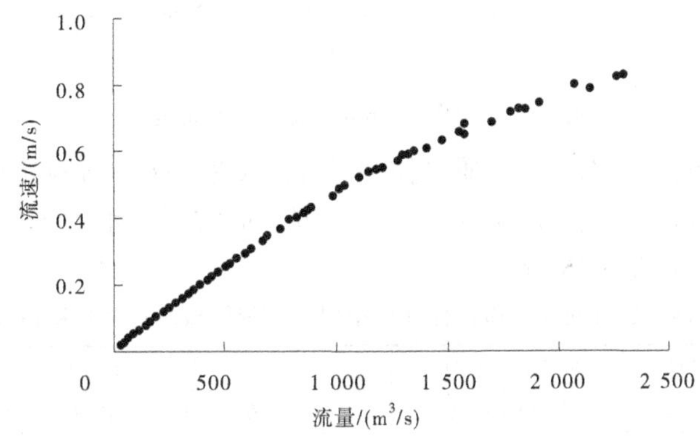

图6-17　断面18流速-流量关系曲线

3)幼鱼索饵期

在幼鱼生长期,高脉冲流量或小洪水事件的发生会冲刷河漫滩,为幼鱼和其他生物带来有机物质,提供更加广泛的觅食场与更丰富的营养资源。在实际应用中,以小洪水和高脉冲流量能够完全覆没河漫滩为准。最适宜四大家鱼产卵繁殖的断面18浅滩高程为18.86 m,绘制断面18水位-流量关系曲线(见图6-18),由水位-流量关系曲线可知,18.86 m水位对应的流量为899 m^3/s。因此,四大家鱼幼鱼索饵期应出现至少1次的高脉冲流量或小洪水事件,其量值应大于899 m^3/s。

4)越冬期

在秋末冬初水位下降时,成鱼开始从较浅的河段游到河床深处进行越冬洄游。统计鲁台子站1983—2018年家鱼越冬期(11月至翌年2月)流量资料,发现11月平均流量最小值为80.8 m^3/s,出现在2002年,12月至翌年2月平均流量最小值分别为53.5 m^3/s、39.5 m^3/s、55 m^3/s,均出现在1979年。根据前文适宜性栖息地及水力参数选取,四大家鱼适宜越冬场为断面40,其河底最低高程为0.03 m,家鱼越冬期需要河槽深度大于10 m,相应水位为10.03 m。对鲁台子站1979年和2002年越冬期流量系列进行一维水动力模拟,发现越冬期水位均超过10.03 m,家鱼越冬的生态需求都能得到满足。

5)分时期水质指标推求

通过四大家鱼年内不同生长时期适宜性断面选取以及一维水质模拟结果,推求研究河段适宜性动态栖息地的相应水质指标,并依据制定的水环境控制目标,确定其水质达标

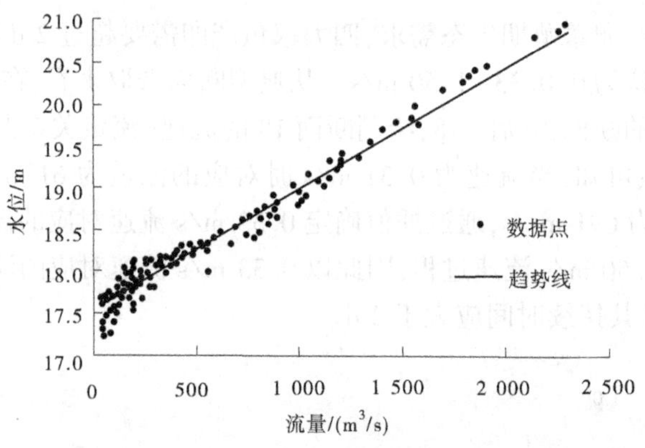

图 6-18　断面 18 水位-流量关系曲线

情况。根据鲁台子、淮南断面水环境质量控制目标以及地表水水质标准限值,并考虑研究河段鱼类水质需求,确定研究河段水环境适宜范围。适宜断面水质指标计算结果及研究河段水环境控制目标如表 6-15 所示。

表 6-15　适宜断面水质指标计算结果及研究河段水环境控制目标

时期	适宜断面	溶解氧(mg/L)	pH	氨氮/(mg/L)	化学需氧量/(mg/L)
上溯期	断面 24	7.09~7.10	7.65~7.76	0.89~0.92	10.2~12.4
产卵繁殖期	断面 18	6.91~7.10	7.60~7.69	0.23~0.93	10.2~20.5
幼鱼索饵期	断面 18	6.91~7.39	7.52~7.74	0.14~0.24	10.1~13.7
越冬期	断面 40	8.09~8.99	7.89~8.15	0.29~0.99	7.0~15.1
适宜范围	研究河段	6.54~8.36	6.64~8.81	0.48~0.77	5.9~19.2

由表 6-15 可知,家鱼上溯期、产卵繁殖期和幼鱼索饵期的溶解氧浓度均处于水环境适宜范围,且达到地表水Ⅱ类标准,家鱼越冬期的溶解氧浓度部分高于水环境适宜范围内,此时鱼类栖息于深潭越冬,对氧气的需求降低;年内各时期的 pH 与化学需氧量均处于水环境适宜范围,其中 pH 达到地表水Ⅰ类标准,而年内大多数时期的化学需氧量超出Ⅴ类水标准;产卵繁殖期和越冬期的氨氮浓度部分超出水环境适宜范围,达到地表水Ⅲ类标准。总体来看,除化学需氧量浓度较高,会对鱼类生长繁殖造成一定影响,四大家鱼生活史各时期的其余水质需求都能得到满足。适宜的溶解氧水平可提高鱼类的生长速度、调节鱼类的生理平衡,且处于弱碱性水体中,鱼体的载氧能力明显上升,生存能力增强。

4. 生态流量边界补充

本书认为只要鲁台子站有足够的来水量,假设在研究河段中间不被过度取用水的情况下,即可维持鲁台子—淮南断面淮河干流河段内的水生态系统的正常运行。采用栖息地模拟理论和水质水动力模拟推求出的家鱼分时期生态流量组合中,上溯期只推荐了生态流量上限值,越冬期的生态流量下限值未能得出,产卵繁殖期和幼鱼索饵期只推求出了典型生态流量值。在实际应用中,河道需要保持一定的流量以维持河流生态系统正常运行,因此采用年内展布法求取的最小生态流量和 RVA 法求取的适宜生态流量来补充四大家鱼生态流量组合的空缺部分，以鲁台子站 1983—2018 年的流量资料计算多年生态流量，如表 6-16 所示。

表 6-16　鲁台子站多年生态流量计算结果　　单位：m^3/s

方法	月份											
	1	2	3	4	5	6	7	8	9	10	11	12
RVA 法	97	107	131	110	148	162	472	459	240	156	133	126
年内展布法	16	17	32	26	33	57	162	145	98	86	63	77
月平均流量	185	201	368	304	380	519	1 748	1 440	1 014	553	412	234

鲁台子站 3、4 月适宜生态流量分别为 131 m^3/s、110 m^3/s，考虑河流水生态系统的完整性以及家鱼的生存繁殖需求，因此以 RVA 法求得的 3—4 月适宜生态流量作为上溯期的生态流量下限值。在家鱼产卵繁殖期，需要流量大于 654 m^3/s 的涨水过程刺激，且涨水持续时间应大于 2 d，幼鱼索饵期应出现至少 1 次的高脉冲流量或小洪水事件，其量值应大于 899 m^3/s。在这两个时期内已经考虑鱼类的适宜生态需求，因此以年内展布法计算得出的最小生态流量作为 5—9 月的一般生态流量。由于栖息地模拟理论未能给出越冬期的生态流量下限值，但河道内需要保持一定的流量以维持河流生态系统正常运行，因此采用 RVA 法得出的 11 月至翌年 2 月适宜生态流量作为越冬期的基本生态流量。

以四大家鱼为研究目标，采用栖息地模拟理论和一维水动力水质模拟技术求取四大家鱼年内不同生活时期的生态流量值，并采用 RVA 法和年内展布法对部分时期的生态流量空缺值进行补充，得到考虑四大家鱼年内生活各时期生态需求的生态流量组合，如表 6-17 所示。

表 6-17　考虑四大家鱼年内生活各时期生态需求的生态流量组合

时期	月份	基本生态流量/(m^3/s)	特殊生态流量	适宜断面
上溯期	3	131	≤ 893 m^3/s	断面 24
	4	110		
产卵繁殖期	5	33	大于 654 m^3/s 的涨水过程，且持续时间应大于 2 d	断面 18
	6	57		
	7	162		
幼鱼索饵期	8	145	至少 1 次大于 899 m^3/s 的高流量	断面 18
	9	98		
其他	10	86	无	无
越冬期	11	63	无	断面 40
	12	77		
	1	97		
	2	107		

6.7.3 淮南市-县初始水权配置

在淮南市区域淮河水资源初始水权配置中,最终目的是确定4个县区(寿县、凤台县、潘集区、淮南市区)的初始水权量。现将前面提出的市-县初始水权配置的具体做法贯穿到淮南市。

淮南市区域初始水权分配要素选择如下:①现状水量分配;②地表水和地下水分配;③可供水资源量的分配;④无政府预留水量的分配;⑤水量的分配;⑥耗水量的分配。

6.7.3.1 淮南市基本用水的确定

1.基本生活用水

基本生活用水为城市的家庭生活用水和农村的家庭生活用水。2017年生活用水为1.54亿m^3。

1)人口与城镇化率

2017年末淮南市全域总人口为389.6万人,农业总人口为163.21万人,城镇化率41.89%。

表6-18 2017年末淮南人口与城镇化率

地区	2017年		
	总人口/万人	城镇人口/万人	城镇化率/%
寿县	139.9	29.98	21.43
凤台县	67.4	17.10	25.37
潘集区	45.4	15.87	34.96
淮南市区	136.9	100.26	73.24
全市	389.6	163.21	41.89

2)生活用水定额

淮南全县区现状综合生活用水定额为316 L/(人·d),其中城镇211.4 L/(人·d),农村104.6 L/(人·d),最高的为淮南市区。淮南各县区生活用水定额情况见表6-19。淮南各县区生活耗水定额情况见表6-20。

表6-19 生活用水定额 单位:L/(人·d)

地区	2017年		
	综合	城镇	农村
寿县	68.8	107.1	72.4
凤台县	89.1	112.6	60.0
潘集区	66.0	111.9	57.2
淮南市区	117.2	149.2	91.3
全市	316	211.4	104.6

表 6-20　生活耗水定额　　单位:L/(人·d)

地区	2017 年		
	综合	城镇	农村
寿县	34.4	53.55	36.2
凤台县	44.55	56.3	30
潘集区	33	55.95	28.6
淮南市区	58.6	74.6	45.65
全市	158	105.7	52.3

3)需水量

根据前面人口、城镇化和生活需水定额结果,各县区生活需水量见表 6-21。从表 6-21 可以看出,淮南市区生活用水总量最高,占全市的 34.98%;凤台县和潘集区相对较低。

表 6-21　生活需水量　　单位:亿 m^3

地区	2017 年		
	总量	城镇	农村
寿县	0.61	0.53	0.08
凤台县	0.41	0.35	0.06
潘集区	0.30	0.26	0.04
淮南市区	0.71	0.61	0.10
全市	2.03	1.75	0.28

2. 基本生态用水

城镇生态环境需水量主要包括城镇绿化用水、环境卫生用水和城镇河湖补水量。其中城镇绿化用水、环境卫生用水按照定额法计算需水量,城镇河湖补水量按照补充蒸发渗漏损失量和保障水体符合一定水质标准所需换水量计算。根据《淮安市城市总体规划》(2010—2020),淮南城镇绿地远期达到人均 4~9 m^2,城镇河湖面积达到人均 0.25~0.44 m^2,环境卫生面积按每人 5~9 m^2 计算。基本生态用水按面积指标的下限值考虑,适宜生态用水按面积指标的上限值考虑,每年换水量按 2 次考虑,综合定额按 230 L/(m^2·年)考虑。

3. 基本粮食生产用水

1)种植面积

2017 年淮南播种面积为 78.99 万亩,其中粮食作物、经济作物和饲草分别占 55.09%、30.38%和 14.53%。随着退耕还林还草进程的推进,今后全区种植总面积会进一步下降，种植结构将向"粮-经-草"三元结构转变。"粮·经·草"三元种植比例确定的基本原则为：①粮食的区内平衡，即以保证区内粮食自给略有余为标准，其中考虑科技进步单产提高因素；②经济作物主要以发展特色经济作物为主导思想，根据相关规划和区内消费水平计算得到；③饲草种植面积以牧业产值与饲草消费量平衡为原则，即根据实现牧业产值确定发展的标羊头数，然后根据每头羊需要的饲草消费量来确定饲草总量，结合不同分区饲草产量计算饲草种植面积。淮南2017年种植结构结果见表6-22。

表6-22 淮南2017年种植结构结果

单位：万亩

地区	2017年			
	总数	粮食	经作	饲草
寿县	30.89	21.89	5.00	4.00
凤台县	14.54	8.91	3.50	2.13
潘集区	15.56	5.46	8.00	2.10
淮南市区	18	7.25	7.50	3.25
全市	78.99	43.51	24.00	11.48

2）农业用水定额

农业用水定额主要取决于种植结构、农业用水效率和有效降水量，其中有效降水量和降水量大小有关，根据前面灌溉结构、用水效率和高效灌溉面积发展结果，结合相关作物ET试验结果，确定引水和耗水定额，即毛灌定额和净灌定额。农业综合灌溉定额结果见表6-23。

表6-23 农业综合灌溉定额

单位：m^3/亩

地区	2017年	
	毛灌定额	净灌定额
寿县	392.18	196.09
凤台县	409.71	204.86
潘集区	158.35	79.18
淮南市区	245.56	122.78
全市	315.91	157.96

3）农业需水量

综合前面农业灌溉面积和需水定额结果，2017年基本粮食生产灌溉量见表6-24。

表 6-24　基本粮食生产灌溉量　单位:亿 m^3

地区	2017 年	
	农田引水	农田耗水
寿县	5.931	0.126 2
凤台县	2.874	0.104 6
潘集区	1.156	0.076
淮南市区	2.100	0.110
全市	12.060	0.417

4. 能源生产保障低限用水

考虑到工业用水的解决途径可以通过行业间水权交易的方式解决,能源生产保障用水仅按火电行业考虑。

淮南各县区工业需水量见表 6-25。

表 6-25　工业需水量　单位:亿 m^3

地区	2017 年		
	综合	一般	火电
寿县	1.15	0.72	0.43
凤台县	1.04	0.75	0.29
潘集区	0.42	0.33	0.09
淮南市区	2.58	1.83	0.74
全市	5.19	3.63	1.55

从表 6-25 可以看出,2017 年工业需水总量为 5.19 亿 m^3,主要集中在淮南市区和寿县。淮南各县区工业耗水量见表 6-26。

表 6-26　工业需耗水量　单位:亿 m^3

地区	2017 年		
	综合	一般	火电
寿县	1.64	0.90	0.74
凤台县	0.53	0.24	0.29
潘集区	0.67	0.24	0.43
淮南市区	0.19	0.11	0.09
全市	3.03	1.49	1.55

6.7.3.2　淮南市-县初始水权分配结果

采用上述提出的多准则分配模型进行计算，水量分配多准则模型中考虑了基本用水保障原则、粮食安全用水保障原则、基本能源生产保障原则、公平原则和效率原则，其中公平原则包括占用优先原则、人口优先原则、面积优先原则和水源地优先原则。以上原则涉及的指标见表 6-27。

表 6-27　各原则对应的指标值

地区	基本用水保障原则	粮食安全用水保障原则	基本能源生产用水保障原则	公平原则				效率原则
	基本生态用水/亿 m^3	基本粮食生产用水/亿 m^3	基本能源生产用水/亿 m^3	用水量/亿 m^3	总人口/万人	有效灌溉面积/万亩	产水量/亿 m^3	GDP/亿元
寿县	0.066	5.931	0.74	6.887	139.9	30.89	1.78	163.7
凤台县	0.127	2.874	0.29	4.001	67.4	14.54	1.52	267.1
潘集区	0.165	1.156	0.43	4.233	45.4	15.56	1.40	231.1
淮南市区	0.222	2.100	0.09	7.741	136.9	18.00	1.12	399.1
全市	0.580	12.061	1.55	22.862	389.6	78.99	11.63	1 061.0

首先，组成专家小组。按照本次研究所需要的知识范围，确定 35 位专家，其中水利行业相关专家 3 人，管理专家 2 人，经济专家 2 人，高校相关专业的专家 3 人，为保证民主公平，还邀请了 3 家用水户，包括用水大户、用水中户及用水小户各 1 家，另在淮南 4 县(区)各选取了几位相关行业的专家 22 名。

其次，向上述 35 位专家及用户发出书面材料。各个专家根据他们所收到的材料，给各指标打分，并适当给出打分的原因。最终模型采用的权重如表 6-28 所示。

表 6-28　初始水权分配原则的权重

原则	权重	公平原则下子原则	权重
基本生活用水保障原则	0.12	占用优先	0.43
基本粮食用水保障原则	0.14	人口优先	0.32
基本能源用水保障原则	0.11	面积优先	0.21
公平原则	0.39	水源地优先	0.04
效率原则	0.24		

淮南 4 县(区)在多准则下的分水量见表 6-29。对于初步确立的淮南区域初始水权分配方案，为体现公平与效率兼顾的原则，还应通过民主协商，对这个区域初始分配方案

进行适当调整,形成淮南各县区都认可的分配方案,以保障方案的落实。

表 6-29　淮南市初始水权分配方案　　单位:亿 m^3

地区	寿县	凤台县	潘集区	淮南市区	合计
分水总量	5.915	4.630	2.713	6.153	19.411

6.7.4　淮河干流淮南段河流生境补偿水量确定

6.7.4.1　生态亏缺水量与水权超标量

通过对流域的历史径流资料进行分析,近年来淮河干流及支流天然来水量普遍偏少,水资源的先天不足已成为制约流域经济社会、生态协调发展的关键因素,而经济社会发展对水的需求量却日益增加,区域间、区域内竞争性用水矛盾尖锐。充足的水量是进行涉水经济活动的基础。根据淮河干流淮南段的行政区(从上到下分别是寿县、凤台县、潘集区、淮南市区)确定补偿主客体。依据前面章节计算的生态流量与当年的月均流量对比(见图 6-19),判断流域河道内生态流量亏缺值。

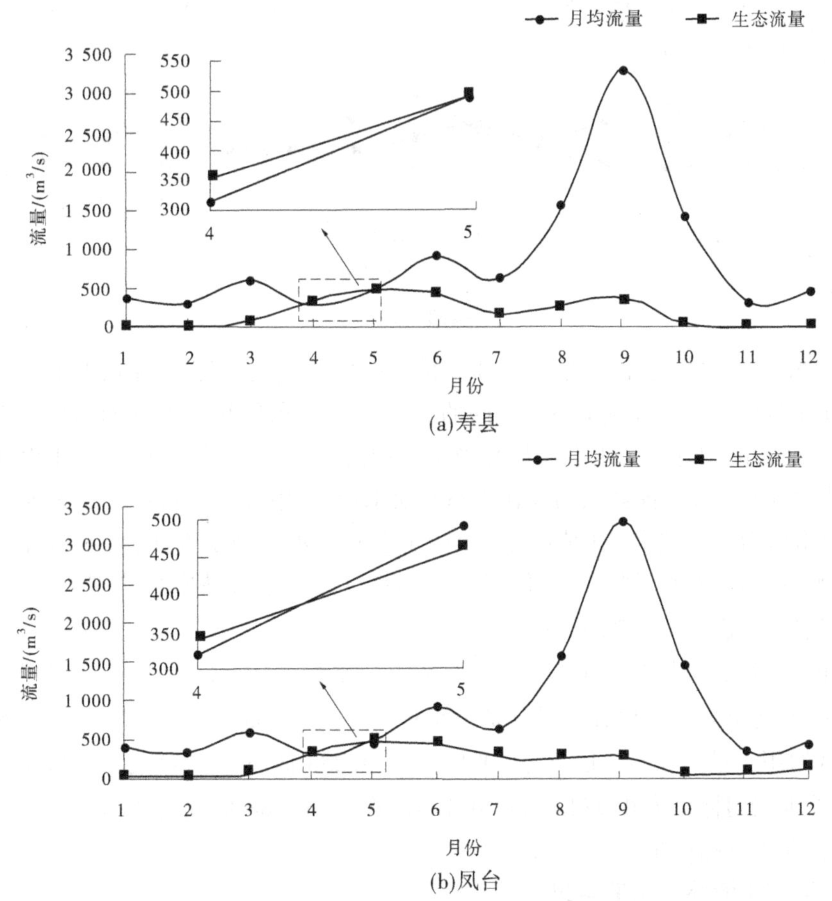

图 6-19　淮南市月均流量与生态流量对比

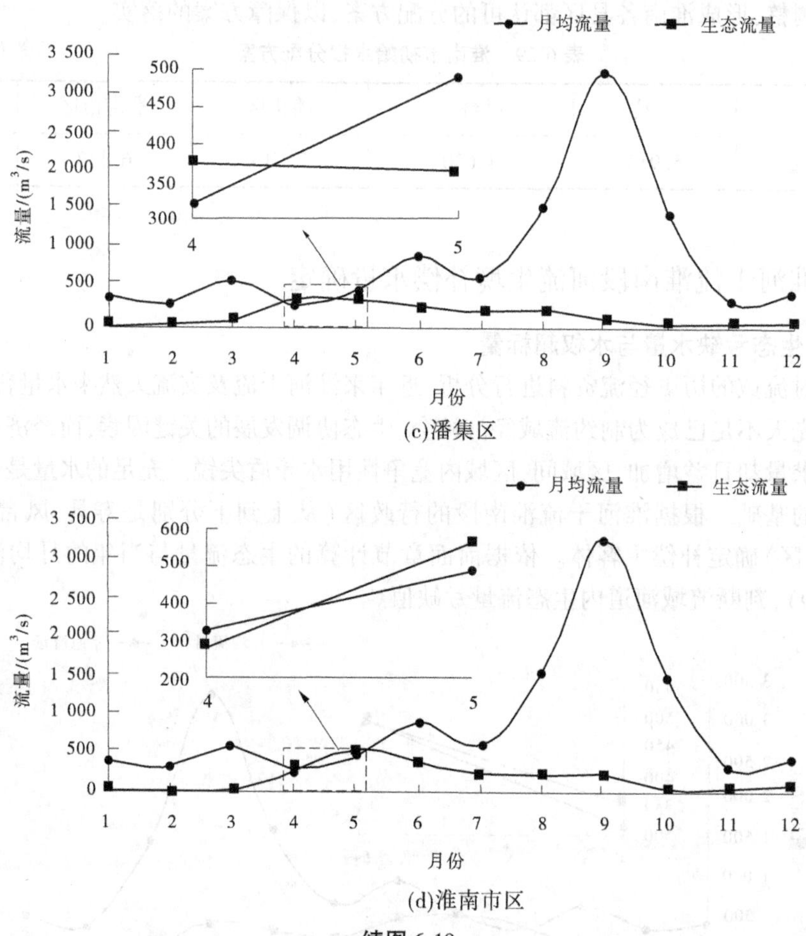

续图 6-19

为了维持河道水生态系统的健康,水量的分配应兼顾社会公平,流域上下游共享水资源开发利用的效益,缓减流域上下游之间的竞争性用水矛盾,因此亏缺的水量需要得到相应的补偿。通过前期计算的生态流量与当年月均流量值,获得各行政区内补偿时段及亏缺水量,从图 6-19 可知,各县区均存在生态亏缺水量,其中寿县、凤台县、潘集区均为 4 月缺水,淮南市区为 5 月缺水,根据前面章节的生态亏缺水量确定方法,将生态流量转换为生态亏缺水量,确定寿县、凤台县、潘集区、淮南市区的生态亏缺水量分别为 0.87 亿 m^3、0.53 亿 m^3、1.32 亿 m^3、1.974 亿 m^3。

根据市-县初始水权配置的分水量,淮南市分水量为 19.411 亿 m^3,其中寿县、凤台县、潘集区、淮南市区的水权分水量分别为 5.915 亿 m^3、4.63 亿 m^3、2.713 亿 m^3、6.153 亿 m^3;各区域的用水量为 6.887 亿 m^3、4.001 亿 m^3、4.233 亿 m^3、7.741 亿 m^3,从而确定各区域的河道外水权超标量为 0.972 亿 m^3、0、1.52 亿 m^3、1.588 亿 m^3。可知除凤台县外,其余区域均存在水权超标量。

6.7.4.2　河流生境补偿水量结果

根据生态亏缺水量与水权超标量,结合生态流量与水权双层阈值控制的河道生境补偿水量量化分析表，各县区均存在生态亏缺水量前提下，判断各区域水权超标量，从而确定各区域河道生境补偿水量（见表 6-30）。从流域上下游区间来看，寿县存在生态亏缺水量（$\Delta E_1>0$），存在水权超标量（$\Delta R_1>0$），且 $\Delta E_1<\Delta R_1$，由于此区域位于研究区域起始断面，故不考虑上游影响，说明寿县是由于河道外用水超标导致的河道内缺水，属于区域内部补偿，从而确定寿县生境补偿水量为 0.87 亿 m^3；凤台县存在生态亏缺水量（$\Delta E_2>0$），但凤台县河道外用水未超标（$\Delta R_2<0$），且凤台县位于寿县下游，上游寿县取用水超标，说明凤台县河道内生态缺水是上游河道外用水超标导致的，所以上游寿县应该向下游凤台县进行补偿，从而确定凤台县生境补偿水量为 0.099 亿 m^3；潘集区存在生态亏缺水量（$\Delta E_3>0$），存在水权超标量（$\Delta R_3>0$），且 $\Delta E_3<\Delta R_3$，由于上游凤台县取用水未超标，故不考虑上游影响，说明潘集区是由于河道外用水超标导致的河道内缺水，属于区域内部补偿，从而确定凤台县生境补偿水量为 1.32 亿 m^3；淮南市区存在生态亏缺水量（$\Delta E_4>0$），存在水权超标量（$\Delta R_4>0$），且 $\Delta E_4>0$，$\Delta E_4>\Delta R_4$，淮南市区位于潘集区下游，上游潘集区取用水超标，说明淮南市区河道内生态缺水是上游河道外用水超标和区域内部内用水超标共同导致的，所以淮南市区在接受上游潘集区的补偿水量的同时，自己区域内也应该进行补偿，从而确定淮南市区生境补偿水量为 2.174 亿 m^3。

表 6-30　淮南市河流生境补偿水量核算　　单位：亿 m^3

区域	区域取用水量	水权分水量	水权超标量	生态亏缺水量	河流生境补偿水量
寿县	6.887	5.915	0.972	0.87	0.87
凤台县	4.001	4.63	0	0.53	0.099
潘集区	4.233	2.713	1.52	1.32	1.32
淮南市区	7.741	6.153	1.588	1.974	2.174
总和	22.863	19.411	2.765	4.69	4.463

淮南市河流生境补偿水量分配见图 6-20。根据图 6-20 可知，寿县和潘集区不仅要承担自己区域内因河道亏缺造成的生态缺水，还需向下游提供因河道外取用水超过初始水权分配造成的亏缺水量，而凤台县只需要接受上游对自己补偿水量，淮南市区在接受上游补偿水量的同时，也存在区域内部补偿。

6.7.5　淮河干流淮南段主要污染物削减比例目标区域分配

6.7.5.1　总量分配指标的选取

在项目进行过程中，通过咨询专家和问卷调查，获取了 30 位专家对评估指标基本集中的指标的评价结果。采用前期介绍的评估指标体系构建方法，确定评估指标基本集中的 25 个指标进行层次之间的判断矩阵，从而构建淮河流域淮南市污染物削减比率目标区域分配指标体系。

在指标基本集分层的基础上，根据专家意见及层析分析法的相关方法，确定层次之间的判断矩阵，并通过了一致性检验。最终将 30 位专家各个指标得分值加权平均得到污染

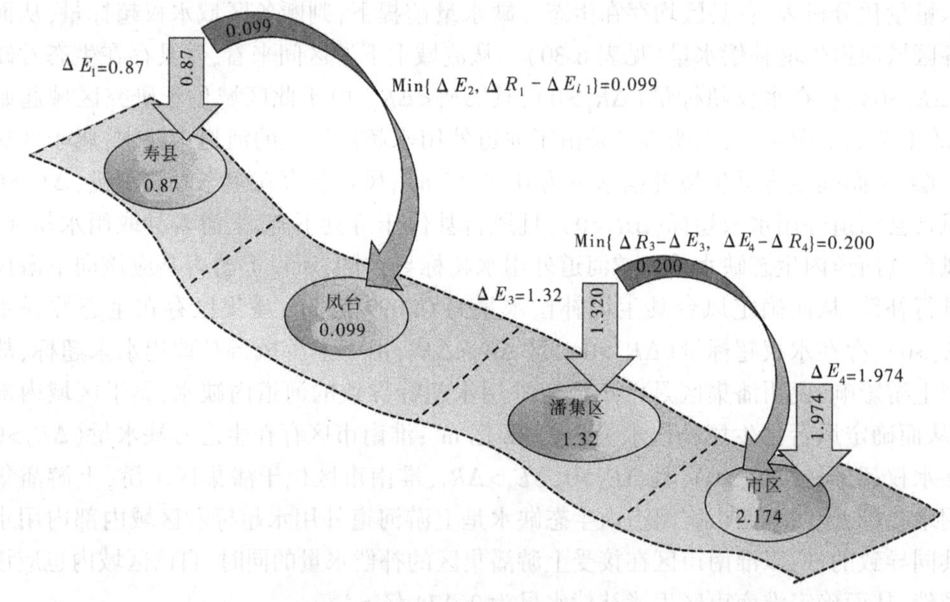

图 6-20 淮南市河流生境补偿水量分配 （单位：亿 m^3）

物削减比率目标区域分配指标基本集中各指标的层次分析得分值，如表 6-31 所示。

表 6-31 指标基本集中各指标的层次分析得分值

子集	指标	编号	分值
孕灾环境	人均 GDP	A_1	0.128 4
	生产总值	A_2	0.019 8
	三次产业占比	A_3	0.008 1
	工业增加值	A_4	0.009 2
	重点行业增加值占生产总值比例	A_5	0.012 4
	人口总数	A_6	0.017 2
	城镇人口数量	A_7	0.009 1
	城镇与农村人口比例	A_8	0.006 0
	出生率	A_9	0.004 1
	自然增长率	A_{10}	0.005 7
	环境容量利用率	A_{11}	0.196 6
	监测断面Ⅱ类水所占比例	A_{12}	0.038 3
	水资源总量	A_{13}	0.010 5
	人均水资源量	A_{14}	0.055 8
	单位面积水资源量	A_{15}	0.009 5

续表 6-31

子集	指标	编号	分值
致灾条件	人均污染物排放量	B_1	0.021 6
	城镇人均污染物排放量	B_2	0.012 2
	万元 GDP 污染物排放量	B_3	0.147 0
	单位工业产值污染物排放量	B_4	0.015 7
	单位经济产值污染物排放量	B_5	0.014 9
治灾建设	生活污水削减率	C_1	0.017 8
	工业废水处理率	C_2	0.018 0
	污水处理厂处理率	C_3	0.024 4
	生活 COD/氨氮削减率	C_4	0.100 9
	工业 COD/氨氮处理率	C_5	0.096 8

从表 6-31 的指标中筛选出环境容量利用率、人均污染物排放量、人均 GDP、生活 COD/氨氮削减率、工业 COD/氨氮处理率、单位面积水资源量这 6 个指标，它们反映污染物削减比率目标区域分配的指标之和为 0.725 5，能够表征污染物削减比率目标区域分配的目标。最终形成的污染物削减比率目标区域分配指标体系如图 6-21 所示。

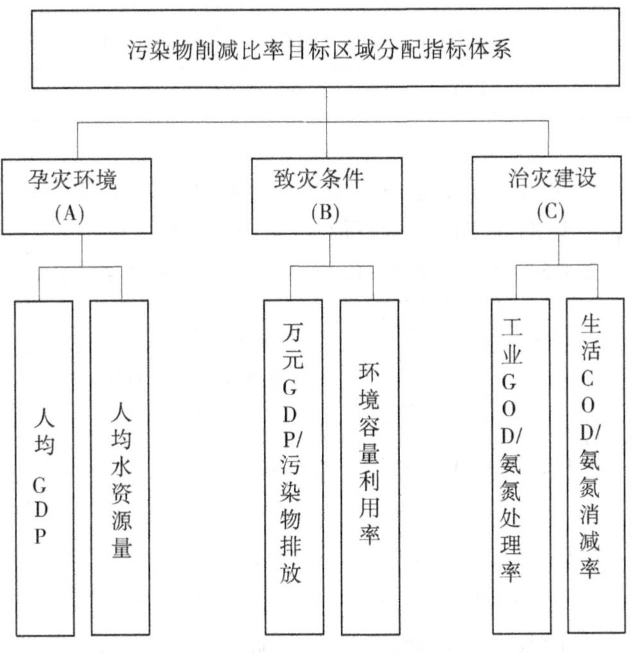

图 6-21　污染物削减比率目标区域分配指标体系

6.7.5.2　主要污染物削减量分配计算

根据前期研究成果，将淮河流域淮南市(2017 年)的 COD、氨氮总量分配的 6 项原始指标进行无量纲同向化处理，结果如表 6-32、表 6-33 所示。

表 6-32　2017 年 COD 总量削减分配指标归一化矩阵

年份	地区	人均 GDP	万元 GDP 污染物排放量	工业废水 COD 处理率	生活污水 COD 削减率	环境容量利用率	人均水资源量
2017	寿县	0	0	0	0	0.80	1.00
	凤台县	1.00	0.60	1.00	1.00	0	0.72
	潘集区	0.96	0.10	0.15	0.50	0.40	0.53
	淮南市区	0.77	1.00	0.69	0.25	1.00	0

表 6-33　2017 年氨氮总量削减分配指标归一化矩阵

年份	地区	人均 GDP	万元 GDP 污染物排放量	工业废水氨氮处理率	生活污水氨氮削减率	环境容量利用率	人均水资源量
2017	寿县	0	0	0	0	0.80	1.00
	凤台县	1.00	0.60	1.00	1.00	0	0.72
	潘集区	0.96	0.10	0.60	0.50	0.40	0.53
	淮南市区	0.77	1.00	0.99	0.25	1.00	0

由前期研究成果，可得基于信息熵的 COD、氨氮总量分配模型中各指标的关键参量值——信息熵值、信息熵的效用值和熵权值，见表 6-34、表 6-35。

表 6-34　基于信息熵法的 COD 总量分配法的关键参量值

年份	关键参量	人均 GDP	万元 GDP 污染物排放量	工业废水 COD 处理率	生活污水 COD 削减率	环境容量利用率	人均水资源量
2017	信息熵值 [$H(X)$]	0.787	0.607	0.648	0.688	0.746	0.767
	信息熵的效用值(d_j)	0.213	0.393	0.352	0.31	0.254	0.233
	熵权值 (w_j)	0.122	0.223	0.200	0.178	0.145	0.133

表 6-35　基于信息熵法的氨氮总量分配法的关键参量值

年份	关键参量	人均GDP	万元 GDP 污染物排放量	工业废水氨氮处理率	生活污水氨氮削减率	环境容量利用率	人均水资源量
2017	信息熵值［$H(X)$］	0.787	0.607	0.773	0.688	0.746	0.767
	信息熵的效用值(d_j)	0.213	0.393	0.227	0.312	0.254	0.233
	熵权值(w_j)	0.131	0.241	0.139	0.191	0.156	0.143

从各指标的信息熵值来看,信息熵值的大小与信息量的多少有密切关系,信息熵值越大,则该指标的信息量越大,越能够突出分配对象的异质性,在指标体系中起的作用越大。从表 6-34 和表 6-35 可以看出,信息熵值随着不同指标的变化而变化。

由前期研究成果,可得到各个分配对象的 COD、氨氮削减综合指数值及各个分配对象削减率和削减量。由于各个县区的社会经济发展水平以及自然资源禀赋不同,因此各个省(市、区)应该按照国家层面的削减率做适当调整。综合考虑淮河流域淮南市社会经济发展水平和自然资源禀赋,同时参考全国环境保护"十三五"规划,本书认为淮河干流淮南段的 COD 削减率为 56.59%,氨氮削减率为 31.27%。总量分配结果见表 6-36 和表 6-37。

表 6-36　基于信息熵法的 COD 总量分配方案

年份	地区	综合削减得分 C_i	削减差异比率 λ_i	削减率 r_i/%
2017	寿县	0.248	0.124	7.002
	凤台县	0.730	0.364	20.586
	潘集区	0.384	0.192	10.838
	淮南市区	0.644	0.321	18.165

表 6-37　基于信息熵法的氨氮总量分配方案

年份	地区	综合削减得分 C_i	削减差异比率 λ_i	削减率 r_i/%
2017	寿县	0.267	0.126	8.646
	凤台县	0.709	0.334	22.936
	潘集区	0.466	0.219	15.062
	淮南市区	0.683	0.321	22.087

各分配对象的综合削减得分反映了各地区的相对削减比率的大小情况，不论是 COD 总量分配方案，还是氨氮总量分配方案，凤台县的综合削减得分居四县之首，说明了凤台县应当担负起更多的减排任务，即较大的削减率；上游寿县得分相对较小，说明寿县只需承担较小的相对削减率。从这些分配对象的相对削减差异比率的数值可以看出，2017 年寿县、凤台县、潘集区、淮南市区的 COD 和氨氮削减差异比率均小于 1，说明这些地区应担承担小于全国平均削减比例 10%的减排责任，能够满足安徽省“十三五”期间所下达的 COD 削减 9.6%、氨氮削减 13.2%的计划，且均能超额完成。从分配对象的削减分布区间来看，COD 的削减率为 5.530%<r_i<16.260%，氨氮的削减率为 2.063%<r_i<5.270%，从中可以看出，四县区削减幅度相对较大，COD 削减率和氨氮削减率的极值差分别为 10.73%和 3.207%，削减率的极值差反映了在进行污染物削减比率目标区域分配时不同地区的差异性。

在 COD 总量削减率为 9.6%、氨氮的总量削减率为 13.2%的前提下，寿县、凤台县、潘集区和淮南市区的 COD、氨氮削减率见图 6-22。由图 6-22 可知，2017 年只有凤台县和淮南市区的 COD 削减率超过安徽省“十三五”期间的削减目标，但是氨氮的削减率均未达到安徽省“十三五”期间的削减目标。其中，寿县和潘集区的 COD、氨氮削减率都未超过安徽省“十三五”期间的削减目标，尤其是寿县的削减率较低。这是因为寿县的经济发展水平较低，因此削减率相对较低；凤台县及淮南市区的环境容量利用率大、经济发展水平高以及污染物人均排放强度大等因素共同造成了其削减值相比其他县区要高；潘集区削减率较低与该地区较小的人均 GDP、污染物排放强度以及较小的水环境压力有关。

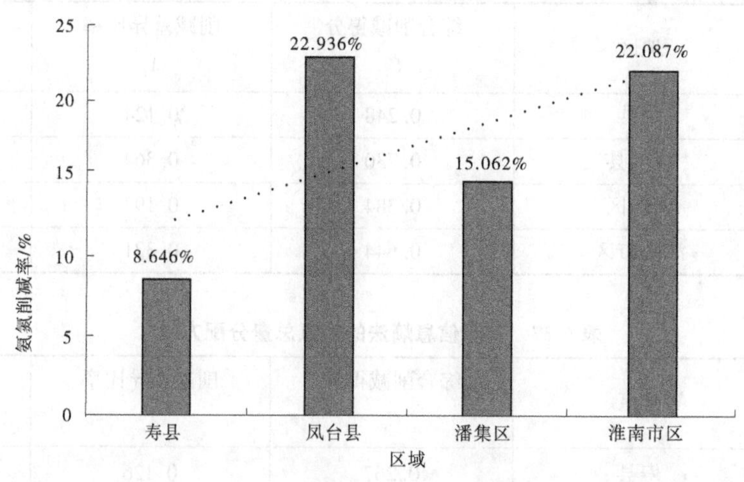

图 6-22 不同分配对象的 COD、氨氮削减率(2017 年)

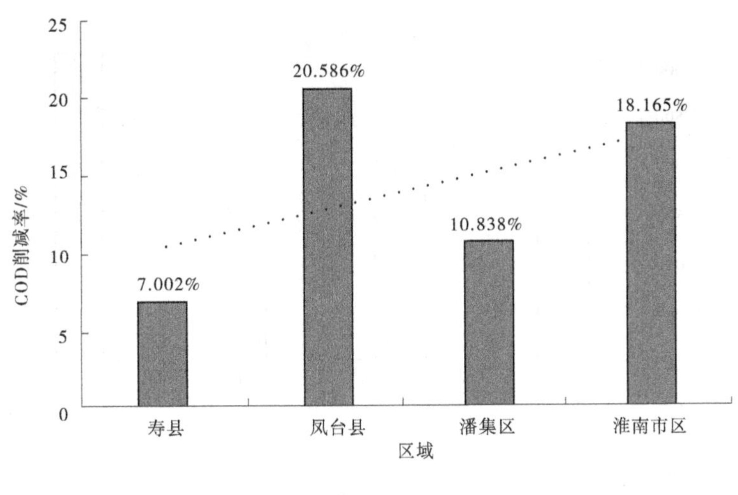

续图 6-22

6.7.6 淮南段缺实测资料断面污染物跨区域浓度叠加计算

6.7.6.1 污染物浓度叠加模型参数确定及污染物削减量

将各县区的污染物削减比率目标区域分配核算的削减率结合污染物排放量,核算各区域的污染物削减量(见表6-38),并列出各污染物的削减量(见图6-23)。

表 6-38 不同分配对象的污染物削减量(2017 年)

年份	地区	COD 削减量 W_{Ei}/万 t	氨氮削减量 W_{Ei}/万 t
2017	寿县	0.035	0.601
	凤台县	0.169	0.869
	潘集区	0.058	0.620
	淮南市区	0.253	1.512

从图6-22和图6-23可看出,各分配对象的COD和氨氮的削减量差异较大,以淮南市区为首。各个地区的削减量的多少和削减率的大小有一定的关系,但并不是直接对应关系,削减量的多少还与各个地区的现状排放量有关。某些地区的削减量相对较多是削减率和现状排放量均相对较多共同造成的,如凤台县是削减量相对较多的地区,不论是COD削减量还是氨氮削减量,其现状排放量和削减率都大,其削减量也较大。某些地区的削减量的多少是由削减率和现状排放量这两个因素共同作用的结果,也就是说削减量是由削减率和现状排放量这两个因素的状态决定的,如淮南市区2017年COD的现状排放量为1.766万t,而凤台县2017年COD的现状排放量为1.037万t,但2017年淮南市区的COD削减率相较凤台县较小,为1.912%;淮南市区2017年氨氮的现状排放量为0.202万t,而凤台县的2017年氨氮现状排放量为0.119万t,但2017年淮南市区的氨氮

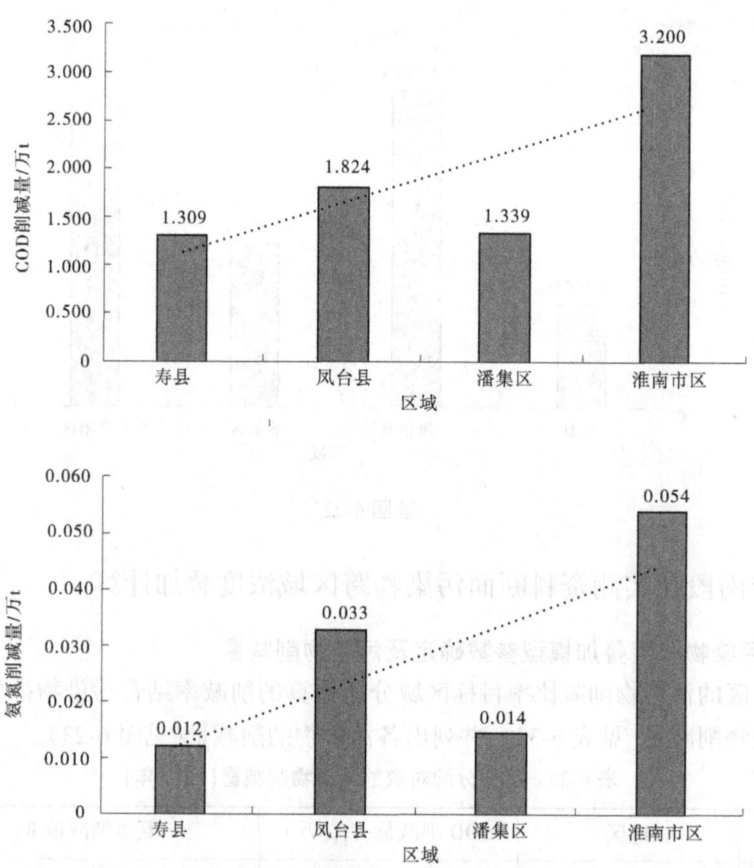

图 6-23 不同分配对象的 COD、氨氮削减量(2017 年)

削减率相较凤台县较小,为 0.314%,由于较大的排放量加上相对较大的削减率共同导致淮南市区的削减量最大。某些地区的削减量相对较小是因为削减率和现状排放量都相对较小,这在寿县体现得最为明显。如寿县的 2017 年 COD 削减率和现状排放量都较低,则其削减量也是这 4 个县(区)中最低的。

根据主要的入河排污口的分布及污染物削减量计算的需求,同时兼顾生态补偿的主客体,确定计算单元。考虑到入河排污口的分布主要是以行政县的形式分布的,而且生态补偿的主客体亦是行政县,因此按照行政分区(县)对河道进行一定的简化,如图 6-24 所示。以各个行政分区作为计算单元,总共 4 个计算单元,每个计算单元的长度 X_1、X_2、X_3、X_4 分别为 13.10 km、16.50 km、9.01 km、28.41 km,全长 67.02 km。根据淮南市辖淮河流域的水功能区划,淮南市辖淮河流域的水质目标多为Ⅲ类水,因此考虑补偿的主客体主要为各个行政县(区)。

将污染总量分配模型选取的 COD、氨氮作为超标污染影响的计算因子。污染物综合衰减系数受水温、水文条件、河道特征、污染物浓度梯度等因素影响,前面水质模拟模块确定的扩散系数 D 为 271 m^2/s,流速 u 为 0.263 m/s;淮河流域污染物综合衰减系数氨氮的

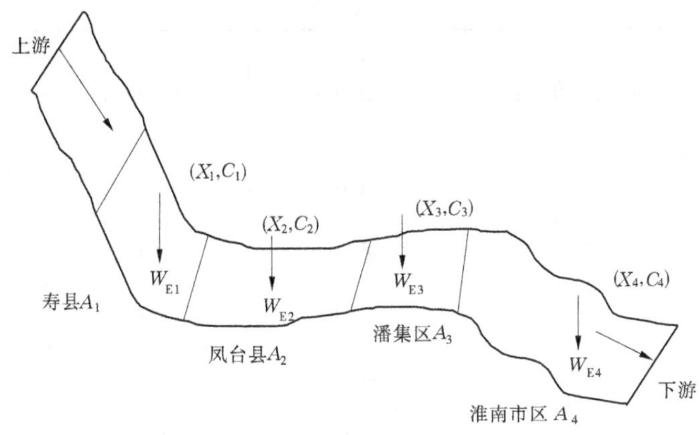

图 6-24　淮河干流淮南段河道概化

K 值计算式为 $K=0.551u+0.061$；化学需氧量的计算式为 $K=0.68u+0.05$，计算得到淮河流域氨氮和 COD 的污染物综合衰减系数为 0.206 和 0.229，从而确定 m 的值，如表 6-39 所示。

表 6-39　跨区域浓度叠加模型参数

参数		流速 u/(m/s)	扩散系数 D/(m^2/s)	综合衰减系数 K/d^{-1}	m
污染因子	COD	0.263	271	0.229	59.915
	氨氮	0.263	271	0.206	56.828

6.7.6.2　各区域断面污染物混合浓度计算

河流水质模型是描述河流中污染物随时间和空间迁移转化规律的数学方法。水质模型的建立可以为河流中污染物排放与河水水质提供定量关系，从而为评价和选择污染控制方案以及制定水质标准和排污规定提供依据。

根据模型确定的参数：流速 u 为 0.263 m/s；COD 和氨氮的综合衰减系数分别为 0.229 和 0.206；结合污染总量分配模型计算的 2017 年淮南市辖淮河流域 COD 削减量为 5 150 t/年，氨氮削减量为 210 t/年，每个行政区的污染物削减量及河流长度见表 6-40。

表 6-40　淮南市辖淮河流域各个行政县断面的污染物混合浓度值

行政分区	河流长度/km	污染因子	削减量/t	单位时间污染物超标排放量 W_E/(g/s)
寿县	13.10	COD	13 090	415.081
		氨氮	120	3.805

续表 6-40

行政分区	河流长度/km	污染因子	削减量/t	单位时间污染物超标排放量 W_E/(g/s)
凤台县	16.50	COD	18 240	578.387
		氨氮	330	10.464
潘集区	9.01	COD	13 390	424.594
		氨氮	140	4.439
淮南市区	28.41	COD	32 000	1 014.713
		氨氮	540	17.123

根据前面章节构建的污染物浓度跨区域叠加模型，将所有参数代入输入响应单元，求得淮南市辖淮河流域各行政分区断面的污染物浓度值的计算结果，如表 6-41 和表 6-42 所示。

表 6-41　上游水功能区 COD 超量排放部分对下游水质的影响关系　　单位：mg/L

行政分区	寿县	凤台县	潘集区	淮南市区	合计
寿县	26.632				26.632
凤台县	17.820	14.736			32.556
潘集区	14.560	11.440	11.113		37.113
淮南市区	7.210	3.460	3.780	25.098	39.548
合计	66.222	29.636	14.893	25.098	

表 6-42　上游水功能区氨氮超量排放部分对下游水质的影响关系　　单位：mg/L

行政分区	寿县	凤台县	潘集区	淮南市区	合计
寿县	0.26				0.26
凤台县	0.21	0.28			0.49
潘集区	0.17	0.18	0.19		0.54
淮南市区	0.13	0.12	0.14	0.45	0.84
合计	0.77	0.58	0.33	0.45	

6.7.7　淮南市各县区超标污染物污染损失量化

6.7.7.1　污染损失率模型参数的确定

参数 a、b 的确定应根据自身污染物特性以及相关水质标准进行确定。根据《安徽省水功能区划》及《淮南市水污染防治工作方案》,淮河干流淮南段主干河流主要流经寿县、凤台县、潘集区、淮南市区 4 个县级行政区,各水功能区中地表水水质考核目标均为Ⅲ类水。本书根据区域间上下游控制断面污染物混合叠加浓度计算的各个县级行政区的水质状况,根据安徽省环保厅提供的地表水责任考核断面和《地表水环境质量标准》(GB 3838—2002)(见表 6-43)、《污水综合排放标准》(GB 8978—1996)(见表 6-44)、《城镇污水处理厂污染物排放标准》(GB 8978—1996)(见表 6-45),并结合实际,合理确定各污染物的相关背景浓度与严重污染临界浓度。

表 6-43　《地表水环境质量标准》(GB 3838—2002)标准　　单位:mg/L

监测项目	Ⅰ类	Ⅱ类	Ⅲ类	Ⅳ类	Ⅴ类
COD	15	15	20	30	40
NH_3-H	0.15	0.5	1	1.5	2

表 6-44　《污水综合排放标准》(GB 3838—1996)标准　　单位:mg/L

监测项目	一级	二级	三级
COD	100	150	500
NH_3-H	15	25	30

表 6-45　《城镇污水处理厂污染物排放标准》(GB 8978—1996)s 标准　　单位:mg/L

监测项目	一级	二级	三级	严重超标
COD	50	100	120	120
NH_3-H	5	25	30	30

根据污染浓度价值曲线,只有当水体中污染达到一定程度时,水资源价值才会造成损失。通常将背景浓度(本底浓度)作为引起污染损失的起点,假定污染物浓度在达到背景浓度时对水资源价值的损失率为 0.01;将严重污染临界浓度作为污染损失的终点,假定污染物浓度达到严重污染临界浓度时,水资源价值的损失率为 0.99。由于资料收集困难,根据相关研究成果,一般以当地水功能区水质目标作为背景浓度,而严重污染临界浓度可参考国家有关污染物综合排放标准的有关规定进行确定。一般取背景浓度的 5~20 倍。淮河干流淮南段各县区水质目标为Ⅲ类水,最大排放标准为三级,由此得到各行政县(区)各污染物的背景浓度 c_i 与严重污染临界浓度 c_{0i},即可近似计算得到参数 a_i、b_i 的值,见表 6-46。

表 6-46　污染浓度-价值损失曲线参数 a_i、b_i

区域	水质目标等级	污染因子	背景浓度 c/(mg/L)	严重污染临界浓度 c_0/(mg/L)	参数 a	参数 b
寿县、凤台县、潘集区、淮南市区	Ⅲ	COD	20	500	145.25	0.38
		NH_3-H	1	30	135.96	0.32

6.7.7.2　各县区污染损失率及污染水量

淮河流域各县区污染损失率的计算,以 2017 年寿县的污染损失率为例,具体过程如下。

首先根据表 6-46 计算的农业污染损失率模型参数 a、b 的值,代入建立的污染损失率模型公式,根据《地表水环境质量标准》(GB 3838—2002)水域功能和标准分类,COD、NH_3-N 的Ⅲ类水质标准为 20 mg/L、1 mg/L,得到 2017 年寿县的各污染指标的单一污染物损失率表达式如下:

当 j 地区的第 i 种污染物浓度为 c_{ij},该水体的污染价值损失 S_{ij} 与水资源价值 K_j 的比值,为该地区第 i 种污染物的损失率,称单因子污染损失率 R_{ij}:

$$R_{ij} = S_{ij}/K_j = 1/[1 + a_i e^{-b_i\lambda_{ij}}] \tag{6-52}$$

$$R_{\mathrm{COD}} = \frac{1}{1 + 145.25e^{-0.38\times\frac{c}{20}}} \tag{6-53}$$

$$R_{\mathrm{NH_3-N}} = \frac{1}{1 + 135.96e^{-0.32\times c}} \tag{6-54}$$

$$R_j^{(i)} = R_j^{(i-1)} + [1 - R_j^{(i-1)}] \times R_{ij} \tag{6-55}$$

式中:λ_{ij} 为污染物浓度指数。

其次将表 6-40 和表 6-41 中寿县两种污染物的叠加浓度 c 分别代入式(6-53)、式(6-54)中,可以得到 2017 年寿县的 COD、NH_3-N 两种污染物的污染损失率分别为 1.13%、0.79%。综合污染损失率可根据式(6-55)进行确定,可得两种污染物的综合污染损失率 R^2 为 1.92%。凤台县、潘集区、淮南市区的污染损失率计算同 2017 年寿县计算过程,详细结果见表 6-47。

表 6-47　淮南市 2017 年各县区污染损失率及综合损失率

年份	区域	损失率/%			用水量/10^8 m^3	水环境补偿水量/10^8 m^3
		COD	NH_3-N	综合损失率		
2017	寿县	1.13	0.79	1.92	6.877 0	0.132
	凤台县	1.27	0.85	2.11	4.007 0	0.085
	潘集区	1.38	0.87	2.24	3.584 1	0.080
	淮南市区	1.45	0.95	2.38	8.362 9	0.199

6.7.8　淮南市水资源价值核算

6.7.8.1　淮南市能值/货币比率及能值转换率

1. 能值/货币比率

根据能值理论方法，编制淮南市 2017 年水资源生态经济系统能值评估表，如表 6-48 所示；通过淮南市 2017 年能值/货币比率的计算，得到淮南市水资源生态经济系统能值/货币比率结果，如表 6-49 所示。

表 6-48　2017 年淮南市水资源生态经济系统能值评估

项目	原始数据	单位	太阳能值转换率/(sej/unit)	太阳能值结果/sej
1 可更新资源				1.39×10^{21}
1.1 太阳能	3.15×10^{19}	J	1.00	3.15×10^{19}
1.2 风能	4.71×10^{16}	J	6.32×10^{2}	2.98×10^{19}
1.3 雨水化学能	2.96×10^{16}	J	1.82×10^{4}	5.38×10^{20}
1.4 雨水势能	6.46×10^{16}	J	8.89×10^{3}	5.74×10^{20}
1.5 地球旋转能	7.45×10^{15}		2.90×10^{4}	2.16×10^{20}
2 不可更新资源				5.89×10^{22}
2.1 原煤	8.25×10^{17}	J	3.98×10^{4}	3.28×10^{22}
2.2 火力发电	3.05×10^{16}	J	1.60×10^{5}	4.88×10^{21}
2.3 原油	0	J	5.40×10^{4}	0
2.4 天然气	6.43×10^{15}	J	4.80×10^{4}	3.08×10^{20}
2.5 钢	1.90×10^{4}	t	1.40×10^{15}	2.66×10^{19}
2.6 铝	0	t	1.60×10^{16}	0
2.7 氮肥	1.11×10^{5}	t	3.80×10^{15}	4.23×10^{20}
2.8 磷肥	4.05×10^{4}	t	3.90×10^{15}	1.58×10^{20}
2.9 农药	1.20×10^{4}	t	1.62×10^{15}	1.95×10^{19}
2.10 塑料	2.17×10^{3}	t	3.80×10^{14}	8.23×10^{17}
2.11 水泥	9.71×10^{6}	t	2.07×10^{15}	2.01×10^{22}
2.12 表层土净损失	2.60×10^{15}	J	7.40×10^{4}	1.93×10^{20}
3 进口及外来资源				5.36×10^{18}
3.1 商品	2.63×10^{7}	$	1.22×10^{10}	3.21×10^{17}
3.2 外商投资	2.39×10^{8}	$	1.22×10^{10}	2.91×10^{18}
3.3 旅游外汇收入	3.66×10^{7}	$	5.80×10^{10}	2.12×10^{18}
4 出口				1.75×10^{22}
4.1 商品	2.73×10^{8}	$	2.05×10^{10}	5.60×10^{18}
4.2 劳务及其他	8.77×10^{9}	$	2.00×10^{12}	1.75×10^{22}

注：原始数据来源于《淮南统计年鉴》《淮南市水资源公报》。

表 6-49　2017 年淮南水资源生态经济系统主要能值指标汇总

能值指标	单位	2017 年
可更新资源	sej	1.39×10^{21}
不可更新资源	sej	5.89×10^{22}
进口及外来资源	sej	5.36×10^{18}
出口	sej	1.75×10^{22}
系统能值总量	sej	4.28×10^{22}
国内生产总值	元	1.57×10^{10}
能值/货币比率	sej/元	4.04×10^{11}

2. 水体能值转换率

由于资料收集的限制，不能计算出淮南市内各个水体的太阳能值转换率，故将其进行简化处理，将淮河干流淮南段的自然水体概化为地表水和地下水两大类。根据相关太阳能值转换率的计算方法，计算出淮南市 2017 年地表水、地下水的太阳能值转换率，结果见表 6-50、表 6-51。

表 6-50　2017 年淮南市地表水能值转化率计算结果

年份	降水量/ 10^8 m³	雨水化学能 /10^{16} J	雨水总能值 / 10^{21} sej	年集水量 / 10^8 m³	地表水化学能/10^{16} J	地表水能值转化率/ (10^4sej/J)	单方水能值/ (10^{11} sej/m³)
2017	59.89	2.96	0.46	18.43	0.90	5.06	2.48

注：原始数据来源于《淮南统计年鉴》《淮南市水资源公报》。

表 6-51　2017 年淮南市地下水能值转化率计算结果

年份	降水量/ 10^8 m³	雨水化学能 /10^{16} J	雨水总能值 / 10^{21} sej	年集水量 / 10^8 m³	地下水化学能/10^{16} J	地下水能值转化率/ (10^4 sej/J)	单方水能值/ (10^{11} sej/m³)
2017	26.95	1.33	0.21	2.04	0.10	20.64	10.09

注：原始数据来源于《淮南统计年鉴》《淮南市水资源公报》。

6.7.8.2　淮南市分行业水资源价值结果

（1）工业水资源价值。

工业系统主要输入可更新资源为太阳能、风能、工业用水化学能，不可更新资源为能源、原材料、固定资产折旧等；工业系统输出主要为工业产品。根据能值方法的基本介绍，编制淮南市工业生产系统能值分析表，如表 6-52 所示。工业生产系统水资源贡献率及能值计算结果汇总见表 6-53。

表 6-52　2017 年淮南市工业生产系统能值分析

项目	统计数据	单位	能值转换率/(sej/unit)	太阳能值/sej
1 能值投入				6.64×10^{22}
1.1 可更新资源				4.57×10^{20}
1.1.1 太阳能	3.15×10^{19}	J	1.00	3.15×10^{19}
1.1.2 风能	4.71×10^{16}	J	6.23×10^{2}	2.94×10^{19}
1.1.3 水化学能	3.55×10^{8}	m^3		4.57×10^{20}
1.1.3.1 地表水	3.03×10^{8}	m^3	1.24×10^{12}	3.74×10^{20}
1.1.3.2 地下水	5.25×10^{7}	m^3	1.58×10^{12}	8.30×10^{19}
1.2 不可更新资源				6.60×10^{22}
1.2.1 原煤及煤制品	4.16×10^{7}	t	4.00×10^{4}	5.29×10^{22}
1.2.2 天然气	1.65×10^{8}	m^3	4.80×10^{4}	3.08×10^{20}
1.2.3 汽油及其他燃料油	2.44×10^{4}	t	6.60×10^{5}	7.59×10^{20}
1.2.4 电力	5.29×10^{9}	kW·h	1.60×10^{5}	3.05×10^{21}
1.2.5 其他燃料	0	t	4.00×10^{4}	0
1.2.6 原材料	1.64×10^{10}	元	1.70×10^{12}	4.12×10^{21}
1.2.7 劳务	1.94×10^{10}	元	1.70×10^{12}	4.87×10^{21}
1.2.8 固定资产折旧	6.39×10^{6}	元	1.70×10^{12}	1.61×10^{18}
2 能值产出				1.67×10^{23}
2.1 原煤生产量	7.40×10^{7}	t	4.00×10^{4}	9.41×10^{22}
2.2 火力发电量	6.22×10^{10}	kW·h	1.60×10^{5}	3.58×10^{22}
2.3 钢及钢材	1.90×10^{4}	t	1.40×10^{9}	2.66×10^{19}
2.4 铝及铝材	0	t	1.60×10^{10}	0
2.5 汽油	3.34×10^{3}	t	6.60×10^{4}	1.02×10^{19}
2.6 柴油	2.10×10^{4}	t	6.60×10^{4}	6.02×10^{19}
2.7 燃料油	0	t	5.40×10^{4}	0
2.8 有色金属	0	t	3.57×10^{9}	0
2.9 燃气	0	m^3	6.02×10^{4}	0
2.10 水泥	9.71×10^{6}	t	2.07×10^{9}	2.01×10^{22}

续表 6-52

项目	统计数据	单位	能值转换率/(sej/unit)	太阳能值/sej
2.11 玻璃	1.42×10^{5}	t	8.40×10^{8}	1.19×10^{20}
2.12 塑料	6.67×10^{3}	t	3.80×10^{8}	2.53×10^{18}
2.13 陶瓷	0	t	1.85×10^{9}	0
2.14 农药	0	t	1.60×10^{9}	0
2.15 氮肥	1.56×10^{5}	t	3.80×10^{9}	5.93×10^{20}
2.16 磷肥	1.56×10^{5}	t	3.90×10^{9}	6.09×10^{20}
2.17 机制纸及纸板	6.32×10^{3}	t	3.90×10^{9}	2.47×10^{19}
2.18 自来水	1.22×10^{8}	t	3.05×10^{7}	3.74×10^{21}
2.19 化学制剂及洗涤剂	1.22×10^{6}	t	1.00×10^{9}	1.22×10^{21}
2.20 食品	1.75×10^{10}	元	1.70×10^{12}	4.39×10^{21}
2.21 纺织制品	4.91×10^{9}	元	1.70×10^{12}	1.23×10^{21}
2.22 木材加工及家具制造	1.35×10^{9}	元	1.70×10^{12}	3.40×10^{20}
2.23 机械制品			6.7×10^{15}	3.47×10^{21}
2.24 交通运输设备制造	3.23×10^{9}	元	1.70×10^{12}	8.11×10^{20}

注:原始数据来源于《淮南统计年鉴》《淮南市水资源公报》。

表 6-53 2017 年淮南市工业生产系统水资源贡献率及价值计算结果

工业项目	单位	2017 年
工业用水总能值	10^{22} sej	0.05
工业投入总能值	10^{22} sej	6.64
水资源贡献率	%	0.69
工业总产出能值	10^{22} sej	16.70
水资源工业生产能值价值	10^{22} sej	0.12
能值/货币比率	10^{11} sej/元	4.04
水资源工业生产货币价值	10^{9} 元	2.84
工业用水量	10^{8} m^3	7.68
单方水货币价值	元/m^3	7.99

(2)农业水资源价值。

农业系统具体输入可更新资源为太阳能、风能、农业用水化学能,不可更新资源为表层土损失,工业辅助能为电力、肥料、农药、机械等,可更新有机能为人力、畜力、种子等,农业系统输出主要为林产品、种植业产品、畜产品和渔产品。根据能值方法的基本介绍，编制淮南市农业生产系统能值分析表，如表 6-54 所示。农业生产系统水资源贡献率及能值计算结果汇总见表 6-55。

表 6-54　2017 年淮南市农业生产系统能值分析

项目	统计数据	单位	能值转换率/(sej/unit)	太阳能值/sej
1 能值投入				6.54×10^{21}
1.1 可更新资源				2.00×10^{21}
1.1.1 太阳能	3.15×10^{19}	J	1.00	3.15×10^{19}
1.1.2 风能	4.71×10^{16}	J	6.23×10^{2}	2.94×10^{19}
1.1.3 农业用水化学能	72.24×10^{8}	m^3		2.00×10^{21}
1.1.3.1 有效降水	5.99×10^{9}	m^3	1.54×10^{4}	4.56×10^{20}
1.1.3.2 地表水	11.77×10^{8}	m^3	1.24×10^{12}	1.45×10^{21}
1.1.3.3 地下水	58.64×10^{6}	m^3	1.58×10^{12}	9.28×10^{19}
1.2 不可更新资源				1.63×10^{20}
1.2.1 表层土损失	2.60×10^{15}	J	6.25×10^{4}	1.63×10^{20}
1.3 不可更新农业辅助能				3.16×10^{21}
1.3.1 电力	1.00×10^{8}	kW·h	1.59×10^{5}	7.67×10^{19}
1.3.2 氮肥	111 287	t	4.62×10^{9}	5.14×10^{20}
1.3.3 磷肥	40 481	t	1.78×10^{10}	7.21×10^{20}
1.3.4 钾肥	20 495	t	2.69×10^{9}	5.51×10^{19}
1.3.5 复合肥	111 582	t	2.80×10^{9}	3.12×10^{20}
1.3.6 农药	12 035	t	1.62×10^{9}	1.95×10^{19}
1.3.7 农膜	2 165	t	3.80×10^{8}	8.23×10^{17}
1.3.8 柴油	86 353	t	6.60×10^{4}	2.51×10^{20}
1.3.9 机械	4.47×10^{9}	W	7.50×10^{7}	1.21×10^{21}
1.4 可更新有机能				1.22×10^{21}
1.4.1 人力	3.65×10^{9}		3.80×10^{5}	1.04×10^{21}
1.4.2 畜力	1.62×10^{8}	h	1.46×10^{5}	1.83×10^{20}
1.4.3 有机肥	0	g	2.70×10^{4}	0
1.4.4 种子	0	t	2.00×10^{5}	0

续表 6-54

项目	统计数据	单位	能值转换率/(sej/unit)	太阳能值/sej
2 能值产出				1.18×10^{22}
2.1 林产品				1.40×10^{19}
2.1.1 木材	36 442	m^3	3.49×10^{4}	1.40×10^{19}
2.2 种植业产品				4.99×10^{21}
2.2.1 谷物	1 618 410	t	8.30×10^{4}	2.15×10^{21}
2.2.2 小麦	1 206 399	t	6.80×10^{4}	1.34×10^{21}
2.2.3 玉米	23 198	t	8.52×10^{4}	3.22×10^{19}
2.2.4 高粱	0	t	5.26×10^{4}	0
2.2.5 豆类	38 367	t	6.90×10^{5}	5.53×10^{20}
2.2.6 红薯	10 144	t	2.70×10^{3}	1.10×10^{17}
2.2.7 油料	28 227	t	6.90×10^{5}	7.52×10^{20}
2.2.8 棉花	2 095	t	8.60×10^{5}	3.39×10^{19}
2.2.9 烟叶		t	2.40×10^{4}	0
2.2.10 蔬菜	1 267 361	t	2.70×10^{4}	8.55×10^{19}
2.2.11 水果	268 181	t	5.30×10^{4}	4.69×10^{19}
2.3 畜产品				4.70×10^{21}
2.3.1 牛肉	14 097	t	4.00×10^{6}	5.07×10^{20}
2.3.2 羊肉	13 463	t	2.00×10^{6}	3.80×10^{20}
2.3.3 其他肉类	87 163	t	1.70×10^{6}	2.96×10^{21}
2.3.4 奶产品	42 308	t	2.00×10^{6}	2.45×10^{20}
2.3.5 羊毛	412.79	t	4.40×10^{6}	1.54×10^{19}
2.3.6 蜂蜜	98.946	t	2.00×10^{6}	4.14×10^{18}
2.3.7 禽蛋	52 704	t	2.00×10^{6}	5.80×10^{20}
2.4 渔业产品				2.07×10^{21}
2.4.1 渔业产量	187 753	t	2.00×10^{6}	2.07×10^{21}

注：原始数据来源于《淮南统计年鉴》《淮南市水资源公报》。

表 6-55　2017 年淮南市农业生产系统水资源贡献率及价值计算结果

农业项目	单位	结果
农业用水总能值	10^{22} sej	0. 02
农业投入总能值	10^{22} sej	0. 65
水资源贡献率	%	30. 59
农业总产出能值	10^{22} sej	1. 18
水资源农业生产能值价值	10^{22} sej	0. 36
能值/货币比率	10^{11} sej/元	4. 04
水资源农业生产货币价值	10^{9} 元	8. 91
农业用水量	10^{8} m^3	11. 39
单方水货币价值	元/m^3	1. 23

(3)生活水资源价值。

生活系统是指该区域内人类生活投入产出过程,为统计方便可将其等效为人均生活投入产出过程。生活系统输入包括可更新资源(太阳能、风能)和人均生活用水及粮食蔬菜等基本生活所需,生活系统输出为劳动力恢复和维持,以人均可支配收入代替。根据能值方法的基本介绍,对淮南市生活系统的主要物质投入、能量及货币流向进行分析,从而编制淮南市生活系统能值分析表,如表 6-56 所示。生活系统水资源贡献率及能值计算结果汇总见表 6-57。

表 6-56　2017 年淮南市生活系统能值分析

项目	统计数据	单位	能值转换率/(sej/unit)	太阳能值/sej
1 人均生活能值投入				1.02×10^{16}
1. 1 太阳能	8.1×10^{12}	J	1. 00	8.10×10^{12}
1. 2 风能	1.2×10^{10}	J	6.23×10^{2}	7.54×10^{12}
1. 3 用水				2.49×10^{15}
1. 3. 1 地表水	1.59×10^{13}	m^3		1.97×10^{13}
1. 3. 2 地下水	6. 45	m^3		1.02×10^{13}
1. 3. 3 矿泉水	1.71×10^{15}	m^3		2.45×10^{15}
1. 3. 4 纯净水	8.70×10^{-2}	m^3		1.36×10^{13}
1. 4 粮食	98. 36	kg	8.30×10^{4}	1.35×10^{14}

续表 6-56

项目	统计数据	单位	能值转换率/(sej/unit)	太阳能值/sej
1.5 油脂类	9.83	kg	1.30×10^{6}	7.35×10^{14}
1.6 肉类	25.81	kg	1.70×10^{6}	2.07×10^{15}
1.7 禽类	10.83	kg	1.70×10^{6}	6.17×10^{14}
1.8 蛋类	11.08	kg	2.00×10^{6}	7.23×10^{14}
1.9 蔬菜类	97.65	kg	2.70×10^{4}	6.59×10^{12}
1.10 酒类	8.51	kg	6.00×10^{4}	1.36×10^{13}
1.11 茶、咖啡类	0.22	kg	2.40×10^{4}	9.60×10^{10}
1.12 干鲜瓜果类	60.38	kg	5.30×10^{4}	1.06×10^{13}
1.13 糕点、奶制品	4.62	kg	2.00×10^{6}	2.11×10^{14}
1.14 其他食品	151.2	元		4.12×10^{13}
1.15 饮食服务	1 226.73	元		3.34×10^{14}
1.16 非食品类	10 208.59	元		2.78×10^{15}

注：原始数据来源于《淮南统计年鉴》《淮南市水资源公报》。

表 6-57 2017 年淮南市生活系统水资源贡献率及价值计算结果

生活项目	单位	2017 年
人均总投入	10^{16} 元	1.02
水资源贡献率	%	24.50
恩格尔系数	%	22.51
能值/货币比率	10^{11} sej/元	4.04
人均生活用水量	m^3	39.60
水资源能值价值	10^{14} sej	4.70
水资源货币价值	元	1 164.80
单方水能值价值	10^{14} sej/m^3	0.12
单方水货币价值	元/m^3	14.41

(4)休闲娱乐价值。

淮南市当地旅游资源较为缺乏,由于资料收集困难,对研究区的水资源休闲娱乐价值进行简化计算,根据当地旅游收入及水资源量,计算得到当地休闲娱乐价值,见表 6-58。

表 6-58　休闲娱乐水资源能值价值计算结果

项目	单位	2017 年
旅游收入	$	2.44×10^{9}
汇率		6.62
旅游收入	元	1.62×10^{10}
水体娱乐系数		1.23×10^{-1}
水量	m^3	1.18×10^{9}
能值/货币比率	sej/元	4.04×10^{11}
休闲娱乐价值	sej	8.03×10^{20}
单方水能值价值	sej/m^3	6.81×10^{11}
单方水货币价值	元/m^3	1.69

注:原始数据来源于《淮南统计年鉴》《淮南市水资源公报》。

(5)污水损失价值(负价值)。

根据《淮南市水资源公报》,目前淮河流域的污水处理厂较少,处理能力有限,导致大量的生产生活废污水未经处理直接排放到河流中,不仅严重威胁当地地表水环境质量,而且造成水质性缺水,使得缺水形势更加严重。根据前面的论述,结合淮南市淮河流域的实际情况,本节只计算水污染带来的水环境损失量。以地表水能值转换率作为净水能值转换率,计算淮河干流淮南段污染排放造成的水环境污染损失,结果见表 6-59。

表 6-59　污水损失水资源能值价值计算结果

项目	单位	2017 年
地表水能值转换率	10^{11} sej/m^3	2.48
污水能值转换率	10^{12} sej/m^3	8.05
水污染损失	10^{12} sej/m^3	-7.80
能值/货币比率	10^{11} sej/元	4.04
污水排放量	10^{8} m^3	3.22
污水损失能值价值	10^{20} sej	-2.51
污水损失价值	元/m^3	-6.22

注:原始数据来源于《淮南统计年鉴》《淮南市水资源公报》。

6.7.8.3　淮南市水资源生态经济价值核算

(1)水资源生态经济价值。

将淮南市水资源工业水资源能值价值、农业水资源能值价值、生活水资源能值价值、休闲娱乐水资源能值价值、污水损失价值汇总，得到淮南市各行业单方水货币价值，具体结果见表 6-60。淮南市 2017 年分行业水资源价值见图 6-25。

表 6-60 淮南市淮河流域单方水水资源生态经济货币价值汇总 单位：元/m³

年份	工业	农业	生活	休闲娱乐	污水损失	生态经济
2017	7.99	1.23	14.41	1.69	-6.22	19.10

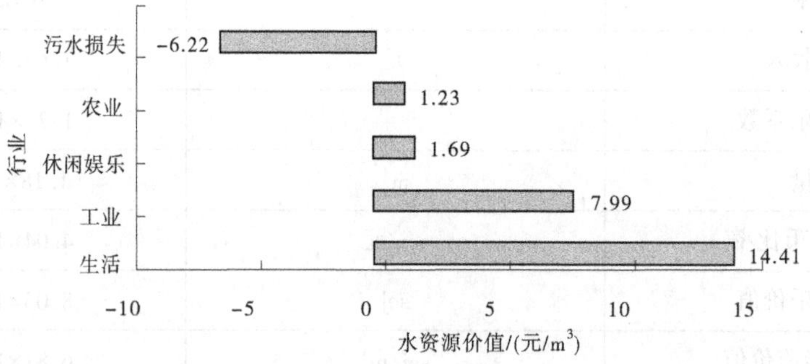

图 6-25 淮南市 2017 年分行业水资源价值

由表 6-60 和图 6-25 可知，淮南市 2017 年分行业的水资源价值在 1.23~14.41 元/m³，各行业水资源价值大小关系为：生活>工业>污水损失>休闲娱乐>农业。不同部门之间水资源价值的差异主要与用水部门的性质不同有关，其大小关系与水资源使用量及各行业对水质要求等相对应。对比分析可知，生活水资源价值最大，为 14.41 元/m³。分析其原因，一方面是因为淮南市人民政府贯彻落实以人民为中心的发展理念，优先保障城乡居民生活用水，统筹兼顾生产用水、生态用水，确保淮南经济社会平稳发展，将生活用水排在优先位置；另一方面是因为生活用水包括居民饮用水，对水质要求较高，相应的水资源价值就高。其次为工业水资源价值，为 7.99 元/m³，仅次于生活水资源价值。工业系统内单位水资源产生的价值较大，工业经过水资源的投入带来的经济效益比较明显，这与淮南市经济社会不断发展，工业结构调整，用水工艺的改进及重复利用率的提高密切相关。污水损失价值是负价值，为-6.22 元/m³，说明水体污染影响较大，这与水生态环境及污水排放量密切相关。由于淮河干流淮南段沿岸县区主要是以农业、工业为主的传统型城市，随着经济社会的迅速发展，当地污水排放量急剧增加，流域水资源污染严重，水体功能丧失，无法提供较为满意的水体服务环境，从而导致了污水损失价值较大。休闲娱乐水资源价值相对较低，为 1.69 元/m³，说明淮南市的旅游业、服务业等第三产业发展的相对滞后状况，造成休闲娱乐价值量相对较小。农业的水资源价值最低，为 1.23 元/m³，从用水情况来看，2017 年淮南研究区农业用水量为 12.477 亿 m³，占研究区总用水量的 54.57%，水资源的大量使用导致了农业水资源价值最低。各行业应该根据其经济贡献值进行水量的调整，如果创造的效益远远小于它具有的发展前景，在水量上可以进行相应的提高来带动经济值的拉动，效益较低的行业对应的相关管理部门应该注意进一步核查其是否存在水量浪费的现象，从而进行重新分配与供应，最大化利用水资源价值。

(2)合理性分析。

水资源价值和水价是两个不同的概念，它们之间既有区别又有联系。水价是考虑在市场经济条件下，把水作为一种商品而制定的买卖关系中的度量衡，是使用者从经营者手中购买单位体积的水应付出的货币额，是水资源使用者使用水资源时付出的价格，科学的水价包括水资源价值、生产成本和合理的利润、污水排放费等。通过资源核算和经济核算两方面确定水价在宏观价格体系中的适当价位，水价的确定是以水资源价值评价结果为前提的。而水资源价值是水资源本身具有的价值。

通过收集研究居民人均可支配收入、人均水费支出、年人均用水量等人民生活数据资料，分析了研究区水费支出所占居民人均可支配收入的比例，结果见表 6-61。

表 6-61　淮南市水价可承受能力分析

项目	单位	结果
居民人均可支配收入	元	30 405
人均水费支出	元/m^3	7. 85
人均生活用水量	m^3	39. 53
人均生活水费支出	元	310. 31
水费占比	%	1. 02
3%承受能力时的水价	元/m^3	23. 07
水资源生态经济价值	元/m^3	19. 10

从表 6-61 中可以得到研究区水资源生态经济价值与淮南市淮河流域的可承受水价，并进行了对比分析。根据世界银行和相关国际贷款机构的研究，国际上通用的发展中国家可承受能力标准为居民人均水费支出占居民人均可支配收入的 3%~5%是可行的。从当前人均水费支出占居民人均可支配收入的比例来看，2017 年的水费占比为 1. 02%，远远没有达到标准的 3%~5%比例的范围，说明当前研究区水资源价格定价偏低。按 3%承受能力计算出来的水资源价格为 23. 07 元/m^3，与计算出的水资源生态经济价值结果(19. 10 元/m^3)较为接近，从侧面验证了本书水资源生态经济价值计算结果的合理性以及方法的可行性，为下一步量化水生态环境补偿价值奠定基础。

6. 7. 9　淮河干流淮南段水生态环境补偿价值核算

根据 6. 7. 4 小节中量化的河流生境补偿水量结果、6. 7. 7 小节中量化的水环境补偿水量结果及 6. 7. 8 小节的水资源价值结果，结合水质水量协同控制的水生态环境补偿价值量化方法，量化流域水生态补偿价值，见表 6-62。由表 6-62 可知各县区的水生态环境价值组成不同。其中，每个县区均存在水环境生态补偿价值，说明各县区的污染排放均对下游造成了一定的影响；除凤台县外，其余各县区均存在河流生境补偿价值，其中寿县和潘集区均需承担生态亏缺水量价值和水权超标水量价值,而淮南市区仅需承担生态亏缺水量价值,由此可知各县区的补偿模式为:除凤台县是水质主控模式外,其余各县区均为水质水量双控补偿模式。

表 6-62 淮河干流淮南段水生态环境补偿价值及补偿模式

区域	河流生境补偿水量/亿 m^3	水环境补偿水量/亿 m^3	水资源价值/(元/m^3)	水生态补偿价值/亿元	补偿模式
寿县	0.87	0.132	19.10	19.13	水质水量双控模式
凤台县	0.099	0.085	19.10	3.51	水质主控模式
潘集区	1.32	0.08	19.10	26.74	水质水量双控模式
淮南市区	2.174	0.199	19.10	45.33	水质水量双控模式
总和	4.463	0.496	19.10	94.71	

淮河干流淮南段水生态环境补偿价值资金流向和淮河干流淮南段水生态环境补偿价值成分见图 6-26、图 6-27,分析可知,上游寿县水生态环境补偿价值为 21.03 亿元,其中承担水环境补偿价值 2.52 亿元,承担河流水生境补偿价值为 18.51 亿元(一部分由于自身河道内缺水进行区域内部补偿 16.62 亿元,另一部分由于河道外水权超标对下游造成河道缺水补偿下游 1.89 亿元);凤台县水生态环境补偿价值为 1.61 亿元,仅需承担水环境补偿价值 1.61 亿元,无河流生境补偿价值,分析原因一方面是凤台县河道外水权未超标,本身存在河道内亏缺水量是由于上游取用水超标造成的,所以补偿资金由上游承担;潘集区水生态环境补偿价值为 30.56 亿元,其中承担水环境补偿价值 1.53 亿元,承担河流水生境补偿价值为 29.03 亿元(一部分由于自身河道内缺水进行区域内部补偿 25.21 亿元,一部分由于河道外水权超标对下游造成河道缺水补偿下游 3.82 亿元);淮南市区水生态环境补偿价值为 41.51 亿元,其中需承担水环境补偿价值 3.81 亿元,承担河流水生境补偿价值为 37.70 亿元(由于自身河道内缺水进行区域内部补偿和上游水权超标造成的上游补偿下游,无水权超标量补偿)。

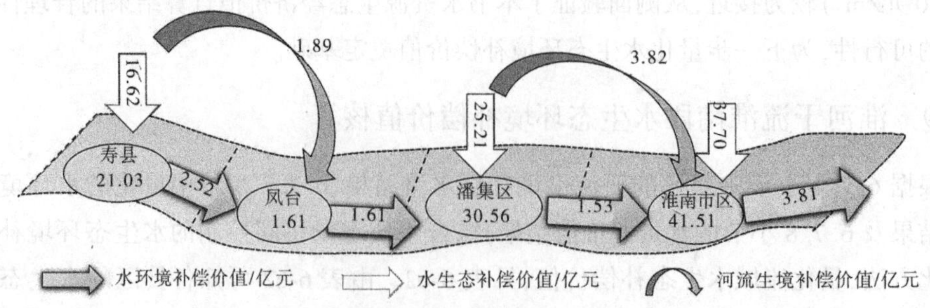

图 6-26 淮河干流淮南段水生态环境补偿价值资金流向

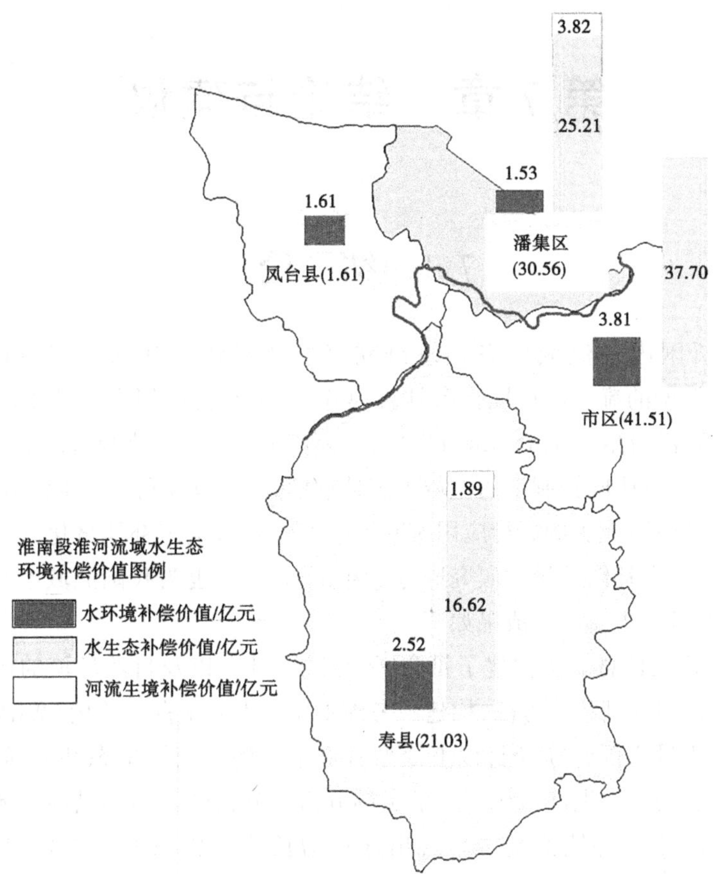

图 6-27　淮河干流淮南段水生态环境补偿价值成分

第 7 章　结论与建议

7.1　结　论

本书在分析国内外流域生态补偿研究背景及现状的基础上，分别确定了基于 TPC-WRV 耦合模型的流域水环境损害补偿模式、基于水污染损失率的水环境损害补偿模式、流域缺资料河流生态水量亏缺补偿模式、河流生态需水与水权分配双控作用的生态补偿模式和水质水量协同控制下的流域生态补偿模式，并以驻马店小洪河流域、南阳白河流域、淮河干流淮南段为实例进行应用研究。本书主要从生态补偿量化方法和补偿基础理论研究方面对生态补偿的量化研究进行了补充和完善，也为我国流域生态补偿机制的构建提供一定参考。主要研究成果如下：

(1)第 2 章运用信息熵法构建了符合区域经济、社会以及自然环境的污染物总量分配(TPC)模型；运用模糊数学方法，构建了考虑水质因素的水资源价值(WRV)模型；在此基础上，以稀释水量为耦合途径将以上模型有机结合构建流域生态补偿标准 TPC-WRV 耦合模型，并对驻马店小洪河流域进行了实例分析。分析驻马店小洪河流域生态补偿值的年际变化规律：生态补偿值基本呈现出逐年增长的趋势，2008—2010 年增长幅度较 2011—2012 年大，说明驻马店小洪河流域保护的压力仍然较重；分析驻马店小洪河流域生态补偿值与经济发展水平(人均 GDP)、水资源禀赋(单位面积水资源量、环境容量利用率)与污染物治理水平(COD/氨氮的工业废水处理率、生活污水削减率)的相关关系，得到结论：生态补偿值受到这 3 个因素的综合影响，不能依靠单方面因素片面地确定生态补偿标准。

(2)第 3 章以水功能区目标为水质控制阈值，建立了水污染物浓度与水资源价值损失之间的 Logistic 函数关系式，构建了污染损失率计量模型；利用能值分析理论，给出了水资源的生态经济的价值核算方法；以污染损失率计量模型与水资源能值价值为基础构建了上游对下游的水环境损害补偿量化模型。以驻马店小洪河流域为实例进行应用研究，选取化学需氧量、氨氮、总磷 3 种污染物作为研究区的代表性污染因子，通过水环境损害补偿量化模型计算得到四县(区)2012—2015 年的水环境损害补偿的资金流向。其中，四县(区)在不同年份的补偿值变化趋势并不相同，同时各县区补偿量存在差距，而补偿值的高低与各县区的污染物排放量、水资源量及环境保护政策密切相关。本章为生态补偿量化研究提供了新思路，也为我国为流域水环境保护和治理提供了科学依据。

(3)第 4 章以区域生态环境建设与经济协调发展为目标，研究流域河流以水量补偿为基础的流域生态补偿研究。确立了流域河流生态水量亏缺损害补偿机制的研究内容，通过水文模型与水文学方法对河流生态需水进行计算，以水资源价值计算为依据确定生态补偿标准，并以南阳市白河、唐河流域为实例进行应用研究，构建白河、唐河流域基于水量的河流生态水量亏缺损害补偿机制，计算出白河、唐河以月为时间尺度的河流生态需水，完成 2008—2016 年白河、唐河流域补偿标准的计算以及流域内南召县、南阳市区、新野县、社旗县和唐河县的补偿价值核算，从水量补偿量化方法方面对生态补偿研究进行补充与完善，为我国流域生态补偿机制的建立提供一定参考。

(4)第 5 章以河流生态健康安全与区域社会经济发展为目标，针对流域与区域相关联的生态补偿问题中河流生态需水保障与河道内外用水矛盾，建立了河流生态需水与水权分配双控制、超阈值判别的流域生态补偿框架。以南阳白河流域为研究区进行实例研究，对研究区河道内河流生态需水控制阈值和河道外双层递阶市-县-行业水权分配控制阈值进行了定量刻画，并选择 2011—2016 年为评估年对补偿水量、补偿标准和补偿价值进行了量化计算，为补充流域生态补偿机制理论研究和流域水资源合理规划配置提供了一定的参考。

(5)第 6 章提出了流域生态-生境-流量时空分组模块化模拟模型的生态流量确定方法，克服了生境要素考虑不全、生态流量性质单一的不足；提出了社会经济与生态环境协调发展准则量化的区域初始水权配置方法，形成了基于水资源总量控制的流域水权配置格局与河道外取水标准；根据水质水量协同控制的水生态环境补偿机制，结合双控制准则生态补偿模式、河流生境与水环境补偿水量，根据核算的水资源价值，核算了各情景下的河流生境补偿价值与水环境补偿价值。对淮河干流淮南段进行实例研究，获取了寿县、凤台县、潘集区、淮南市区的水生态环境补偿价值分别为 21.03 亿元、1.61 亿元、30.56 亿元、41.51 亿元，进行了补偿价值量化分析，得到了各县区的水生态环境价值组成不同。其中每个县区均存在水环境生态补偿价值；除凤台县外，其余各县区均存在河流生境补偿价值，其中寿县和潘集区均需承担生态亏缺水量价值和水权超标水量价值，而淮南市区仅需承担生态亏缺水量价值。最终得到各县区的补偿模式为：除凤台县是水质主控模式外，其余各县区均为水质水量双控补偿模式。

7.2 建 议

7.2.1 理论研究层面

本书针对流域水环境污染损害补偿、河流生态水量亏缺补偿、水质水量双控作用下水生态环境补偿三大类补偿问题，形成较为全面的流域水生态环境补偿技术体系，为流域生态补偿制度的建立与生态文明的推进发挥了重要的支撑作用，但鉴于流域水污染与水生态破坏的多样性与复杂性，研究成果局限性与今后研究方向主要体现在以下几个方面：

(1)点面结合的多源河流水污染损害补偿控制阈值。

在河流水污染损害导致的生态补偿问题中，以地表水环境质量标准为控制目标，有水质实测资料河流依据关键断面实际水质指标浓度设置补偿控制阈值，缺资料河流则主要针对流域点源污染进行补偿研究。水环境污染损害生态补偿研究的根本目标是通过补偿责任划定加强水体污染源的排放控制，因此在流域与区域相嵌套的补偿研究中，区域多源污染物共同作用的水污染损害效应至关重要，仅考虑点源污染的影响则难以全面反映河流总体污染情况，补偿主体的涵盖面不全，也会导致补偿责任的划定不够明确。一方面，需进一步探究点源与面源污染相结合的生态补偿机制，建立点面源结合的多源水污染补偿控制阈值、补偿主客体、补偿价值之间的响应关系；另一方面，多源水污染量化技术需进一步提高，统筹流域-控制单元-行政区-污染源，尝试建立多源汇集-混合叠加-损失量化的多源水污染损害量化技术体系。

(2)考虑河流生态系统服务功能的生态流量补偿控制阈值。

在河流生态水量亏缺导致的生态补偿问题中，河道内补偿控制阈值多将河流生态流量或水量作为标准，生态流量/水量的计算方法由水文学法到整体分析法的发展历程中，尽管生态流量的内涵逐渐丰富，但仍然是从保护河流物理条件与水生态系统健康的角度出发，而河流还兼具着维持自然生态良性循环与为人类社会发展提供生态服务的责任，河流生态流量/水量的内涵需进一步拓展使其能够为人与自然提供有形或无形的自然产品、环境资源和生态效益的能力。河流服务功能的科学量化是确定河流水生态系统服务功能对应的生态水量的前提。能值理论能够很好地融合物质量与价值量评价方法，建立属性多样且功能全面的量化方法体系，具有较好的研究前景。

(3)水质水量相互作用机制与双控演化博弈下多模式补偿策略。

流域水环境损害补偿逐步开展了污染物多源汇集、跨区域混合传递、水体价值损失量化等方面的研究，河流生态水量亏缺补偿也逐步开展了河流生境需水模拟、社会经济供需水调控、河道内外用水关系协调等方面的研究，针对单向水污染或水生态补偿问题的研究成果都较为丰富。但是，河流水资源需要兼顾社会经济发展与生态环境保护的双重目标，保障河道内外的用水需求，且河流预留的生态水量需支撑多源污染排放下的水体自净功能，故流域水环境与水生态问题不可分割，流域水生态环境补偿研究仍需要深入探讨。期望突破水环境污染与水生态退化单向研究的局限，解析补偿问题中水环境与水生态之间的作用机制，建立水质水量代表性补偿控制阈值之间的相互作用关系。此外，本书对于水质水量双控作用的补偿研究仍处于探索阶段，采用基于水质水量双控阈值判别准则实施“以需定补”的价值量化，可进一步研发考虑水质水量双控阈值动态博弈的补偿策略。

7.2.2 制度层面

7.2.2.1 国家制度

贯彻落实“系统推进，政策协同，政府主导，各方参与，强化激励，硬化约束”的生态补偿制度原则，把生态保护工作放在首要位置，以《关于深化生态保护补偿制度改革的意见》和《河南省建立市场化、多元化生态保护补偿机制实施方案》为主线，细化目标责任，严格落实各级党委、政府辖区内水生态补偿工作主体责任。

(1)加强生态保护立法，为建立生态补偿制度提供法律依据。

加强生态保护立法是建立和完善生态保护补偿制度的根本保障。颁布生态补偿管理办法，规范生态补偿基金的使用，使生态基金能够落实到实施生态保护的主体和受生态保护影响的居民，有效地促进生态保护工作。完善生态立法是生态治理最主要、最有效的手段，通过以保护和修复生态系统为重点，坚持自然恢复和工程治理相结合，加强草原、森林、荒漠、湿地与河湖生态系统保护与建设的手段，实现维护生物多样性、保障提升水源涵养功能和保护自然生态系统的目标。同时，对不符合生态文明建设和环境保护要求的立法要及时予以修改、废止，才能构筑起强有力的生态保护法律屏障。

(2)鼓励出台水生态补偿法律条例，推动生态补偿的法制化建设。

2021 年颁布的《中华人民共和国长江保护法》和 2023 年颁布的《中华人民共和国黄河保护法》已大大推动了水生态补偿的法制化建设，因此要规范流域生态补偿机制，大力推行生态补偿实践活动，更应不断加强生态补偿相关的法律系统性建设，明确法律关系主客体及权利义务，合理界定生态补偿范围及标准；不断修订完善环保法与单行法，使其相互衔接并增设可操作性条款，尽快出台《生态保护补偿条例》，同时鼓励各地因地制宜出台地方立法，科学设定补偿模式和补偿标准。各相关单行法和部门法在修编过程中，应适时调整和纳入新的有关生态补偿的规定，建议明确流域上中下游各方生态补偿的责任和权利、生态补偿标准依据等基本准则，为流域生态补偿提供刚性约束。

(3)落实水资源责任制度，完善补偿机制。

以水资源数据为依托贯彻落实水资源补偿机制，完善水权、水资源管理、水环境管理、河流生态等方面的配套制度以更好地服务于生态补偿。《中华人民共和国水法》明确规定水资源所有权属于国家。第一，加强中介平台在水权交易中的责任，特别是对项目水资源论证、水资源调查评价等环节的监督和管理控制；第二，完善合同交易制度与水权信息公开，建立水权大数据分析，加强对水资源的监控能力；第三，重视水环境的质量情况，使水资源能够得到充分的保护，调整水环境管理结构，提高水环境利用率，提高监测管理和监督水平；第四，河流生态系统修复也不容忽视，应遵循流域统筹、系统治理的原则，采用的制度应与当地实际情况相结合；第五，在水生态补偿中应建立水权和分配水权到水区，建立水量和水权交易的规则、监督和执行规则，建立和完善水资源、水环境的补偿机制以强化法律责任。

7.2.2.2　次级制度

流域经济高质量发展是我国经济发展的重要支撑，能够促进我国生产力合理布局。各级政府要高度重视水生态环境补偿工作，将其纳入新时代生态文明建设规划和政府重要议事日程。要建立相应的协调机制，明确相关部门的责任和分工，确保责任到位、措施到位、投入到位，推进多部门间协作配合，高标准建设环境友好型社会。有关部门要按照职责分工,履行好组织、协调、监督、管理的职责,加大工作力度,落实规划目标任务,确保补偿工作顺利实施,及时协调解决发展与保护工作中的重大问题,确保整体水生态补偿工作走在全省前列。

(1)充分协调各部门关键要素,完善流域综合管理制度。

建立并实施科学合理的流域生态补偿机制已经成为我国流域内协调损益关系的有效治理措施,是促进区域间公平发展的重要保障。但流域生态补偿涉及的生态要素众多,与经济活动也密切相关,需要各个部门协调配合。流域生态补偿所需经费由省、市、县政府共同筹集,金额根据地方财政收入和居民用水量等多种因素确定。流域生态补偿金的分配标准应充分考虑了水环境质量考核得分、森林覆盖率、每年的实际用水总量等情况,并且对各市、区、县政府进行了分类评估,根据评估结果制定了各个城市的补偿标准以及补偿额度。同时,不同区域设定不同补偿系数,同一个流域根据经济状况设置不同的补偿系数。

(2)落实省级政府为主导的连环责任制度,建立链条式补偿约束机制。

建立以省级政府为主导的跨区域生态补偿模式,明确利益主体,协调利益关系。其生态补偿原理是上游水质变好,下游补偿上游;下游水质变好,省级补偿下游。目的在于建立一种连环责任制,彼此之间形成链条式的激励和约束机制进而调动相关地市环境保护的积极性和责任感。建立以省级财政为主的补偿资金筹集和使用制度,补偿资金由省、市、县(市、区)共同筹集,可按照“成本共担、效益共享、协同共治”原则,与周边省份共商共建,明确补偿方式及标准,落实各方权责和义务。省人民政府还可以开展生态修复和综合治理,有效恢复植被,增加生物多样性;通过关闭或者完善化肥厂、煤矿等企业来保护生态环境。

(3)健全市、县补偿效果的奖罚制度,鼓励补偿方式蓄力创新。

巩固省内横向生态保护补偿机制建设成果,完善支持政策,鼓励市(州)、县(市、区)依据水质、水量等要素加大横向生态保护补偿力度,对横向补偿机制运行有效并促进水环境质量提高的市(州)、县(市、区),给予资金奖补。鼓励市(州)、县(市、区)探索对口协作、产业转移、共建园区、购买生态产品和服务等横向补偿方式,鼓励生态产品供给地和受益地按照自愿协商原则,综合考虑水生态产品价值核算结果、生态产品实物量及质量等因素,开展横向水生态环境补偿。此外,城市发展要进行合理规划流域,在大力推进城市经济生态化,因地制宜地探索生态与经济协调发展的新模式与新道路,蓄力从消耗粗放型增长方式向集约型增长方式转型。

(4)推进行业市场化、多元化的生态补偿制度,探索补偿工作奖励机制。

建议推进行业市场化、多元化生态补偿机制的探索进程,健全多元协同的耦合机制,一方面,建议推进流域内产业结构优化升级,培育生态优势产业,走生态和经济社会协调发展的可持续道路。另一方面,要探索绿色金融生态补偿,研发绿色基金、绿色信托等多元化、差异化的绿色金融产品。此外,建立各行业用水考核办法及水资源分配工作指标评价体系，探索行业内外补偿工作奖励机制，对补偿工作作出突出贡献的地方给予表彰和奖励。还要推进社会公众广泛参与补偿管理，鼓励举报各种浪费水资源、破坏水环境的违法行为。对涉及群众用水利益的发展规划和建设项目，要通过听证会、论证会或社会公示等形式，听取公众意见，强化社会监督。

7.2.3　实践层面

7.2.3.1　政府措施

全面贯彻落实《关于深化生态保护补偿制度改革的意见》，以习近平新时代中国特色社会主义思想为指导，践行绿水青山就是金山银山的理念，面向全国整合水生态补偿优势创新要素，坚持统筹规划、协同推进、政府主导、各方参与的原则，夯实水生态补偿工作基础。流域水生态补偿政策已超越常规环境经济手段上升为社会发展的调节手段，具有系统性、复杂性特征。针对目前水生态环境补偿薄弱环节，在政策目标调整方面，推动目标综合化，统筹考虑水环境质量提高、生态系统服务功能提升和区域协调发展，在环境治理工作中强化各级政府协同作用，按照流域级别及事权划分，充分发挥中央、省、市各级政府在环境治理与修复和公共服务均等活动中的主体作用。

(1)加快推进水生态环境补偿管理法制化建设，强化社会经济主体的环境产权意识。

完善水生态环境补偿法律法规体系和各项制度，制定相关技术标准规范。依据国家现有法律法规，制定完善地方法规和制度，推进生态优先型城市建设提供法律法规保障。落实《中华人民共和国环境保护法》《中华人民共和国长江保护法》，以及水、森林、草原、海洋、渔业等方面法律法规。加快研究制定生态损害和保护补偿条例，明确生态受益者和生态保护者权利义务关系。开展生态补偿、重要流域及其他生态功能区相关法律法规立法研究，鼓励和指导地方结合本地实际出台生态保护补偿相关法规规章或规范性文件。加强执法检查，营造依法履行生态保护义务的法治氛围。此外，还可以把环境资源视为环境资产，逐步将其划入资产领域进行有效管理，将环境产权界定和资产管理纳入法治化轨道。

(2)加强水生态价值评价体系建设，优化流域跨省横向水生态补偿机制。

以水生态系统价值核算为基础，利用区域水生态补偿优先级评价指数考察各省生态补偿的迫切程度，综合地区水生态产品价值、国家已拨付生态补偿资金、生态保护或修复的直接成本和机会成本计算补偿金额，为水生态价值评价奠定基础。此外，综合考虑流域内各省生态保护需要及其经济发展不均衡的情况，通过流域内横向水生态补偿机制实现各省生态保护和经济发展的协调统一，引导形成循环经济和清洁生产，促进流域高质量发展，优化流域跨省横向水生态补偿机制。探索水生态产品价值实现途径，推动水生态产品价值显性化，增加更多优质水生态产品供给，对于践行“节水优先、空间均衡、系统治理、两手发力”治水思路、促进水生态文明建设、推动水利高质量发展具有重要意义。

(3)设立专管机构落实水生态环境补偿机制，加强产权保护及激励措施。

对水生态补偿机制的实施设立专管机构,充分发挥监督和规划职能,加快水生态补偿机制的建设和贯彻落实,可为水生态环境补偿机制在整个流域内的推广提供保障。建立多种形式的水生态补偿途径,可以通过财政转移支付、水生态补偿基金和重大生态保护计划实施水生态环境补偿。有关部门要采取有效的方法强化资金管理,充分发挥生态补偿资金的作用,同时,要做好资金管理和审批工作,贯彻实行资金监管与使用评价制度,通过评估资金使用的有效性,为水资源利用和生态补偿提供切实可靠的保障。此外,水管部门应明确划分水权责任,遵循"谁污染、谁治理"的原则,强化水权义务和相关责任,进一步细化用水权益监督制度,为实现生态发展及水资源高效利用提供保障。

(4)加大政府支持力度,利用数字技术完善流域水质水量和污染物排放监测体系。

政府部门要加大对专业人才的培养力度,充分借力于现代自动化技术手段(检测技术、传输技术、查询系统、预警系统)实现水质、环境监测,保证可获得更为科学精准的监测数据和结论,为水污染管控打下基础。首先,在各省水域交界处安装断面水质自动监测设备,将水量、水质数据实时反映到数字平台;其次,在各省碳排放机构安装碳排放监测设备,在流域内安装一定密度的空气质量自动监测设备,数据实时反映到数字平台;最后,建立流域生态保护大数据平台,实行生态红线预警制度,监督和督促各省生态保护,为下一期横向生态补偿金额核算提供相应的数据支撑。

7.2.3.2 经济措施

为保障规划工程及相关措施的实施和落实、促进规划目标的实现,需切实保证资金的及时、有效投入。加大公共财政对水生态补偿工作的投入,将适宜财政性资金作为资本金注入并专项用于相关生态补偿项目建设。以各级政府对生态补偿工作的资金投入为引导,市、区政府积极筹集资金,为生态补偿工作提供必要的资金保障。在流域区域协调、城乡统筹中,强化市场主体和公众的地位,充分运用市场的资源配置作用,培育更多的生态产业主体和市场主体,积极探索生态环境权益交易和生态产业发展渠道,推动流域生态资源优势转化为经济优势,将生态环境外部性内部化处理,实现多元主体受偿,助力区域协调发展和城乡均衡发展。在保证流域水环境、水资源、水生态基本要求前提下,注重生态保护与产业发展融合提升,拓宽多元化生态保护资金来源,因地制宜提高对区域高质量发展的考核要求。

(1)完善纵向重点生态功能区转移支付制度。

在流域各省(自治区)中建立统一的环境监测评价体系,提升流域内生态环境监测科学评价能力,强化环境监测评价结果在纵向转移支付资金调配中的指导作用,对转移支付资金进行有效调拨分配,提高资金使用效率,加强流域内生态环境保护和治理;中央财政纵向转移支付还应当完善支付测算标准,综合考虑地区人口、生态保护红线区面积占比、地区财政支付力度和生态环境保护投入等因素;设置中央生态环境保护奖励资金,依据各省在水资源节约、水污染和大气污染防治、节能减排、水土流失治理等生态保护和高质量发展方面的表现,对考核较好的省予以奖励;构建各省生态补偿信息共享平台,权威发布环境监测数据、经济发展数据和补偿资金使用追踪情况，实现流域内信息共享共建。

(2)建立多元平衡保护者与受益者利益的途径。

流域横向生态补偿实践中多采用正补加反补的一次性补偿的双向补偿方式，即水质超标、罚款赔偿，水质达标、奖励补偿。该补偿方式符合环境经济学污染者付费、受益者补偿原则，且操作起来也相对简单，能够为上下游双方均提供激励。实践证明，单一的资金补偿方式难以较好地平衡保护者与受益者之间的利益，可以通过经济补偿、政策补偿、产业补偿等多种方式实现生态补偿的目的。可从省级或者国家层面设置鼓励实施横向多元化生态补偿奖励资金，积极引导流域上下游增强互信、建立协商平台和机制，因地制宜采取对口协作、产业转移、项目支持、共建园区等多种方式。应全面践行绿水青山就是金山银山的理念，深化对口协作、产业承接、人才交流的补偿方式运用，强化非资金补偿方式的根本地位，培育地方经济绿色发展内生动力。巩固资金补偿方式的建设成果，综合考虑生态保护投入成本、发展机会成本等，切实提高资金补偿标准。

(3)开展流域生态补偿专项金融服务。

鼓励金融企业开发绿色金融产品，提供针对小微企业节能减排效能提升和产业绿色转型的信贷产品，开展排污权、碳排放权和水权交易收益质押担保融资服务。建立流域生态补偿基金，将各省生态环境罚款、自然资源开发利用的经营性项目收入和部分生态旅游区收益纳入补偿基金，利用金融杠杆作用，扩大环境治理资金规模，提高资金使用效率，缓解生态修复和环境治理资金不足的压力。在资金使用的问题上要依据流域生态环境的实际情况制定出相应的专项资金使用办法，综合考虑流域各利益相关者的利益需求，给予合理的制度补偿。建立激励引导机制，加大对生态补偿和保护的财政资金投入力度，确保地方政府不因生态保护投入增加或限制开发降低基本公共服务水平。

(4)建设流域污染物排放权交易中心、碳排放权交易中心和水权交易中心。

在流域建立多省(自治区)协商制度，制定统一的水权、排污权和碳排放权分配方案，确定污染物排放标准、碳排放标准、可交易水权标准，各省再以此进行省内分配。实行省际、省内两级交易制度，各省可在一级交易市场中进行交易，企业和个人在省内二级市场进行交易。政府出售排污权、碳排放权和水权获得的资金，可用于投资当地水污染治理厂建设、清洁卫生设施、水利基础设施建设等，也可用于奖励当地水污染治理、节能减排和节约用水等生态保护成效显著的企业或个人。建立碳排放交易中心，供信息公开、交易撮合、结算等服务，确保市场公正、透明和有效。根据生态环境状况、产业结构、企业自主降碳能力等进行合理分配，以确保碳排放权在更细分的范围内得到公平分配，也可以刺激企业积极降碳和提高资源利用效率。

7.2.3.3　工程措施

以《全国重要生态系统保护和修复重大工程总体规划(2021—2035年)》为基础，从以经济为中心转向“以人为本”，实行可持续发展战略，不仅是经济领域的重大战略转变，也是环境保护战略和思想与方法的重大转变。贯彻新发展理念，强化监督管理，严格规划全过程工程管理。加强工程的环境保护管理，包括认真做好选址选线论证，做好环境影响评价工作，做好建设项目竣工环境保护验收工作，做好"三同时"管理工作等，以重大生态工程为抓手，通过相关工程措施加速推进水生态补偿工作的稳步进行。

(1)合理安排施工组织，尽量降低对保护区的影响。

建设项目的目标是明确的，并且一定可以实现，需要讲究的是项目实施过程的科学化、合理化，以达到省力省钱、高质高效的效果。要做到科学化、合理化，就必须精心研究、精心设计、精心施工，把功夫下在前期准备上。首先，施工前和施工中，加大对施工人员的宣传与教育，增强和提高其生态环境保护意识。其次，加强保护区周边社区群众、社会公众及企事业单位对有关自然保护区资源和环境保护的宣传教育，提高自觉保护生态环境的意识，增强公众参与意识和遵纪守法的自觉性，促进保护区的健康发展。最后，还可通过严格禁止非法捕捞作业和垂钓等活动、采取繁殖期避让措施等完成生态保护目标

(2)实施水产资源保护区补偿措施。

首先，实施水生态修复措施。施工结束后，施工单位及时开展对因施工造成的河床、河滩破坏和扰动的修复；非连续性种植沉水植物，逐步修复被破坏的水生植物生态群落，为鱼类提供良好的栖息、觅食、产卵的场所；同时增加人工浮动鱼巢，弥补工程对鱼类产卵场所的影响。其次，实施鱼类增殖流放措施。为弥补工程建设对鱼类资源的影响，应通过有计划的人工增殖流放，弥补因工程施工对保护区带来的鱼类数量损失，以恢复和补偿保护鱼类的种群数量，改善保护区鱼类群落结构，增加物种多样性，保证物种基因交流与延续。最后，还应避开保护区内春季鱼类产卵高峰期(3—5月)，控制施工强度，合理布设土工布防污帘等措施，减少对核心保护区的影响。

(3)优化创新施工技术。

在工程施工过程中，难免会对周围环境造成一些不利影响。在施工中把影响降到最低，才能实现生态环境的可持续发展。通过创新施工技术，优化施工工艺可以降低对环境的影响。首先，要规避传统机械使用对环境的影响，通过规范施工管理行为和项目管控要求，及时维护、升级施工器核，确保施工机械符合施工标准，满足生态保护的要求。其次，工程施工中会有各种因素影响环境，如施工产生的灰尘，如果不提前保护现场，做好保护层，粉尘很可能会对周围的建筑设施、绿化环境带来严重影响。再次，对施工过程中的噪音，要做好隔音处理、优化施工设备，减小噪声对周围居民生活、生物环境的干扰。最后，我国水利工程建设中，高科技设备使用率较低，可以总结水利工程建设领域的成功经验，引进先进技术和配套设备，加大高科技的投入力度，以实现生态环境的良性发展。

(4)注重施工规划和场地选择。

在工程实施过程中，做好施工规划和场地选择非常重要。要保护生态环境，提高施工效率，就要在制定施工技术时，考虑项目的整体条件和特点，秉持可持续发展的理念，做好施工的合理规划和科学选址。首先，水利工程建设通常会影响到流域的状况，做好施工规划，合理评估水道，可以满足可持续发展的要求，提升水利工程设计的合理性。其次，在施

工场地的选择中，尽可能远离居民密集生活的场所和环境，减小对人们生活、生产的影响。例如，兴义位于喀斯特地区，水利工程建设要因地制宜，结合实际，最大限度降低对生态环境的影响，发挥工程的最大效益。最后，要关注施工成本，加大水利工程实施的便利性，选择最佳的施工规划保障水利工程建设的质量，促进生态环境的健康发展。

(5)建造人工湿地。

人工湿地属于借鉴天然湿地净化污水原理，人工建造且应用生物和水力等共同作用处理水污染的生态工程措施，它在河道生态治理中扮演着非常重要的角色。它对恢复水生动植物生态系统具有非常重要的现实意义。因此，基于生态理念的河道治理，可建造规模型人工湿地，沿河道布置人工湿地并在河道水位线上方设置自然生态湿地小岛。建设初期，可在湿地种植净化效果强的植物，然后通过景观桥进行连接，既满足净化河水的目的，也起到装点河道景观的作用。此外，采取调整湿地整体功能、更新净水植物及创新管理运行方式等措施对污水厂处理后中水再净化，以最优的方式发挥人工湿地的净化作用。

(6)提高工程施工人员的专业素养。

首先，当地的政府部门以及建筑企业管理人员应投入适当的建设资金，定期集中举行一些水利施工项目技能培训，统一规范施工建设的方法和具体流程，进而提高相关人员的施工能力；其次，管理部门还可以邀请一些建筑知识较多、实际工作经验丰富的专家举办相应的知识讲座，对基层施工人员提出的一些实际问题进行专业的解答，并给予相应的解决方案，在各个部门全面交流的基础上，解决现实生活中的相关施工作业问题；最后，企业还可以举办一些理论知识测试和实操案例测试，对那些理论知识优秀且实际工作能力较强的员工进行适当奖励，提高员工学习的积极性和主动性；反之，对那些理论知识不合格且实际工作能力不达标的员工进行适当批评处理以达到管理要求。

参考文献

Ana Villarroya, Jordi Puig, 2010. Ecological Compensation and Environmental lmpact Assessment in Spain[J]. Environmental Impact Assessment Review (30):357-362.

Arthington A H, Rall J L, Kennard M J, et al. ,2003. Environmental flow requirements of fish in Lesotho rivers using the DRIFT methodology[J]. River Research and Applications, 19 (5-6): 641-666.

Bao L J, Maruya K A, Snyder S A, et al. ,2012. China's water pollution by persistent organic pollutants [J]. Environmental Pollution (163): 100-108.

Beenstoek M, Felsensteint D, 2008. Regional Heterogeneity, Conditional Convergence and Regional Inequality[J]. Regional Studies,42(4): 475-488.

Bruns B R, Ringler C, Meinzen-Dick R S, 2005. Water Rights Reform: Lessons for Institutional Design [J]. dick.

Dong L L, Yu M, Xu S Q,2015. Application of particle swarm with linearly decreasing weight optimized projection pursuit model[J]. Journal of Drainage and Irrigation Machinery Engineering, 33(12): 1044-1048.

Engel S, Pagiola S, Wunder S, 2008. Designing payments for environmental services in theory and practice: An overview of the issues[J]. Ecological Economics, 65(4): 663-674.

European Communities, 2013. Directive 2013/39/EU of the Euporean Parliament and of the Council of 12 August 2013 amending Directives 2000/60/EC and 2008/105/EC as regards priority substances in the field of water policy[R]. Brussels: European Communities.

Ge M, Wu F P, You M, 2017. Initial provincial water rights dynamic projection pursuit allocation based on the most stringent water resources management: a case study of Taihu Basin, China[J]. Water, 9(1): 35.

Guan X J, Fu Y W, Meng Y,et al. , 2022. Water ecology emergy analytic system construction and health diagnosis[J]. Energy Conversion and Management, 270:116254.

Guan X J, Hou S L, Meng Y, et al. , 2019. Study on the quantification of ecological compensation in a river basin considering different industries based on water pollution loss value[J]. Environmental Science and Pollution Research international, 26(30): 30954-30966.

Guan X J, Liu W K, Wang H L,2018. Study on the ecological compensation standard for river basin based on a coupling model of TPC-WRV [J]. Water Science and Technology: Water Supply, 18 (4): 1196-1205.

Guan X J, Wang B Y, Zhang W G, et al. , 2021. Study on Water Rights Allocation of Irrigation Water Users in Irrigation Districts of the Yellow River Basin[J]. Water, 13(24):35-38.

Hamzah H,Achmod F,Heffni E,et al. , 2015. Nilai Kompensasi Ekonomi Terhadap Pencamaran Perairan Di Pantai Kota Makassar[J]. Economic Loss Pollution Compensation Value Dynamic Model,2:17-30.

Harker P T, Vargas L G,1987. The Theory of Ratio Scale Estimation: Saaty's Analytic Hierarchy Process [J]. Management Science, 33(11): 1383-1403.

Hughes D A, Hannart P, 2003. A desktop model used to provide an initial estimate of the ecological instream flow requirements of rivers in South Africa[J]. Journal of Hydrology, 270(3): 167-181.

Kejser A, 2016. European attitudes to water pricing: Internalizing environmental and resource costs[J].

Journal of Environmental Management, 183: 453-459.

Kennedy J, Eberhart R, 1995. Particle swarm optimization[J]. Aiaa Journal, 4: 1942-1948.

Ling H L, Gui F L, 2009. Applying genetic algorithm in optimal allocation of water resources based on water rights[C]. 2009 Chinese Control and Decision Conference. IEEE,5928-5933.

Liu Sihan, Li Ying, Ge Yanxiang, et al., 2022. Analysis on the Impact of River Basin Ecological Compensation Policy on Water Environment Pollution[J]. Sustainability, 14(21):13774.

Lv H, Guan X J, Meng Y, 2020. Study on economic value of urban land resources based on emergy and econometric theories[J]. Environment Development and Sustainability, 23(1): 1019-1042.

Matthews R C, Bao Y, 1991. The Texas method of preliminary instream flow assessment[J]. Rivers, 2(4): 295-310.

Mosely M P, 1982. Analysis of the effect of changing discharge on channel morphology and instream uses in a braide river, Ohau River, New Zealand[J]. Water Resources Researches, 18: 800-812.

Pastor A V, Ludwig F, Biemans H, et al., 2013. Accounting for environmental flow requirements in global water assessments[J]. Hydrology and Earth System Sciences, 10(12): 14987-15032.

Poff N L, Richter B D, Arthington A H, et al., 2010. The ecological limits of hydrologic alteration (ELOHA): A new framework for developing regional environmental flow standards[J]. Freshwater Biology, 55(1): 147-170.

Pokhrel S R, Chhipi-Shrestha G, Mian H R, et al., 2023. Integrated performance assessment of urban water systems: Identification and prioritization of one water approach indicators[J]. Sustainable Production and Consumption, 36: 62-74.

Posse C, 1990. An Effective two-Dimensional Projection Pursuit Algorithm[J]. Communications in Statistics-Simulation and Computation, 19(4): 1143-1164.

Satty T L, Bennett J P, 1997. A theory of analytrical hierarchies applied to political candidacy[J]. Behavioral Science, 22(4): 237-245.

Shoma I, Hiroyuki M, Masahiro M, 2022. A method for extracting nonlinear structure based on measures of dependence[J]. Japanese Journal of Statistics and Data Science, 5(2): 661-674.

Stalnaker C B, Lamb B L, Henriksen J, et al., 1995. The instream flow incremental methodology: a primer for IFIM[R]. Fort Collins, Colorado, USA: National Ecology Research Center.

Tennant D L, 1976. Instream flow regimens for fish, wildlife, recreation and related environmental resources[J]. Fisheries, 1(4): 6-10.

Thomainn R V, Sobel M S, 1964. Estuarine Water Quality Management and Forecasting[J]. Journal of the Sanitary Engineering Division, 90(5): 9-36.

Tian G L, Xu C X, Xie W X, 2010. Regional water right distribution model of multi-objective programming: An empirical study based on the data in Ningxia[C]. International Conference on Management Science & Engineering. IEEE,280-286.

United Nations Environment Programmer, 2023. Wastewater-Turning Problem to Solution. A UNEP Rapid Response Assessment[R]. Nairobi.

United Nations, 2015. Transforming our world: The 2030 Agenda for Sustainable Development[R]. UN,

New York.

United Nations, 2018. World Water Development Report[R]. Brazil, Brasilia.

US EPA, 2013. National recommended water quality criteria[R]. Washington DC: Office of Water, Office of Science and Technology, Washington DC.

Venter G, Sobieszczanski-Sobieski J, 2004. Multidisciplinary optimization of a transport aircraft wing using particle swarm optimization[J]. Structural and Multidisciplinary Optimization, 26(1-2): 121-131.

Villarroya A, Jordi P, 2010. Ecological Compensation and Environmental Impact Assessment in Spain[J]. Environmental Impact Assessment Review, 30: 357-362.

Voulvoulis N, Arpon K D, Giakoumis T, 2017. The EU Water Framework Directive: From great expectations to problems with implementation[J]. Science of the Total Environment, 575: 358-366.

Wang Yizhuo, Yang Rongjin, Li Xiuhong, et al., 2021. Study on Trans-Boundary Water Quality and Quantity Ecological Compensation Standard: A Case of the Bahao Bridge Section in Yongding River, China[J]. Water, 13(11): 1488.

WHO, 2002. Guidelines for drinking-water quality[R]. Geneva.

Wunder S, 2005, Payments for Environmental Services: Some Nuts and Bolts[J]. Cifor Occasional Paper, 42.

Xiao H, Ren C, Nie Z, et al., 2015. Beamforming Algorithm for Multi-Base Station Cooperation Based on Linearly-Decrease Inertia Weight Particle Swarm Optimization[J]. Journal of University of Electronic Science and Technology of China, 44(5): 663-667.

Zhang L N, Zhang X L, Wu F P, et al., 2020. Basin initial water rights allocation under multiple uncertainties: A trade-off analysis[J]. Water Resources Management, 34(3): 955-988.

Zhao Y, Wu F, Li F, et al., 2021. Ecological compensation standard of trans-boundary river basin based on ecological spillover value: A case study for the Lancang-Mekong River Basin[J]. International Journal of Environmental Research and Public Health, 18(3): 1251.

曹苗苗，夏焕清，柴娟，2021. 汉江干流洋县段水功能区纳污能力分析计算[J]. 陕西水利(9): 123-125.

常亮，2013. 基于准市场的跨界流域生态补偿机制研究：以辽河流域为例[D]. 大连：大连理工大学.

车东晟，2020. 政策与法律双重维度下生态补偿的法理溯源与制度重构[J]. 中国人口·资源与环境，30(8): 148-157.

陈晨，2013. 能源消费总量控制下的电力消费量区域分解方法研究[D]. 北京：华北电力大学.

陈金发，朱海峰，王姗镒，2012. 基于 Logistics 模型的邛海水污染经济损失研究[J]. 节水灌溉(9): 26-29.

陈沫宇，张文鸽，管新建，2013. 基于层次分析法的建设项目水资源论证后评估[J]. 水资源与水工程学报，24(6): 136-140.

陈强，杨晓华，2007. 基于熵权的 TOPSIS 法及其在水环境质量综合评价中的应用[J]. 环境工程(4): 75-77, 5.

陈艳萍，周颖，2016. 基于水质水量的流域生态补偿标准测算：以黄河流域宁夏回族自治区为例

[J]. 中国农业资源与区划, 37(4): 119-126.

陈颖, 2014. 基于信息熵理论的水文站网评价优化研究[D]. 武汉:武汉理工大学.

成波, 2022. 水资源短缺地区河道生态基流的计算方法及保障补偿机制研究:以渭河干流宝鸡段为例[D]. 西安:西安理工大学.

单长青, 刘娟娟, 2011. 基于浓度-价值损失率法的城市污废水价值损失估算[J]. 环境科学与技术, 34(5): 203-205.

邓景成, 高鹏, 穆兴民, 等, 2018. 黄土区 SCS-CN 模型径流曲线数计算方法研究[J]. 人民黄河, 40(4): 9-14,18.

董殊妙, 2022. 基于环境会计理论的引滦入津工程承唐流域生态补偿标准核算研究[D]. 保定:河北农业大学.

窦志强, 曲健, 贾文娟, 等, 2023. 沈阳市地表水环境承载力及水污染特征分析[J]. 环境保护与循环经济, 43(6): 84-87.

范弢, 2010. 滇池流域水生态补偿机制及政策建议研究[J]. 生态经济(1): 154-158.

方晏, 2018. 福建省重点流域生态补偿机制的实践与思考[J]. 中国财政(2): 64-66.

方玉杰, 2015. 基于 SWAT 模型的赣江流域水环境模拟及总量控制研究[D]. 南昌:南昌大学.

冯艳芬, 刘毅华, 王芳, 等, 2009. 国内生态补偿实践进展[J]. 生态经济(8): 85-88,109.

付根生, 张世宝, 付意成, 等, 2022. 面向污染物通量科学核算的跨界河流生态补偿标准研究[J]. 水电能源科学, 40(8): 62-65.

付意成, 吴文强, 阮本清, 2014. 永定河流域水量分配生态补偿标准研究[J]. 水利学报, 45(2): 142-149.

付意成, 阮本清, 许凤冉, 等, 2012. 永定河流域水生态补偿标准研究[J]. 水利学报, 43(6):740-748.

高爽, 2022. 渭河中下游生态基流确定及动态主题化评价研究[D]. 西安:西安理工大学.

耿翔燕, 李文轩, 2022. 中国流域生态补偿研究热点及趋势展望[J]. 资源科学, 44(10): 2153-2163.

官冬杰, 姜亚楠, 严聆云, 等, 2022. 基于生态足迹视角的长江流域生态补偿额度测算[J]. 生态学报, 42(20): 8169-8183.

管新建, 高丰, 孟钰, 等, 2021. 基于河流生态水量保护的南阳市白河流域生态补偿机制研究[J]. 水电能源科学, 39(10): 68-71.

管新建, 刘文康, 2018. 污染价值损失模型在清漾河流域的应用研究[J]. 水电能源科学, 36(1): 48-52.

管新建, 张浩, 孟钰, 等, 2023. 黄河流域行业供水效益评估及空间格局分布研究[J]. 中国农村水利水电(3): 1-7.

郭庆, 王敏英, 葛成军, 等, 2023. 基于生态产品价值的流域生态补偿标准核算研究:以海南省南渡江为例[J]. 水土保持通报, 43(2): 267-276.

贺超, 2015. 广西海洋生态补偿的实践探究及立法建议[D]. 青岛:中国海洋大学.

焦蒙蒙, 何理, 王喻宣, 2023. 基于水资源格局和保险增益的区域横向生态补偿及生态系统服务价值[J]. 应用生态学报, 34(3): 751-760.

金菊良，程吉林，魏一鸣，等，2007. 确定区域水资源分配权重的最小相对熵方法[J]. 水力发电学报(1)：28-32.

景晓栋，田贵良，胡豪，等，2022. 我国水权交易市场改革实践探索：演进过程、模式经验与发展路径：兼析全国统一用水权交易市场建设实践[J]. 价格理论与实践(9) 83-88.

寇江泽，2023-01-30(013). 水质优良断面比例同比上升三个百分点[N]. 人民日报.

蓝盛芳，钦佩，陆宏芳，2002. 生态经济系统能值分析[M]. 北京：化学工业出版社.

李昌文，2016. 基于改进 Tennant 法和敏感生态需求的河流生态需水关键技术研究[D]. 武汉：华中科技大学.

李超显，2018. 国外流域生态补偿实践：比较、特点和启示[J]. 资源节约与环保(10)：114-115.

李芳，黄维东，王启优，等，2021. 渭河上游干流代表水文站径流一致性分析[J]. 中国水土保持(8) 35-39,9.

李海岭，张建岭，李胚，等，2020. 基于双层优选的初始水权分配模型研究[J]. 人民黄河，42(10)：70-75.

李嘉竹，刘贤赵，李宝江，等，2009. 基于 Logistic 模型估算水资源污染经济损失研究[J]. 自然资源学报，24(9)：1667-1675.

李锦秀，徐嵩龄，2003. 流域水污染经济损失计量模型[J]. 水利学报(10)：68-74.

李军均，戚进，胡洁，等，2010. 一种基于隶属函数的相似度计算方法及其应用[J]. 计算机应用研究，27(3)：891-893,903.

李萌萌，梁涛，王真臻，等，2022. 日本饮用水水质检测标准化概述及启示[J]. 中国给水排水，38(3)：131-138.

林炳青，陈莹，陈兴伟，2013. SWAT 模型水文过程参数区域差异研究[J]. 自然资源学报，28(11)：1988-1999.

林豪栋，2020. 基于 SWAT 模型的京津冀地区地表径流模拟研究[D]. 长春：吉林大学.

刘桂环，文一惠，张惠远，2011. 流域生态补偿标准核算方法比较[J]. 水利水电科技进展，31(6)：1-6.

刘桂环，文一惠，张惠远，2010. 中国流域生态补偿地方实践解析[J]. 环境保护(23)：26-29.

刘家宏，鲁佳慧，燕文昌，等，2022. 基于人工神经网络的流域多主体水生态补偿核算模型[J]. 应用基础与工程科学学报，30(2)：257-267.

刘洁，白圆，马睿，等，2024. MXene 吸附法去除水中污染物的研究进展[J]. 工业水处理(6)：40-52.

刘立，2013. 南阳市唐白河流域地表水资源可利用量分析[J]. 河南水利与南水北调(14)：40-52.

刘利霞，张宇清，吴斌，2007. 生物结皮对荒漠地区土壤及植物的影响研究述评[J]. 中国水土保持科学(6)：106-112.

刘青，2007. 江河源区生态系统服务价值与生态补偿机制研究：以江西东江源区为例[D]. 南昌：南昌大学.

刘润秋，2016. 农村土地生态补偿机制：实践案例与制度优化[J]. 农村经济(3)：10-14.

刘树锋，陈记臣，关帅，2019. 基于 SWAT 模型的无资料地区径流模拟及生态流量计算：以杨溪河为例[J]. 江西水利科技，45(5)：368-375.

吕翠美, 2011. 区域水资源生态经济价值的能值研究[D]. 郑州:郑州大学.

孟钰, 2015. 基于组合模型的流域水资源利用效率评估研究[D]. 郑州:郑州大学.

穆贵玲, 汪义杰, 李丽,等, 2018. 水源地生态补偿标准动态测算模型及其应用[J]. 中国环境科学, 38(7): 2658-2664.

潘林艳, 2023. 岩溶湿地小流域氮磷运移特征及其SWAT改进模型模拟[D]. 桂林:桂林理工大学.

潘扎荣, 阮晓红, 徐静, 2013. 河道基本生态需水的年内展布计算法[J]. 水利学报, 44(1): 119-126.

彭喜阳, 2009. 生态补偿关系主客体界定研究[J]. 企业家天地下半月刊(理论版)(7): 22-23.

乔云峰, 夏军, 王晓红,等, 2007. 投影寻踪法在径流还原计算中的应用研究[J]. 水力发电学报(1): 6-10.

秦腾, 佟金萍, 支彦玲, 2022. 水权交易机制对农业用水效率的影响及效应分析[J]. 自然资源学报, 37(12): 3282-3296.

秦天宝, 2021. 跨界河流水量分配生态补偿的法理建构和实现路径:"人类命运共同体"的视角[J]. 环球法律评论, 43(5):177-192.

饶清华, 邱宇, 许丽忠,等, 2014. 基于污染损失估算模型的闽江流域水污染经济损失估算[J]. 水电能源科学, 32(3): 47-49,14.

任伟宏, 黄鲁成, 2008. 研发产业发展水平评价权重确定方法研究[J]. 科技管理研究(2): 72-74.

史晓亮, 2013. 基于SWAT模型的滦河流域分布式水文模拟与干旱评价方法研究[D]. 长春:中国科学院研究生院(东北地理与农业生态研究所).

水利部发展研究中心, 2003. 南水北调工程水价分析研究简介[J]. 中国水利(2): 63-69.

宋凌艳, 2010. 区域环境综合体状况评价模型研究及应用[D]. 北京:北京工业大学.

孙彬, 于海霞, 刘丙军, 2022. 基于改进CRITIC法的梅州市韩江区域初始水权分配[J]. 水电能源科学, 40(9): 61-65.

孙硕, 2023. 我国流域水环境保护现状及对策分析[J]. 资源节约与环保(2): 24-27.

孙贤斌, 孙良萍, 刘乾坤,等, 2022. 基于水足迹的引江济淮调水生态补偿标准研究[J]. 安庆师范大学学报(自然科学版), 28(3): 63-68.

孙志高, 秦泗刚, 刘景双,等, 2004. 环境经济系统分类及协调发展的熵研究[J]. 华中师范大学学报(自然科学版)(4): 533-538.

谭哓, 刘春学, 杨树平,等, 2012. 滇池水污染经济损失估算[J]. 长江流域资源与环境, 21(12): 1449-1452.

谭珉, 2023. SWAT模型在清江上游流域的应用研究[D]. 恩施:湖北民族大学.

唐华俊, 李哲敏, 2012. 基于中国居民平衡膳食模式的人均粮食需求量研究[J]. 中国农业科学, 45(11): 2315-2327.

田春暖, 孙英兰, 2009. 基于浓度-价值损失率法的青岛海域水污染价值损失研究[J]. 海洋环境科学, 28(1): 48-51.

万晓红, 秦伟, 2010. 德国农业生态补偿实践的启示[J]. 江苏农村经济(3):71-73.

王虎, 2020. 城市跨界流域生态保护补偿机制研究[J]. 当代化工研究(4):90-92.

王吉泉，廖姣，林柯，等，2019. 建立岷江沱江流域水生态环境保护横向补偿机制对策建议[J]. 现代经济信息(15)：364-365.

王俊敏，2016. 水环境治理的国际比较及启示[J]. 世界经济与政治论坛(6)：161-170.

王俊娜，董哲仁，廖文根，等，2013. 基于水文-生态响应关系的环境水流评估方法：以三峡水库及其坝下河段为例[J]. 中国科学：技术科学，43(6)：715-726.

王敏英，郭庆，谢婧，等，2023. 基于“三水”的南渡江流域生态补偿资金分配方法[J]. 人民长江，54(6)：60-65.

王娜娜，武永峰，胡博，等，2015. 基于环境保护正外部性视角的我国生态补偿研究进展[J]. 生态学杂志，34(11)：3253-3260.

王鹏，2020. 基于设计水文条件下的水功能区纳污能力计算复核探析[J]. 地下水(5)：101-103.

王前进，王希群，陆诗雷，等，2019. 生态补偿的经济学理论基础及中国的实践[J]. 林业经济，41(1)：3-23.

王瑞玲，黄锦辉，葛雷，等，2020. 基于黄河鲤栖息地水文-生态响应关系的黄河下游生态流量研究[J]. 水利学报，51(9)：1175-1187.

王伟，杨晓华，王银堂，2009. 滦河下游河道生态需水量[J]. 水科学进展，20(4)：560-565.

王玉敏，周孝德，2002. 流域生态需水量的研究进展[J]. 水土保持学报(6)：142-144.

王兆强，2010. 山西省拟建立排污权交易和生态环境补偿金制度[J]. 给水排水，46(9)：127.

王中豪，2022. 基于水量-水质双向调节的横向生态补偿标准研究：以黄河流域陕～豫区间为例[D]. 西安：西安理工大学.

魏茹生，2011. 径流还原计算技术方法及其应用研究[D]. 西安：西安理工大学.

吴观宇，2007. 基于群组 AHP 和模糊数学的 IT 项目后评估研究[D]. 合肥：合肥工业大学.

吴立军，田启波，2022. 碳中和目标下中国地区碳生态安全与生态补偿研究[J]. 地理研究，41(1)：149-166.

吴越，2014. 国外生态补偿的理论与实践：发达国家实施重点生态功能区生态补偿的经验及启示[J]. 环境保护，42(12)：21-24.

肖满生，肖哲，文志诚，等，2017. 一种空间相关性与隶属度平滑的 FCM 改进算法[J]. 电子与信息学报，39(5)：1123-1129.

解鑫，尤佳艺，李文攀，等，2023. 2011—2021 年全国地表水环境质量评价与变化分析[J]. 中国环境监测，39(4)：23-32.

徐丽思，2022. 基于水质水量的流域上下游横向生态补偿标准研究[D]. 武汉：长江科学院.

徐伟，董增川，罗晓丽，等，2016. 基于改进 7Q10 法的滦河生态流量分析[J]. 河海大学学报(自然科学版)，44(5)：454-457.

徐永田，2011. 我国生态补偿模式及实践综述[J]. 人民长江，42(11)：68-73.

续衍雪，魏明海，张雨航，等，2021. 基于水质的长江经济带生态补偿资金分配测算研究[J]. 环境保护科学，47(5)：13-15,36.

闫文周，顾连胜，2004. 熵权决策法在工程评标中的应用[J]. 西安建筑科技大学学报(自然科学版)(1)：98-100.

杨芳，肖淳，邵东国，等，2014. 基于投影寻踪混沌优化算法的流域初始水权分配模型 [J]. 武汉大学学报(工学版), 47(5): 621-624.

杨开忠, 2021. 城市蓝皮书:中国城市发展报告 NO. 14(2021版)[M]. 北京: 社会科学文献出版社.

杨丽韫, 甄霖, 吴松涛, 2010. 我国生态补偿主客体界定与标准核算方法分析[J]. 生态经济:(学术版)(1): 298-302.

杨霞, 何刚, 吴传良,等, 2023. 生态补偿视角下流域跨界水污染协同治理机制设计及演化博弈分析[J]. 安全与环境学报,24(5): 2033-2042.

尹庆民, 刘思思, 2013. 我国流域初始水权分配研究综述[J]. 河海大学学报(哲学社会科学版), 15(4): 58-62,91.

游进军, 刘鼎, 梁团豪,等, 2020. 基于供水统一核算的水利工程生态调度补偿方法及应用[J]. 中国水利水电科学研究院学报, 18(2): 86-94.

于术桐, 黄贤金, 程绪水,等, 2009. 流域排污权初始分配模式选择[J]. 资源科学, 31(7): 1175-1180.

詹姆斯·李, 1984. 水资源规划经济学[M]. 北京:水利电力出版社.

张德健, 2017. 分布式水文模型SWAT的改进研究[D]. 福州:福建师范大学.

张铎, 2021. 国内外生态补偿实践对长山群岛生态区的启示[J]. 国土与自然资源研究(1): 28-30.

张帆, 任冲锋, 蔡宴朋,等, 2021. 基于复合多目标方法的灌区水资源优化配置[J]. 农业机械学报, 52(11): 297-304.

张戈丽, 王立本, 董金玮, 2008. 基于熵权法的济南市水安全时间序列研究[J]. 水土保持研究(1): 131-134.

张宏亮, 肖振东, 2007. 基于AHP的公共环境投资项目效益审计评价指标体系的构建[J]. 审计研究(1): 30-36.

张江山, 孔健健, 2006. 环境污染经济损失估算模型的构建及其应用[J]. 环境科学研究(1): 15-17.

张落成, 李青, 武清华, 2011. 天目湖流域生态补偿标准核算探讨[J]. 自然资源学报, 26(3): 412-418.

张倩, 2018. 渭河干流关中段河道生态基流保障补偿研究[D]. 西安:西安理工大学.

张倩, 李怀恩, 高志玥,等, 2019. 基于河道生态基流保障的灌区农业补偿机制研究:以渭河干流宝鸡段为例[J]. 干旱地区农业研究, 37(1): 51-57.

张夏, 柯国华, 刘丽珍,等, 2021. 基于最小相对熵法的供热服务质量综合评价[J]. 区域供热(3): 78-84.

张徐杰, 2015. 气候变化下基于SWAT模型的钱塘江流域水文过程研究[D]. 杭州:浙江大学.

张旭, 陈翔, 2021. 世界主要国家和地区开展生态补偿的实践[J]. 中国统计(12): 13-15.

张璇, 朱玮, 2015. 基于相对关联度的流域初始水权分配群决策研究[J]. 水电能源科学, 33(10): 128-132.

张叶, 魏俊, 黄森军,等, 2022. 基于湿周法的济南山区中小河流生态流量研究[J]. 人民黄河, 44(1): 89-93.

张伊华, 2023. 基于机会成本法和生态系统服务价值核算的水资源生态补偿标准研究:以黄河流域为例[J]. 灌溉排水学报, 42(5): 108-114.

张远, 林佳宁, 王慧, 等, 2020. 中国地表水环境质量标准研究[J]. 环境科学研究, 33(11): 2523-2528.

赵芬, 庞爱萍, 李春晖, 等, 2021. 黄河干流与河口湿地生态需水研究进展[J]. 生态学报, 41(15): 6289-6301.

赵亮, 刘良军, 2023. 河流生态补偿制度的建立与完善[J]. 资源节约与环保(2): 105-108.

郑焕科, 张晶, 杨亚琦, 等, 2020. 多属性决策的时间不确定事件流时序推理方法[J]. 山东大学学报(理学版), 55(7): 67-80.

郑健, 2023. 基于某地水文特点构建下的水环境承载力提升思路[J]. 水上安全(5):7-9.

郑野, 聂相田, 苏钊贤, 2023. 南水北调中线工程河南水源区生态补偿标准研究[J]. 人民黄河, 45(4): 92-95,101.

中国环境监察, 2021. 生态环境部发布《水质 色度的测定 稀释倍数法》(HJ 1182—2021)等 3 项国家生态环境标准[J]. 中国环境监察(7): 9.

中国生态补偿机制与政策研究课题组, 2007. 中国生态补偿机制与政策研究[M]. 北京: 科学出版社.

周明助, 章澄宇, 2018. 补活源头水, 偿清一江水:绩溪县新安江流域生态补偿实践十年回溯[J]. 中华环境(12): 51-53.

朱发庆, 高冠民, 李国倜, 等, 1993. 东湖水污染经济损失研究[J]. 环境科学学报(2): 214-222.

朱丽, 2008. 运用熵值法探讨广州 25 年社会、环境和经济变化状况[J]. 生态环境(1): 411-415.